따라하면서 배우는

디지털시스템 설계 및 응용 with Verilog HDL

최훈 지음

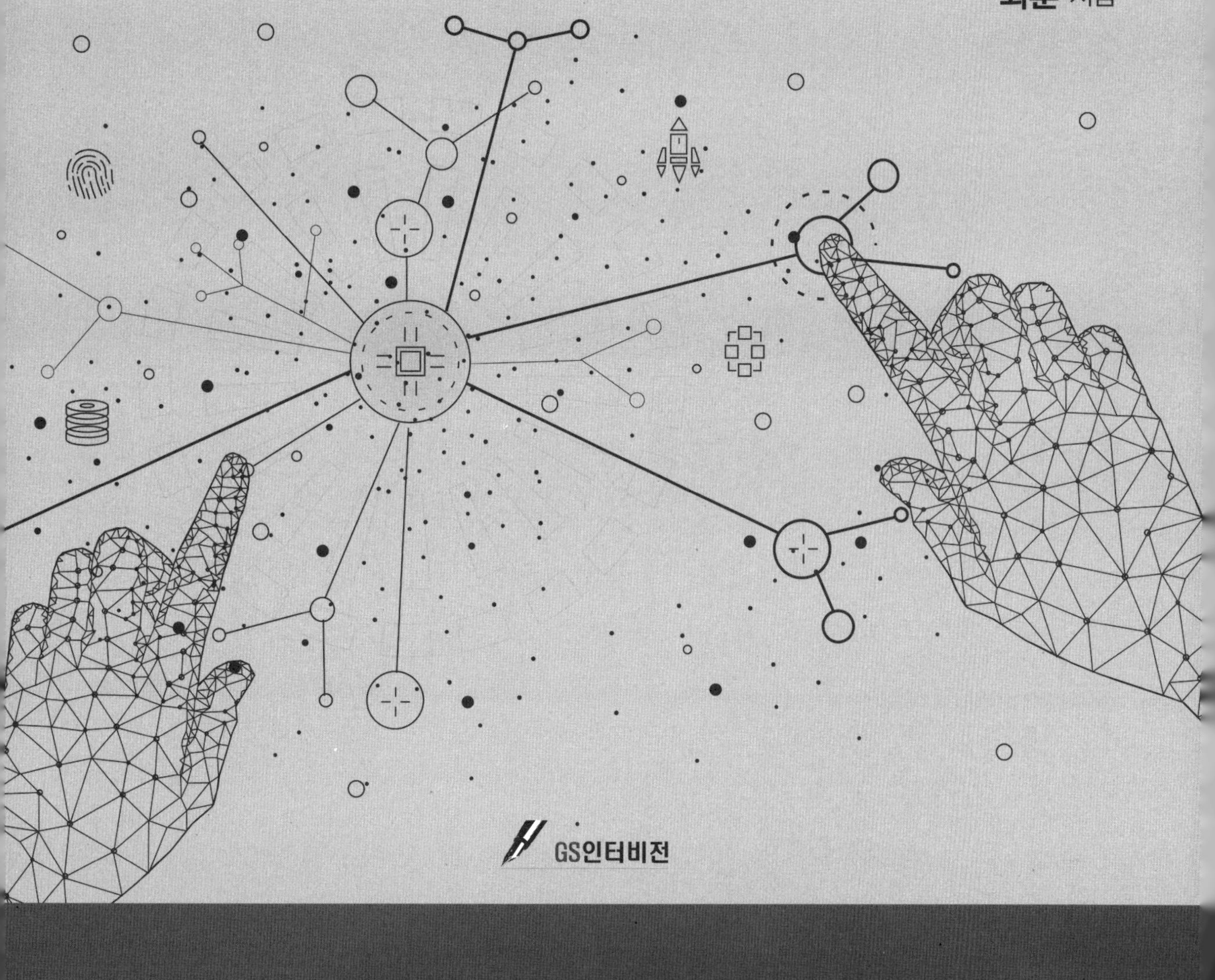

GS인터비전

머리말

우리는 일상생활에서 스마트폰, 네비게이션, 드론, 스마트 TV와 같은 다양한 디지털 시스템을 자주 접할 수 있으며, 친숙하게 사용하고 있다. 이러한 디지털시스템, 특히 고성능화, 소형화된 휴대용 디지털기기의 대중적 보급은 대규모의 복잡한 디지털 회로를 하나의 반도체 칩에 집적화(integration)하는 ASIC 기술이 빠르게 발전함으로써 가능해졌다.

하드웨어기술언어인 Verilog HDL은 시스템 IC 설계 전문기업체의 소수 전문가와 대학원 과정에서 반도체 설계를 전공하는 학생들만이 사용해왔다. 그러나 최근에는 가전제품, 통신기기, 산업 및 가정용 제어기기 관련 기업체까지 HDL의 사용이 보편화 됨에 따라 학부과정에서 Verilog HDL 교육의 필요성이 점차 늘고 있는 추세이다.

현재 다양한 Verilog HDL 관련 서적들이 출판되어 학부 교육 또는 산업체 실무에 활용되고 있다. 그러나 대부분의 교재는 초보자나 비전공자가 학습하기에 다소 어려운 문법 중심의 내용을 다루거나, 학습키트를 이용한 예제 코드의 실습을 목적으로 하고 있다.

이 책은 처음 하드웨어를 설계하고자 하는 학부 3학년 또는 4학년 대상의 한 학기 강의 교재로 사용하는 것을 목적으로 집필되었으며, 대학원생이나 산업체에 근무하는 초보 연구원들이 스스로 Verilog HDL을 학습하고 실무에 활용할 수 있도록 다음과 같이 구성하였다.

Part I에서는 Verilog HDL의 학습에 필요한 기본적인 사항들로 Part II를 학습할 때 빈번히 참고해야 하는 내용을 다루었다.

1장 : Verilog HDL의 역사와 Verilog HDL 설계의 전반적인 내용에 대해 설명하였다.

2장 : Verilog HDL의 학습에 필요한 설계 도구로 Intel사에서 무료로 배포하는 Quartus Prime과 설계한 내용의 검증을 위한 시뮬레이터인 Mentor Graphics사의 ModelSim의 설치 및 사용 방법에 대해 자세히 설명하였다.

3장 : Verilog HDL을 이용한 설계에서 필요한 최소한의 기본 문법과 4가지 추상화 수준의 모델링 방법, 효율적인 코딩을 위한 주의 사항 및 코딩 스타일에 대해 설명하였다.

Part II에서는 실제 디지털시스템을 설계할 때 공통으로 요구되는 단위 회로 설계 방법과 이를 활용한 보다 복잡한 응용시스템의 설계 방법을 다루었다.

4장 : 기본적인 조합회로의 설계를 통해 3장에서 학습한 기본 문법에 익숙하도록 하였다.

5장 : 디지털시스템 설계의 꽃이라 할 수 있는 순차회로의 설계방법을 다양한 주제를 중심으로 설명하였다.

6장 : 조합회로와 순차회로를 함께 활용한 응용 시스템 설계 방법으로 공학 분야의 캡스톤 디자인을 수행할 때 필요한 요소 기술을 주제로 하여 학습할 수 있도록 하였다.

Verilog HDL을 처음 접하는 학습자의 가장 큰 어려움은 설계 도구의 기능 및 사용자 인터페이스의 복잡함, 설계 과정별 처리 순서의 혼란스러움과 0과 1로 나타나는 시뮬레이션 결과 파형의 생소함 등일 것이다. 이러한 어려움을 줄이기 위해 가능한 한 실제로 설계할 때 접하게 되는 화면을 중심으로 설명하였다. 또한 학습자 스스로 Verilog HDL을 익힐 수 있도록 본문에서 다루는 모든 설계 주제는 설계과정을 단계별로 상세히 제시하여 따라하기를 통한 학습이 가능하도록 하였다.

PART II의 각 장에서 설계 주제별 학습 내용을 다음과 같은 순서로 구성하였다.

- ▶ 설계 주제에 대한 주요 내용과 설계에 필요한 자료
- ▶ 주석이 포함된 기본 샘플 코드
- ▶ 시뮬레이션을 위한 테스트벤치와 시뮬레이션 결과 및 해석
- ▶ 학습키트를 이용한 설계 내용의 동작 확인

특히 5장과 6장의 연습문제에서 마지막 문제는 학습한 내용을 참고하여 1주 ~ 2주차의 단기 프로젝트를 수행할 수 있는 심화 학습 주제를 제시하였다.

이 책은 하드웨어(FPGA/CPLD)나 EDA 소프트웨어를 처음 접하는 전공자, 심지어 논리 회로를 처음 접하는 비전공자들 모두가 원하는 디지털시스템을 설계할 수 있도록 필요한 내용을 담으려고 노력하였다. 이를 위해 모든 예제의 소스코드와 시뮬레이션 결과 및 회로도 등은 오류를 최소화하기 위해 여러 번의 검증과 교정과정을 거쳤으며, 시스템 설계분야의 전문가 자문을 통해 가능한 실무에서의 코딩 스타일을 적용하려고 하였다. 각 장에서 제시한 다양한 주제의 설계 예제들을 스스로 학습해보고, 시뮬레이션 뿐만아니라 학습키트를 이용한 실습까지 수행한다면 Verilog HDL에 대한 이해도와 실무에서의 응용력 향상에 도움이 될 것이다.

먼저 평생 제자들을 위해 노력하시고, 명예로운 정년 퇴임을 앞두신 배현덕 지도교수님께 감사드리며, 이 책의 부족한 부분을 줄이는 데 도움을 주신 많은 분들께 감사드립니다.

내용 자문 및 수록된 예제들의 검증을 도와주신 ㈜아르고의 한영기 연구소장님,

소스코드의 편집 오류 정정과 교정에 도움을 준 최명환군,

학습키트 및 관련 기술자료를 제공해주신 ㈜뉴티씨의 류대우 사장님,

출판을 맡아주신 GS인터비전의 송기수 사장님과 편집·교정에 수고해주신 편집부 직원들,

오랜 기간 특히, 여름방학에도 함께 할 수 없었던 사랑하는 가족들,

누구보다 입원 중이시지만 자주 찾아뵙지 못하는 아버지와 고생하시는 어머니께 마음 깊이 죄송함과 감사함을 전합니다.

2019년 11월 저자 씀

차례

PART 02 — 141

PART

01

Chapter 1. Verilog HDL

Chapter 2. 설계 도구 설치 및 사용방법

Chapter 3. Verilog HDL의 기본문법

Chapter 1

Verilog HDL

Verilog HDL은 C언어, JAVA, Python 등의 익숙한 컴퓨터 소프트웨어 프로그래밍 언어와 달리 반도체 소자인 FPGA(Field Programmable Gate Array) 내에 원하는 용도에 맞는 논리회로 및 시스템을 직접 설계하는 하드웨어기술언어(Hardware Description Language)이다.

Verilog HDL은 디지털 회로나 시스템을 설계하고, 설계 내용을 시뮬레이션으로 검증한 후 FPGA에 구현하거나 주문형 반도체인 ASIC(Application Specific Integrated Circuit)으로 제작하는 등 다양한 용도로 사용할 수 있다.

본 장에서는 Verilog HDL을 이용한 설계개념과 설계방법, 그리고 Verilog HDL을 배우기 위해서 어떤 준비가 필요한지 알아보자.

1-1 Verilog HDL이란?

Verilog HDL을 인터넷에서 검색해 보면 위키백과에 다음과 같이 소개하고 있다.

> "IEEE 1364로 표준화된 Verilog(베릴로그)는 전자 회로 및 시스템에 사용되는 하드웨어기술언어로, 회로 설계, 검증, 구현 등 여러 용도로 사용할 수 있다.
>
> C언어와 비슷한 문법을 가져서 사용자들이 쉽게 접근할 수 있도록 만들어졌다. 'if'나 'while'과 같은 제어 구조도 동일하며, 출력 루틴 및 연산자들도 거의 비슷하다. 다만 C언어와 달리, 블록의 시작과 끝을 중괄호 기호를 사용하지 않고, 대신에 begin과 end를 사용하여 구분하고, HDL의 특징인 시간에 대한 개념이 포함되었다는 것 등 일반적인 프로그램과 다른 점도 존재한다."

Verilog HDL에서 HDL은 Hardware Description Language의 약자로서 하드웨어를 설계하기 위한 표현(기술) 언어라는 것을 쉽게 유추할 수 있다.

하드웨어 설계, 즉 디지털 시스템을 설계하는 것은 'LOW(0)'와 'HIGH(1)'라는 2가지 논리 상태에 대한 디지털 논리 게이트들(AND, OR, NOT 등)의 조합을 통해 목표로 하는 회로의 기능을 표현하는 것이다. 복잡한 회로의 설계가 요구되지 않았던 과거에는 논리 게이트들을 적절히 배치하고 연결함으로써 회로도를 그리는 스키매틱(schematic) 기반의 설계방법과 이렇게 설계된 회로의 기능을 검증하기 위한 CAD 툴(Computer Aided Design Tools)이 널리 사용되어 왔다. 그러나 설계 대상 회로의 복잡도가 증가하고 고집적화가 진행됨에 따라 기존보다 효율적인 설계환경으로 하드웨어기술언어인 HDL 기반의 설계 기법이 등장하게 되었다.

전통적인 도면기반의 설계(회로도 또는 스키매틱 설계 등)와 달리 HDL을 이용한 설계는 빠른 회로 설계와 효과적인 기능 검증이 가능하다는 장점으로 전기·전자 분야의 전공자뿐만 아니라 초보자도 쉽게 디지털시스템을 설계할 수 있게 되었다.

표 1-1. HDL 설계의 장점과 단점

장점	단점
1. 설계의 효율화 - FPGA/CPLD 제조사와 관계없이 설계 가능 - 논리합성에 의한 설계 기간 단축 - 설계자원(IP; Intellectual Property)의 활용 - 설계자원의 유지 보수 용이 2. 검증 정밀도의 향상 - 설계 도중 각 단계별로 테스트 가능 - 입력을 주어서 출력 관측 및 비교 - 시스템 레벨에서 테스트 가능	1. 논리합성 시 단일 클록 사용 권장 2. 고가의 논리합성 툴(학습용은 무료) 3. 툴에 따라 FPGA/CPLD 논리합성이 불가능한 회로가 있음(지속적 해결 중)

HDL은 여러 종류가 있으며 이 중 가장 많이 사용되고 있는 것이 VHDL(Very High speed integrated circuit Hardware Description Language)과 Verilog HDL이다. 미 국방성의 첨단 반도체 제조 계획과 함께 시작된 VHDL은 여러 진보적인 특성으로 여러 HDL들 중 가장 먼저 IEEE1076으로 표준화되었다. 반면 Verilog HDL은 1983년 Gateway Design Automation사에서 하드웨어 기술언어인 HiLo와 C언어의 특징을 기반으로 한 시뮬레이터용 언어로 개발되었다. VHDL에 비해 다소 늦은 1995년에 IEEE1364로 표준화되었다.

VHDL과 Verilog HDL 중 어떤 HDL을 사용하는 것이 좋을까?

이 질문에 대해 대부분의 하드웨어 설계자들은 Verilog HDL을 사용하라는데 대해 이견이 없을 것이다.

HDL을 이용하여 하드웨어 설계를 할 때 C나 JAVA처럼 화려한 코딩 스킬을 사용하는 것은 적절하지 않다. 가장 좋은 HDL 코딩 방법은 가능한 명확하고 간결하게 코드를 작성하여 논리 합성기(Logic Synthesizer)의 합성 부담을 줄여주는 것이다.

이러한 측면에서 Verilog HDL은 VHDL에 비해 우위에 있다. 동일한 하드웨어 표현을 하는 데 있어 Verilog HDL은 VHDL에 비해 쉽고 간결하게 기술할 수 있다. 따라서 현재 대부분의 하드웨어 설계 분야 회사에서 VHDL보다 Verilog HDL를 선호하고 있다.

1-2 Verilog HDL 설계 개념

Verilog HDL을 사용해서 능률적인 설계를 하려면 좋은 설계 방법을 사용해야 한다. 먼저 디지털 회로 설계의 기본 방법인 구조적 모델링(계층 설계)의 개념을 이해하는 것이 필요하다. 구조적 모델링 방법에는 top-down 설계 방법과 bottom-up 설계 방법이 있다. 먼저 top-down 설계 방법은 최상위 블록을 정의하고 최상위 블록을 만드는데 필요한 하위 서브 블록을 구성해 간다. 하위 서브 블록은 더 이상 나누어지지 않는 리프셀(leaf-cell)까지 나눌 수 있다. 반면 bottom-up 설계 방법은 먼저 필요한 블록들을 만들고 그들을 이용해 상위 서브 블록들을 만들어 간다. 이러한 방법으로 최상위 블록까지 만들어 낸다. 일반적으로 대부분의 설계자들은 top-down 설계 방법과 bottom-up 설계 방법을 같이 사용한다. 시스템 설계자는 최상위 블록을 정의하고 논리 설계자는 필요한 기능들을 하위블록으로 나눔으로써 설계를 어떻게 구성할 것인지 결정한다. 동시에 회로 설계자는 각 리프셀에 대한 최적화 회로를 설계하고 이 리프셀을 가지고 상위 레벨 셀들을 만들어 간다. [그림 1-1]은 구조적 모델링의 기본 개념을 나타내고 있다.

하드웨어기술언어(HDL)는 원하는 디지털 회로나 시스템을 설계하는데 사용하는 행위적이고 구조적인 컴퓨터 언어이다. 하드웨어를 기술하는데 있어 설계 목적을 달성하도록 회로의 동작 상태를 요약하여 표현하거나 회로의 구조적 연결을 직접 표현할 수 있다. 이러한 하드웨어 설계를 위한 표현 방법은 다음과 같은 4가지 추상화 수준(abstract level)의 방법이 있다.

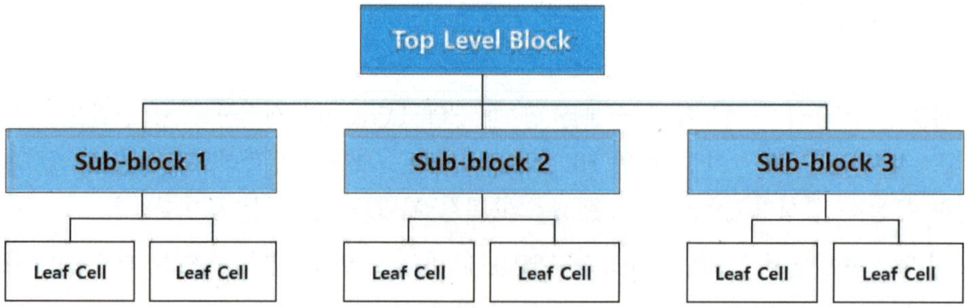

그림 1-1. 구조적 모델링의 개념

표 1-2. 4가지 추상화 수준의 모델링 방법

추상화 수준	내용
스위치 수준(switch level)	스위치를 이용하여 리프 셀의 라이브러리 구성 후 top-down 방법으로 기능 표현
게이트 수준(gate level)	컴포넌트(component)의 연결을 이용하여 기능 표현
데이터 플로우 수준(data flow level)	부울대수(boolean algebra)를 사용하여 기능 표현
행위 수준(behavioral level)	진리표(truth table)에 의한 기능 표현

(1) 스위치 수준 모델링(switch level modeling)

스위치 수준 모델링은 4가지 추상화 수준의 모델링 중 가장 하드웨어에 가까운 하위 수준의 표현으로 모든 컴포넌트뿐만 아니라 컴포넌트와 게이트(gate)들의 상호 연결 상태를 나타낸다. 설계자는 합성을 고려하여 컴포넌트를 표현할 수 있으므로 레지스터와 버스뿐만 아니라 게이트 수준의 설계가 가능하다. 하나의 시스템을 설계하기 위해서 필요한 컴포넌트(또는 서브 시스템)들과 이들의 인터페이스를 정의할 수 있으며, 이미 설계된 컴포넌트를 불러서 사용할 수 있다. 그러나 스위치 수준 모델링은 구조와 동작이 복잡하고 직관적이지 못하기 때문에 극히 일부 설계자들만 사용한다.

(2) 게이트 수준 모델링(gate level modeling)

게이트 수준 모델링은 논리게이트들 사이의 연결 상태 이용하는 설계 방법으로 게이트 수준 논리 다이어그램에 의해서 묘사하는 것과 유사하다. Verilog HDL 라이브러리에 정의되어 있는 논리 게이트를 호출해서 사용할 수도 있다.

(3) 데이터 플로우 수준 모델링(data flow level modeling)

데이터 플로우 수준 모델링은 행위 수준 모델링에 포함시키기도 하지만 일반적으로 이보다는 한 단계 낮으며 말 자체가 의미하는 바와 같이 자료의 흐름, 즉 신호 및 제어의 흐름을 나타낸다. 주로 부울 대수(Boolean algebra), 함수, RTL(Register-Transfer-Language) 또는 연산자를 사용하여 입력으로부터 출력까지의 경로 표현을 위주로 한다. 데이터 버스(data bus), 레지스터 등을 잘 표현할 수 있으므로 행위 수준 모델링보다는 하드웨어에 가까이 접근할 수 있다.

(4) 행위 수준 모델링(behavioral level modeling)

행위 수준 모델링은 4가지 추상화 수준 모델링 중에서 가장 높은 수준의 추상적인 표현으로서 시스템의 내부적으로 어떠한 구조로 되어있는지는 상관없이 시스템의 기능을 동작적 방법 또는 수학적인 알고리즘을 사용하여 표현하는 것이다. 즉 입력과 출력의 대응 규칙에 해당하는 함수적 표현이다. 우리가 흔히 사용하는 고급 컴퓨터 언어(예: C언어)를 사용해서 프로그램을 작성하는 것과 비슷하다. 하드웨어에 대한 지식이 별로 없는 사람이 설계하거나 회로를 문서화 하는 경우 다른 추상화 수준 모델링 방법에 비해 유리하며 빠른 시뮬레이션 결과를 얻을 수 있다.

[그림 1-1]의 구조적 모델링 방법은 디지털 회로(시스템)를 효율적으로 설계하기 위한 좋은 접근법이다. 이때 Verilog HDL은 4가지 추상화 수준을 혼용하여 설계하는 것이 가능하다. 일반적으로 상위 추상화 수준의 설계가 더 융통성 있고 하드웨어 구현에 대하여 독립적이지만, 하위 추상화 수준의 설계는 하드웨어 구현에 많은 영향을 받으며 융통성도 떨어진다. 즉, [그림 1-1]의 서브 블록 또는 리프 셀의 작은 수정이 필요할 경우 상위 추상화 수준의 설계는 전체 설계에 영향을 주지 않지만, 하위 추상화 수준의 설계는 많은 부분의 설계 변경을 해야 하는 경우가 있다. 이는 C 프로그래밍과 어셈블리 프로그래밍의 관계와 유사하다. C와 같은 고급언어를 사용하면 프로그래밍하기가 쉽지만 어셈블리 언어를 사용하면 특정 기기에서만 작동하고 다른 기계에서 작동시키기 위해서는 많은 수정이 필요하다.

1-3 Verilog HDL 설계 과정

디지털 회로설계는 급속한 발전을 거듭해왔다. 초기의 회로는 진공관과 트랜지스터들로 설계되었지만, 최근엔 초대규모 집적회로(VLSI; Very Large Scale Integration), 초고집적회로(ULSI; Ultra Large Scale Integration) 기술의 등장으로 단일 칩 위에 수백만에서 수천만 개 이상의 트랜지스터가 들어가도록 설계할 수 있다. 이러한 대규모의 복잡한 회로를 효율적으로 설계하기 위해서는 기존 도면기반의 설계방법으로는 불가능하고 HDL 기반의 설계, 검증, 합성을 지원하는 고성능 EDA(Electronic Design Automation) 툴 사용이 필수적이다. [그림 1-2]는 HDL 기반의 설계과정을 개략적으로 보인 것이다. 실제 설계과정에서는 각 단계를 여러 개의 작은 단계로 나눌 수 있으며 오류가 발견되면 설계 흐름의 일부가 반복된다.

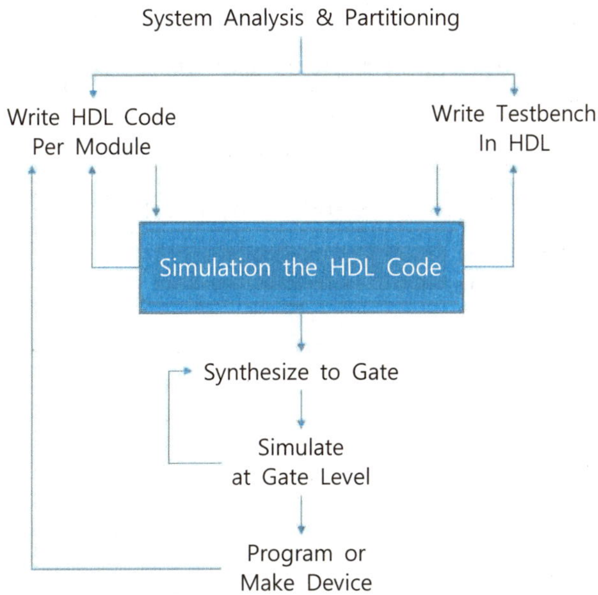

그림 1-2. HDL 기반 디지털 회로 설계 과정

(1) System Analysis & Partitioning

시스템 수준 검증을 위한 첫 번째 단계로서 하나 이상의 장치가 포함된 전체 시스템 측면에서 모델링을 하는 것이다. 이 단계는 상세한 설계를 시작하기 전에 FPGA/ASIC 사양을 검증할 수 있는 시스템의 전체적인 기능 목록을 작성하고 설명하는 기술(description) 단계이다. 동시에 시스템 성능에서 심각한 오류가 발생할 수 있는 것을 사전에 점검하기 위한 성능 모델(performance model)과 같은 시스템의 특성을 요약 설명하는 부분적 기술(partial description) 단계이다.

(2) Write HDL code and Testbench

논리회로의 동작과 디바이스(서브 블록, 리프 셀 등)간 연결, 시뮬레이션 수행 등을 상세히 표현하는 실질적인 설계 단계로 RTL 설계와 테스트벤치(설계 결과를 검증하기 위해 사용되는 가상의 테스트 환경)를 생성한다. 전체 시스템의 구조와 분할(partitioning)이 이루어진 후 각 FPGA/ASIC의 세부 설계가 시작된다. 여기서는 HDL 언어로 설계하고 테스트를 위한 각각의 상황을 수집하게 된다. 이 두 가지 작업은 동시에 상호 보완적으로 이루어지며 팀을 이루어 각 팀이 부분적으로 설계할 경우 다른 설계 팀이 설계 사양을 올바르게 해석할 수 있도록 수시로 이루어지기도 한다. 테스트를 위한 여러 상황의 생성은 체계적인 접근과 독창성이 필요한 주요 작업이며, 최종 FPGA/ASIC의 품질은 이 테스트의 적용 범위에 따라 달라질 수 있다.

(3) Simulate the HDL Code

RTL 수준에서 설계된 내용이 설계 사양을 만족하는지 기능 검증을 위한 시뮬레이션 단계이다. 논리합성 이전에 수행되는 RTL 수준 시뮬레이션(RTL level simulation)은 회로 내부의 지연을 고려하지 않고 기능 수준에서 이루어진다. 이때 회로의 기능을 정확하게 검증할 수 있는 시뮬레이션 환경(입력 벡터 등)을 생성하는 것이 매우 중요하다. RTL 시뮬레이션은 일반적으로 게이트 레벨 시뮬레이션보다 빠르며 시뮬레이션에 많은 시간을 소비하지 않고 더 많은 시뮬레이션을 수행할 수 있다.

(4) Synthesize to Gates

EDA의 합성 툴을 사용하여 RTL 수준에서 모델링된 HDL 소스코드를 게이트 수준의 논리회로로 변환하는 탐색합성(Look-ahead synthesis) 단계이다. 합성에서는 합성조건(동작 주파수, 면적, 클록 신호 및 입출력 신호의 사양, 환경변수, 설계 규칙 등)을 제시하고, 특정 제조사의 FPGA 디바이스 또는 셀 라이브러리가 사용된다. 합성 단계는 설계 사양을 만족하도록 정확한 의사 결정 및 구조(architecture) 결정에 도움이 되는 정확한 속도 및 면적 데이터 제공과 HDL 소스코드의 합성 방법을 설계자가 확인할 수 있도록 한다. 합성을 위한 표준화가 제정되어 있지만 모든 회사의 합성 툴이 이 표준을 엄격히 따르는 것은 아니며, 기능적으로 올바른 HDL 소스코드일 지라도 합성 툴에 따라 결과가 달라질 수 있다. 따라서 이러한 Verilog HDL 소스코드의 작성과 합성 툴의 특성을 반영하는 탐색합성을 통해 설계자는 최적의 하드웨어를 생성할 수 있다.

(5) Simulate at Gate Level

합성이 완료되면 게이트 수준의 넷리스트(netlist)을 얻을 수 있으며 합성에 사용된 합성조건이 설계된 회로에 반영된다. 이로부터 합성 이전의 RTL 수준에서 고려하지 못했던 타이밍 분석을 통해 회로의 기능적 동작과 타이밍을 보다 자세히 검증한다. RTL 수준의 시뮬레이션은 설계 주기의 승인을 위한 기본 요구사항이다. 최근에는 RTL 수준의 시뮬레이션뿐만 아니라 칩 제조의 마지막 단계로 들어가기 전에 게이트 수준 시뮬레이션(GLS; Gate Level Simulation)을 통한 검증단계를 추가로 요구하기도 한다.

(6) Program or Make Device

GLS 완료 후 EDA 툴을 통해 레이아웃(layout) 도면 변환 및 검증이 완료되며, 합성 결과를 FPGA 내에 프로그래밍(칩에 다운로드)하거나 ASIC으로 제조하게 된다.

Chapter 2
설계 도구 설치 및 사용방법

Verilog HDL을 사용하여 디지털 회로나 시스템을 구현하기 위해서는 하드웨어(FPGA 또는 CPLD)와 전용 개발 소프트웨어가 필요하다. 독자들은 여러 온라인 사이트를 통해 구입할 수 있는 FPGA(또는 CPLD) 개발 키트와 무료로 공개된 개발 소프트웨어를 사용하여 Verilog HDL 설계 학습을 시작하면 된다. 현재 가장 널리 사용되는 하드웨어는 Intel(Altera)사와 Xilinx사의 FPGA이다. Verilog HDL 개발 소프트웨어는 여러 종류가 있으며 그 중 Intel(Altera)사의 Quartus Prime과 Xilinx사의 ISE와 Vivado가 대표적이다.

2장에서는 Intel(Altera)사의 Quartus Prime과 Mentor Graphics사의 ModelSim 시뮬레이터에 대한 설치 및 사용방법을 다룰 것이다. 현재 Quartus Prime은 v19.2(release June, 2019.)의 Pro/Standard Edition과 무료로 공개된 v18.1이하의 Lite Edition이 배포되고 있으며, OS 환경은 윈도우즈(Windows)와 Linux를 지원한다. Quartus Prime은 공개 버전별로 합성할 수 있는 FPGA 시리즈의 차이가 있으므로 자신이 사용하는 FPGA 사양과 운영체제에 맞는 버전을 선택하면 된다.

2-1 Quartus Prime 및 ModelSim 설치

Intel(Altera)사에서 배포하는 Quartus Prime은 Verilog HDL, VHDL 등 다양한 HDL으로 설계가 가능하며, Quartus Prime에 내장된 자체 시뮬레이터 또는 함께 제공되는 Mentor Graphics사의 ModelSim-Altera 시뮬레이터를 통해 파형 검증 등의 시뮬레이션이 가능하다. Quartus Prime Lite와 Quartus II Web Edition 설치 시 무료 라이선스 이용이 가능하며, 약간의 제한(설계 크기 등)은 있지만 학습하는 데 있어 지장은 없다. 여기서는 학습자들이 시중에서 쉽게 구할 수 있는 학습키트에 적용된 FPGA(MAX 시리즈, Cyclone IV, Cyclone V 시리즈 등)와 Windows 10을 지원하는 Quartus Prime v18.1의 설치 및 사용방법을 다룰 것이다. 최신의 FPGA 시리즈를 이용한 시스템 개발을 위해 이보다 상위 버전을 선택할 때도 설치 및 사용방법은 유사하다.

Step 1. Quartus Prime Lite Edition 다운로드

아래의 다운로드 사이트에 접속한 후 [그림 2-1]의 화면에서 다음 과정을 차례대로 진행해보자.

※ 다운로드 사이트

http://fpgasoftware.intel.com/

① 다운로드 할 Quartus Prime 프로그램의 edition(Lite)과 버전(18.1)을 선택
② OS를 선택
③ Download 방법을 선택한다. 여기서는 Direct download를 선택
④ Combined Files를 선택
⑤ 설치 파일의 다운로드를 위해 우측 하단의 ⬇를 클릭
⑥ [그림 2-2]의 로그인/회원가입 화면에서 회원가입이 되어있지 않으면 가입 후 설치 파일을 다운로드

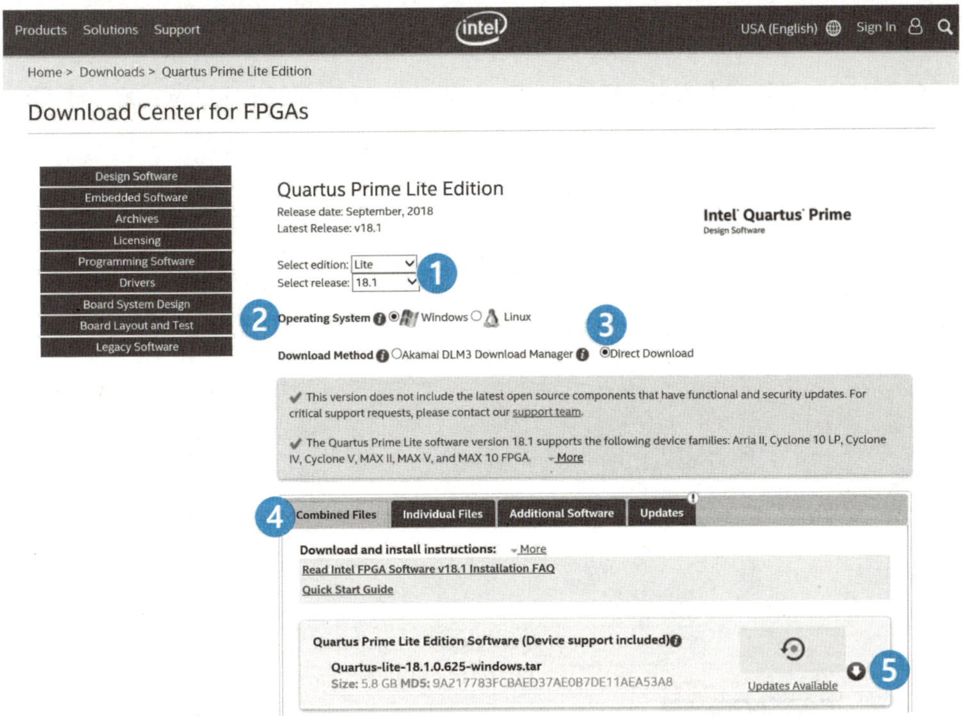

그림 2-1. Quartus Prime Lite Edition 다운로드 사이트

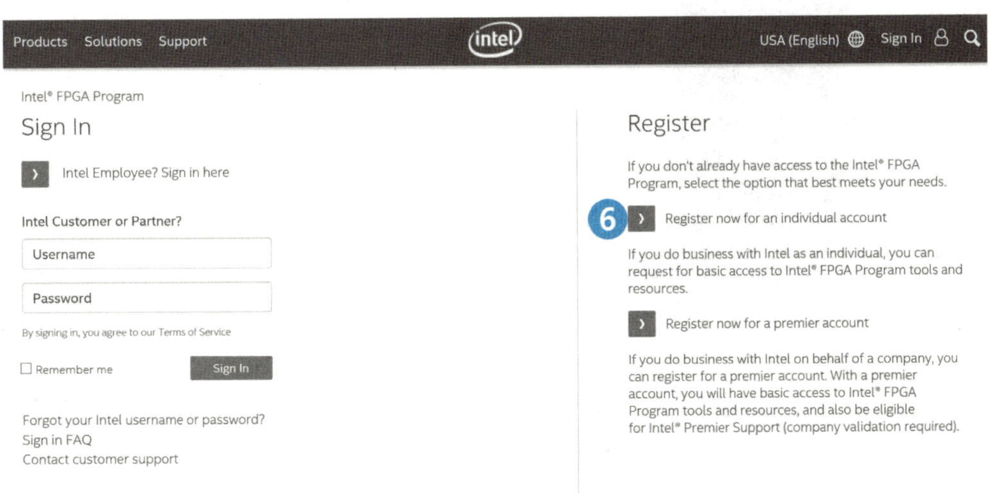

그림 2-2. 다운로드 클릭 후 로그인/회원가입을 위해 전환된 화면

Step 2. Quartus Prime(Lite Edition) 설치 준비

다운로드가 완료되면 설치 파일인 「Quartus-lite-18.1.0.625-windows.tar」의 압축을 풀고 설치를 진행해보자.

> ① 설치 파일의 압축을 해제하고 「setup.bat」 파일을 실행한 후 「Next」 클릭
> ② License Agreement 동의 후 「Next」 클릭
> ③ 설치 경로 확인 후 「Next」 클릭

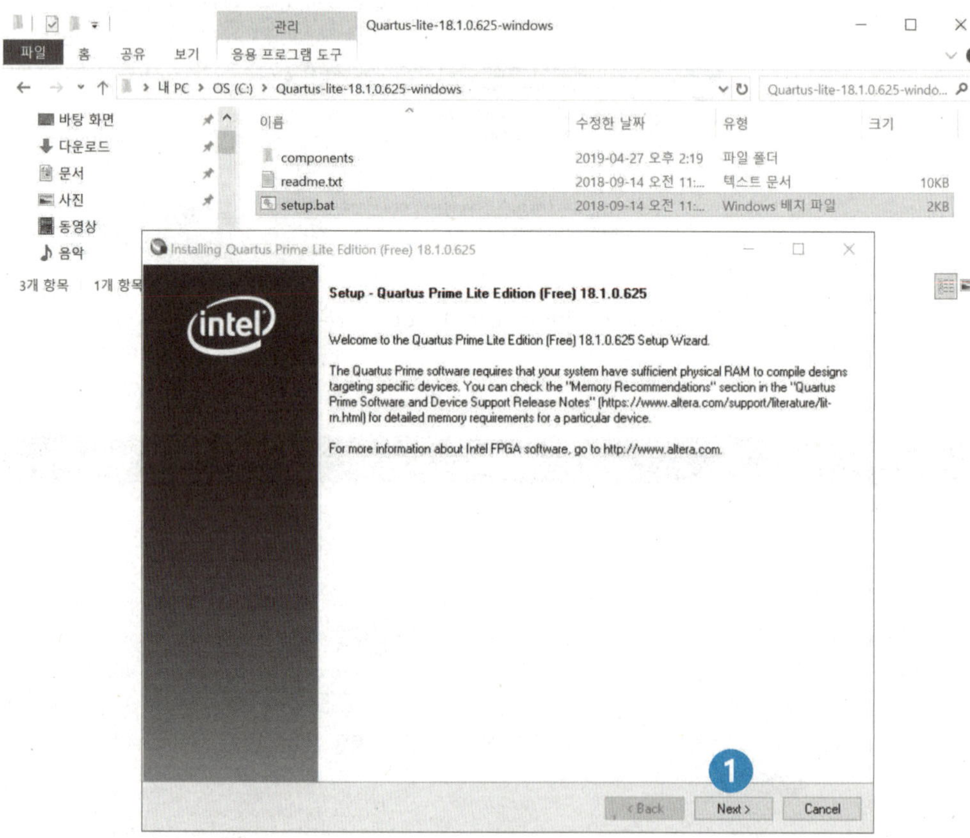

그림 2-3. Quartus Prime Lite Edition 설치 시작

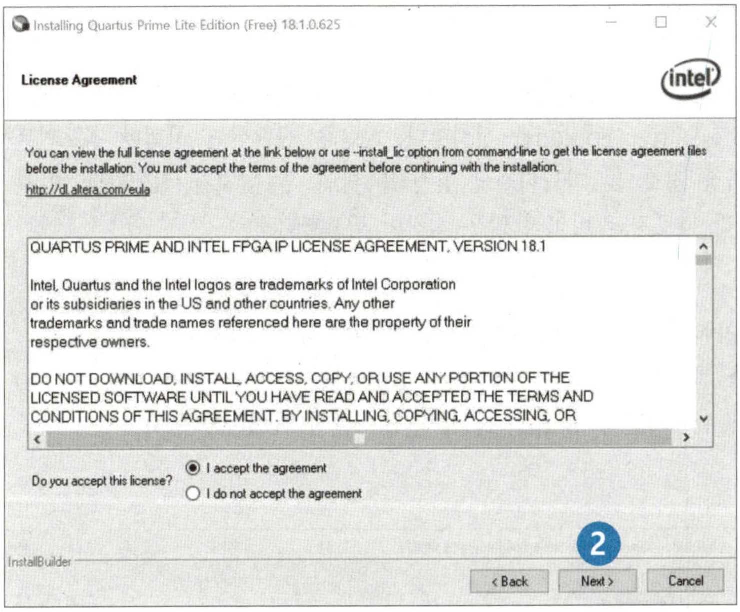

그림 2-4. License Agreement

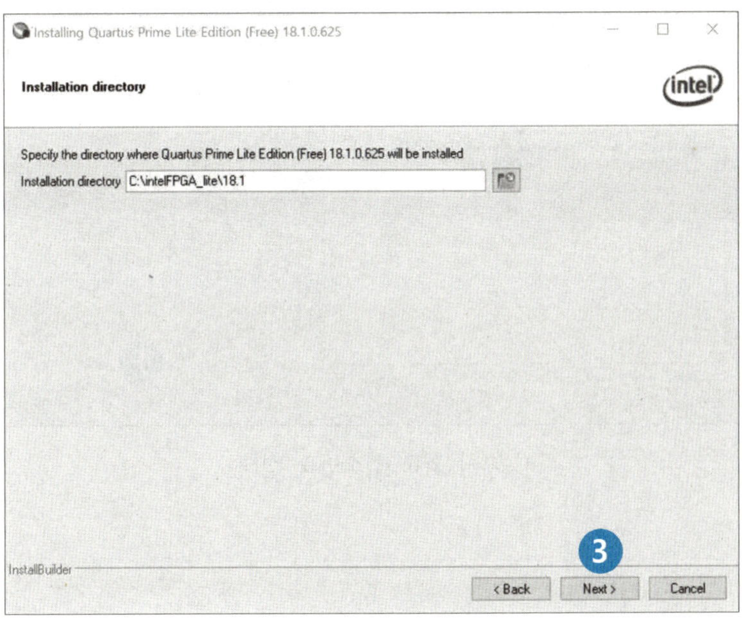

그림 2-5. 설치 경로 확인

- 설치 경로 지정 시 하드디스크(C:\)의 여유가 15 GB 이상이면 기본 설치 경로를 변경할 필요가 없다.

Step 3. 설치할 컴포넌트(components) 선택 및 설치 진행

무료 라이선스 이용이 가능한 Quartus Prime Lite Edition(하위 요소 포함)과 ModelSim-Intel FPGA Starter Edition을 선택한다. 다음을 진행하면 선택한 컴포넌트들에 대한 요약(설치 지정 경로 및 하드디스크 용량)을 확인 후 설치가 진행된다. 설치 진행 시 PC 사양에 따라 다르지만 비교적 많은 시간이 필요하다.

① 무료 라이선스 컴포넌트 선택(default) 확인 후 「Next」 클릭
② 선택한 컴포넌트의 요약 확인 후 「Next」를 누르면 설치 진행
③ 설치가 완료되면 「Finish」를 클릭하여 설치 마법사를 종료

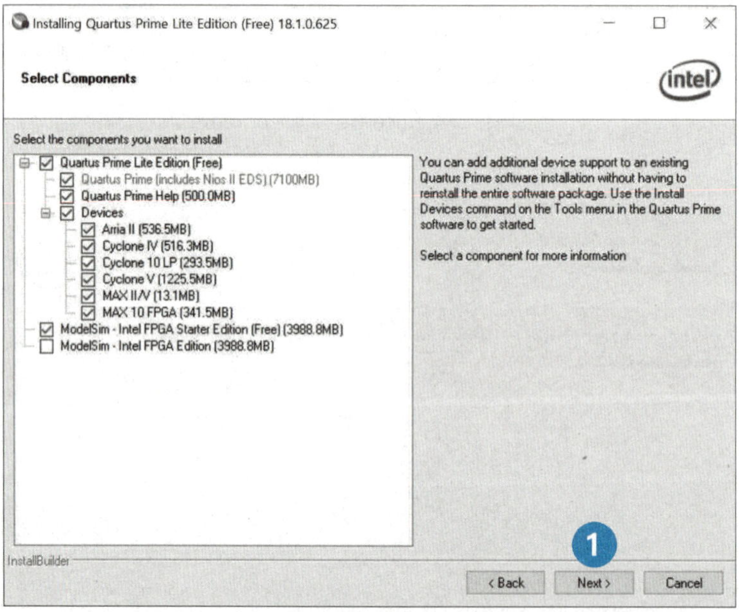

그림 2-6. 컴포넌트 선택

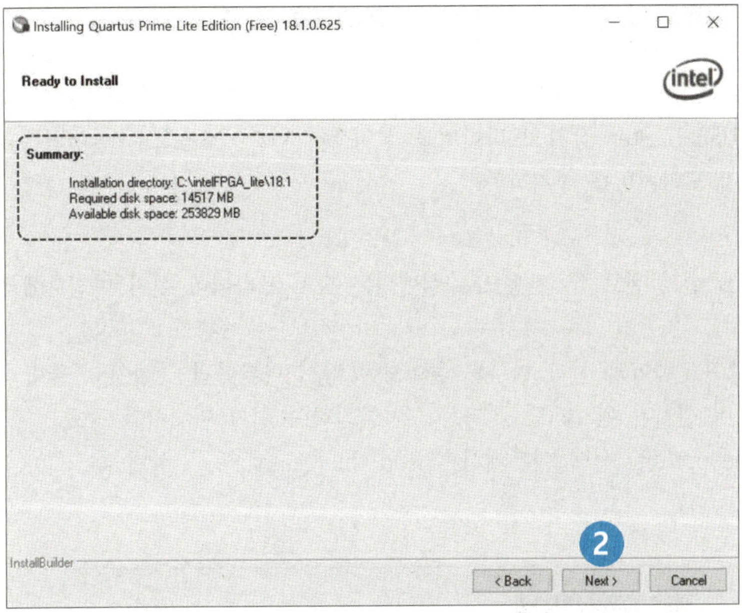

그림 2-7. 설치 경로 및 컴포넌트 요약 확인

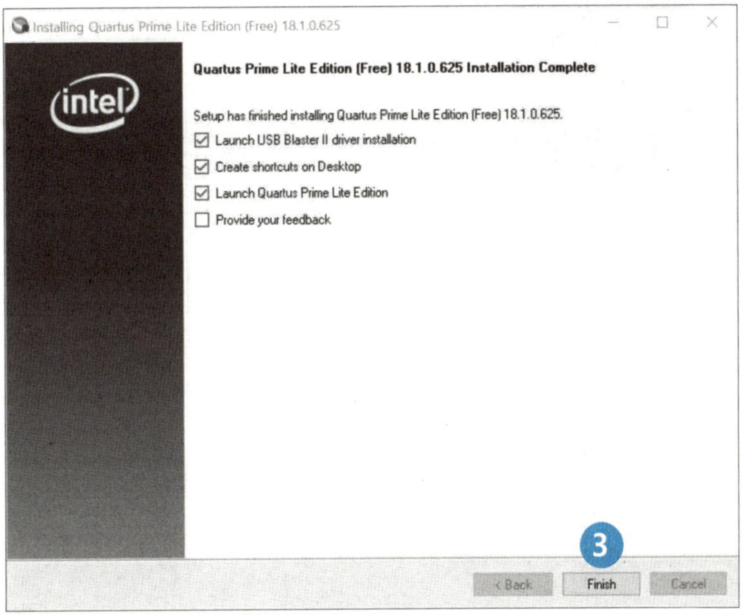

그림 2-8. 설치 완료

Step 4. USB Blaster 장치 드라이버 설치

Quartus Prime을 사용하여 설계한 Verilog HDL 모듈 코드를 FPGA에 다운로드하기 위해서는 USB-Blaster 장치 드라이버를 설치해야 한다. 자동으로 실행되는 마법사를 사용하여 장치 드라이버를 설치하자.

① Quartus 설치 완료 후 자동으로 실행되는 장치 드라이버 설치 마법사에서「다음(N)」을 클릭
② 장치 소프트웨어의 설치 여부를 물어보는 창이 나타나면 「설치」 클릭
③ 드라이버 설치가 완료되면 「마침」을 클릭하여 설치 마법사를 종료
④ License options 선택 여부에서 「Run the Quartus...」 선택 후 「OK」 클릭

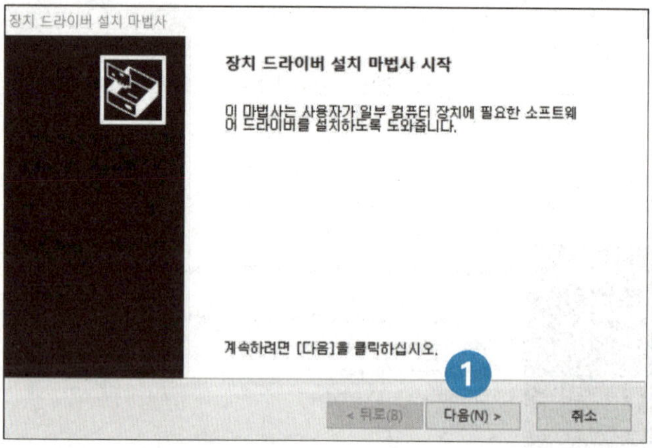

그림 2-9. USB-Blaster 장치 드라이버 설치 마법사

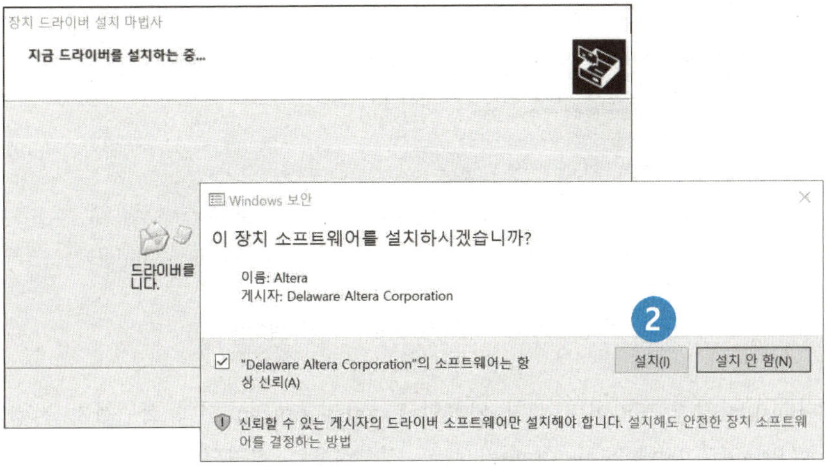

그림 2-10. USB-Blaster 장치 드라이버 설치

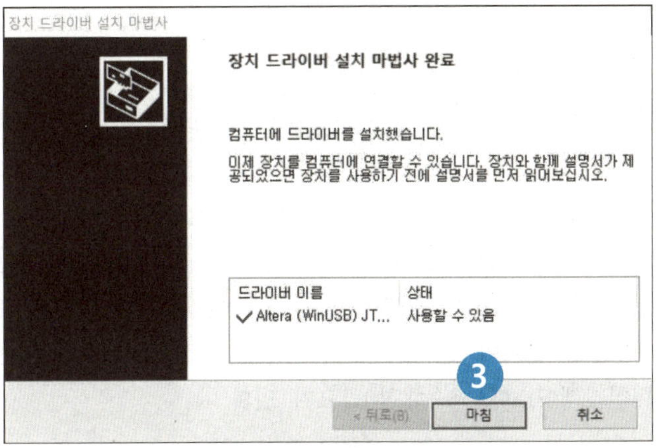

그림 2-11. USB-Blaster 장치 드라이버 설치 완료

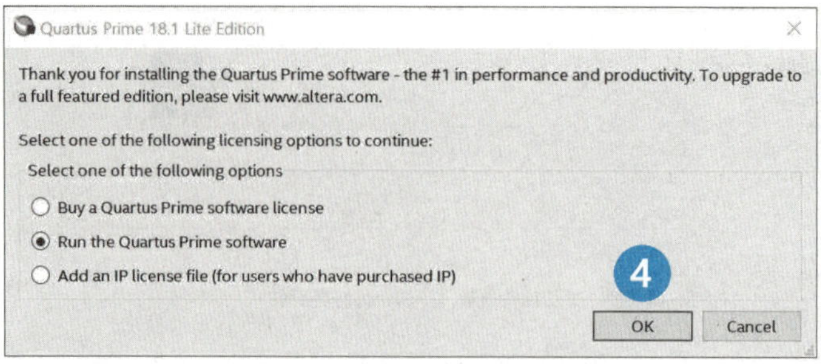

그림 2-12. License option 선택 여부

USB-Blaster 장치 드라이버 설치 완료와 License option 선택 화면까지 진행되었다면 Quartus Prime과 ModelSim-Altera가 모두 정상적으로 설치되었다.

이제 Quartus Prime과 ModelSim-Altera의 사용 방법에 대해서 알아보자.

2-2 Quartus Prime 사용방법

Verilog HDL을 사용하여 원하는 디지털 회로나 시스템을 설계하기 위해서는 EDA 소프트웨어인 Quartus Prime에서 프로젝트를 생성하고, Verilog 모듈 코드 작성 및 컴파일, 시뮬레이션을 통한 기능 검증, 타겟(target) 디바이스 선정 및 핀(PIN) 할당, FPGA에 다운로드 하는 방법을 알아야 한다. 이러한 설계 과정을 다루기 전에 먼저 Quartus Prime의 사용자 인터페이스에 익숙해질 필요가 있다.

1절에서 설치한 Quartus Prime을 실행하면 [그림 2-13]과 같은 화면을 볼 수 있을 것이다. 설계 시작은 「New Project Wizard」와 「Open Project」 두 가지 시작모드 중 하나를 선택할 수 있다. 설계를 처음 시작할 경우 「New Project Wizard」를 선택하면 된다. 「Open Project」는 기존에 설계하였던 프로젝트를 불러올 때 사용한다.

이제 Verilog HDL을 이용하여 컴퓨터와 이야기할 준비가 되었다. Verilog HDL의 세상으로 들어가 컴퓨터와 이야기를 시작해 보자.

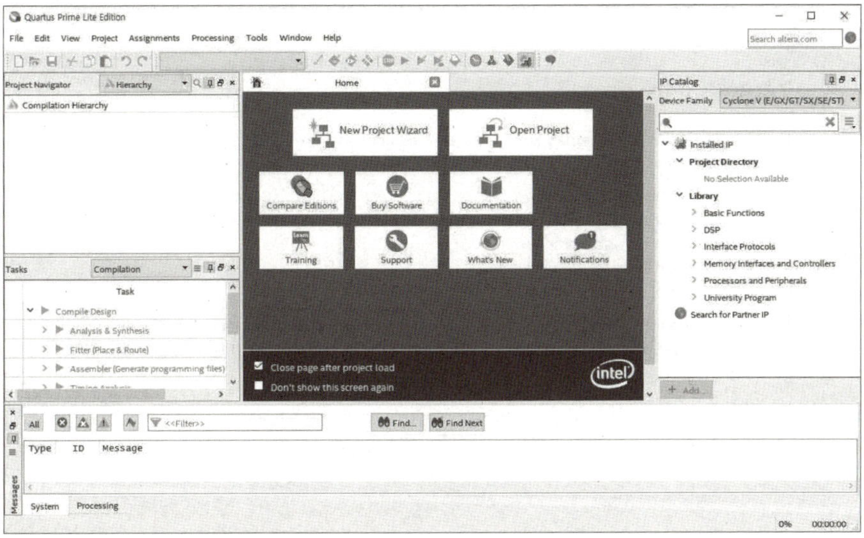

그림 2-13. Quartus Prime 시작 화면

2-2-1 프로젝트 생성

새로운 설계를 시작하기 위해서는 프로젝트(project)를 만들어야 한다. 프로젝트는 설계를 수행하기 위한 독립적인 설계 작업 단위로 이 프로젝트 내에서 Verilog 모듈 코드 작성(RTL 수준 설계), 컴파일, 시뮬레이션, 디바이스 설정 및 핀 할당, FPGA 프로그래밍 등 일련의 과정이 프로젝트별로 이루어진다. 최근 대부분의 컴퓨터 언어는 Quartus Prime과 같이 프로젝트 기반의 개발 환경을 지원한다.

설계자는 프로젝트 마법사를 통하여 프로젝트의 이름, 작업 디렉토리(directory), 설계하고자 하는 최상위 설계 독립체(entity), 프로젝트에 사용되는 하위 파일들과 라이브러리(library), 타겟 FPGA 디바이스 및 EDA 툴 등을 빠르고 쉽게 설정할 수 있다. 초심자의 경우 프로젝트 마법사를 이용한 설정 과정에서 잘못 설정하는 것에 대해 겁을 먹을 수 있으나 이러한 오류는 나중에 수정 가능하니 너무 걱정하지 않아도 된다. 아래에 제시한 방법을 차근차근 따라하면 쉽게 프로젝트를 생성할 수 있다.

[그림 2-13]에서 「New Project Wizard」을 선택하면 다음과 같이 프로젝트 마법사(Project Wizard)에 대한 소개가 나타난다. 「Next」를 눌러 새 프로젝트를 생성해보자.

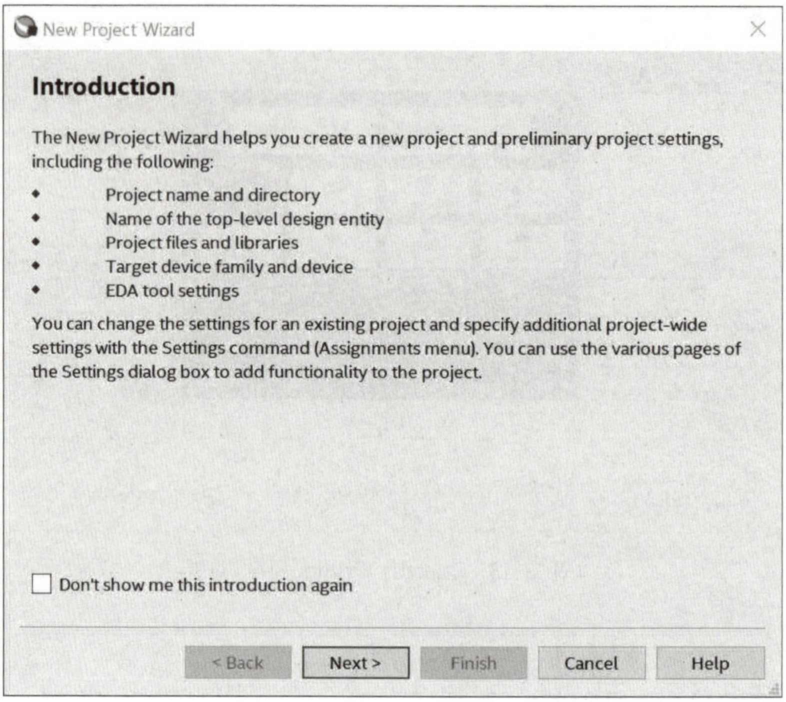

그림 2-14. New Project Wizard 소개 화면

(1) Step 1 : 디렉토리, 이름, 최상위 엔터티

프로젝트 생성을 위한 첫 번째 단계로 작업 디렉토리, 프로젝트 이름, 최상위 설계 엔터티(top-level design entity, 최상위 설계 독립체) 이름을 설정한다. 프로젝트 이름은 설계 내용을 직관적으로 알 수 있도록 작성하는 것이 좋다. 이때 한글이나 특수기호는 사용할 수 없다.

① 프로젝트 관련 파일들이 저장될 작업 디렉토리 지정
② 프로젝트 이름 작성
③ 프로젝트 이름을 작성하면 최상위 설계 엔터티 이름이 자동으로 작성
④ 「Next」 클릭
⑤ 디젝토리 생성 여부를 물으면 「Yes」 선택

- 작업 디렉토리(작업 폴더 이름)와 프로젝트 이름은 일치시킬 필요는 없으나 프로젝트 이름과 최상위 설계 엔터티(top-level design entity) 이름은 반드시 일치시켜야 한다.

대/소문자를 주의하여 다음과 같이 작성해 보자.

- 작업 디렉토리 이름 : D://intelFPGA_lite/Quartus_Projects/Verilog_Start
- 프로젝트 이름 : test
- 최상위 설계 엔터티 이름 : test

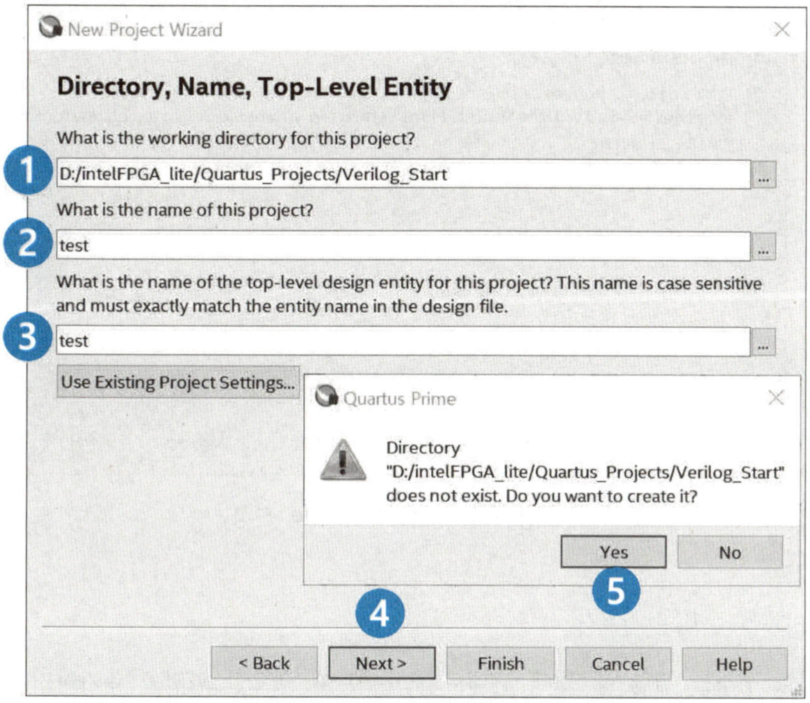

그림 2-15. 작업 디렉토리, 프로젝트 이름, 최상위 설계 엔터티 이름 설정

(2) Step 2 : 프로젝트 타입

프로젝트 생성을 위한 두 번째 단계로 프로젝트 타입(project type)을 지정한다. 처음 시작하는 프로젝트이므로 「Empty project」를 선택 후 「Next」를 클릭한다.

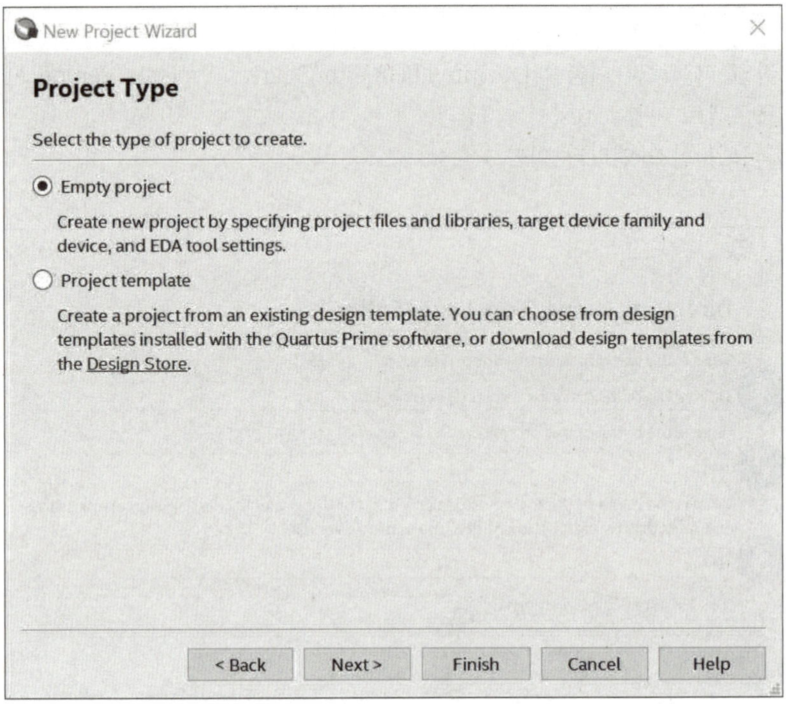

그림 2-16. Project Type 지정

(3) Step 3 : 파일 추가

프로젝트 생성을 위한 세 번째 단계로 프로젝트에 필요한 파일을 추가하거나 사용자 라이브러리에 있는 파일들을 참조하도록 설정한다. 이 부분은 구조적 설계 방법을 사용하여 여러 설계자가 맡은 부분을 각각의 하위 프로젝트로 나누어 설계하고, 최상위 프로젝트(top-level project)에서 하나로 모아 설계할 때 유용하게 사용된다. 미리 설계된 파일들이 있을 때 해당 파일들을 등록하고, 없으면 Default 설정 상태로 두고 다음으로 넘어간다.

① 미리 설계된 파일이 있을 때 「...」을 눌러 해당 파일 등록, 없으면 「Next」

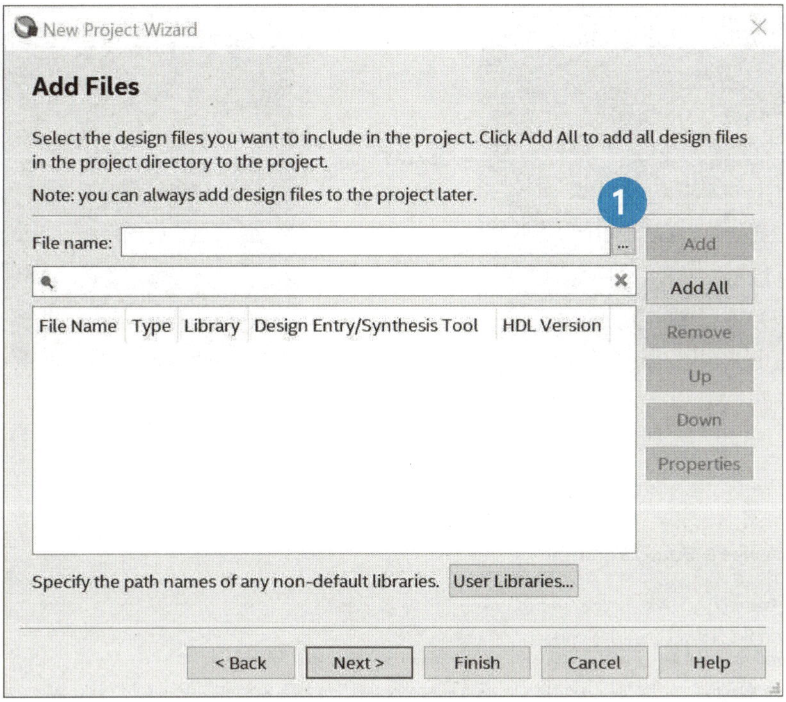

그림 2-17. 프로젝트에 설계된 파일 등록

(4) Step 4 : 타겟 디바이스 설정

네 번째 단계에서는 타겟 디바이스를 설정한다. 설계 및 구현에 사용할 FPGA 디바이스의 시리즈(Family)와 해당 디바이스를 선택한다.

① 사용할 FPGA의 Device Family를 선택
② Device part number를 선택 후 「Next」 클릭

사용하는 학습키트의 FPGA 칩(Chip)을 살펴보면 Device Family와 Device part number를 확인할 수 있다. (예. ㈜뉴티씨 FB-CY4E-DEV 학습 키트의 경우 Device Family는 CycloneⅣ E, Device part number는 EP4C6E22C8N)

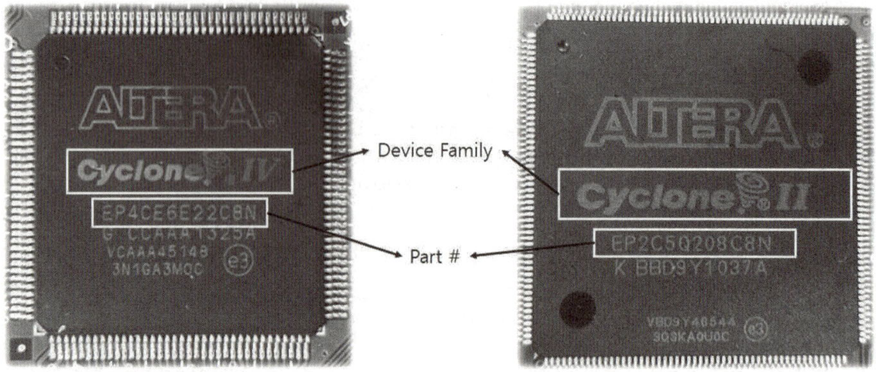

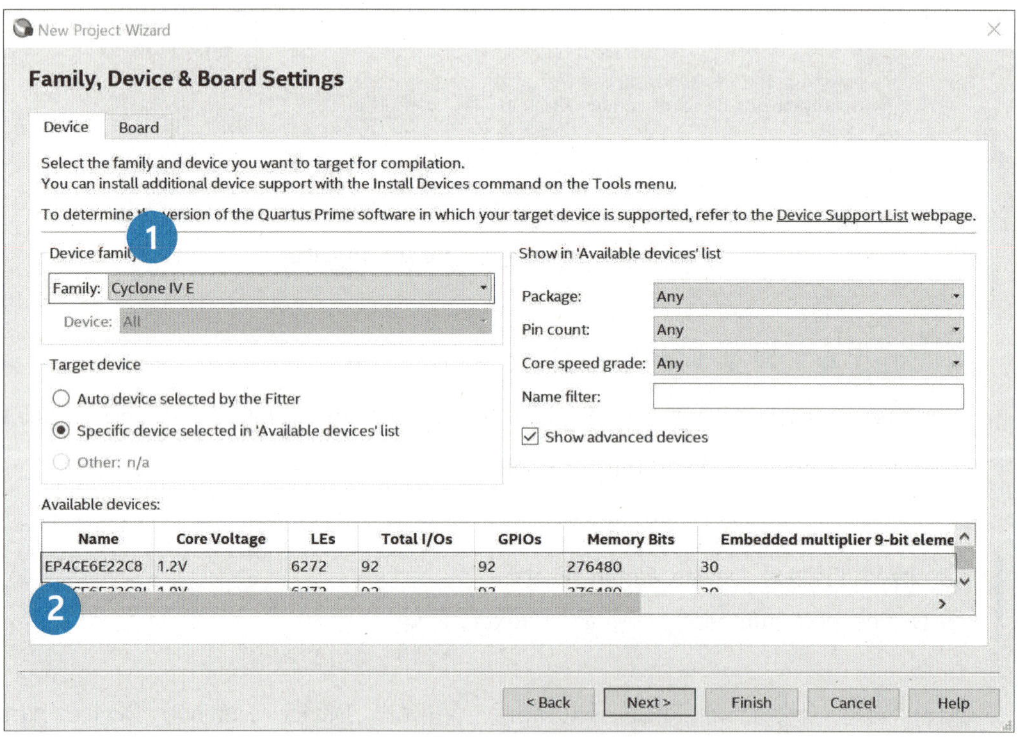

그림 2-18. 타겟 디바이스 설정

(5) Step 5 : EDA 툴 설정

다섯 번째 단계는 EDA 툴의 설정 단계이다. Quartus Prime에는 설계 입력, 합성, 시뮬레이션 등의 작업을 수행하는 기능이 기본적으로 포함되어 있다. 따라서 Verilog HDL 모듈 코드를 작성하는 설계 입력과 컴파일 같은 디바이스 지원뿐만 아니라 합성, 시뮬레이션, 타이밍 분석 등 단계별 설계 과정을 수행할 수 있다. 이때 다른 우수한 EDA 툴을 이용한 연동작업이 가능하다. 다른 EDA 소프트웨어를 연동하여 사용하기 위해서는 [그림 2-19]와 같이 EDA Tool setting 창에서 설정해야 한다. ModelSim-Altera 외 다른 EDA 툴을 연동하여 사용하기 위해서는 사용자의 컴퓨터에 해당 툴이 설치되어 있어야 한다.

① Simulation Tool로 ModelSim-Altera 선택
② Format(s)에서 Verilog HDL 선택 후 「Next」 클릭

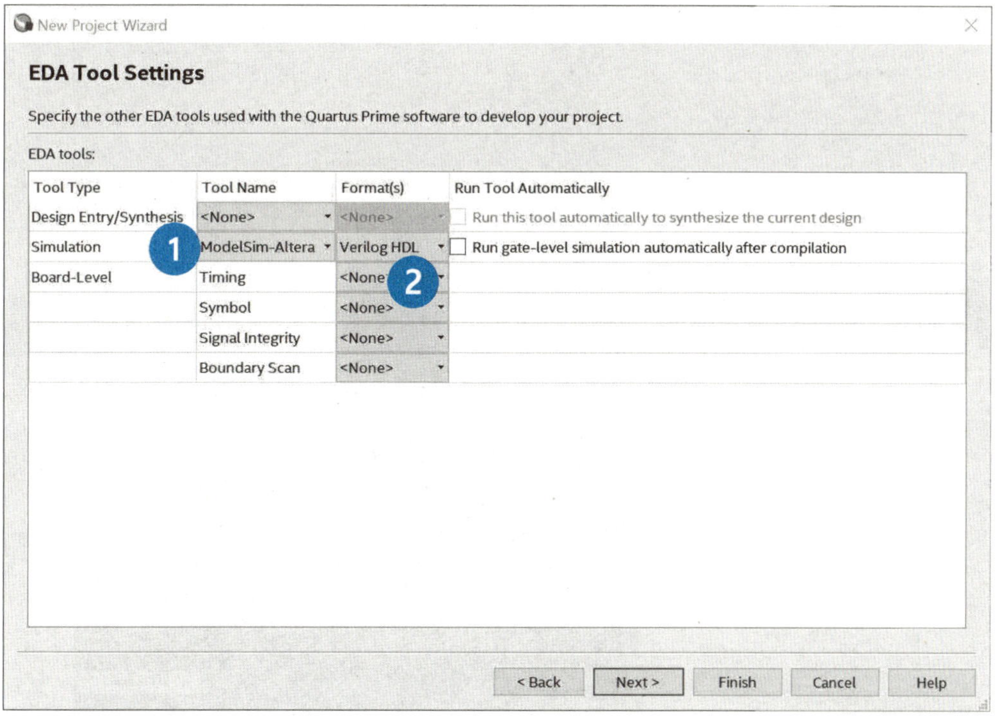

그림 2-19. EDA Tool Settings

(6) Step 6 : 프로젝트 생성 요약

Step 5까지의 과정이 모두 완료되면 생성한 프로젝트의 요약을 보여준다. 요약을 확인한 후 「Finish」를 누르면 프로젝트 생성이 완료된다.

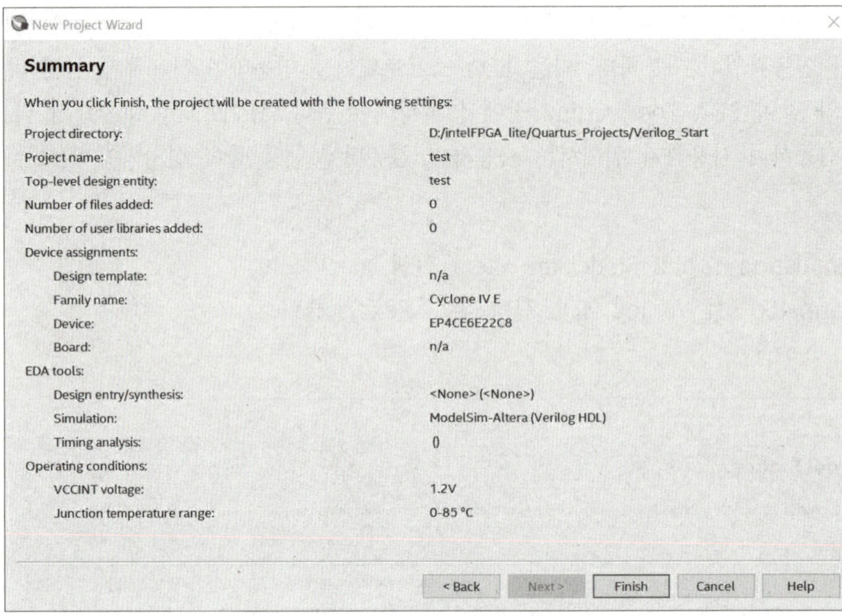

그림 2-20. 설정 요약

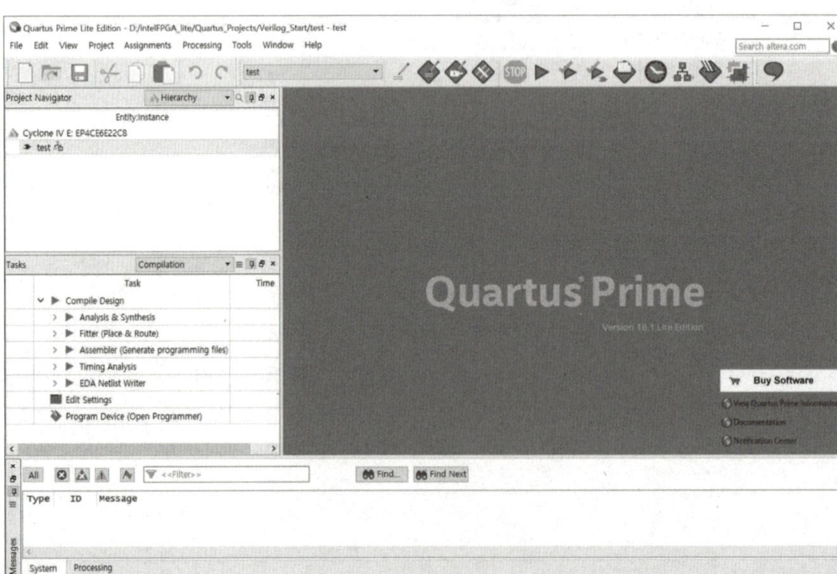

그림 2-21. 프로젝트 설정 완료 후 새로 생성된 프로젝트 화면

2-2-2 Quartus Prime에서 스키매틱(Schematic) 기반 모델링

프로젝트 생성을 완료한 후 논리 게이트 연산자나 사용자 정의 심볼(symbol)을 이용한 스키매틱(schematic) 기반 모델링 방법과 Text 기반 모델링 방법을 선택하여 사용할 수 있다. 스키매틱 기반 모델링은 각 논리 기본소자와 그들의 연결을 통해 회로도를 완성하는 설계방법이다. 반면 Text 기반 모델링은 C언어와 유사하게 Verilog HDL 언어를 사용하여 회로의 동작 상태를 요약하여 표현하거나 회로의 구조적 연결을 직접 표현하는 설계방법이다.

(1) Schematic 기반 모듈 코드 작성을 위한 Block Editor 활성화

먼저 회로도를 그리듯이 설계할 수 있는 스키매틱 기반 모델링 방법을 사용하여 모듈 코드를 작성해보자.

① Quartus Prime의 사용자 인터페이스 메뉴에서 「File」 → 「New」 선택
② 활성화된 New 창에서 「Block Diagram/Schematic File」 선택 후 「OK」를 누르면 스키매틱 기반 설계를 위한 블록 에디터 창이 생성

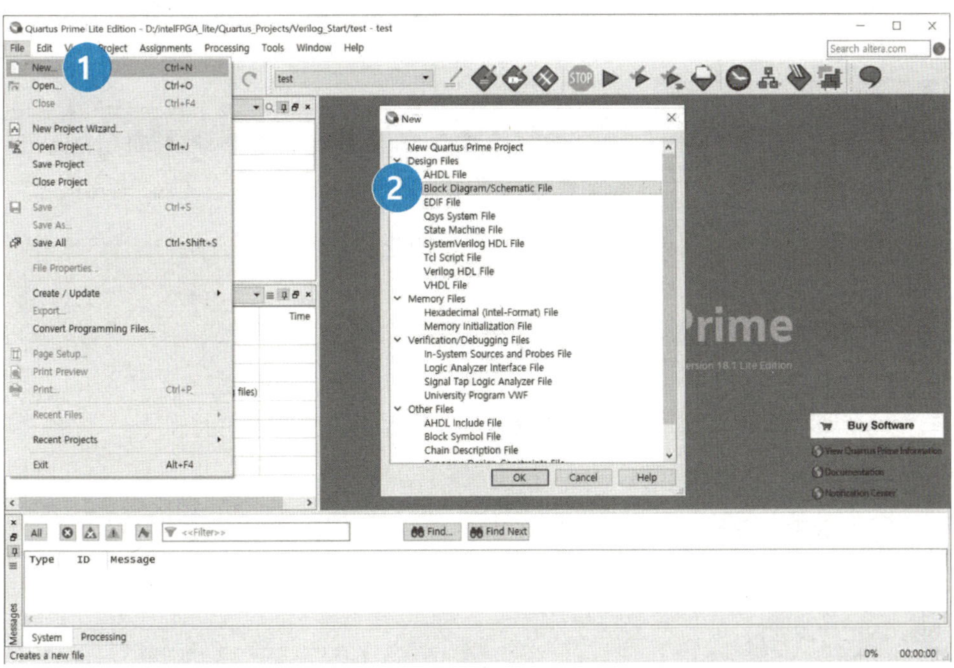

그림 2-22. 스키매틱 기반 설계를 위한 Block Editor 생성

(2) Block Editor를 이용한 스키매틱 설계

활성화된 블록 에디터(block editor) 창 상단에서 임시 파일(Block1.bdf)의 생성을 확인할 수 있다. 이제 블록 에디터에서 간단한 AND 게이트로 이루어진 논리회로를 설계해보자.

① 블록 에디터에서 더블 클릭(double click)
② 활성화된 Symbol 창에서 Name 부분에 논리 게이트 이름(예. and2, or2 등)을 입력 후 OK를 누르고 블록 에디터 창을 클릭
③ 위의 과정을 반복하여 설계하고자 하는 회로에 필요한 논리 게이트를 호출
④ 연결도구()를 사용하여 호출한 심볼들을 연결
⑤ 호출된 단위 unit(and2, input 등)을 더블 클릭하여 인스턴스 이름(instance_name)과 입출력 포트 이름(Pin name) 및 기본값 설정
⑥ 설정 완료 후 「File」 → 「Save」 또는 를 클릭하여 설계한 파일을 저장(이때 파일의 이름은 반드시 프로젝트 이름과 동일하게 저장해야 함)

- [그림 2-23] ~ [그림 2-28]과 같이 회로 설계에 필요한 and2, input, output 심볼을 호출 후 연결도구를 사용하여 연결하고, and2 게이트의 인스턴스 이름을 U0, input 포트 이름을 a, b 그리고 output 포트를 out_and로 변경 후 설계 파일을 저장하자.

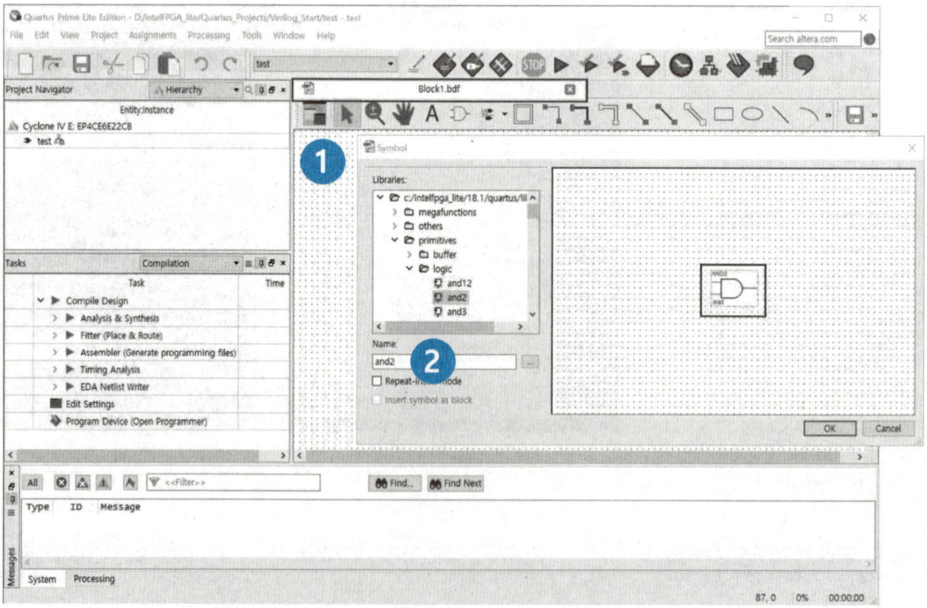

그림 2-23. 블록 에디터 창에서 and2 심볼을 호출한 예

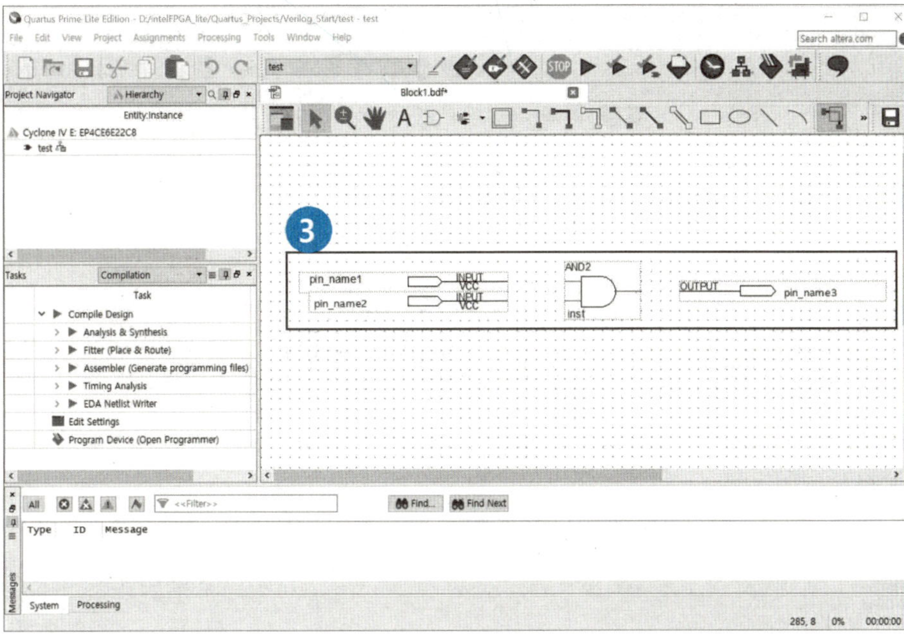

그림 2-24. 블록 에디터 창에서 and2, input, output 심볼을 호출한 화면

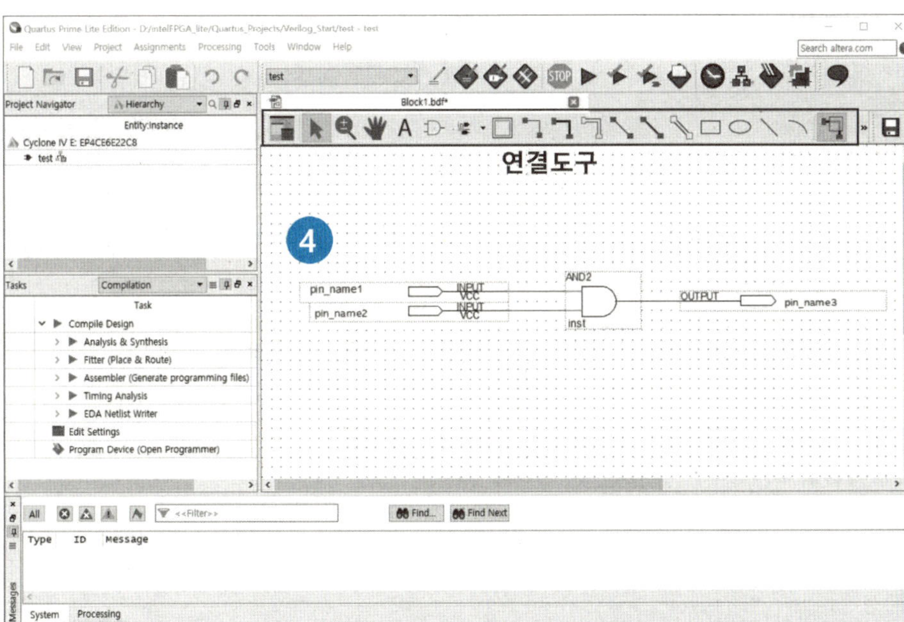

그림 2-25. 연결도구를 사용하여 호출한 심볼들을 연결한 화면

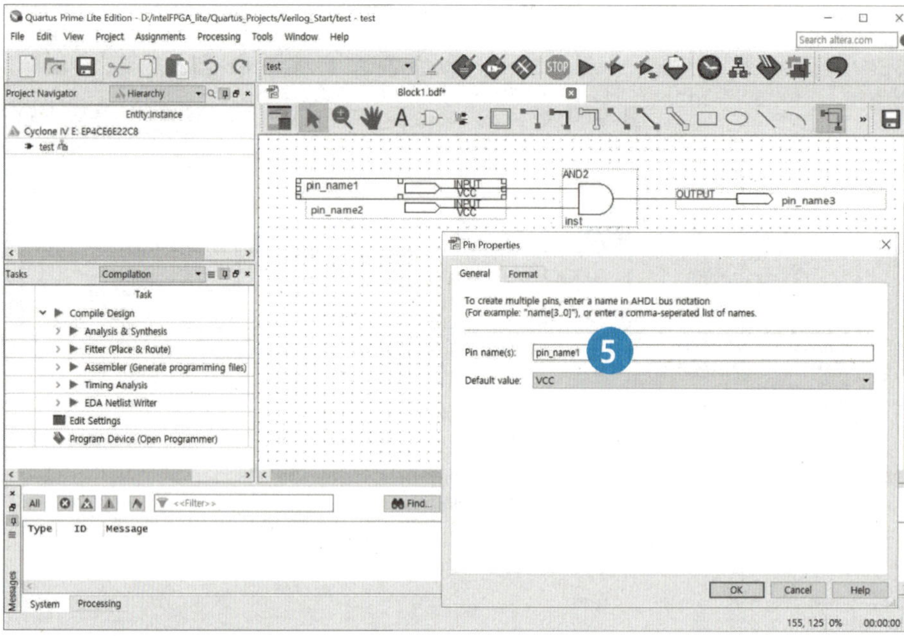

그림 2-26. 입출력의 Pin name과 게이트의 instance name 수정 화면

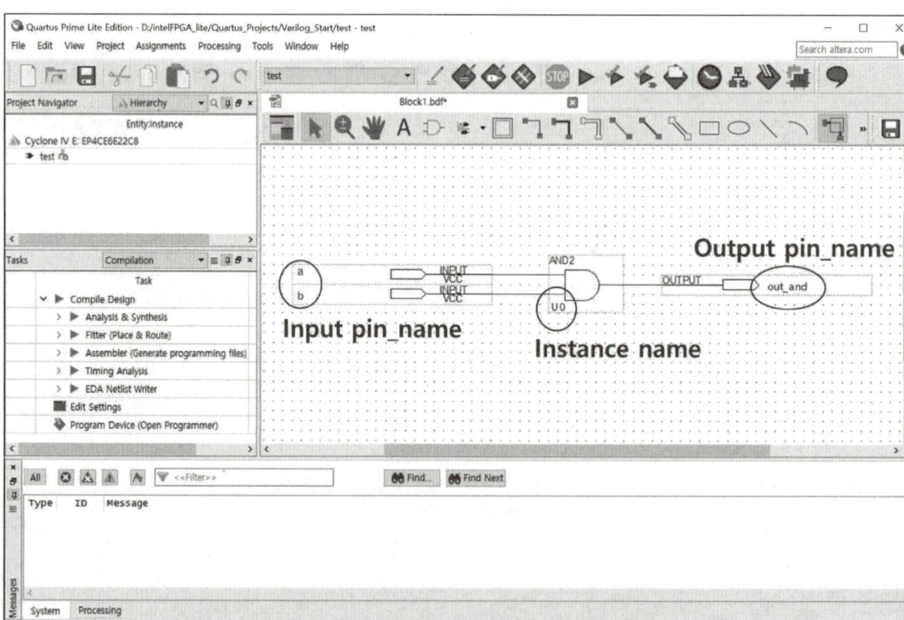

그림 2-27. 입출력의 Pin name과 게이트의 instance name을 변경한 화면

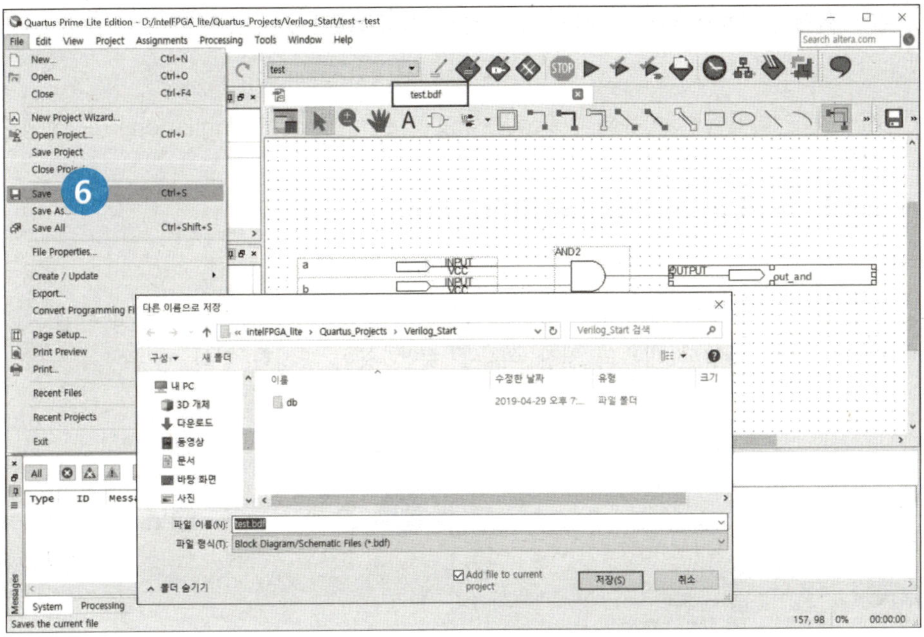

그림 2-28. 설계 파일을 프로젝트 이름과 동일하게 저장한 화면

설계 파일을 저장할 때 반드시 프로젝트 이름(여기서는 test)과 동일하게 저장해야 한다. 저장 완료 후 「Block1.bdf*」이 「test.bdf」로 변경되었음을 확인할 수 있다.

2-2-3 Verilog HDL 모듈 코드 컴파일(Compile)

스키매틱 기반의 Verilog HDL 모듈 코드 작성을 끝마쳤으면 컴파일(compilation)을 통해 작성된 모듈 코드의 문법적 오류를 확인한다. 컴파일 시 문법적 오류가 발생하게 되면 컴파일 진행 도중 오류 메시지를 출력하고 중지된다. 컴파일 단계에서는 회로의 기능(또는 논리)적 오류를 확인할 수 없다. 단지 모듈 코드의 문법적 오류만을 확인할 수 있으며, 기능적 오류는 이후 진행되는 시뮬레이션 단계에서 시뮬레이션 결과를 분석함으로써 검증할 수 있다.

앞서 설계한 「test.bdf」에 대해 컴파일을 진행해보자.

① 사용자 인터페이스 메뉴의 「Processing」 → 「Start Compilation」을 실행하거나 단축 아이콘 (▶)을 클릭
② 하단의 Messages 창에서 컴파일 결과 확인

만약 설계 단계에서 파일을 저장하지 않았거나 수정이 이루어졌다면 컴파일 실행 시 파일 이름 또는 수정된 내용의 저장 여부를 묻는 창이 활성화 된다.

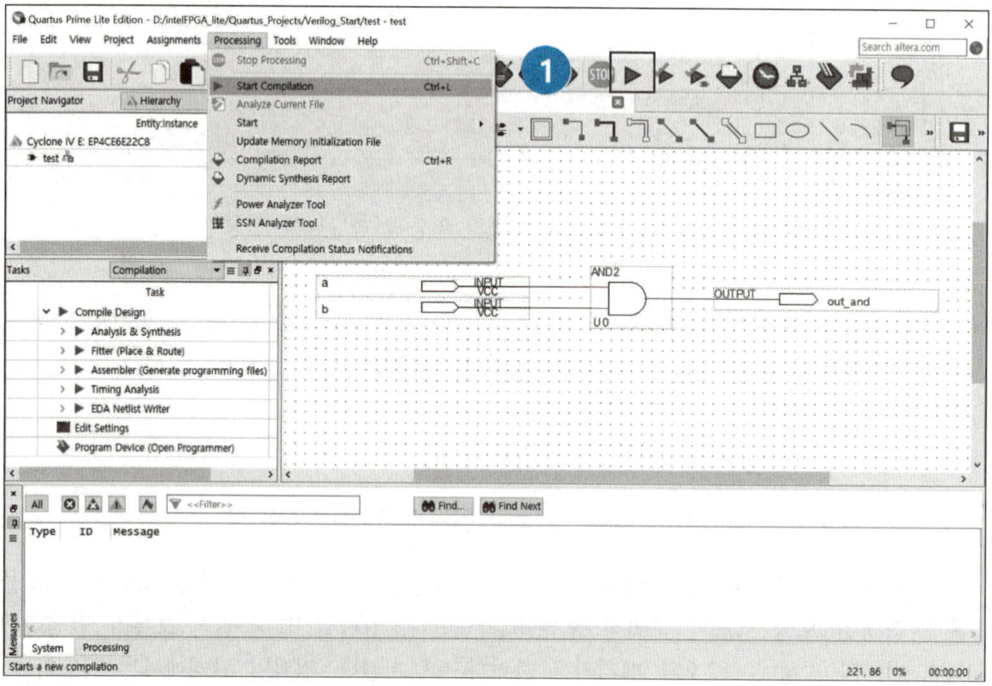

그림 2-29. 설계 파일의 컴파일 진행

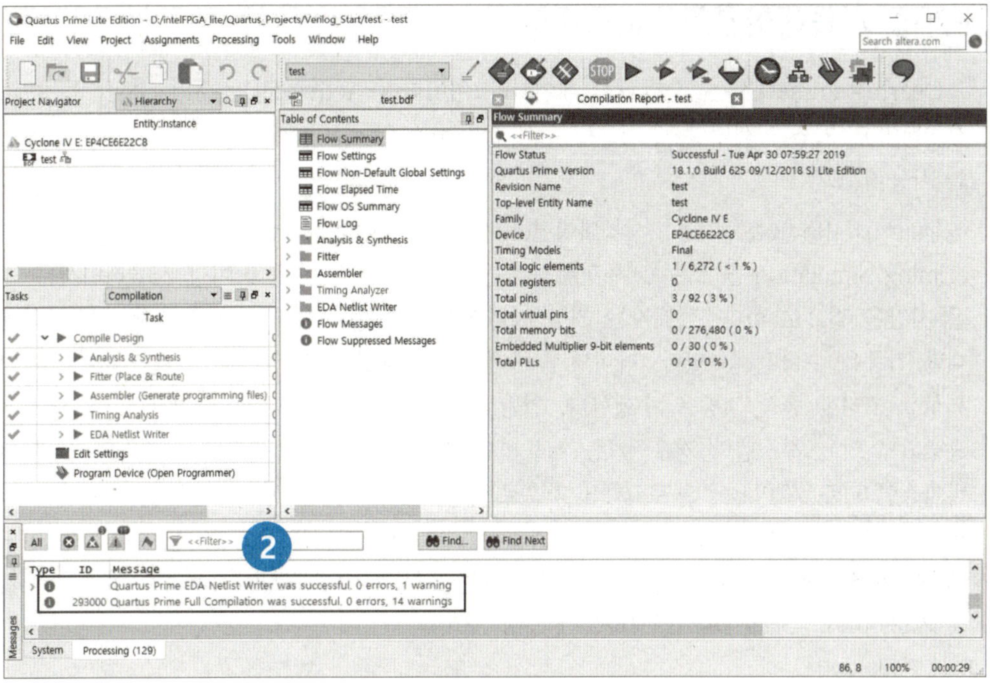

그림 2-30. 컴파일 성공 화면

[그림 2-30]은 test.bdf 파일에 대한 컴파일 성공 화면이다. 우측의 Flow summary 창에 컴파일 수행 결과(최종 합성된 로직 수, 레지스터 수, 사용한 핀 수 등)를 요약하여 나타내고 있다.

만약 작성한 Verilog HDL 모듈 코드에 문법적 오류가 없다면 아래쪽 Message 창에서 오류 없이 컴파일이 완료되었다는 내용('Quartus Prime Full Compilation was successful, 0 errors, 14 warnings')을 볼 수 있다. 이때 warning 개수는 지금은 무시하자. 추후 불필요한 회로(dummy circuits) 등을 제거하는 모듈 코드의 최적화를 하면 warning 개수를 줄이거나 제거할 수 있다.

2-2-4 시뮬레이션(Simulation)

Quartus Prime에서는 자체 시뮬레이터를 비롯하여 Active-HDL, ModelSim 등 여러 시뮬레이션 도구를 선택할 수 있다. 우선 Quartus Prime의 자체 시뮬레이터(simulator)를 사용해 보자.

Quartus Prime은 기능 시뮬레이션(Functional Simulation)과 타이밍 시뮬레이션(Timing Simulation)을 모두 지원한다. 기능 시뮬레이션에 비해 타이밍 시뮬레이션은 많은 시간을 필요로 한다. 설계자는 기능 시뮬레이션을 통해 설계한 회로의 논리적 동작에 대한 검증을 수행할 수 있다. 타이밍 시뮬레이션은 타겟 디바이스에 구현된 회로의 지연 특성을 고려한 동작 검증을 수행한다. 일반적으로 단순한 시스템 설계 또는 고속 동작이 요구되지 않는 시스템의 경우, 기능 시뮬레이션만을 통해 설계 내용을 검증하고 타겟 디바이스인 FPGA/CPLD에 프로그래밍(다운로드)하여 구현된 내용을 확인한다. 하지만 복잡한 기능의 고속 동작이 요구되는 시스템을 설계할 때나 ASIC 제조공정을 수행하는 반도체 칩 제조사에서는 타이밍 시뮬레이션을 통한 검증까지 요구하기도 한다. 여기서는 기능 시뮬레이션 수행방법에 한정하여 설명할 것이다.

(1) Simulation Waveform Editor 활성화

Quartus Prime을 이용한 시뮬레이션을 위해 먼저 설계한 회로의 입력 파형을 작성해야 한다. 다음의 과정을 수행하여 Simulation Waveform Editor를 활성화하자.

① 사용자 인터페이스 메뉴의 「File」 → 「New」 클릭
② 활성화된 New 창에서 「University Program VWF」 선택 후 「OK」 클릭하면 Simulation Waveform Editor 활성화

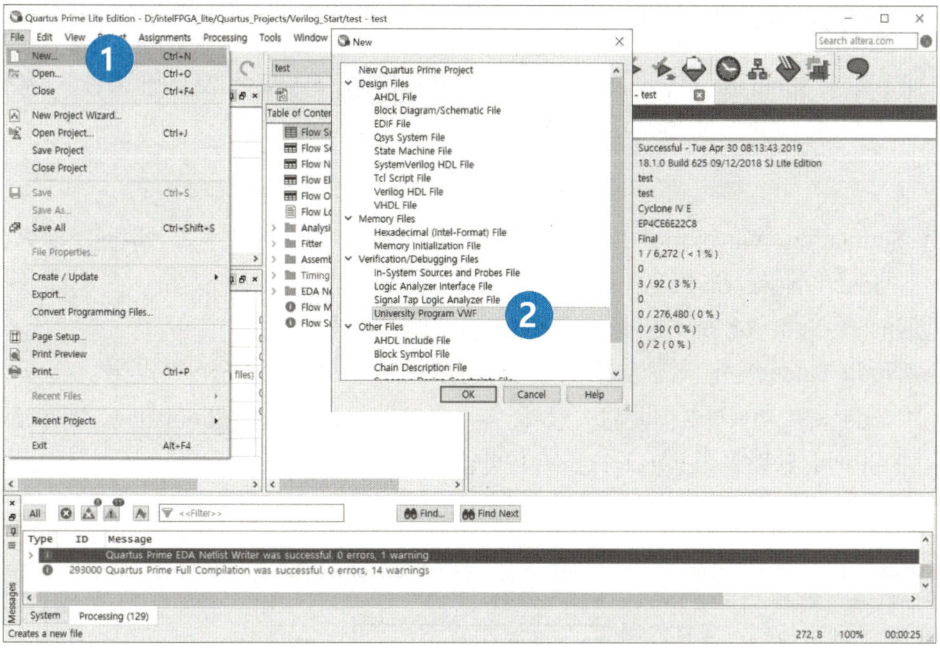

그림 2-31. 시뮬레이션 수행을 위한 Simulation Waveform Editor 활성화

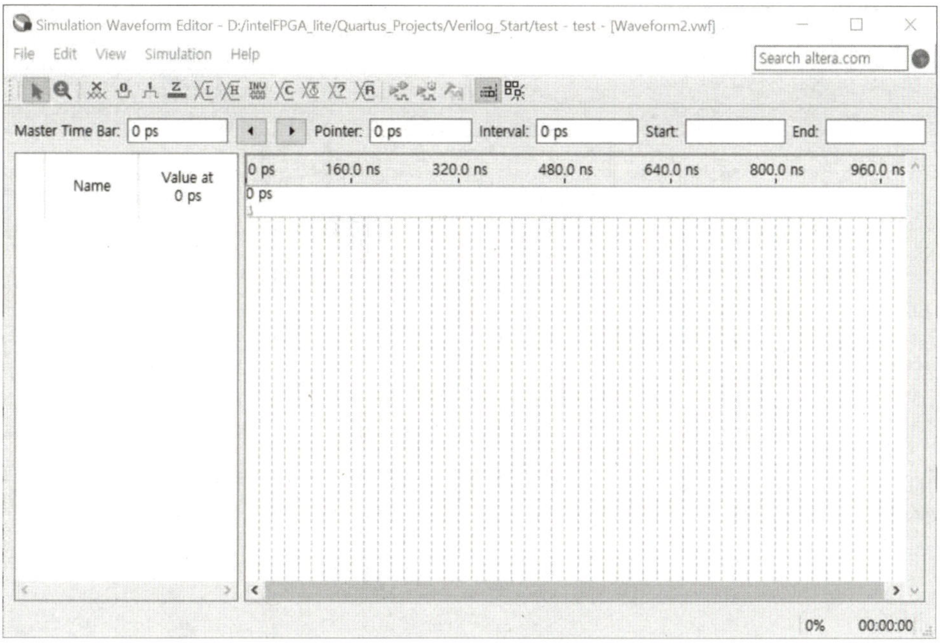

그림 2-32. 시뮬레이션 수행을 위한 Simulation Waveform Editor 화면

(2) 입출력 지정을 위한 입력 노드 선택

활성화된 Simulation Waveform Editor에서 설계한 하드웨어 모듈의 입출력 지정을 위해 노드 또는 버스(Node/Bus)를 추가한다.

① Simulation Waveform Editor의 왼쪽 화면에서 마우스 오른쪽 버튼을 클릭 후 「Insert Node or Bus」 선택
② Insert Node or Bus 창에서 「Node Finder」 클릭
③ Node Finder에서 「List」를 클릭하면 Node Found에 Node들이 나타남
④ Node들을 선택하고 >> 를 클릭 후 「OK」 클릭하면 Simulation Waveform Editor의 왼쪽에 지정한 노드들이 나타남

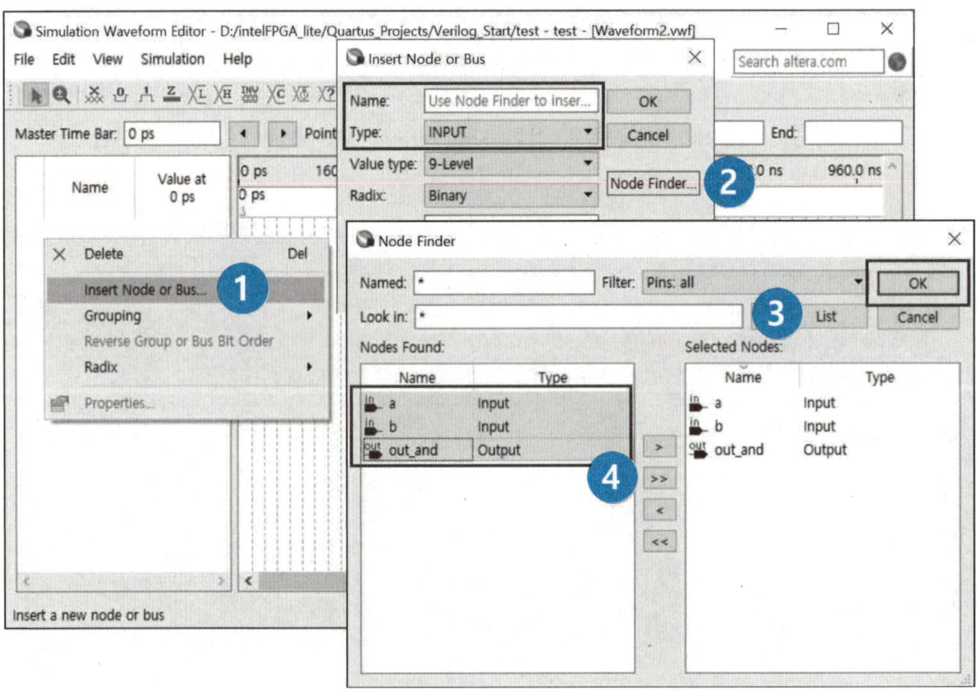

그림 2-33. 입출력 지정을 위한 Node Finder

(3) 입력신호 값 설정

앞에서 지정한 입출력 포트(Node/Bus)에 넣어줄 가상의 입력신호 파형을 만들어야 한다. 레벨 도구를 사용하여 Simulation Waveform Editor에 추가된 Node/Bus의 입력신호 값을 설정해보자.

① 마우스 드래그(drag)를 통해 Editor에 추가된 각 노드들의 시간영역(신호 값이 유지되는 시간)을 선택

② Editor 상단의 레벨 도구()를 사용하여 각 노드들의 레벨(신호 값)을 설정

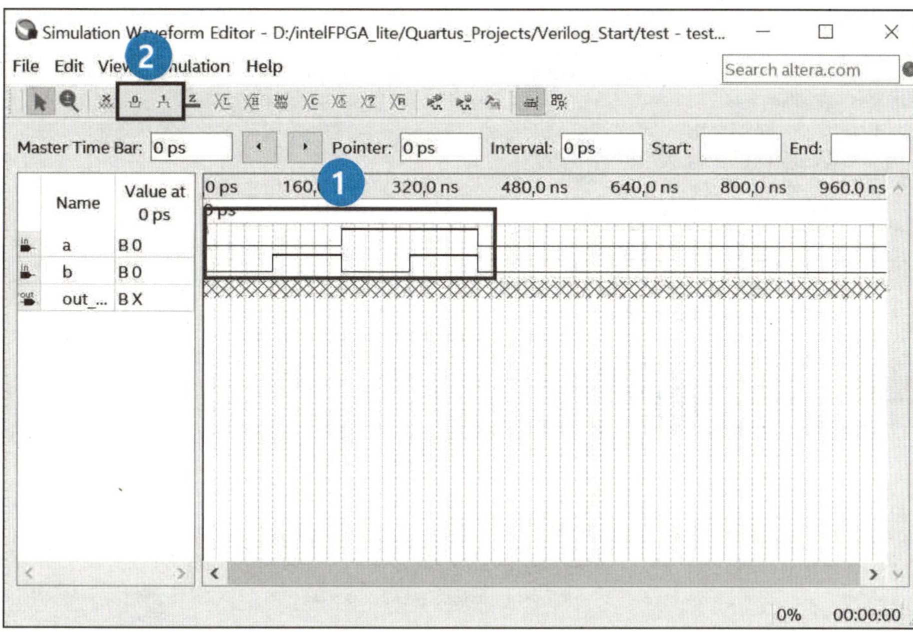

그림 2-34. 시간영역 선택 후 레벨도구를 이용한 입력신호 값 설정 화면

(4) 시뮬레이션 수행

우리는 이미 Verilog HDL을 이용하여 간단한 회로의 하드웨어 모듈을 설계하였고, 설계한 모듈이 정상 동작을 하는지 확인하기 위해 입출력 Node/Bus의 지정과 각 Node/Bus에 넣어줄 신호 값 설정 등 시뮬레이션을 위한 준비를 마쳤다.

다음의 과정을 통해 시뮬레이션을 실행해보자.

① 사용자 인터페이스 메뉴의 「Simulation」 → 「Run Functional Simulation」 선택
② 설정 내용의 저장을 위해 「Yes」를 선택
③ 파일 이름 설정 및 저장 후 시뮬레이션 실행
④ 시뮬레이션 결과 확인

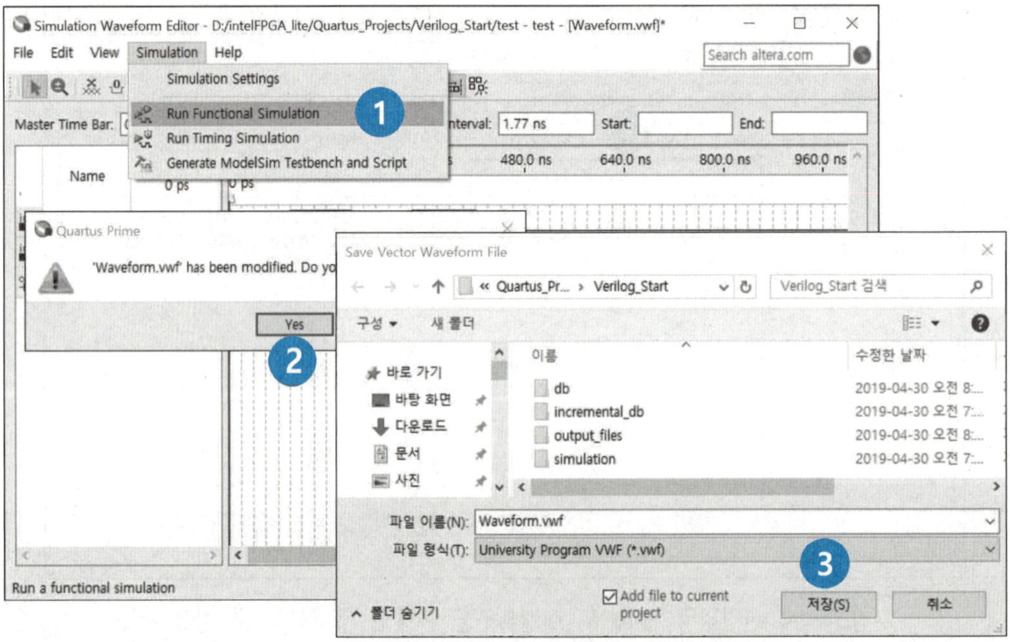

그림 2-35. 노드 또는 버스의 레벨 설정 저장 및 시뮬레이션 수행

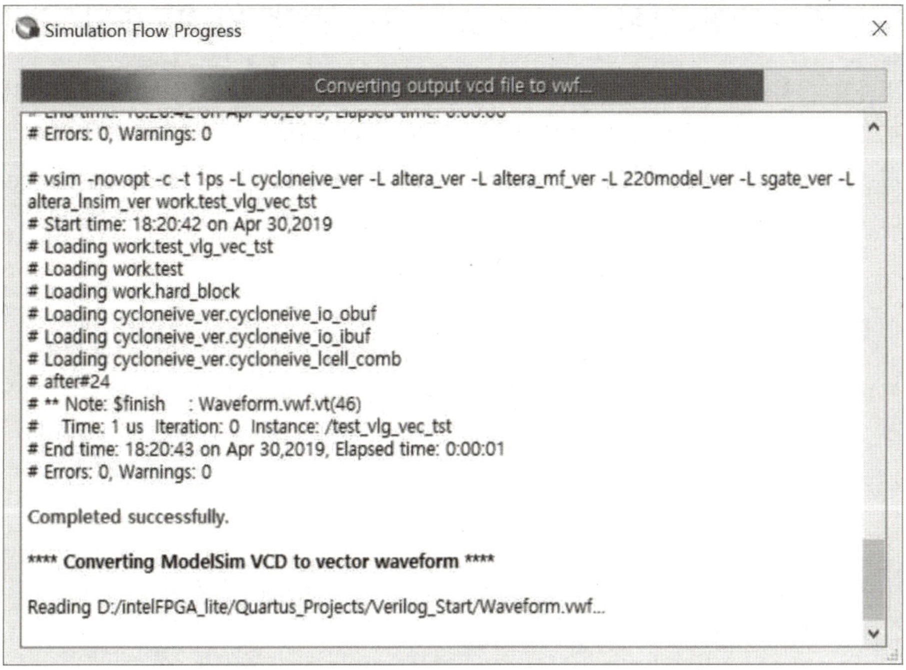

그림 2-36. 시뮬레이션 실행 화면

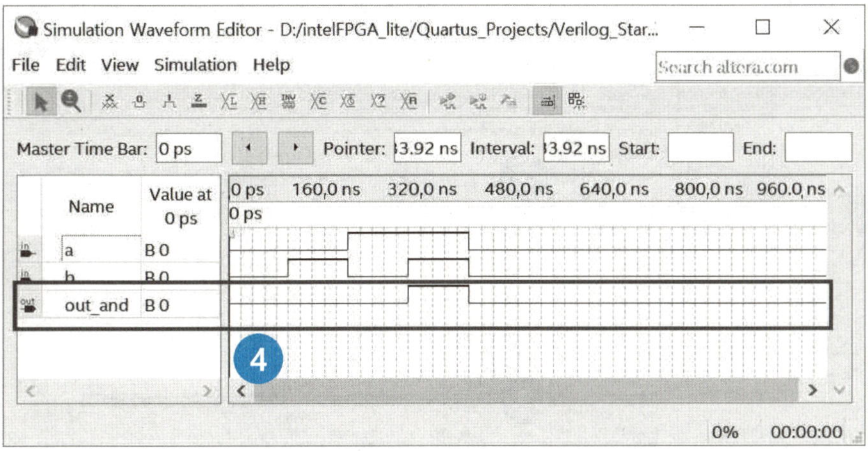

그림 2-37. 시뮬레이션 결과 화면

[그림 2-37]은 AND 게이트 회로를 설계한 모듈에 대한 시뮬레이션 결과이다. 입력 a와 b가 00, 01, 10, 11일 때 출력 out_and는 0, 0, 0 1의 결과이므로 정상적으로 설계되었음을 알 수 있다.

2-2-5 하드웨어 구현을 위한 디바이스 선택 및 핀 할당

컴파일과 시뮬레이션이 정상적으로 완료되었다면 타겟 디바이스(FPGA)에 설계한 내용을 프로그래밍(다운로드)하여 실제 하드웨어로 동작시킨다. FPGA에 프로그래밍하기 위해서는 타겟 디바이스 종류(FPGA device part number)를 선택하고 핀 할당(pin assignment)을 해야 한다.

(1) 디바이스 선택(Device Assignment)

프로젝트 생성 단계에서 사용할 타겟 디바이스 종류를 선택했다면 이 단계는 생략해도 된다. 그러나 타겟 디바이스의 수정이 필요하다면 디바이스 창에서 타겟 디바이스 종류를 수정하면 된다.

① 사용자 인터페이스 메뉴의 「Assignments」 → 「Device」 선택
② 활성화된 Device 창에서 Device Family 선택
③ Device part number 수정 후 「OK」 클릭

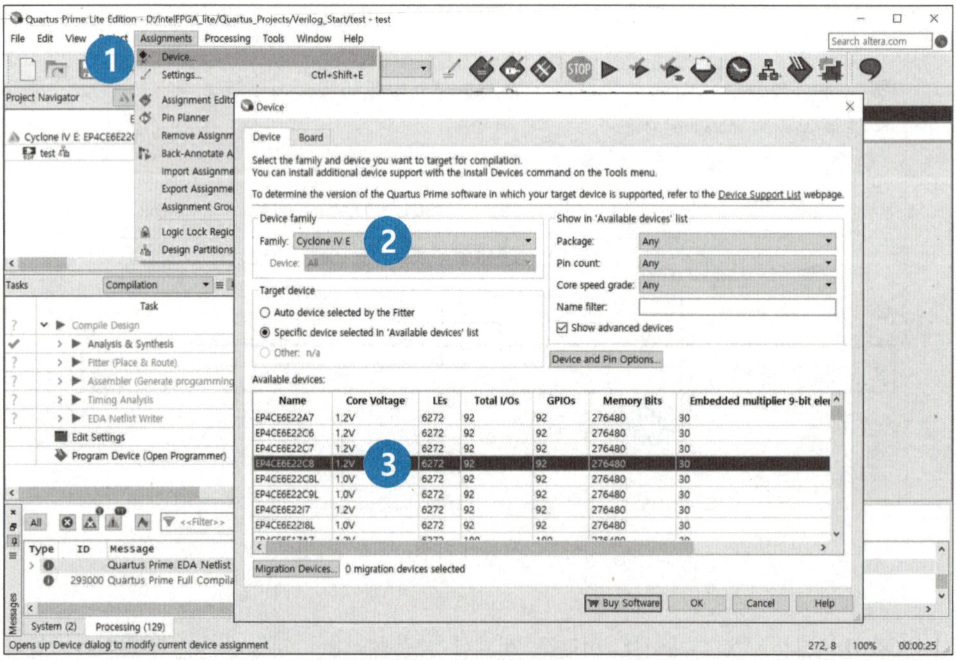

그림 2-38. Target FPGA의 Device Family 및 Part number 설정

(2) 핀 할당(Pin Assignment)

핀 할당이란 [그림 2-39]와 같이 설계한 하드웨어 모듈을 타겟 디바이스인 FPGA 내부에 프로그래밍(다운로드) 후 하드웨어 모듈의 입출력 포트(I/O port)를 FPGA의 어떤 핀(pin)에 연결할지 지정하는 것이다.

다음의 과정을 통해 핀 할당을 진행하여 보자

① 사용자 인터페이스 메뉴의 「Assignments」 → 「Pin Planner」 선택
② Pin Planner의 All Pins 창에서 설계한 test 모듈의 입출력 포트(a, b, out_and) 확인
③ 할당하고자 하는 해당 포트의 「Location」 컬럼 셀(cell)을 클릭하여 할당할 핀 번호를 쓰거나 더블 클릭하여 할당할 핀 선택
④ 핀 할당 완료 후 Pin Planner의 「File」 → 「Close」 선택하여 Pin Planner Close
⑤ 사용자 인터페이스 메뉴의 「Processing」 → 「Start Compilation」을 클릭하여 다시 컴파일 실행

③의 과정에서 핀 할당을 하기 위해서는 사용하는 타겟 FPGA의 각 핀과 외부 장치와의 연결 정보를 알아야 한다. 직접 제작한 FPGA 보드를 사용할 경우 회로도 상의 연결 정보를 이용하여 할당하면 되며, 시중에서 쉽게 구입할 수 있는 학습용 보드나 개발용 키트를 사용할 경우 CD 또는 온라인으로 제공되는 매뉴얼을 참고하여 핀 할당을 진행할 수 있다.

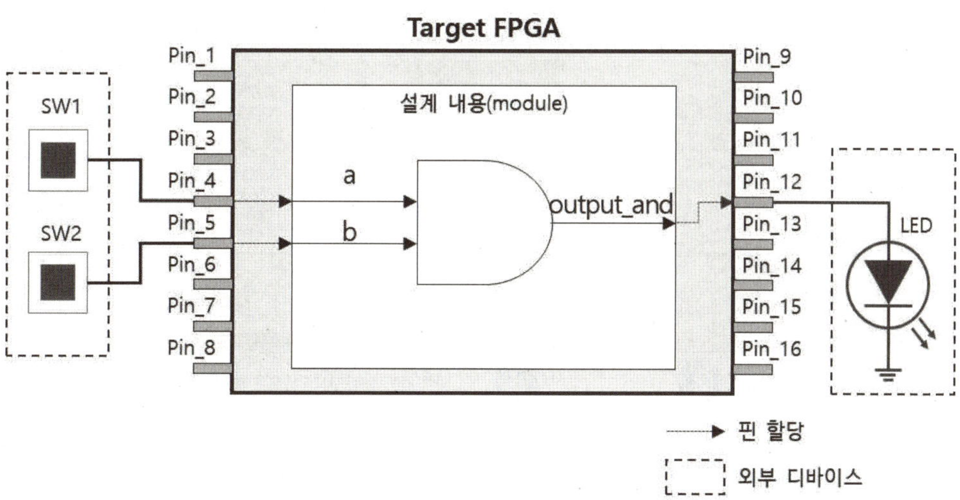

그림 2-39. Target FPGA와 외부 디바이스의 연결을 위한 핀 할당

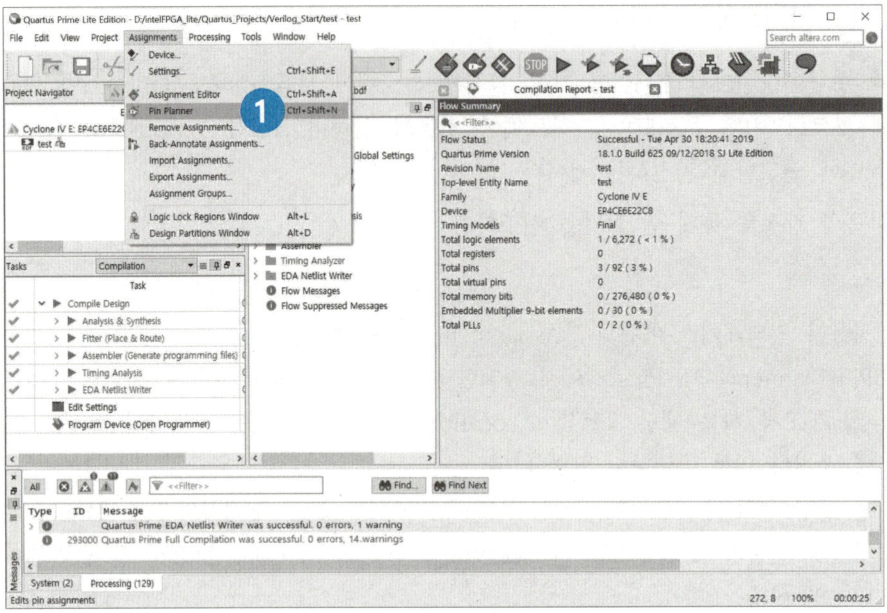

그림 2-40. 핀 할당을 위한 Pin Planner 실행

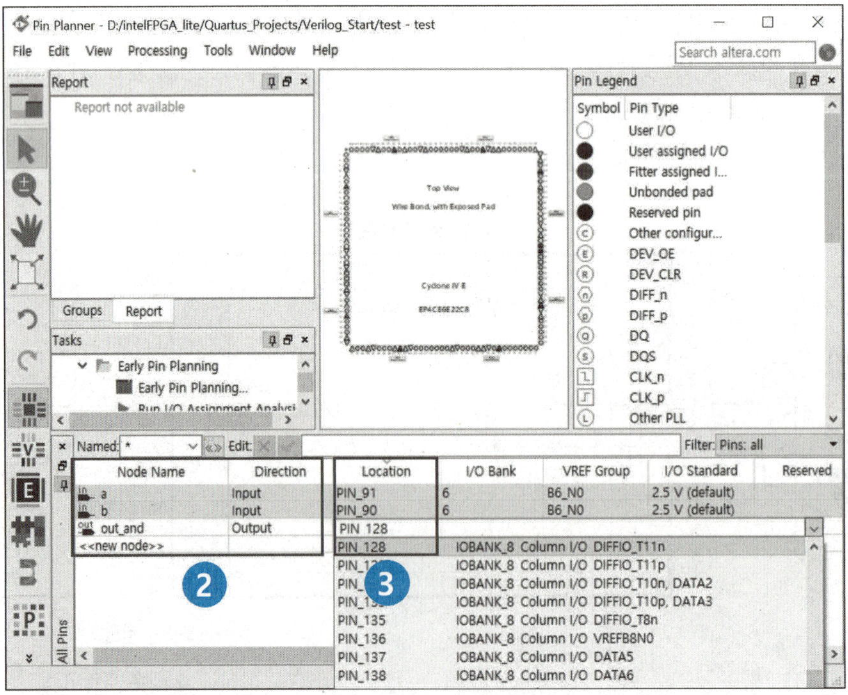

그림 2-41. Pin Planner를 이용한 핀 할당

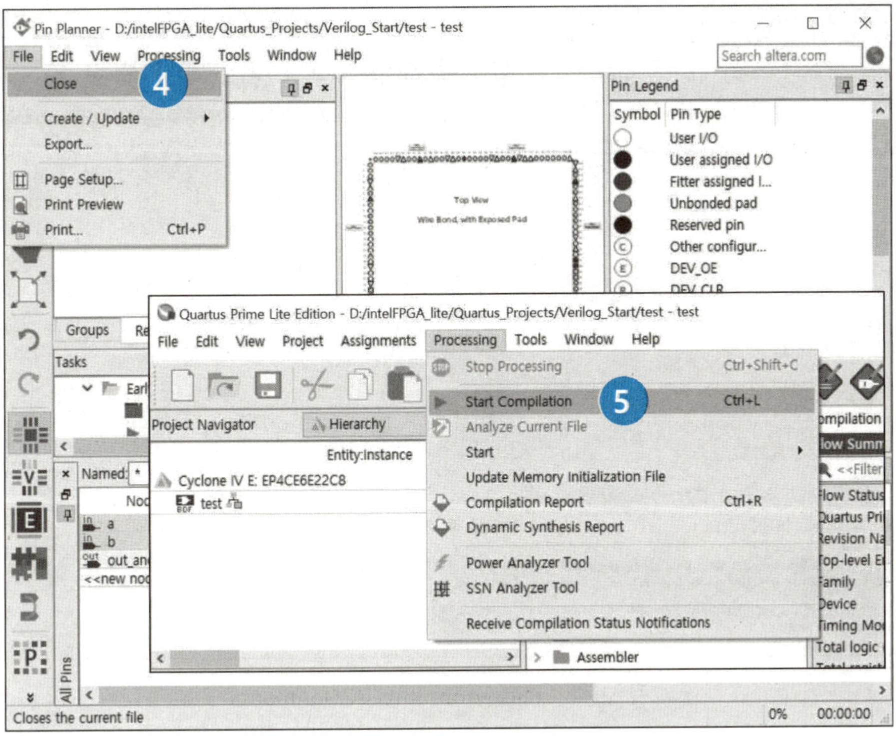

그림 2-42. 핀 할당 완료 후 컴파일 실행

앞서 설명한 Pin Planner를 이용한 핀 할당 방법 이외에 Back-Annotate Assignments를 이용하는 방법도 있다(이 방법은 일반적인 핀 할당 방법은 아니다).

① 사용자 인터페이스 메뉴의 「Assignments」 → 「Back-Annotate Assignments...」를 선택
② 활성화된 Back-Annotate Assignments 창에서 「OK」 클릭
③ 인터페이스 메뉴의 「Assignments」 → 「Assignment Editor」 선택
④ Assignment Editor 창에서 「To」 셀(Cell) 클릭하여 출력 포트를 이름 순으로 정렬
⑤ ~로 시작하는 불필요한 포트 선택 후 삭제
⑥ Assignment Editor 창에서 핀 할당 대상 포트의 「Value」 컬럼 셀(cell)을 더블 클릭하여 핀 할당을 완료
⑦ 사용자 인터페이스 메뉴의 「File」 → 「Save」 후 「Processing」 → 「Start Compilation」을 클릭하여 다시 컴파일 실행

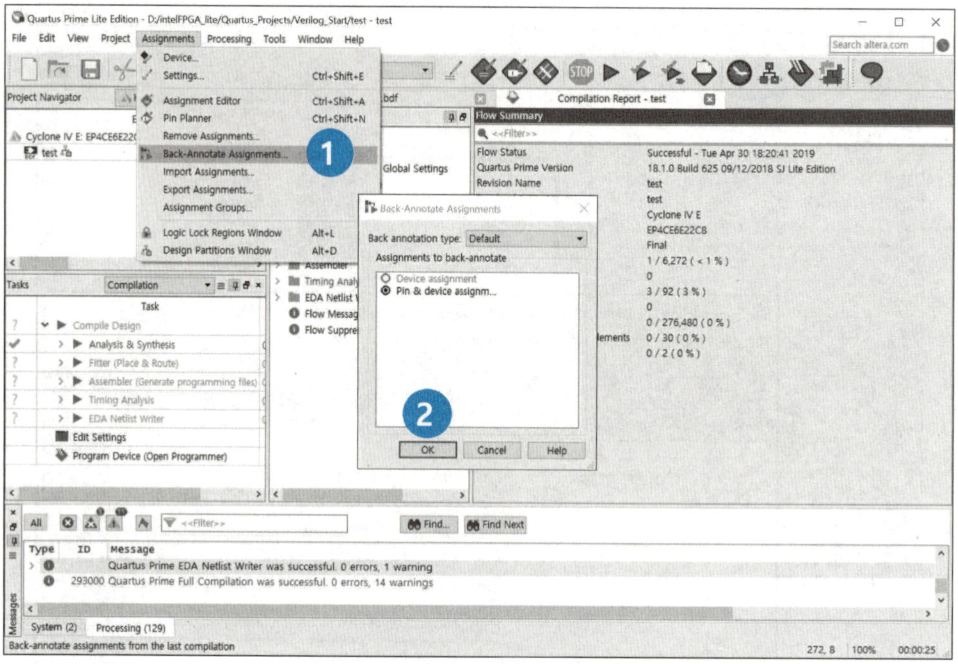

그림 2-43. Back-Annotate Assignments

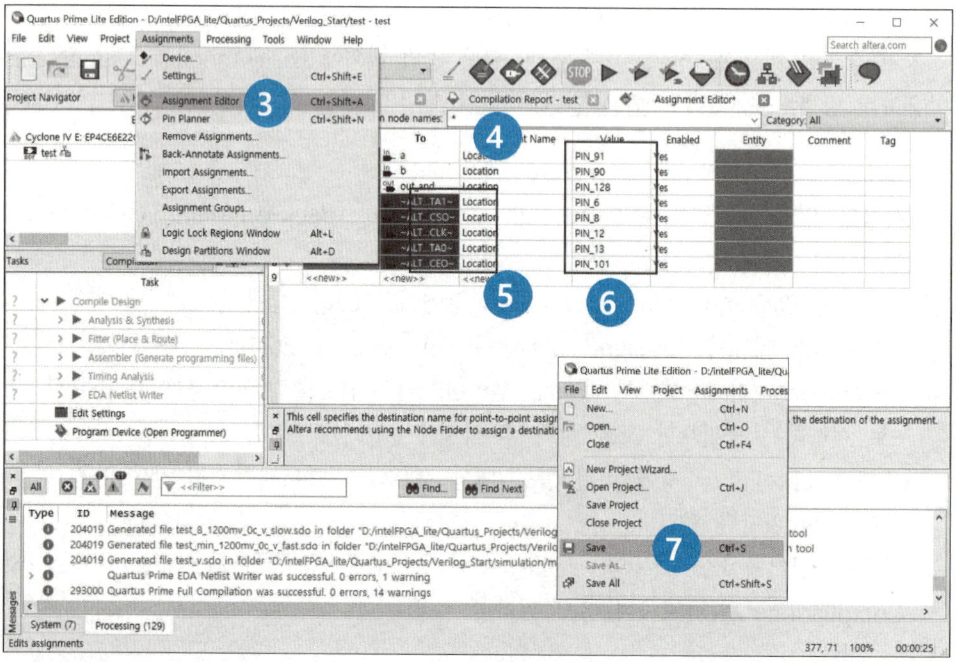

그림 2-44. Back-Annotate Assignments를 이용한 핀 할당 후 저장

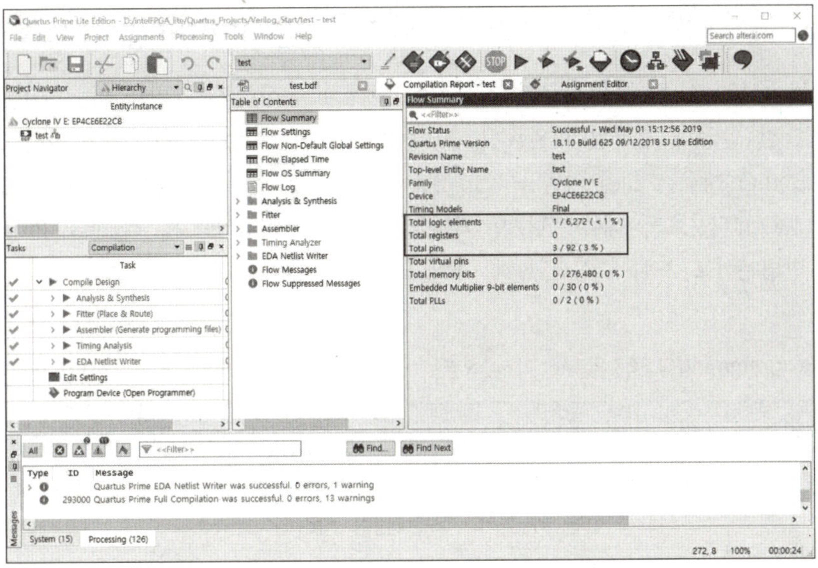

그림 2-45. 핀 할당 완료 후 다시 컴파일 실행한 결과 화면

핀 할당 완료 후 다시 컴파일을 실행하면 컴파일 요약 화면에서 설계에 사용한 Logic Element 수, 사용 핀 수 등의 정보를 확인할 수 있다. 또한 프로젝트 디렉토리 내의 test.qsf 파일을 notepad나 워드패드로 열어보면 핀 할당 결과를 확인할 수 있다.

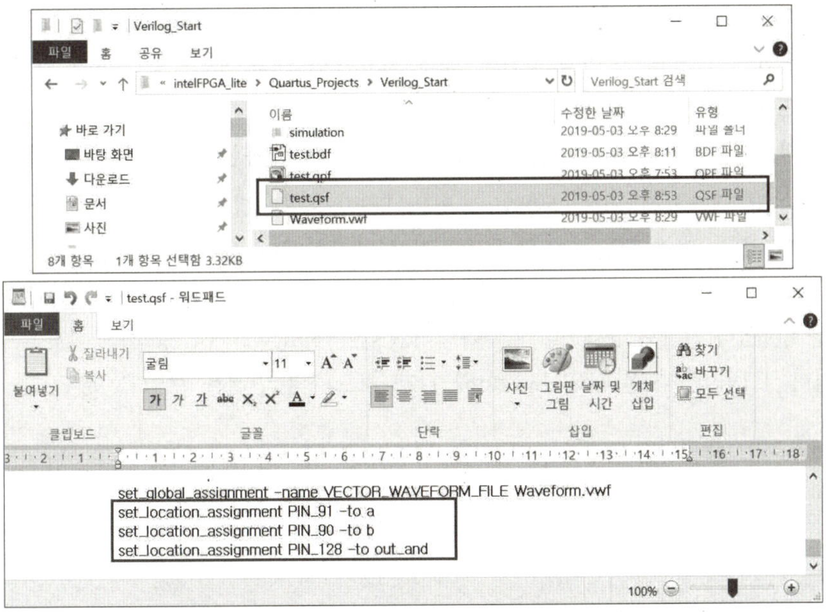

그림 2-46. 핀 할당 내용이 저장된 test.qsf 파일

2-2-6 하드웨어 동작 확인을 위한 Programming FPGA

Verilog HDL로 설계된 회로를 하드웨어 상에서 동작시키기 위해서는 타겟 디바이스 선택 및 핀 할당과 컴파일이 완료된 후 생성되는 sof(sram object file) 파일 또는 pof (programmer object file) 파일을 USB-Blaster라는 장치를 사용하여 FPGA나 EEPROM에 Configuration(다운로드) 해야 한다. 이 과정을 「Programming FPGA」라 한다. Programming FPGA 방법은 [표 2-1]에 정리한 세 가지 모드가 있다.

표 2-1. Programming FPGA의 세 가지 모드

모드	내용
JTAG mode	FPGA 내부의 휘발성 메모리인 SRAM에 설계된 내용을 Configuration 하는 모드로서 전원 차단 시 설계 내용은 사라진다.
AS mode	Active Serial 모드로 비휘발성인 Flash ROM에 설계 내용을 Configuration 하는 모드이다. 전원이 차단되어도 설계 내용은 남아 있다.
PS mode	Passive Serial 모드로 비휘발성인 EPROM에 설계 내용을 Configuration 하는 모드(Cyclone II 이하의 구 디바이스에서 사용)이다. 전원이 차단되어도 설계 내용은 남아 있다.

때때로 설계자는 기능 및 타이밍 시뮬레이션을 수행하지 않고 설계된 내용을 FPGA에 바로 프로그래밍한 후 동작을 확인하기도 한다. 이때 JTAG 모드는 FPGA에 Configuration 하는데 필요한 시간이 매우 짧으므로 빠른 검증 및 수정이 가능하다. 반면 AS 모드는 Flash Rom에 Configuration 하므로 많은 시간이 필요하다. 따라서 AS 모드는 일반적으로 설계 및 검증이 모두 완료되었을 때 이용한다.

최근 여러 제조사에 의해 제공되고 있는 FPGA는 JTAG mode 및 AS mode를 모두 이용할 수 있다. 만약 FPGA 학습키트를 직접 제작한다면 사용하는 FPGA 디바이스의 데이터시트(datasheet)를 참조하여 위의 두 가지 programming FPGA 방식을 위한 회로를 구성할 수 있다. [그림 2-47]은 두 가지 Programming FPGA 방식의 회로 구성방법의 예시이며, [그림 2-48]은 USB-Blaster와 타겟 보드와의 연결을 보이고 있다.

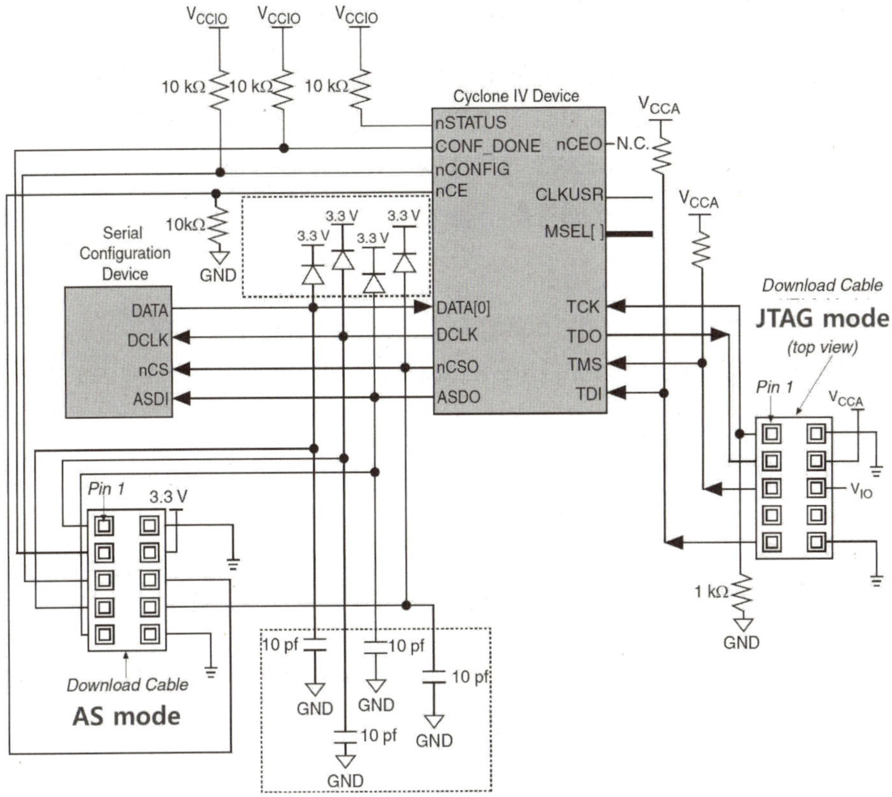

그림 2-47. 두 가지 Programming 방식을 위한 회로 구성 예

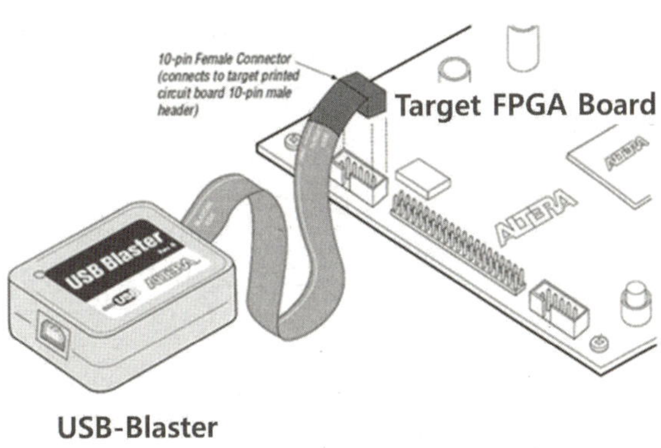

그림 2-48. USB-Blaster와 FPGA 보드와의 연결

(1) JTGA 모드를 이용한 Programming FPGA

JTAG 모드를 이용한 Programming FPGA를 위해 먼저 USB-Blaster를 PC의 USB 포트와 FPGA 학습키트의 JTAG 포트에 연결한다. 이때 사용하는 학습키트의 매뉴얼이나 FPGA 데이터시트를 참조하여 JTAG 포트에 정확히 연결해야 한다.

준비가 완료되었으면 다음의 과정을 통해 설계된 내용을 FPGA에 다운로드 해보자.

① 사용자 인터페이스 메뉴의 「Tools」 → 「Programmer」 또는 를 선택
② 활성화된 Programmer 창에서 No Hardware로 보이면 「Hardware Setup」을 클릭(USB-Blaster [USB-0]가 보이면 ② ~ ③ 생략)
③ 활성화된 Hardware Setup 창의 「Current selected hardware」에서 「USB-blaster [USB-0]」 선택 후 「Close」를 클릭
④ 다운로드 할 파일을 추가하기 위해 「Add File...」을 클릭
⑤ Select Progrmming File 창에서 「output_files」 디렉토리 클릭
⑥ 「test.sof」을 선택하고 「Open」 클릭
⑦ Programmer 창에 선택한 test.sof 파일과 아래쪽에 타겟 FPGA 디바이스 확인 후 이상이 없으면 Program Configure의 체크박스를 ☑ 표시한 후 「Start」를 클릭하면 다운로드 실행

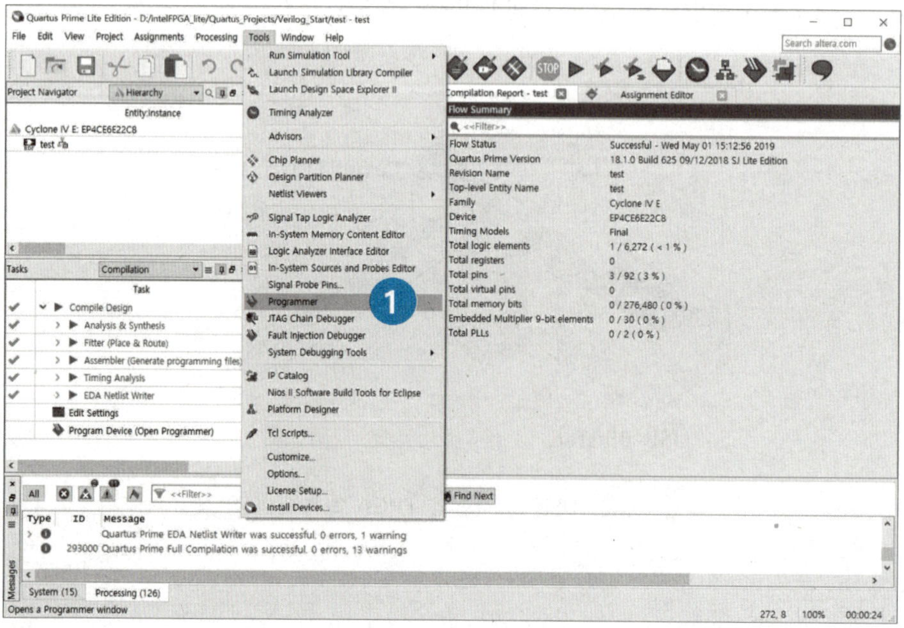

그림 2-49. Programmer 실행

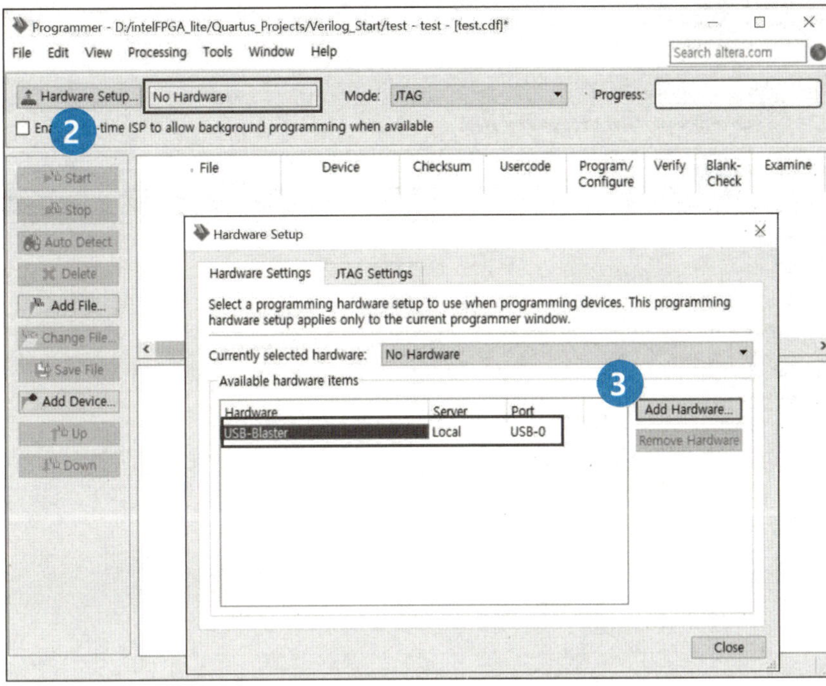

그림 2-50. JTAG 모드를 위한 USB-Blaster 설정

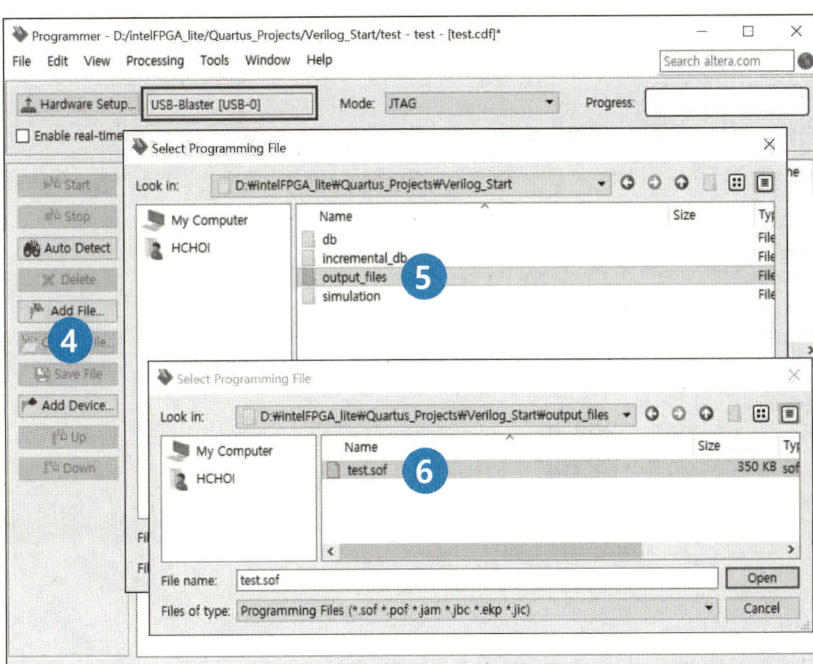

그림 2-51. FPGA에 다운로드할 sof 파일 선택

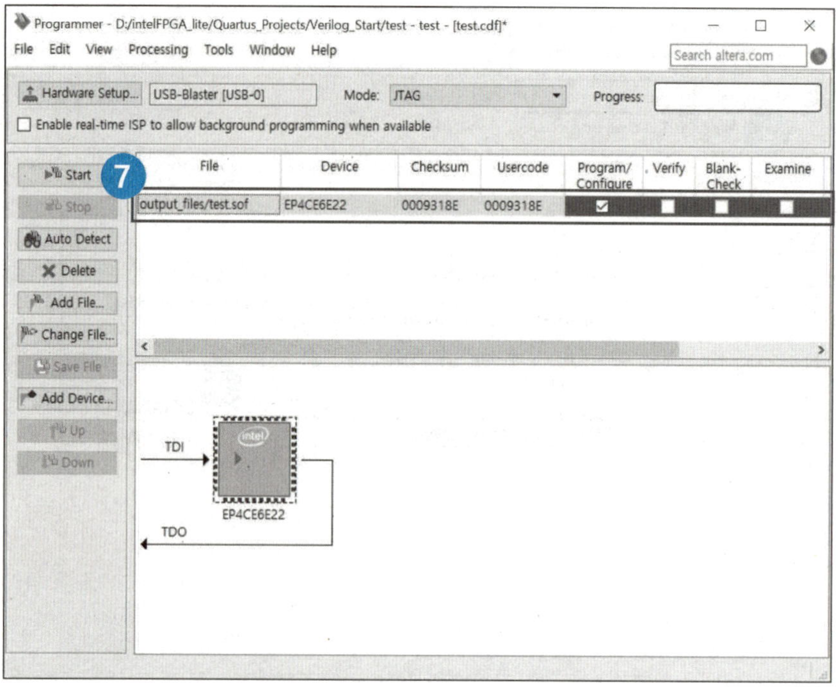

그림 2-52. FPGA Configuration(다운로드) 실행

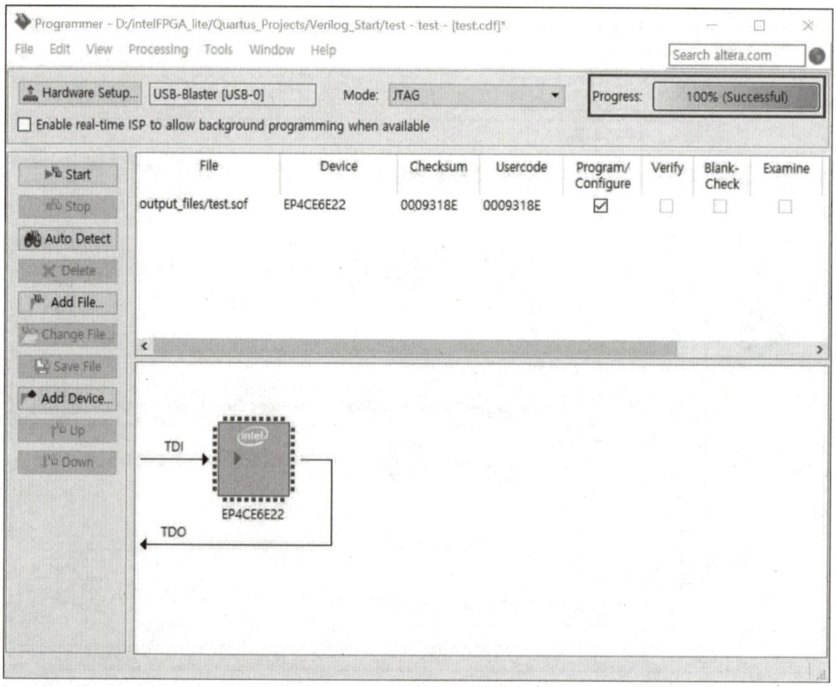

그림 2-53. FPGA Configuration(다운로드) 완료 화면

(2) Active Serial 모드를 이용한 Programming FPGA

설계한 내용을 SRAM에 다운로드 하는 JTAG 모드는 전원을 껐을 경우 설계 내용이 사라지는 데 반해 Active Serial(AS) 모드는 설계한 내용을 PROM에 다운로드하므로 전원을 껐다가 켜도 설계 내용이 남아 있게 된다. 또한 JTAG에 비해 다운로드에 시간이 오래 걸린다. 따라서 설계가 완전히 완료되었을 때만 사용하는 것이 좋다.

AS 모드를 이용한 Programming FPGA를 위해서는 USB-Blaster를 PC의 USB 포트와 FPGA 학습키트의 Active Serial 포트에 연결한다. 이때 JTAG 모드에서와 마찬가지로 사용하는 학습키트의 매뉴얼이나 FPGA 데이터시트를 참조하여 Active Serial 포트에 정확히 연결해야 한다. 만약 잘못 연결해 놓고 AS 모드를 이용한 다운로드를 실행한다면 FPGA를 사용할 수 없게 될 수 있으므로 주의해야 한다.

AS 모드를 이용한 Programming FPGA를 진행하기 위해서는 먼저 컴파일 완료 후 생성된 sof 파일을 pof 파일로 변환해야 한다. 다소 복잡하다고 생각할 수도 있지만 다음 과정을 순서대로 진행하면 된다.

① 사용자 인터페이스 메뉴의 「File」 → 「Convert Programming Files...」를 선택
② 활성화된 Convert Programming File 창에서 Mode를 「Active Serial」으로 설정
③ Configuration에서 PROM 종류를 설정(뉴티씨 학습키트의 경우 EPCS4)
④ File name에서 변환될 pof의 파일 이름을 설정(Default 사용 가능)
⑤ Input files to convert의 File/Data area에 보이는 「SOF Data」를 선택
⑥ 우측의 「Add File...」 클릭
⑦ Select Input File 창에서 「output_files」 디렉토리 클릭
⑧ 「test.sof」을 선택하고 「Open」 클릭
⑨ Convert Programming File 창의 Input files to convert의 File/Data area에 보이는 「SOF Data」를 선택하고 Generate 클릭
⑩ pof 파일로 성공적으로 변환되었다는 창이 활성화되면 「OK」 클릭

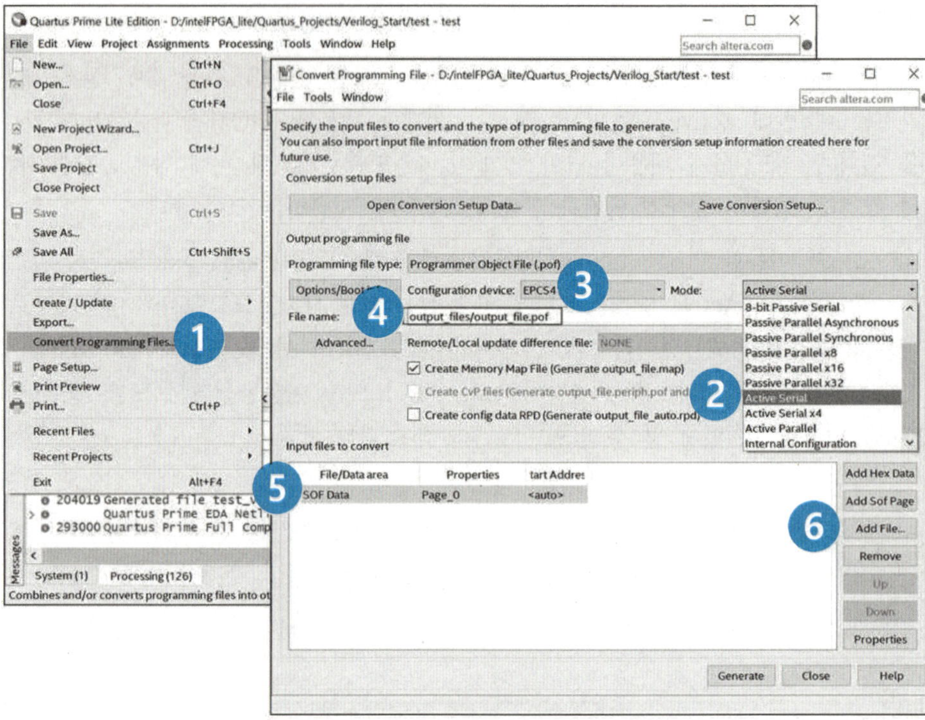

그림 2-54. Convert Programming File 창의 활성화

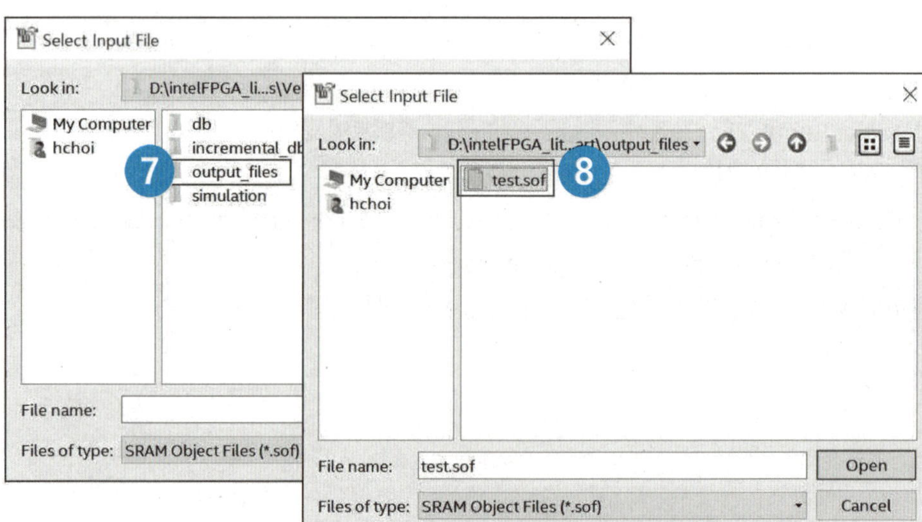

그림 2-55. 변환할 input file(test.sof) 선택

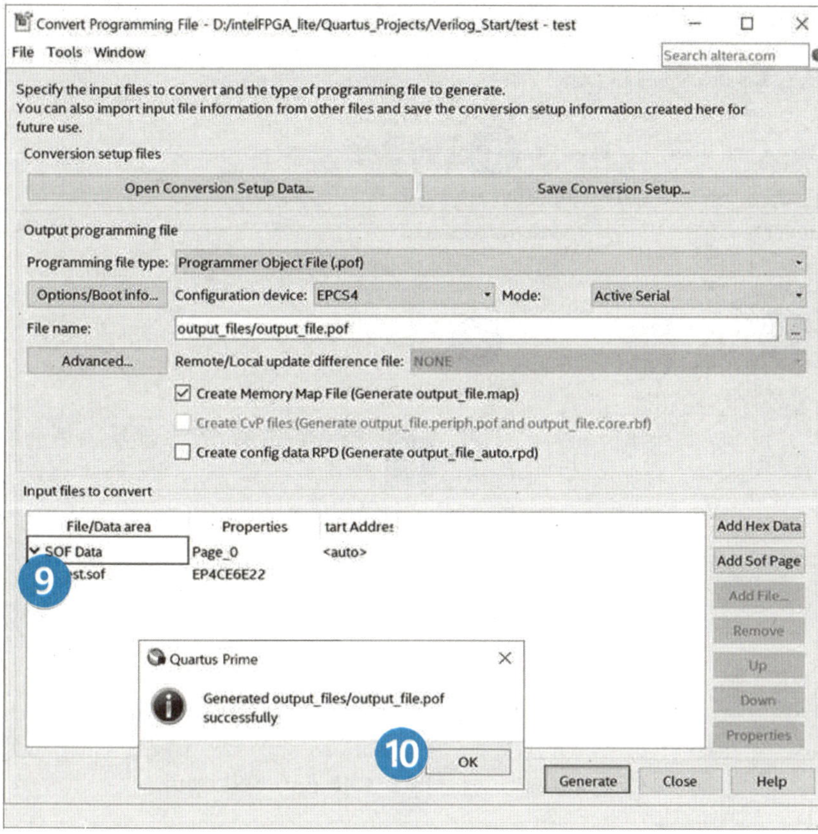

그림 2-56. 선택한 input file(test.sof)의 pof파일 변환 완료

sof 파일을 pof 파일로 변환하는 것을 완료하였다면 다음의 과정을 통해 설계된 내용을 FPGA에 다운로드 해보자.

① 사용자 인터페이스 메뉴의 「Tools」 → 「Programmer」 또는 를 선택하여 활성화된 Programmer 창에서 Mode를 눌러 「Active Serial Programming」 선택
② 다운로드 할 pof 파일을 추가하기 위해 「Add File...」을 클릭
③ Select Progrmming File 창에서 「output_files」 디렉토리 클릭
④ 「test.pof」을 선택하고 「Open」 클릭
⑤ Programmer 창에 선택한 output_file.pof 파일(변환 결과 파일 이름을 Default로 하였을 때)과 아래쪽에 PROM(EPCS4) 확인 후 이상이 없으면 Program Configure의 체크박스를 ☑ 표시한 후 「Start」를 클릭하면 다운로드 진행

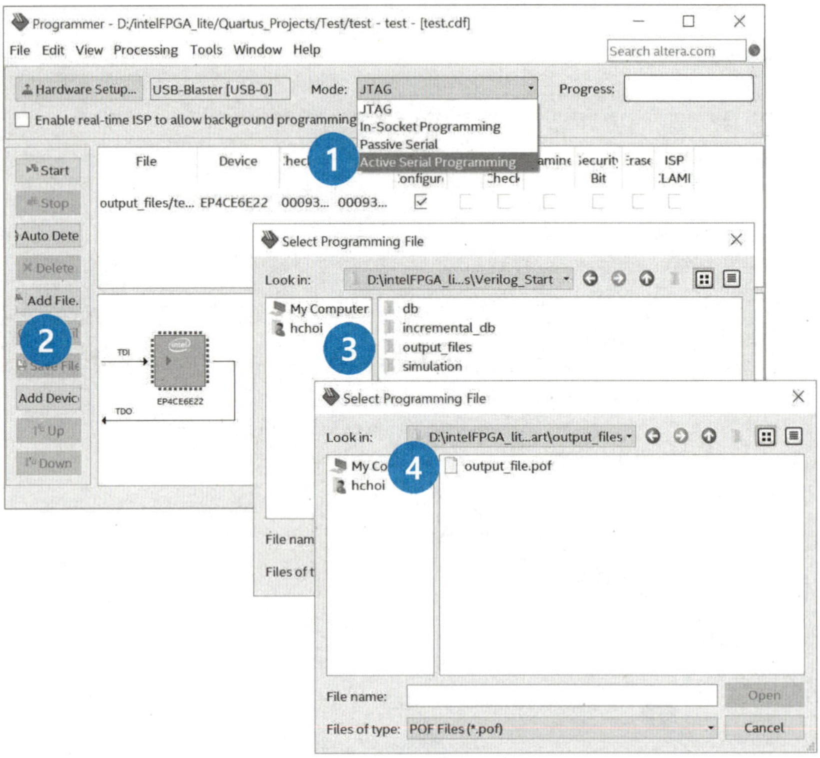

그림 2-57. FPGA에 다운로드할 pof 파일 선택

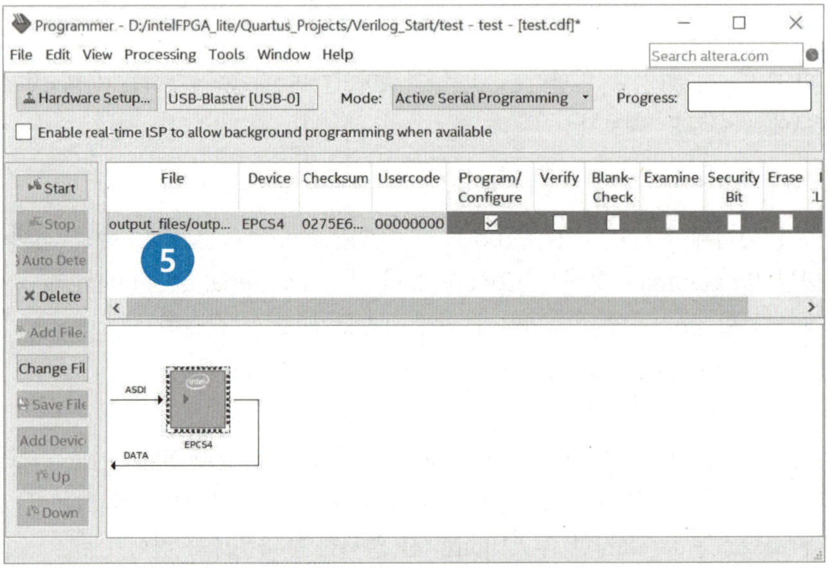

그림 2-58. FPGA Configuration(다운로드) 실행

2-2-7 Quartus Prime에서 텍스트(Text) 기반 모델링

Verilog HDL 모듈 코드를 작성하는 두 번째 방법인 Text 기반 모델링 방법에 대해 알아보자. 먼저 앞에서 설명한 프로젝트 생성을 위한 6개의 단계를 진행하자. Step 1에서 아래와 같이 설정하고 나머지 단계는 앞에서 설명한 것과 동일하게 진행하자.

프로젝트 디렉토리, 이름, Top-Level Entity를 다음과 같이 설정하자.

- 작업 디렉토리 이름 : D://intelFPGA_lite/Quartus_Projects/Simulation_Start
- 프로젝트 이름 : SimTest
- 최상위 설계 엔터티 이름 : SimTest

(1) Text 기반 모듈 코드 작성을 위한 Text Editor 활성화

프로젝트 생성을 완료한 후 다음의 과정을 통해 텍스트 에디터(Text Editor)를 활성화 한다.

① Quartus Prime의 사용자 인터페이스 메뉴에서 「File」 → 「New」 선택
② 활성화된 New 창에서 「Verilog HDL File」 선택 후 「OK」를 누르면 Text 기반 설계를 위한 텍스트 에디터 창이 생성

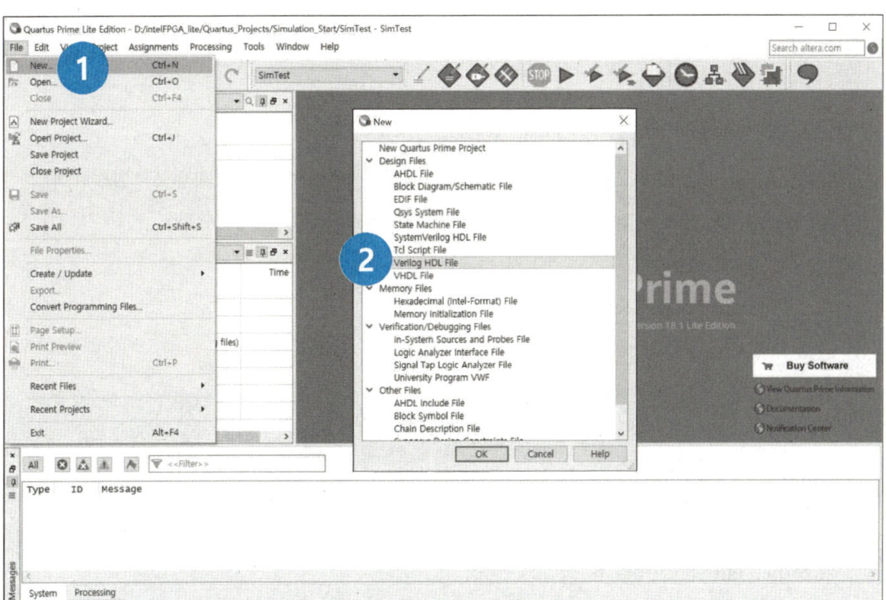

그림 2-59. Text 기반 설계를 위한 텍스트 에디터 열기

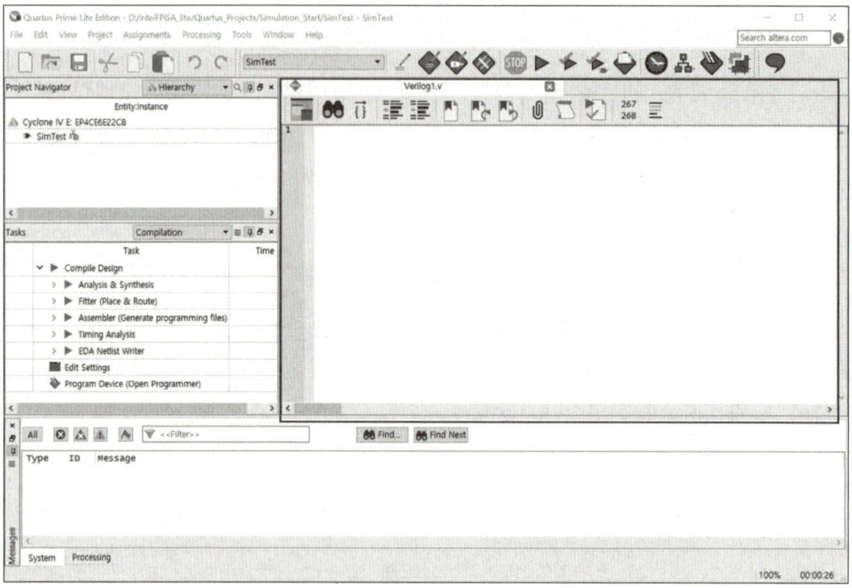

그림 2-60. Text 기반 설계를 위한 텍스트 에디터 창

(2) Text Editor를 이용한 설계

활성화된 텍스트 에디터(text editor) 창 상단에서 임시 파일(Verilog1.v)로 생성되었음을 확인할 수 있다. 이제 블록 에디터로 설계했던 AND 게이트로 이루어진 논리회로를 텍스트 에디터로 설계해보자. 다음의 과정을 따라 진행하여 [모듈 2-1]을 작성해 보자.

① 텍스트 에디터에서 [모듈 2-1]의 코드를 그대로 작성

② 작성 완료 후 「File」 → 「Save」 또는 를 클릭하여 설계한 파일을 저장
(파일의 이름과 module 이름은 프로젝트 이름과 동일하게 저장)

모듈 2-1 Text Editor를 이용한 AND 게이트 회로 설계

```
module SimTest (a, b, out_and);

   input      a, b;
   output     out_and;

   assign  out_and = a & b;

endmodule
```

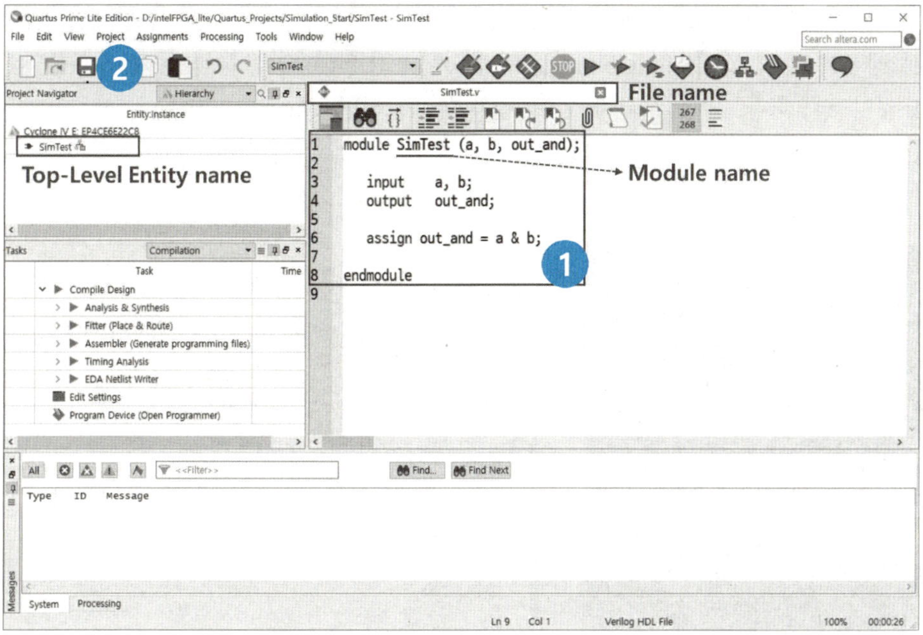

그림 2-61. AND 게이트로 이루어진 논리회로의 Text 기반 설계

Text 기반 설계를 통해 모듈 코드 작성이 완료되었다. 컴파일, 핀 할당, Programming FPGA 등 이후 과정은 스키매틱 기반 모델링에서 진행했던 방법과 동일하다.

2-3 ModelSim-Altera를 이용한 시뮬레이션

Quartus Prime을 사용하여 Verilog HDL 모듈 코드 작성부터 Programing FPGA까지 전체 과정을 수행하는 것이 가능하다. 그러나 Quartus Prime만을 이용하여 설계의 전체 과정을 수행하는 것보다 시뮬레이션 전용 툴인 ModelSim을 함께 사용하는 것이 효율적인 설계를 가능하게 한다. 대부분의 현장 전문 설계자들은 Verilog HDL 모듈 코드 작성 후 기능 검증이 완료되면 합성과 회로 및 로직 배치와 배치된 구성요소를 연결하는 P&R(Plase & Routing)을 수행한 다음 생성된 netlist를 이용하여 타이밍 시뮬레이션으로 검증한다. 그러나 Verilog HDL 기반의 설계를 처음 접하는 초심자들은 Verilog HDL의 표현(문법) 및 논리적 오류 등으로 모듈 코드 작성에 어려움을 겪는다. 또한 Quartus Prime의 시뮬레이션 방법은 입력으로 사용할 신호의 파형 작성에 많은 시간이 걸린다.

따라서 먼저 Quartus Prime 또는 ModelSim을 이용하여 Verilog 모듈 코드 작성 후 시뮬레이션 전용 툴인 ModelSim을 이용한 기능 시뮬레이션을 통해 동작 오류를 검증하는 것이 필요하다. 기능 오류가 없이 설계가 완료되면 Quartus Prime을 사용하여 타겟 디바이스의 선택, 핀 할당, 컴파일 등 이후 설계 과정을 진행하도록 하자.

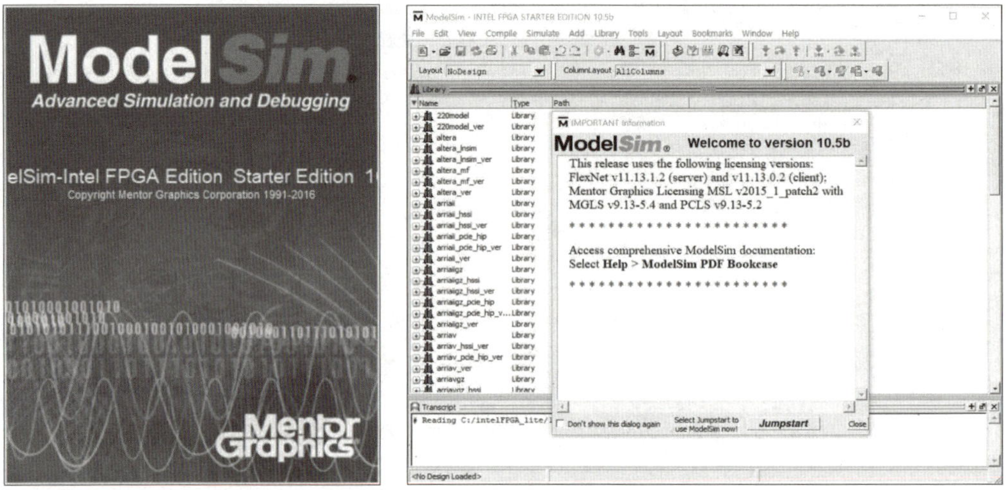

그림 2-62. ModelSim-Altera 실행 화면

2-3-1 ModelSim-Altera 시뮬레이션을 위한 설정

먼저 Quartus Prime을 이용한 Verilog 모듈 코드 작성 후 ModelSim-Altera를 이용한 시뮬레이션에 대해 알아보자. ModelSim-Altera 시뮬레이션을 실행하기 위한 설정을 진행해보자.

① Quartus Prime의 사용자 인터페이스에서 「File」 → 「Open Project...」를 선택
② Text 기반 모델링에서 생성한 프로젝트 파일 Open(프로젝트 파일 경로 :「D:\intelFPGA_lite\Quartus_Projects\Simulation_Start\SimTest.qpf」)
③ Task 창의 「Analysis & Synthesis」를 더블 클릭하여 설계 내용을 합성
④ 인터페이스 메뉴의 「Assignments」 → 「Settings...」 선택
⑤ Settings 창의 「Simulation」 메뉴를 선택하여 「Tool name」은 ModelSim-Altera, 「Format for output netlist」는 Verilog HDL을 선택한 후 「OK」 클릭
⑥ 인터페이스 메뉴의 「Tools」 → 「Option」 선택
⑦ Options 창에서 「EDA Tool Options」 선택하여 ModelSim-Altera의 실행파일이 있는 경로(C:\intelFPGA_lite\18.1\modelsim_ase\win32aloem)를 선택한 후 「OK」 클릭

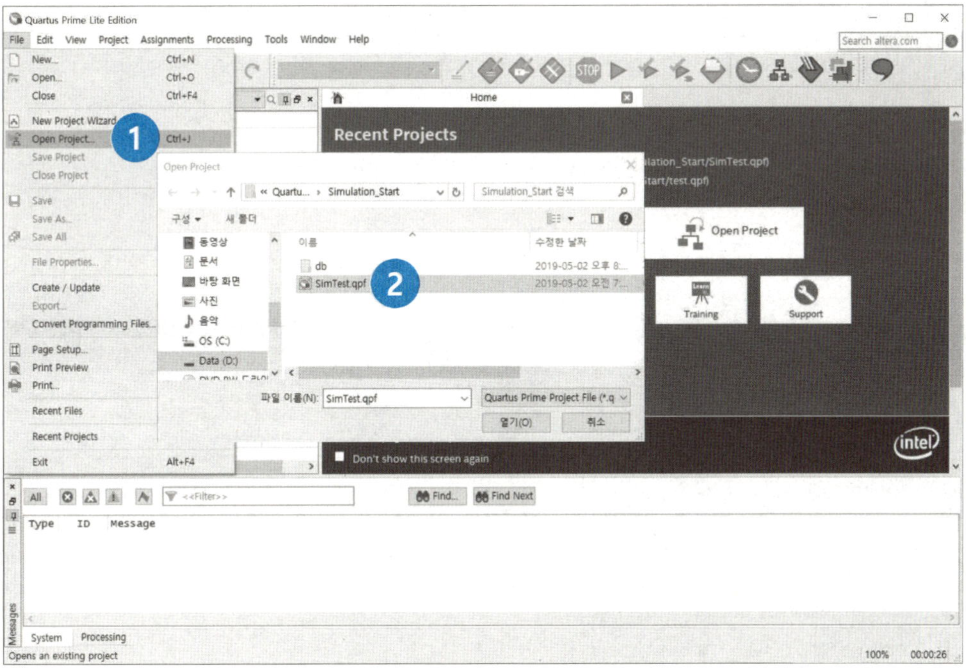

그림 2-63. Quartus Prime에서 생성한 프로젝트(SimTest.qpf) 열기

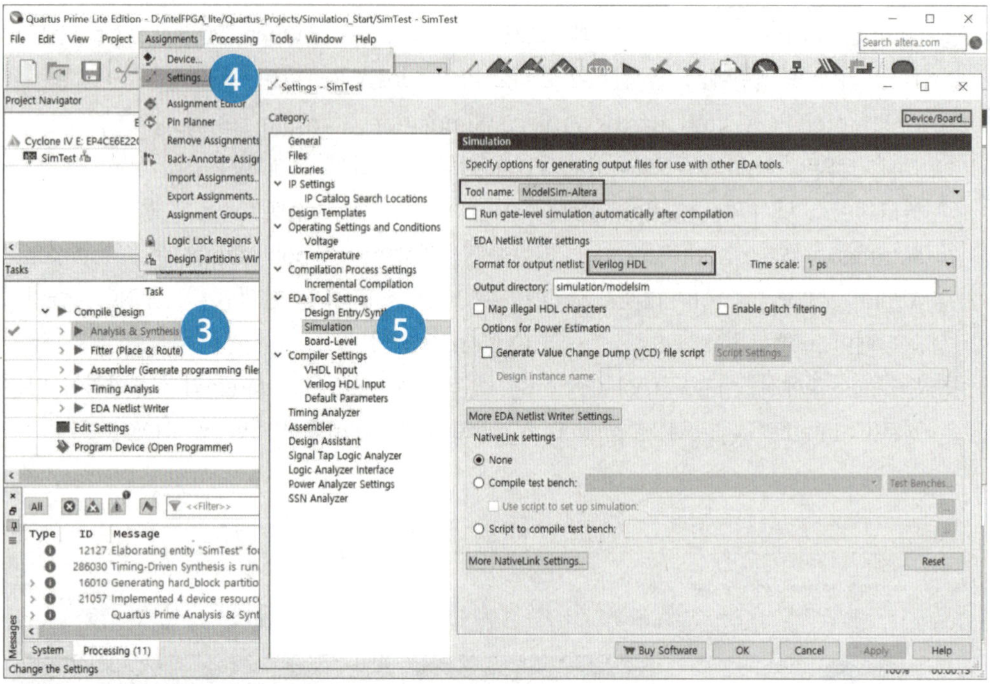

그림 2-64. ModelSim-Altera 실행을 위한 시뮬레이션 설정

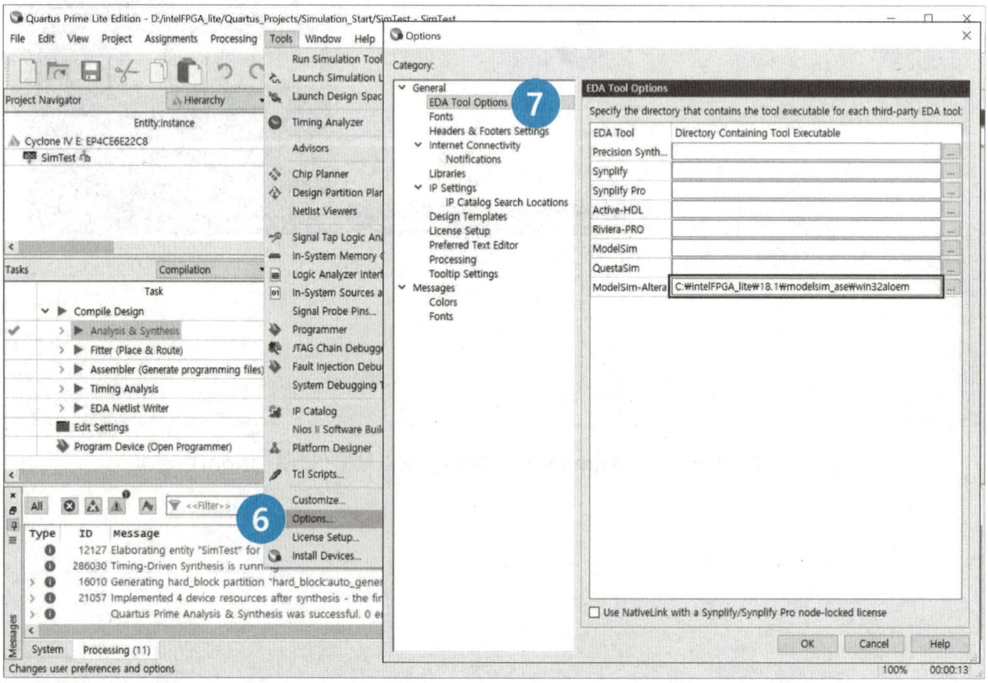

그림 2-65. Option 창에서 EDA Tool로 ModelSim-Altera 설정

2-3-2 ModelSim-Altera 시뮬레이션을 위한 테스트벤치 코드 작성

ModelSim-Altera 시뮬레이션을 위한 설정이 완료되었다. ModelSim-Altera 시뮬레이션을 위해서는 입력포트에 특정 신호들을 만들어 넣어주는 코드가 필요하다. 이 코드를 테스트벤치(testbench) 코드라 한다. 다음 과정을 통해 [테스트벤치 2-1]의 테스트벤치 코드를 작성해보자.

① Quartus Prime의 사용자 인터페이스 메뉴에서 「Tools」 → 「Run Simulation Tool」 → 「RTL Simulation」 선택하면 ModelSim-Altera 실행
② ModelSim-Altera의 Library 창에서 work 왼쪽의 ⊞를 누르면 설계한 module 파일(SimTest.v)를 확인할 수 있다.
③ ModelSim-Altera의 사용자 인터페이스 메뉴에서 「File」 → 「New」 → 「Source」 → 「Verilog」 선택
④ Editor 창에서 [테스트벤치 2-1]의 테스트벤치 코드를 작성
⑤ ModelSim-Altera의 사용자 인터페이스 메뉴에서 「File」 → 「Save」 또는 선택
⑥ 작성한 테스트벤치 코드의 이름을 「tb_SimTest.v」 설정하고 「저장」 클릭

테스트벤치 2-1 SimTest 모듈(SimTest.v)의 시뮬레이션을 위한 테스트벤치 코드

```
`timescale 1ns/1ns

module tb_SimTest;

  reg       a, b;
  wire      out_and;

  SimTest U0 (a, b, out_and);

  initial begin
     a = 0; b = 0; #100;
     a = 0; b = 1; #100;
     a = 1; b = 0; #100;
     a = 1; b = 1; #100;
  end

endmodule
```

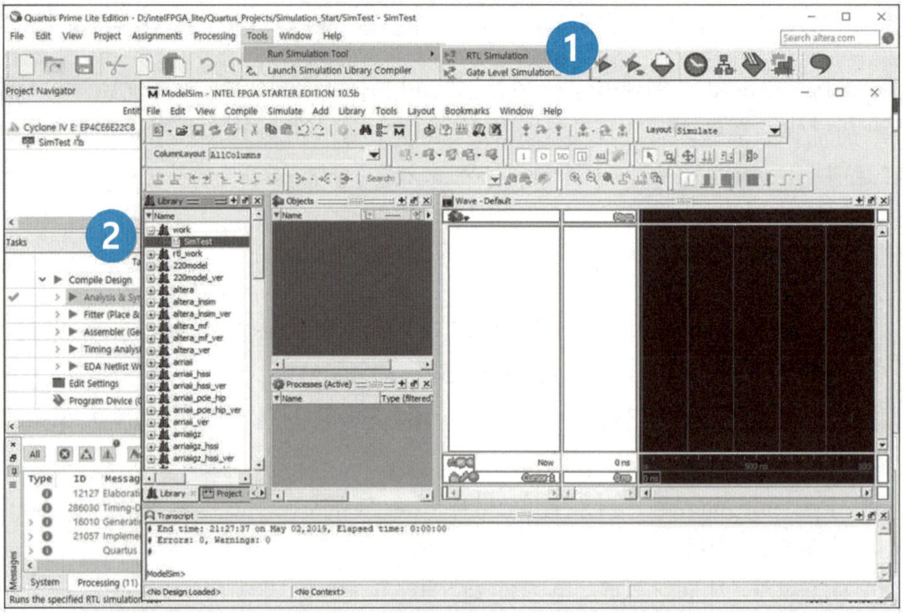

그림 2-66. ModelSim-Altera 실행

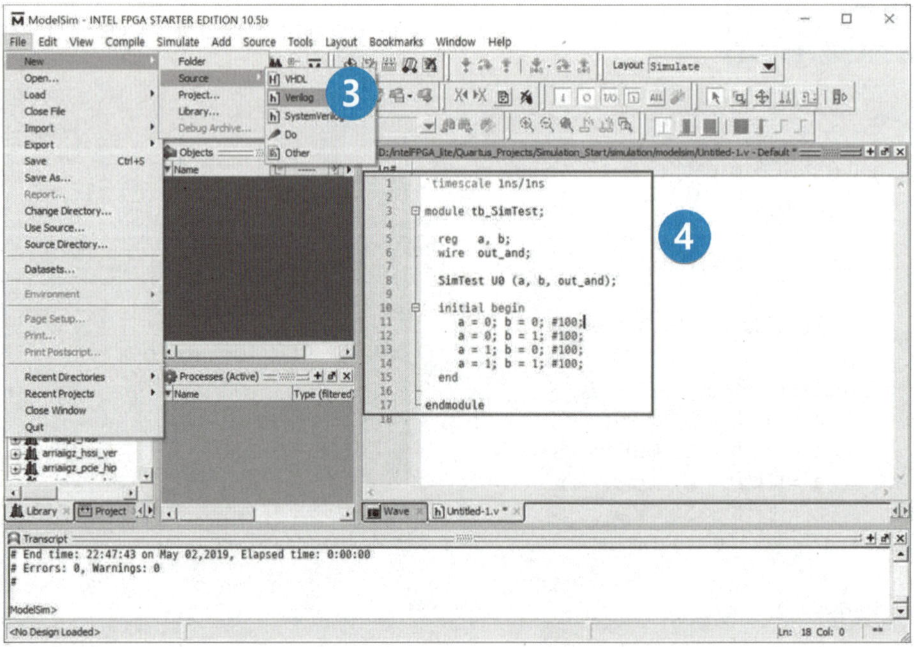

그림 2-67. ModelSim-Altera의 Editor 실행 및 테스트벤치 코드 작성

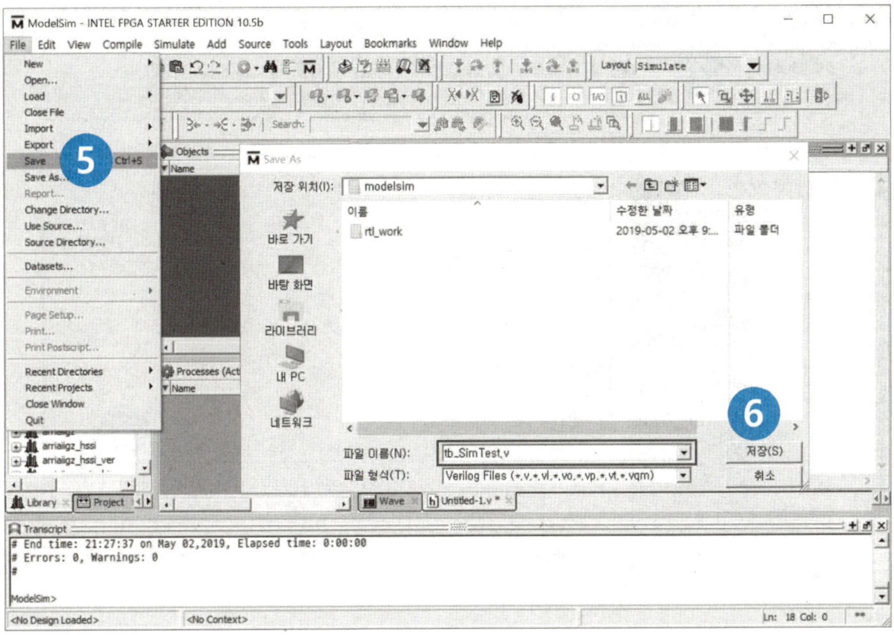

그림 2-68. 작성한 테스트벤치 코드의 저장

2-3-3 테스트벤치 코드의 컴파일

테스트벤치 코드의 작성이 완료되면 컴파일을 진행해야 한다. 다음의 과정을 순서대로 진행해보자.

① ModelSim-Altera의 사용자 인터페이스 메뉴에서 「Compile」 → 「Compile...」 선택
② Compile Source Files 창에서 테스트벤치 코드(tb_SimTest.v)를 선택하고 「Compile」 클릭
③ ModelSim-Altera의 Transcript 창에서 오류 없이 컴파일이 완료된 메시지(Errors : 0, Warning : 0)와 Library 창에서 work 왼쪽의 ⊞를 누르고 테스트벤치 코드가 추가되었음을 확인 후 Compile Source Files 창의 「Done」을 클릭

- 만약 오류가 있으면 테스트벤치 코드의 오류를 수정하고 컴파일 재 실행

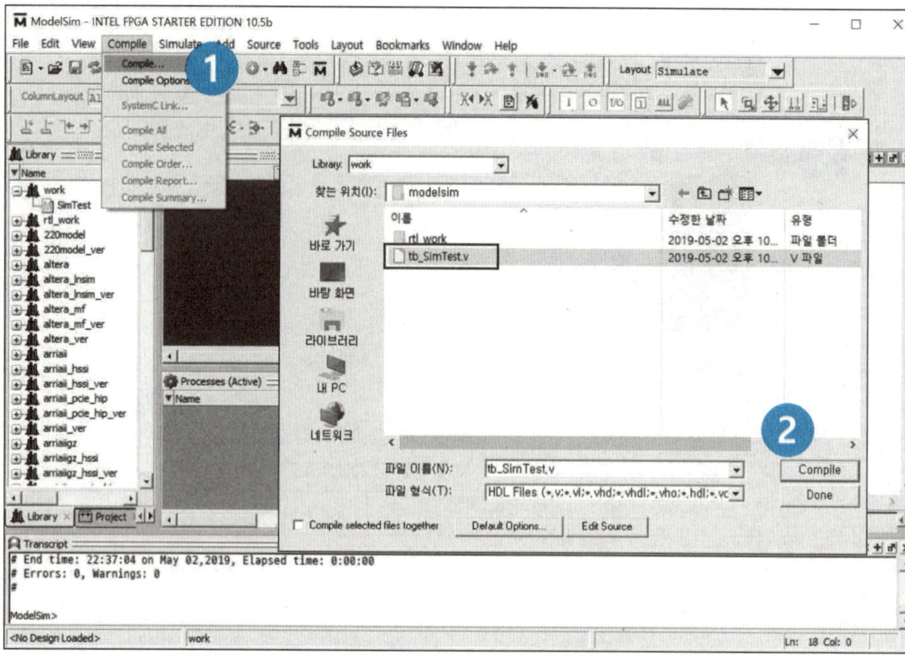

그림 2-69. 테스트벤치 코드의 컴파일 실행

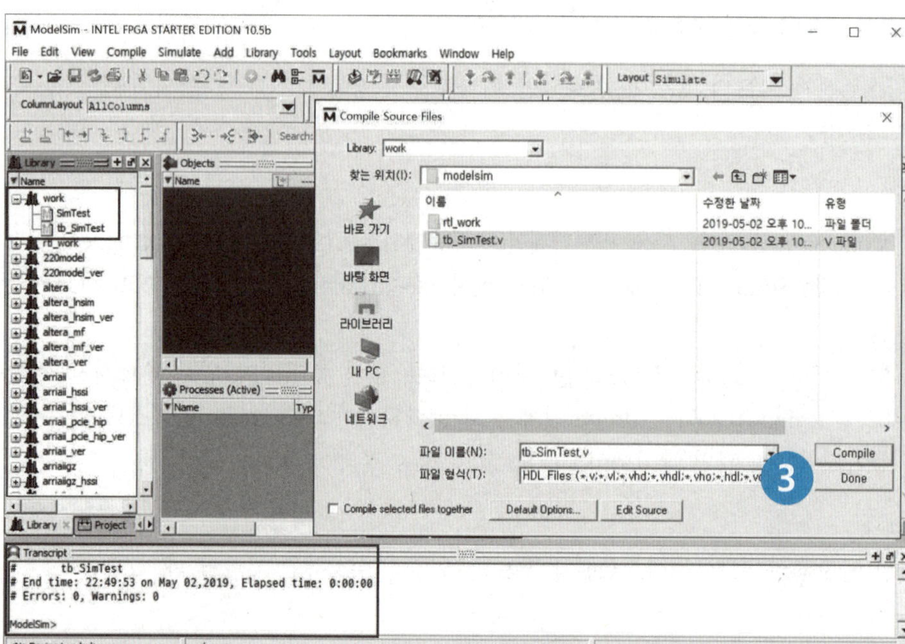

그림 2-70. 테스트벤치 코드의 컴파일 성공 화면

2-3-4 ModelSim-Altera 시뮬레이션 실행

오류없이 테스트벤치 코드의 컴파일이 완료되면 시뮬레이션을 실행할 수 있다. 다음 과정을 통해 시뮬레이션을 진행해보자.

① ModelSim-Altera의 사용자 인터페이스 메뉴에서 「Simulate」→「Start Simulation...」을 선택 또는 [icon]를 선택
② Start Simulation 창에서 테스트벤치(tb_SimTest.v) 선택 후 「OK」 클릭
③ Object 창에서 설계한 모듈의 입출력 포트 신호(a, b, output_and)들을 선택하여 Wave 창에 드래그하여 추가
④ 「Simulate」→「Run」→「Run-All」 또는 [icon]를 클릭하여 시뮬레이션 실행
⑤ Zoom In, Zomm out, Zoom Full 이이콘 ([icons])을 사용하여 시뮬레이션 결과

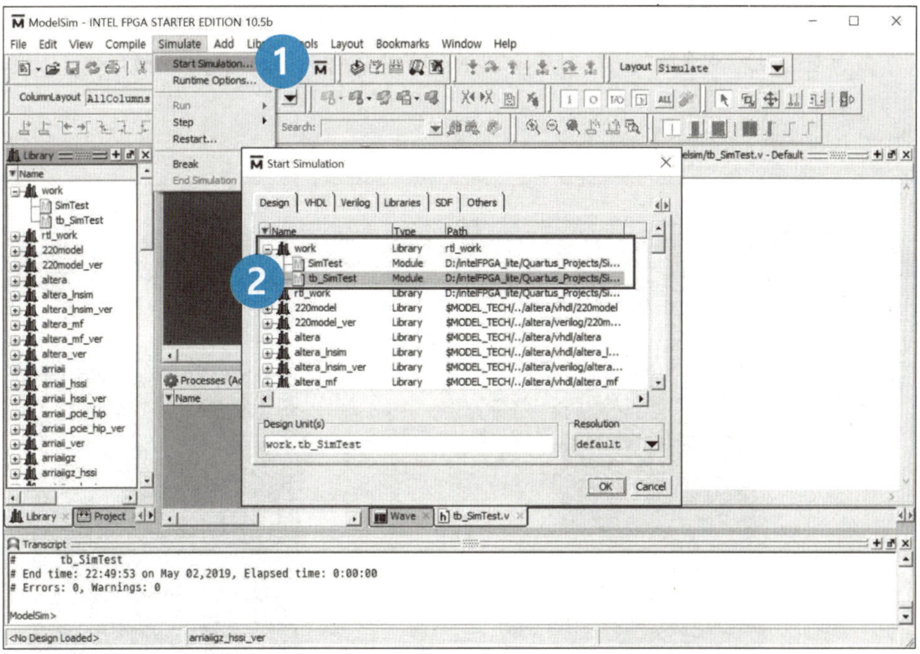

그림 2-71. 시뮬레이션을 위해 테스트벤치를 선택

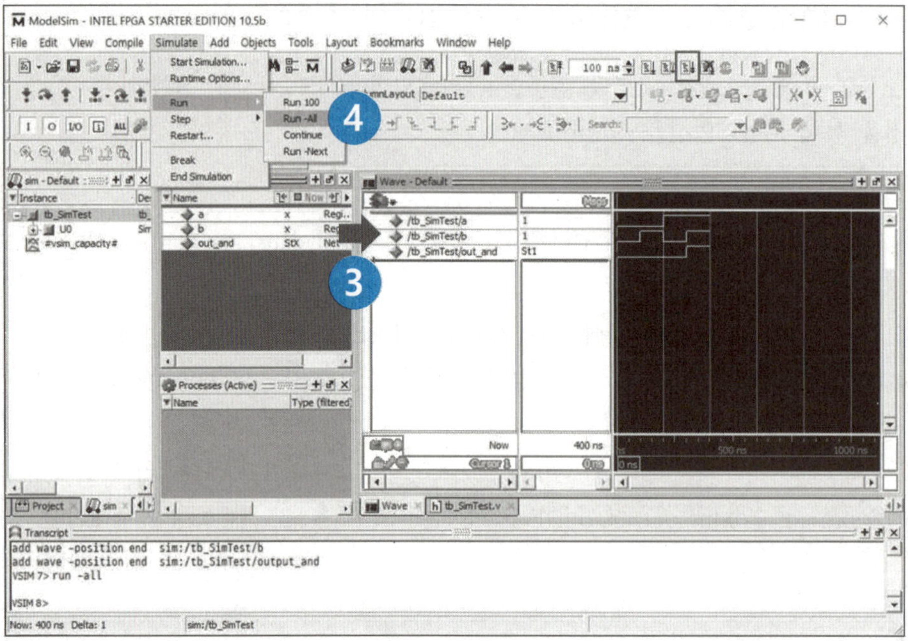

그림 2-72. 입출력 포트 신호들을 Wave 창에 추가 후 시뮬레이션 실행

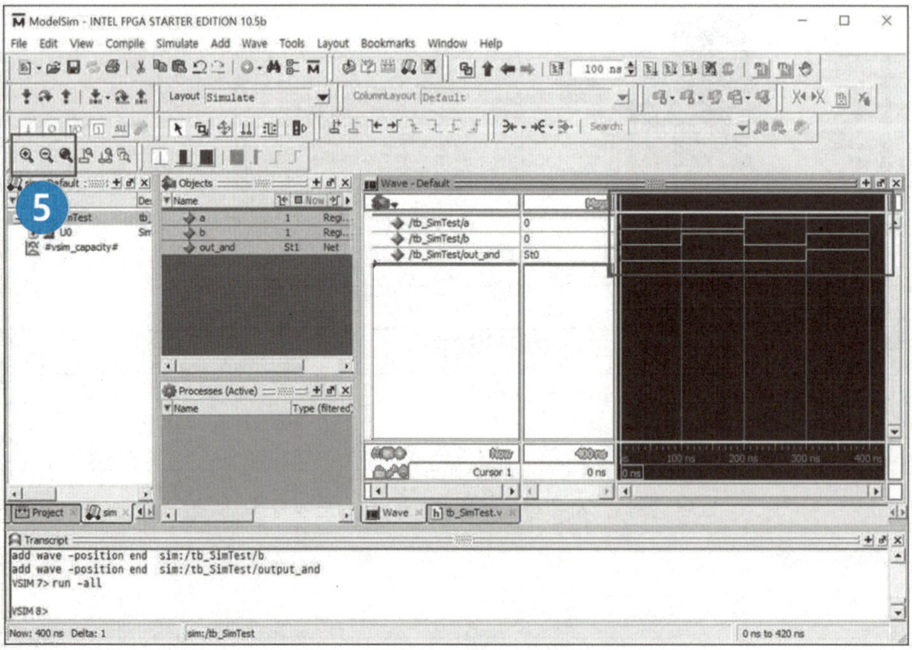

그림 2-73. 시뮬레이션 결과를 확대한 화면

2-4 ModelSim을 이용한 설계 및 시뮬레이션

2절에서 Quartus Prime을 이용하여 설계하고자 하는 논리회로나 시스템의 Verilog HDL 소스코스를 작성해 보았다. 또한 3절에서는 Quartus Prime과 연동된 EDA 툴(ModelSim-Altera)을 이용한 시뮬레이션 방법을 설명하였다. 여기서는 ModelSim-Altera에서 설계하고자 하는 논리회로나 시스템의 Verilog HDL 소스코스를 작성하고 시뮬레이션하는 방법에 대해 알아보자.

2-4-1 프로젝트 생성

Quartus Prime과 마찬가지로 ModelSim-Altera에서도 프로젝트(project)를 이용한 설계를 할 수 있다. 먼저 프로젝트를 생성해보자. ModelSim-Altera에서 프로젝트를 생성하는 방법은 Quartus Prime에서의 프로젝트 생성 방법과 유사하다. 다음 과정을 순서대로 진행해보자.

(1) Step 1 : 프로젝트 이름 및 디렉토리 설정

프로젝트 생성을 위한 첫 번째 단계로 프로젝트 이름과 프로젝트 디렉토리를 설정한다. 프로젝트 이름은 설계 내용의 직관적으로 알 수 있도록 작성하는 것이 좋다. 이때 Quartus Prime과 마찬가지로 한글이나 특수기호는 사용할 수 없다.

① Window의 시작(■)을 눌러 ModelSim-Intel FPGA Starter Ed...(M)를 실행
② ModelSim-Altera의 시작 화면에서 「Jumpstart」를 선택
③ 처음 프로젝트를 생성하면 「Create a Project」를 클릭(기존 프로젝트가 있을 경우 「Open a Project」를 선택하면 이후 ④와 ⑤의 과정은 생략)
④ Project Name(프로젝트 이름) 작성
⑤ Project Location(프로젝트 작업 폴더) 지정 후 「OK」를 클릭하면 새로운 프로젝트 폴더의 생성 여부 확인에서 「예(Y)」 클릭

대/소문자를 주의하여 다음과 같이 작성해 보자.

- 프로젝트 이름 : ModelSimTest
- 프로젝트 디렉토리 이름 : D://intelFPGA_lite/ModelSim_Projects/ModelSim_Start

※ 이때 프로젝트 이름과 프로젝트 디렉토리 이름을 일치시킬 필요는 없다.

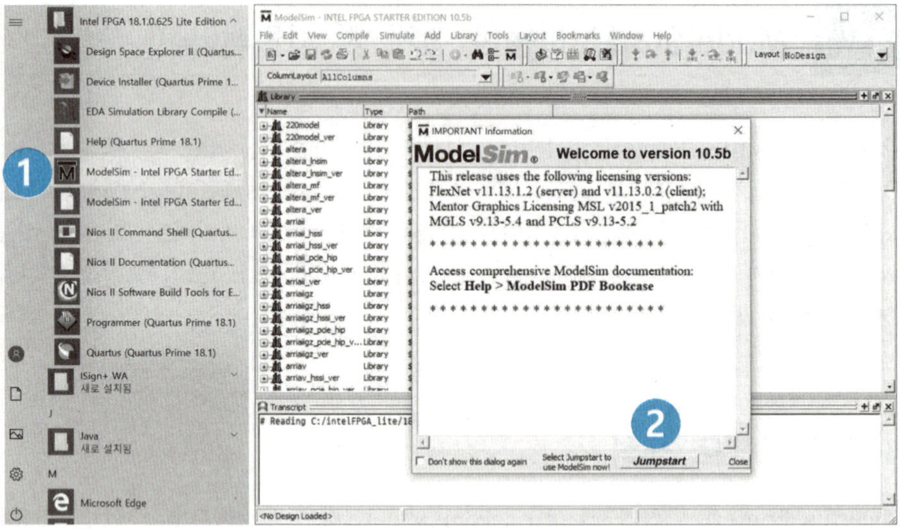

그림 2-74. ModelSim-Altera 실행

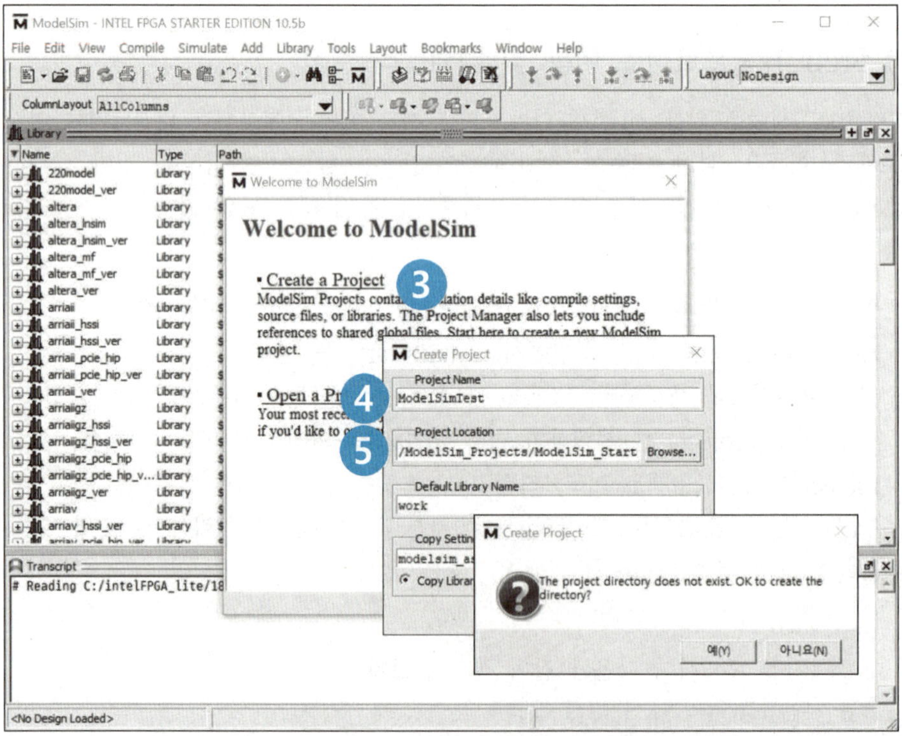

그림 2-75. 새 프로젝트 생성, 프로젝트 이름 및 폴더 설정

(2) Step 2 : 파일 생성 또는 등록

프로젝트 생성을 위한 두 번째 단계로 프로젝트를 위한 새로운 파일을 생성하거나 기존에 설계된 파일을 등록한다. 이 단계에서 새로운 파일의 생성이나 기존 파일의 등록을 못하더라도 나중에 생성하거나 추가할 수 있다.

① Add items to the Project 창에서 새로운 파일을 생성하기 위해 「Create New File」을 선택(나중에 미리 설계된 파일의 시뮬레이션 시 「Add Existing File」을 선택)
② Create Project File 창에서 Top-Level 모듈의 File Name을 작성(여기서 Top-Level 모듈은 최상위 설계 엔터티)
③ Add File as Type의 ▼를 눌러 Verilog 선택 후 「OK」 클릭
④ File Name.v 파일이 프로젝트에 등록(계속해서 새로운 파일을 생성하기 위해서는 ① ~ ④의 과정을 반복) 후 Add items to the Project 창의 「Close」 클릭

- 프로젝트 이름과 최상위 설계 엔터티인 Top-Level 모듈의 이름은 반드시 일치시켜야 한다. 대/소문자를 주의하여 새로 생성할 파일의 이름을 ModelSimTest.v (Top-Level 모듈)와 tb_ModelSimTest.v(테스트벤치)로 작성하자.

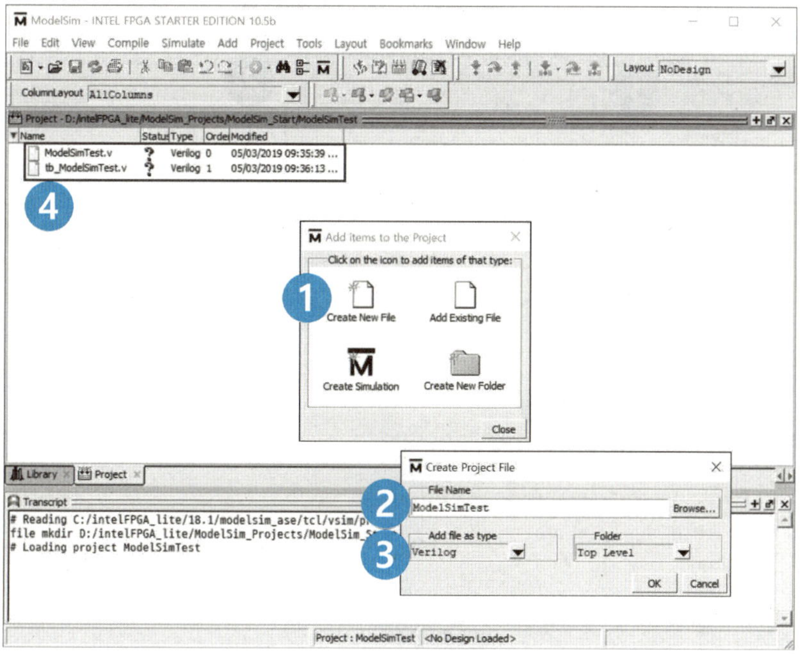

그림 2-76. 새로운 파일(설계 대상의 모듈 코드 및 테스트벤치 코드) 등록

2-4-2 설계 대상의 모듈 코드 및 테스트벤치 코드 작성

앞에서 프로젝트에 등록한 파일들은 설계하고자 하는 대상(논리회로나 디지털시스템)의 모듈 코드와 시뮬레이션을 위한 테스트벤치 코드이다. 등록된 파일 중 하나의 파일은 Top-Level 모듈로서 프로젝트 이름과 일치해야 한다.

이제 등록된 파일을 텍스트 에디터로 열고 모듈 코드와 테스트벤치 코드를 작성해보자.

① ModelSim-Altera의 Project 창에서 편집할 파일을 선택 후 마우스의 우측 버튼 클릭하여 「Edit」를 선택하면 에디터가 활성화 됨
② 에디터 창에서 모듈 코드 및 테스트벤치 코드 작성 후 저장
③ 프로젝트에 등록한 파일을 모두 작성 후 에디터 창 아래쪽의 해당 파일의 탭을 선택하면 작성한 내용을 확인할 수 있음

- 3절의 [모듈 2-1](ModelSimTest.v)과 [테스트벤치 2-1](tb_ModelSim.v)를 작성하자.

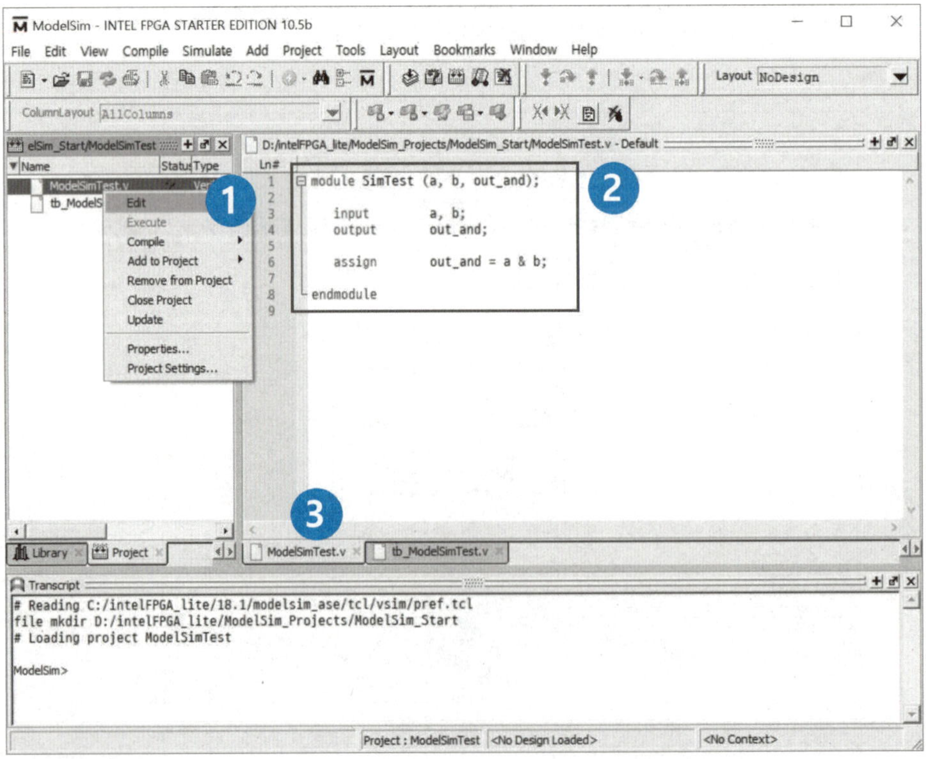

그림 2-77. 에디터를 이용한 모듈 코드 및 테스트벤치 코드 작성

2-4-3 컴파일

모듈 코드와 테스트벤치 코드 작성이 완료되면 각각의 코드가 적합한 문법으로 작성되었는지 확인을 위한 컴파일을 수행한다. 이때 기능적 논리 오류는 확인할 수 없다. 먼저 컴파일을 수행하기 전에 오류 메시지의 확인 및 저장을 할 수 있도록 프로젝트 설정을 해야 한다. ModelSim-Altera는 Visual C 소프트웨어와 같은 고급언어 개발 환경과 달리 디버거(debugger) 기능이 다소 부족하지만, 프로젝트 설정을 통해 디버깅(debugging)에 참고할 수 있는 오류 메시지의 확인이 가능하다. 오류가 발생하면 아래쪽 Transcript 창에 해당 오류 메시지를 나타낸다.

① 디버깅을 위한 프로젝트 설정을 위해 등록된 파일이 있는 왼쪽 창에서 마우스의 우측 버튼을 클릭한 후 「Project Settings...」을 선택
② Project Settings 창에서 Compile Output 메뉴의 「Display compiler output」를 체크(☑)하고 Double-click Behavior 메뉴의 「File Type」을 「Verilog」로 선택한 후 OK 클릭
③ 「Compile」 → 「Compile All」 또는 를 클릭하여 컴파일 실행

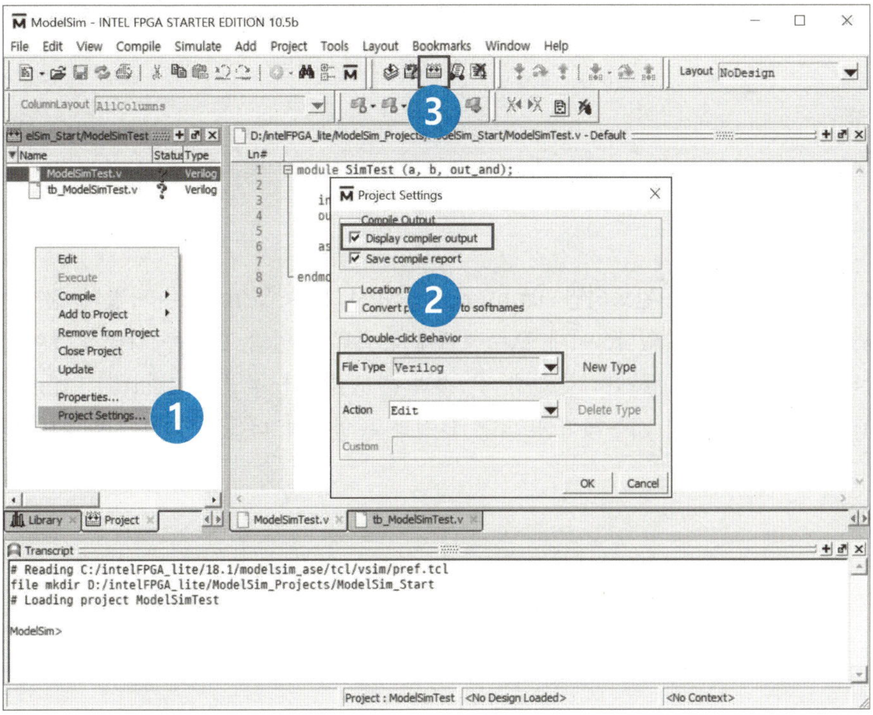

그림 2-78. 디버깅을 위한 프로젝트 셋팅 및 컴파일 실행

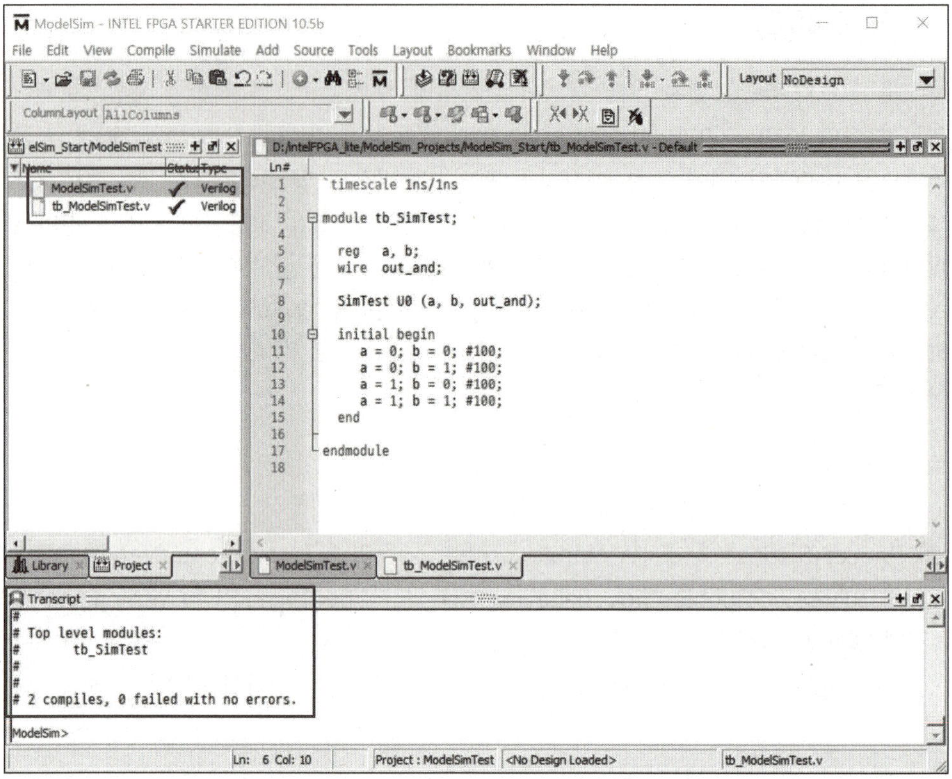

그림 2-79. 컴파일 완료 화면

2-4-4 시뮬레이션 실행 및 결과

오류 없이 컴파일이 완료되면 Transcript 창에서 오류 없이 모든 파일의 컴파일이 완료되었음을 확인할 수 있다. 이때 프로젝트에 등록된 파일의 오른쪽 상태가 ?에서 ✔로 변경된다. 이후 과정(시뮬레이션 실행 및 결과)은 3절에서 설명한 Quartus Prime과 연동한 ModelSim-Altera의 시뮬레이션 실행 과정과 동일하며 다음과 같이 진행하면 된다.

① ModelSim-Altera의 사용자 인터페이스 메뉴에서 「Simulate」→「Start Simulation...」을 선택

② Object 창에 설계한 모듈의 입출력 포트 신호(a, b, output_and)들을 선택하여 Wave 창에 드래그하여 추가

③ 「Simulate」→「Run」→「Run-All」 또는 아이콘을 클릭하여 시뮬레이션 실행

④ Zoom In, Zomm out, Zoom Full 이이콘 ( )을 사용하여 시뮬레이션 결과

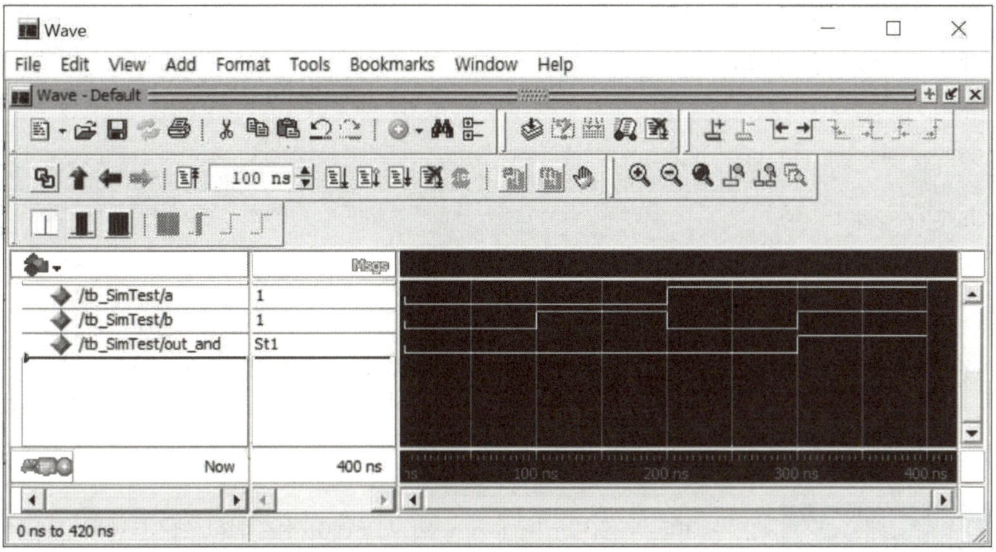

그림 2-80. 테스트벤치를 이용한 시뮬레이션 결과 화면

2-5 연습문제

Ex 2.1 Quartus Prime에서 아래 모듈 코드의 회로 설계를 위한 프로젝트 생성과 컴파일을 수행하고, Simulation Waveform Editor로 작성한 입력 파형으로 자체 시뮬레이션을 실행해보자.

모듈 2-2 Text Editor를 이용한 OR 게이트 회로 설계

```
module SimTest_or (a, b, out_or);

   input    a, b;
   output   out_or;

   assign out_or = a | b;

endmodule
```

Ex 2.2 Quartus Prime을 사용하여 위에서 설계한 OR 게이트 모듈(SimTest_or.v)을 Quartus Prime 내에서 ModelSim-Altera 실행시키고 아래의 테스트벤치 코드를 추가하여 시뮬레이션을 실행해보자.

테스트벤치 2-2 OR 게이트 모듈(SimTest_or.v)의 시뮬레이션을 위한 테스트벤치 코드

```
`timescale 1ns/1ns

module tb_SimTest_or;

  reg      a, b;
  wire     out_or;

  SimTest_or U0 (a, b, out_or);

  initial begin
     a = 0; b = 0; #100;
     a = 0; b = 1; #100;
     a = 1; b = 0; #100;
     a = 1; b = 1; #100;
  end

endmodule
```

Ex 2.3 ModelSim-Altera를 단독으로 실행하여 프로젝트를 생성 후 위에서 작성한 OR 게이트 모듈 코드(SimTest_or.v)와 테스트벤치 코드(tb_SimTest_or.v)를 기존에 작성된 파일 등록(Add Existing File) 메뉴로 등록 후 시뮬레이션을 실행해보자.

Chapter 3

Verilog HDL의 기본 문법

Verilog HDL을 이용하여 원하는 디지털시스템을 설계하기 위해서는 설계의 기본 단위인 모듈 및 테스트벤치의 개념과 Verilog HDL의 기본 문법을 알아야 한다. C언어, JAVA 등과 같은 컴퓨터 소프트웨어 언어와 하드웨어기술언어인 Verilog HDL은 모두 설계자와 컴퓨터가 소통하는 언어(Language)들이다. 컴퓨터를 대상으로 하는 언어를 잘하기 위해서는 어떻게 해야 할까? 어린아이가 말(언어)을 배우는 과정을 생각해 보자. 대부분의 부모는 아이에게 부모가 말하고자 하는 의미를 이해하는 것과 상관없이 혼잣말이라도 자주 들려줄 것이다. 차츰 아이는 간단한 단어의 소리를 반복적으로 접함으로써 그 단어가 가지고 있는 의미를 배우게 된다. 이처럼 모든 종류의 언어를 배우는 가장 최선의 방법은 자주 접하고 반복을 통해 익숙해지는 것이다.

3장에서는 논리회로 및 디지털시스템을 설계하는 데 필요한 기본 문법을 설명한다. Verilog HDL을 처음 접하는 사람은 기본 문법의 내용을 외우려 하지 말고 익숙해지도록 반복적으로 사용하기를 바란다.

3-1 모듈과 테스트벤치

원하는 기능의 논리회로나 디지털시스템을 설계하기 위해서는 먼저 Verilog HDL의 기본적인 설계 단위인 모듈의 개념과 모듈 작성을 위한 코드 구조를 이해해야 한다.

3-1-1 설계의 기본 구성단위인 모듈

모듈(module)은 설계하고자 하는 대상의 동작(절차, 방법, 기능)을 구현하는 요소(component)들의 집합으로 설계의 기본적인 구성 단위이다. 모듈에는 외부 환경과 소통하기 위한 인터페이스인 입출력 포트가 정의되어 있으며, 그 입출력과 관련된 동작이 표현되어 있다. 모듈은 그 자체로서 동작할 수 있으며 입출력 인터페이스를 통해 다른 모듈에 필요한 기능을 제공할 수 있다. 일반적으로 자주 사용되는 공통의 기능은 하위 모듈로 설계되며, 상위 모듈에서는 하나 또는 여러 개의 하위 모듈을 내부에 포함(인스턴스화)시켜 설계한다. 이때 상위 모듈의 설계에서는 하위 모듈의 세부 내용은 상관없이 입출력 인터페이스만이 사용되며, 이러한 객체지향 설계개념은 설계자에게 설계의 유연성을 제공하며 모듈 관리를 쉽게 할 수 있도록 한다. [그림 3-1]은 컴포넌트들의 집합인 모듈의 개념을 나타내고 있으며, [그림 3-2]는 모듈의 인스턴스화 개념을 설명하고 있다.

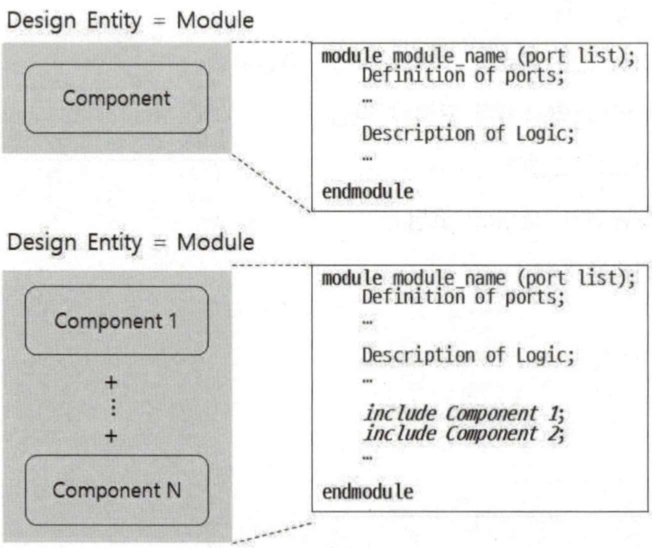

그림 3-1. 기본적인 설계 구성단위인 모듈

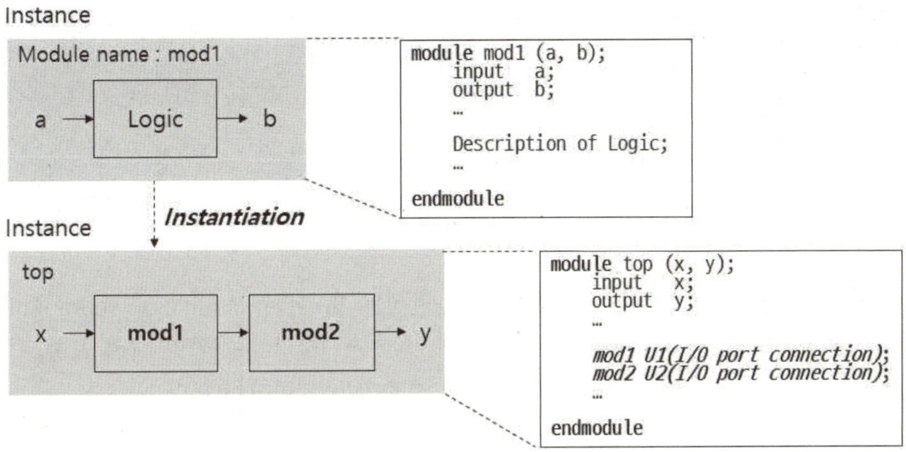

그림 3-2. 모듈의 인스턴스화 개념

3-1-2 모듈의 표현

모듈의 표현 형식은 [그림 3-3]과 같다. module ~ endmodule 쌍과 포트 선언, 데이터 형(reg, wire) 선언, 내부 연결, 동작 또는 구조 등을 표현한다. 모든 표현은 반드시 예약어인 module ~ endmodule 안에 있어야 하며, 모든 문장 끝은 세미콜론(;)으로 끝내야 한다. 이때 「end~」로 끝나는 예약어에는 세미콜론이 없다.

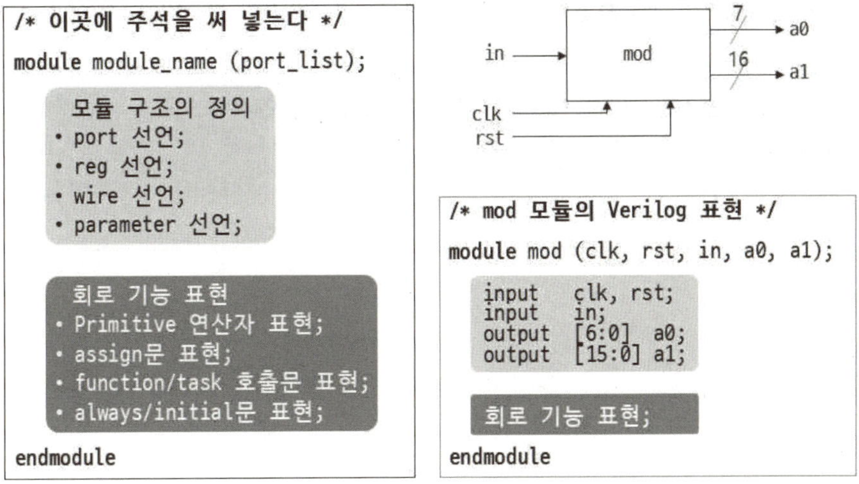

그림 3-3. 모듈 표현 형식의 예

```
※ 모듈 표현 형식
module 모듈이름 (포트목록);
   모듈 내용;
endmodule
```

모듈을 작성할 때 module ~ endmodule 안에는 또 다른 module ~ endmodule 쌍이 들어갈 수 없다. 따라서 다른 모듈이 필요할 경우 [그림 3-4]처럼 하위 모듈로 설계 후 [그림 3-5]의 인스턴스화 개념을 사용하여 호출하는 것이 필요하다.

```
※ 잘못 기술된 모듈 중첩
module 모듈이름1 (포트목록1);
   모듈내용1;
   module 모듈이름2(포트목록2); // 모듈 1안에 새로운 모듈의 중첩은 불가함
      모듈내용2;                // 모듈 2는 인스턴스화 개념을 사용하여 호출 필요
   endmodule
endmodule

※ 인스턴스화 개념을 사용한 모듈 호출
module 모듈이름1 (포트목록1);
   모듈내용1;
   모듈이름2 인스턴스이름 (포트목록2); // 모듈 2의 인스턴스화
endmodule
```

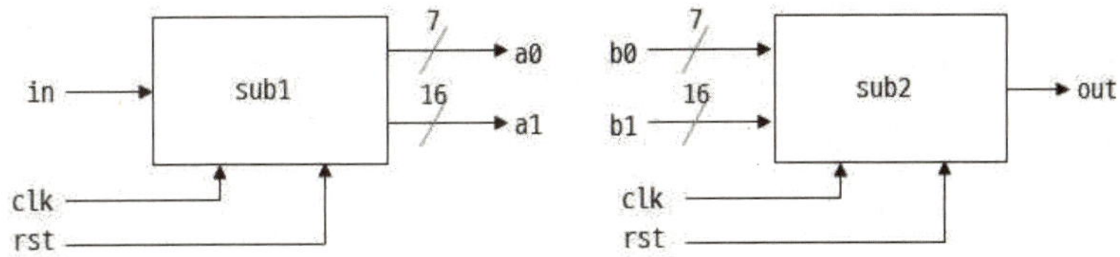


```
/* sub1 모듈의 Verilog 표현 */

module  sub1 (clk, rst, in, a0, b1);
    input     clk, rst;
    input     in;
    output    [6:0]  a0;
    output    [15:0] a1;

    .....
    회로 기능(sub1) 표현
    .....

endmodule
```

```
/* sub2 모듈의 Verilog 표현 */

module  sub2 (clk, rst, b0, b1, out);
    input     clk, rst;
    input     [6:0]  b0;
    input     [15:0] b1;
    output    out;

    .....
    회로 기능(sub2) 표현
    .....

endmodule
```

그림 3-4. 하위 모듈의 설계

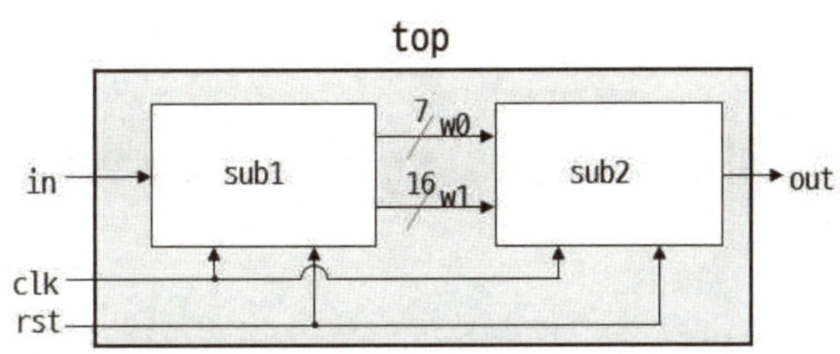


```
/* top 모듈의 Verilog 표현 */

module  top (clk, rst, in, out);
    input     clk, rst;
    input     in;
    output     out;
    wire      [6:0] w0;
    wire      [15:0] w1;

    .....
    sub1 U1 (clk, rst, in w0, w1);    // sub1 인스턴스화
    sub2 U2 (clk, rst, w0, w1, out);  // sub2 인스턴스화
    .....

endmodule
```

그림 3-5. 상위 모듈에서 하위 모듈의 인스턴스화 예

3-1-3 테스트벤치(Testbench)

대상 회로의 설계가 완료되면 설계된 모듈이 정확히 표현되었는지와 기능이 정상적으로 동작하는지를 검증할 필요하다. 이러한 검증용 요소를 테스트벤치(testbench) 또는 스티뮬러스(stimulus)라 한다. [그림 3-6]은 테스트벤치의 기본 개념이다. 테스트벤치는 대상 회로의 설계모듈과 유사한 형식으로 표현되지만, 외부 입출력 포트가 없는 최상위 계층의 모듈이라는 점이 다르다. 검증할 회로의 설계모듈은 테스트벤치의 하위 모듈로 인스턴스화를 통해 호출된다.

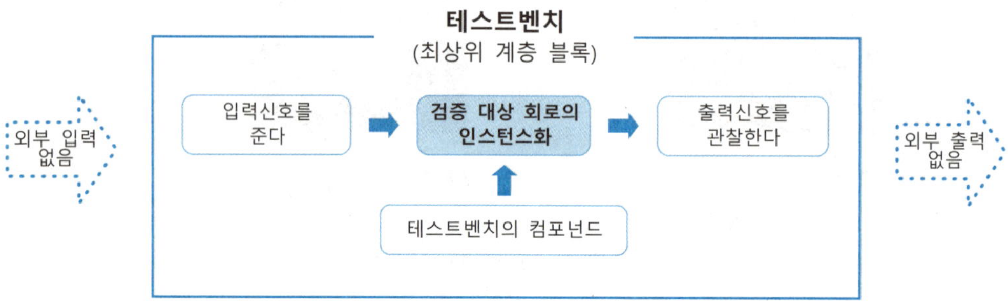

그림 3-6. 설계 검증을 위한 테스트벤치

```
※ 시뮬레이션을 위한 테스트벤치 표현 형식
`timescale 참조시간 단위/시간 정밀도     // 「`」는 ESC 키 아래 ⌜이다.
module 테스트벤치이름;
   reg   입력신호;
   wire  출력신호;

   검증 대상 설계회로의 인스턴스화;

   시뮬레이션에 사용할 내용(입력신호 값);
endmodule
```

3-2 어휘요소, 자료형, 벡터와 배열, 연산자

3-2-1 어휘요소

하드웨어 설계 언어인 Verilog HDL을 사용하기 위해서는 어휘요소(lexical element)와 기본적인 문법을 알아야 한다. Verilog의 어휘요소는 여백(white space), 주석(comment), 연산자(operator), 식별어(identifier), 예약어(reserved word) 등이 있다. Verilog 코드는 C언어를 이용한 소프트웨어 소스코드와 매우 유사하다. 모든 어휘요소들은 대소문자를 구분하고, 연산자 및 예약어는 소문자로 이루어져 있다.

(1) 여백(white space)

여백(white space)은 빈칸(space), 탭(tab), 그리고 줄 바꿈(new line) 등을 말하며 Verilog 코드의 가독성을 높일 수 있도록 적절히 사용하는 것이 좋다. 일반적으로 어휘요소들을 분리하기 위해 사용되는 경우를 제외하고 컴파일 시 무시된다. 하지만 공백과 탭은 문자열(string)에서는 의미 있게 취급된다.

(2) 주석(comment)

주석(comment)은 Verilog 코드의 설명을 위해 사용되며 여백과 마찬가지로 컴파일 과정에서 무시된다. 주석을 사용하는 방법은 두 가지가 있다. 한 줄 주석은 //로 시작하며 그 줄의 끝까지 주석으로 처리된다. 만약 설명할 내용이 많아 여러 줄의 주석이 필요할 경우 /*로 시작하여 */로 끝내면 된다. 이때 여러 줄 주석은 중첩하여 사용할 수 없다. 그러나 한 줄 주석은 여러 줄 주석 안에 포함될 수 있다.

```
※ 주석의 사용 방법 1
// 한 줄 주석을 사용한 예, 해당 줄 전체가 주석

※ 주석의 사용 방법 2
/* 여러 줄 주석을 사용한 예,
   여러 줄이 모두 주석으로 처리 된다. */

※ 잘못된 주석의 사용
/* 이러한 /* 주석 처리는 */ 잘못된 방법이다. */
```

(3) 연산자(operator)

연산자(operator)는 3가지 유형의 연산자(단항, 2항, 3항 연산자)가 있다. 단항 연산자는 피연산자 앞에 쓰이며, 2항 연산자는 피연산자 사이에, 3항 연산자는 각 피연산자 사이에 사용된다.

```
a = ~b;         // 단항 연산자 「~」의 사용 예, b는 피연산자
a = b && c;     // 2항 연산자 사용 예, 「&&」는 2항 연산자, b와 c는 피연산자
a = b ? c : d; // 3항 연산자 사용 예, 「? :」는 3항 연산자, b, c, d는 피연산자
```

(4) 수(number)

Verilog에서 수 표현은 다음과 같은 형식을 갖는다.

```
<비트 폭>' <진수> <값>
```

비트 폭이 생략된 경우 비트 폭은 32비트, 진수가 생략된 경우 10진수로 취급되므로 설계 후 합성 시 설계 사이즈가 커질 수 있음을 주의해야 한다. Verilog에서는 밑수(base)로 e나 E를 사용하여 실수형 상수를 표현할 수 있으나 시뮬레이션용으로만 사용된다. [표 3-1]은 Verilog에서 수의 표현 예이다.

표 3-1. Verilog에서 수의 표현 예

표현	비트폭	진수	2진수 표현	비고
10	32	10진수	00 … 01010	정수형 상수로 설계와 시뮬레이션에서 모두 사용 가능
1'b1	1	2진수	1	
8'haa	8	16진수	10101010	
8'o377	8	8진수	11111111	
'hff	32	16진수	00…011111111	
4'd5	4	10진수	0101	
-5'b00001	5	2진수	11111	
32e-4	-	실수	0.0032	실수형 상수로 시뮬레이션 용
4.1E3	-	실수	4100	

```
※ unsized 상수의 표현
123        // 32비트 10진수 123 → 2진수로 0000_0000_0000_0000_0000_0000_0111_1011
'b1010     // 32비트 2진수 0000_0000_0000_0000_0000_0000_0000_1010
'h12FF     // 32비트 16진수 0000_12FF, 'h12ff와 동일한 표현
1ff        // 문법 오류, 'h가 필요

※ sized 상수의 표현
-5'b00001  // 5비트 2진수 11111로 저장됨, 00001의 2의 보수(2's complement)
8'o123     // 8비트 8진수 123 → 2진수로 0101_0011
16'hFF     // 16비트 16진수 00FF → 2진수로 0000_0000_1111_1111
5'd10      // 5비트 10진수 → 2진수로 0_1010

※ 실수형 상수의 표현(시뮬레이션 용으로 합성 불가)
0.01
123.0
1.2E12 = 1.2e12
1.2e-3 = 1.2E-12
.5         // 문법 오류 → 0.5로 수정
1.E6       // 문법 오류 → 1.0E6로 수정
```

(5) 문자열(string)

문자열(string)은 2개 이상으로 구성된 문자를 말한다. 겹따옴표(" ")로 둘러싸며 한 라인을 넘길 수 없다. C언어에서와 같이 에스케이프 문자(\t, \n, \\, \", %%)를 사용할 수 있다. 문자열 변수는 reg형 변수이며, 문자열 내 문자 수에 8을 곱한 크기의 비트 폭, 즉 1byte ASCII값으로 취급된다. 문자열은 시뮬레이션에서만 사용 가능(하드웨어로 합성 불가)함을 주의한다.

```
"A String"                          // 문자열 사용 예
"This value is %b"                  // 문자열 사용 예
reg [8*19:0] string_var             // 문자열 변수 string_var를 reg형 선언
string_var = "Hello verilog world!"; // 문자열 변수 string_var에 문자열 할당
```

(6) 식별어(identifier)

식별어(identifier) 또는 식별자는 사용자가 설계 시 필요에 따라 정의한 변수, 모듈 이름, 포트 이름, 함수 이름, 인스턴스 이름 등을 말하며 공백을 가지지 않는 문자열(string)이다.

```
※ 사용 규칙
첫 문자는 알파벳 문자(a ~ z, A ~ Z) 혹은 언더 바(_) 사용 가능함
다음 문자부터는 영문자, 숫자, 언더바, $ 사용할 수 있음
이름 중간에 공백(스페이스)을 사용할 수 없음
이름은 1023문자까지 사용 가능하며 대문자와 소문자를 구별함
에스케이프가 있는 이름은 백슬래쉬 (\)로 시작하고 백슬래쉬 뒤는 프린트 가능한 모든
ASCII 문자를 사용할 수 있으며 여백(빈칸, 탭, 줄바꿈)으로 끝남

※ 사용 예
shift_reg
_BUS
_a$123
error_a    // Error_a와 구별됨
99_net     // 문법 오류, 숫자로 시작할 수 없음
a*b@com    // 이름에 특수기호(*)나 기호(@)가 포함될 수 없음
```

(7) 예약어(reserved word)

예약어(reserved word)는 키워드라고도 하며 Verilog에서 구문을 기술할 때 미리 지정(예약)된 문자열을 말한다. 사용자가 정의한 식별어와 구별하기 위해 다른 문자열들과 색이 다르게 표현되며 소문자를 사용한다. 이 예약어들은 독립적으로 사용하거나 예약어들을 조합해서 사용하고 일부 예약어는 시뮬레이션에서만 사용하는 것도 있다.

- 예약어 참조 :
  http://www.pldworld.com/_hdl/1/RESOURCES/QUALIS/library/vlogref.pdf

3-2-2 자료형

Verilog에서 허용되는 자료형은 [표 3-2]와 같이 net, reg, parameter가 있으며, 이들 자료형은 [표 3-3]과 같은 4가지의 논리값(0, 1, x, z)을 갖는다. 네트(net) 자료형은 소자(장치)간의 물리적인 연결을 나타내기 위해 사용되며, 논리값을 저장할 수 없다. 반면, 레지스터(register) 자료형은 프로그래밍의 변수와 같은 역할을 하며, 다른 논리값이 할당되기 전까지 이전 논리값을 유지할 수 있다. 마지막으로 파라미터(parameter)는 상수 혹은 결과가 상수가 되는 식을 정의하는 자료형으로 보통 상수값을 설정할 때 사용된다.

표 3-2. Verilog의 자료형

자료형	용도
net형	소자간의 물리적 연결
reg형	값을 임시로 저장할 수 있는 변수
parameter	상수로 선언되는 데이터

표 3-3. Verilog의 논리값

논리값	의미
0	논리적 0, 거짓 상태, 하드웨어적으로 접지(GND)
1	논리적 1, 참 상태, 하드웨어적으로 전원 전압(VDD)
x	알 수 없는 논리값
z	High 임피던스, 플로팅 상태

(1) 네트(net)형

네트(net)는 소자간의 물리적인 연결을 표현하는데 사용하는 자료형이다. [그림 3-7]에서 a, b, cin, s1, c1, c2, sum, cout은 실제 회로에서 각 장치(device)의 입력 및 출력 연결을 의미하며 연속적인 값을 갖는다. 네트값이 변하게 되면 새로운 값을 전달하게 된다. 그림에서 네트 a와 b는 U0에 해당하는 xor 게이트의 입력에 연결되어 있으며 네트 s1은 U0의 출력으로 연결되어 있다. a와 b가 변하게 되면 s1은 xor 게이트 U0에 의해 유도(drive)된 출력을 연속적으로 갖게 된다. 이러한 표현을 위해 네트 자료형은 항상 연속할당문(continuous assignment statement)인 assign문을 사용하여 할당하며 네트 자료형에는 신호가 저장되지 않는다.

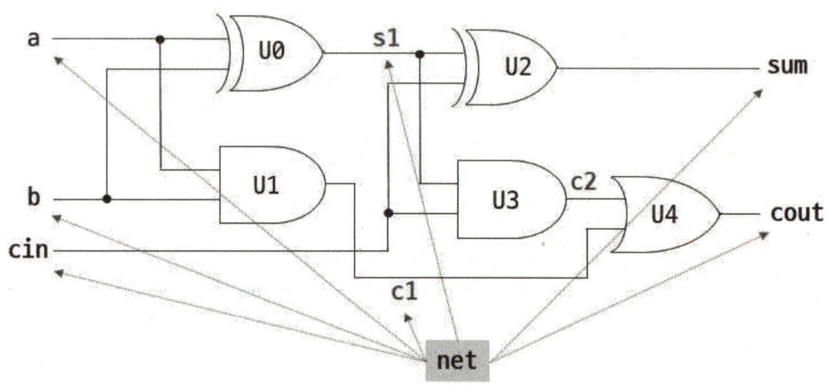

그림 3-7. Verilog에서 네트(net)

네트 자료형은 [표 3-4]의 정리된 예약어에 의해 정의(선언)된다. wire와 net라는 용어는 보통 같은 의미로 사용되며 기본값은 z(High 임피던스)이다. net는 유도된 출력값을 갖게 되며, 만약 유도되는 값이 없으면 z 값을 갖는다.

네트 자료형의 크기를 정하는 범위를 지정하지 않으면 기본적으로 1비트 net으로 선언된다. 1비트보다 큰 크기를 가질 때 자료형 선언 시 범위를 지정해야 하며 시뮬레이션을 위해 지연을 정의할 수 있다. 또한 자료형 선언과 함께 초기값(합성 안됨)을 할당할 수 있다. 위의 네트 자료형 중 wire는 게이트나 모듈의 출력을 도선(wire)를 이용하여 연결할 때 사용한다. 네트 자료형에 값을 할당하기 위해서는 연속 할당문인 assign문을 사용한다. assign문에 대한 내용은 추후 자세히 설명하기로 하고, 여기서는 네트 자료형의 선언 형식과 그 예를 자세히 살펴보자.

표 3-4. Verilog에서 네트 자료형

자료형 이름	의미
wire	논리적 행동(회로 동작)이나 기능 없이 단순한 연결에 사용
tri	wire와 같으며 3상태(tri-state)로 High 임피던스 상태가 더 있음
supply0	net를 접지(GND)에 연결
supply1	net를 전원(VDD)에 연결
tri0	net를 저항성 풀다운(pull down)에 의해 접지에 연결
tri1	net를 저항성 풀업(pull up)에 의해 전원에 연결
wand	여러 디바이스 출력을 선으로 연결하여 and 기능을 하도록 함, wired-and(open collect logic)의 하드웨어 구현을 모델링하기 위해 사용
wor	여러 디바이스 출력을 선으로 연결하여 or 기능을 하도록 함, wired-or(emitter coupled logic)의 하드웨어 구현을 모델링하기 위해 사용
triand	wand와 같으며 3상태로 High 임피던스 상태가 더 있음
trior	wor와 같으며 3상태로 High 임피던스 상태가 더 있음
trireg	물리적인 net에 저장되는 전하를 모델링

※ 선언 형식

```
net_자료형_이름 [범위] [지연] net_이름, net_이름, ..., net_이름;
```

※ 사용 예

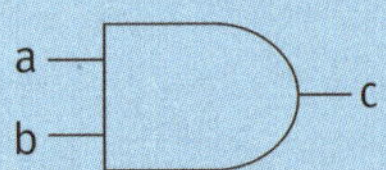


```
wire  a, b;          // 왼쪽 회로에서 네트 a와 b를 wire로 선언,
wire  c;             // 왼쪽 회로에서 네트 c를 wire로 선언
assign  c = a & b; // a와 b라는 wire의 and된 값을 c에 할당함

wire x, y;                // 1비트 크기의 네트 x와 y를 wire로 선언
wire [3:0] x, y;          // 4비트 크기의 네트 x와 y를 wire로 선언
wire [1:0] x, [3:0] y;    // 오류, 크기가 다른 네트 선언 시 줄을 나누어 각각 선언
wire enable = 1'b0;       // 1비트 크기의 네트 enable을 wire로 선언과 동시에
                          // 초기값으로 0 값을 할당
```

※ 신호가 wire로 선언되는 3가지 규칙

[규칙 1] assign문에서 좌변 할당 신호는 wire로 선언, 좌변 할당 신호가 port 신호인 경우는 wire 선언을 생략해도 됨

[규칙 2] 게이트 프리미티브의 출력신호는 wire로 선언됨, 게이트 프리미티브의 출력 신호가 port신호이거나 1비트 wire인 경우는 생략 가능

[규칙 3] 구조적 모델링 방법으로 설계 시 정의된 모듈을 호출하는 경우, 정의된 모듈의 출력신호는 wire 선언됨, 해당 신호가 포트(외부출력) 신호이거나, 1bit wire인 경우 wire 선언 생략 가능

(2) 레지스터(reg)형

변수(variable) 자료형이라고도 하는 레지스터(register) 자료형은 C언어 프로그래밍 등에서 사용하는 변수와 유사한 개념을 갖는 일종의 변수로 사용되며, 네트와는 달리 새로운 값이 할당될 때까지 현재의 값을 유지할 수 있는 자료형이다. Verilog에서의 레지스터 자료형과 실제 회로의 플립플롭(Flip-Flop)으로 구현된 레지스터는 용어가 같지만, 저장 소자를 지칭하는 하드웨어 레지스터와 달리 Verilog의 레지스터는 단지 변수의 의미이므로 혼동하지 말아야 한다.

레지스터 자료형은 뒤에서 설명할 always문이나 initial문 내부에서 절차적 할당문(procedural assignment statement)을 사용하여 논리값이 할당되며, 다음 할당이 이루어질 때까지 값이 유지된다. 레지스터 자료형은 플립플롭 등 논리값을 저장하는 소자를 모델링 할 때 주로 사용되지만, 논리값 저장이 이루어지지 않는 조합논리회로의 모델링에서도 사용될 수 있다.

레지스터 자료형은 [표 3-5]의 정리된 예약어에 의해 정의(선언)된다. reg, time, integer로 정의되는 레지스터 자료형의 기본 초기값은 x(unknown)이며, 시뮬레이션에서 사용하는 real, realtime으로 정의되는 자료형의 초기값은 0.0을 갖는다.

표 3-5. Verilog에서 레지스터 자료형

자료형 이름	의미
reg	크기를 가지나 부호가 없는 정수를 갖는 변수로 실제 설계에서 사용
integer	부호있는 32비트 크기의 정수를 갖는 변수(산술 연산 시 결과가 2의 보수로 출력)로 합성 가능하며, 시뮬레이션에서 주로 사용
real	부호있는 실수값을 갖는 변수로 시뮬레이션에서만 사용
time	부호없는 64비트 크기의 정수를 갖는 변수로 시뮬레이션에서만 사용

네트와 마찬가지로 레지스터의 크기를 정하는 범위를 지정할 수 있다. 크기를 지정하지 않으면 기본적으로 1비트 레지스터로 선언된다.

```
※ 선언 형식
register_자료형_이름 [범위] register_이름, register_이름, …, register_이름;
-----------------------------------------------------------------------------
```

```
※ 사용 예
reg q, q_;            // 1비트 크기의 레지스터 q와 q_를 선언
reg [3:0] x, y;       // 4비트 크기의 레지스터 x와 y를 선언
reg [1:0] x, [3:0] y; // 오류, 크기가 다른 레지스터 선언 시 줄을 나누어 각각 선언

※ 신호가 reg로 선언되는 3가지 규칙
[규칙 1] initial 문의 좌변 할당 신호인 경우 reg 선언
   reg   a, b;    // 비트 폭에 관계없이 reg 선언은 생략 불가
         ⋮
   initial begin
      a = 1'b0; b = 1'b1;
   end
[규칙 2] always문의 좌변 할당 신호인 경우 reg 선언
   reg   y;       // 비트 폭에 관계없이 reg 선언은 생략 불가
         ⋮
   always @ (a or b)
     y = a & b;
[규칙 3] function, task의 좌변 할당 신호인 경우 reg 선언. function의 경우
         function_name, task의 출력 변수의 경우 default로 reg이므로 reg 선언
         불필요
```

(3) 파라미터(parameter)

파라미터(parameter)는 모듈 내의 상수 값을 정의하는데 사용하며, 할당된 값은 변하지 않는다. 회로에서 포트의 비트 수나 초기값 등을 지정할 수 있다. 범위가 지정되지 않을 경우 할당할 상수 값에 적합한 크기의 비트 수를 기본값으로 갖게 된다. 단, 신호의 값(신호의 비트 수와 구분 필요)을 정의할 때 비트 수를 정의하는 데는 사용할 수 없음을 주의해야 한다. 각 모듈에서 정의된 파라미터 값은 컴파일 시 개별적으로 처리되므로 모듈 별로 조정할 수 있다. 파라미터는 예약어 'parameter'를 사용하여 선언하며 표현 형식은 다음과 같다.

```
※ 파라미터 선언 형식
parameter [범위] 이름 = 식;          // 이름은 대문자를 사용
--------------------------------------------------------------------------------
※ 사용 예
parameter X = 4'h5, Y = 4'h7;        // X와 Y의 값을 각각 16진수 5와 7로 정의
parameter AVG = (X + Y) / 2;         // AVG를 X와 Y의 식에 의한 상수 결과로 정의
parameter WIDTH = 32, DEPTH = 1024;  // WIDTH와 DEPTH의 값을 상수로 정의
parameter SIZE = 12;                 // SIZE의 값을 상수 12로 정의
parameter A = SIZE'b1010;            // 문법 오류, 신호 값의 비트 수 정의 불가
```

3-2-3 벡터와 배열

앞서 설명한 자료형 선언에서 범위를 지정하지 않았을 경우, 해당 자료형은 1비트 벡터(vector)로 취급된다. 비트 수가 2이상인 논리 값 또는 신호 값의 사용을 위해서는 다중 비트 선언이 필요하며, 이를 위해서는 자료형 선언 시 네트 또는 레지스터 이름 앞에 [msb : lsb]를 추가하여 범위를 지정하면 된다. 다음으로 배열(array)은 벡터들의 묶음으로 볼 수 있으며, 배열이 하나의 벡터로 구성되었다면 이 배열과 벡터는 동일하다. 2개 이상의 벡터들로 구성되는 배열을 사용하기 위해서는 네트 또는 레지스터 이름 뒤에 [first_index : last_index]를 추가하면 된다. 만약 다차원 배열을 구성하기 위해서는 네트 또는 레지스터 이름 뒤에 [first_index : last_index]를 원하는 차원 수만큼 추가하면 된다. 벡터와 배열은 특정 자료형의 요소들을 묶어 하나의 객체(object)로 취급하기 위해 사용된다. [그림 3-8]은 5비트 벡터와 256개의 5비트 벡터로 구성된 배열의 개념을 보이고 있다. 벡터는 각 비트의 값을 단일 할당문으로 한 번에 할당할 수 있으나 배열의 값은 배열 전체 또는 일부분을 단일 할당문을 통해 값을 할당하거나 수식을 사용할 수 없다.

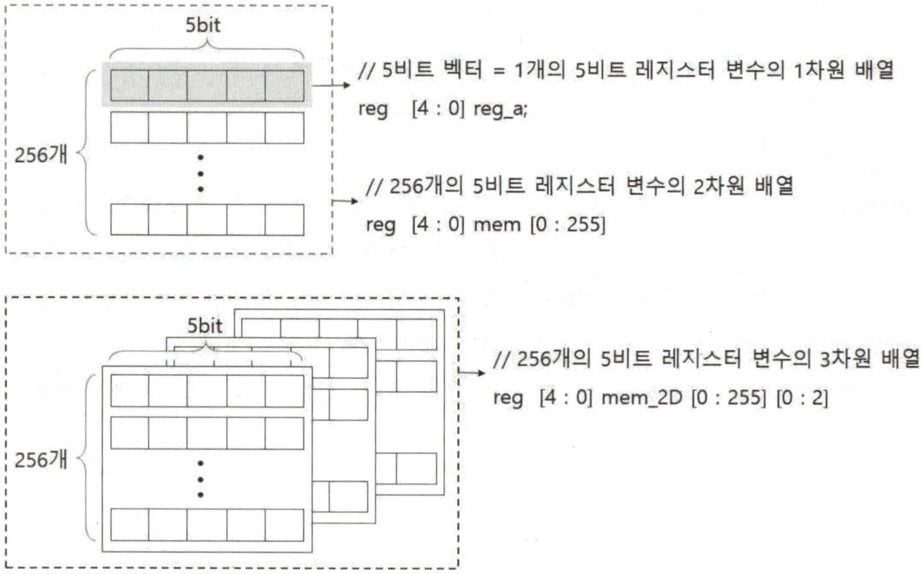

그림 3-8. 벡터(vector)와 배열(array)

```
※ 표현 형식
벡터 : 자료형_이름 [msb : lsb] 이름;
배열 : 자료형_이름 [msb : lsb] 이름 [first_index : last_index] ...;
--------------------------------------------------------------------
※ 사용 예
wire [7 : 0] bus_a, bus_b;  // 8비트 bus_a와 bus_b (벡터)
reg [15 : 0] address;       // 16비트 address (벡터)
address [3] = 0;            // 16비트 벡터 address의 4번째 요소 1비트에 0 할당
reg [7 : 0] mem [0 : 255];  // 8비트 레지스터 256개로 구성된 메모리 (배열)
mem [5] = 0;                // mem의 5번째 요소 8비트에 0000_0000을 할당
[7 : 0] mem [1: 5] = 1;     // 문법 오류, mem의 2 ~ 6번째 요소를 동시에 할당 불가
reg w_array [0 : 7] [0:15]; // 1비트 레지스터가 8×16 크기로 구성된 다차원 배열
```

3-2-4 연산자

Verilog에서 사용하는 연산자의 종류와 연산자의 기능에 대해서 알아보자. [표 3-6]에 연산자의 종류와 기능, 사용 예를 정리하여 놓았다. 이들 연산자 간에 우선순위가 있지만 여기서는 다루지 않겠다. 실제 설계에서 여러 연산자들의 표현이 필요할 때는 괄호 '( )'를 사용하여 연산순서는 결정하면 된다.

표 3-6. Verilog에서 사용하는 연산자

<table>
<tr><th>연산자 종류</th><th>연산자</th><th>의미</th><th>사용 예</th></tr>
<tr><td rowspan="5">산술연산자
(Arithmetic)</td><td>+</td><td>덧셈</td><td>assign add = a + b;</td></tr>
<tr><td>-</td><td>뺄셈</td><td>assign sub = a - b;</td></tr>
<tr><td>*</td><td>곱셈</td><td>assign mul = a * b;</td></tr>
<tr><td>/</td><td>나눗셈</td><td>assign div = a / b;</td></tr>
<tr><td>%</td><td>나머지(modulus)</td><td>assign rem = a % b;</td></tr>
<tr><td rowspan="3">논리연산자
(Logical)</td><td>&&</td><td>논리 and</td><td>if (a && b) ...</td></tr>
<tr><td>||</td><td>논리 or</td><td>if (a || b) ...</td></tr>
<tr><td>!</td><td>논리 not</td><td>if (!a) ...</td></tr>
<tr><td rowspan="5">비트단위
논리연산자
(Bitwise)</td><td>~</td><td>비트 not</td><td>~(1011) → (0100)</td></tr>
<tr><td>&</td><td>비트 and</td><td>(1011) & (0011) → (0011)</td></tr>
<tr><td>|</td><td>비트 or</td><td>(1011) | (0011) → (1011)</td></tr>
<tr><td>^</td><td>비트 xor</td><td>(1011) ^ (0011) → (1000)</td></tr>
<tr><td>^~, ~^</td><td>비트 xnor</td><td>(1011) ^~ (0011) → (0111)</td></tr>
<tr><td rowspan="6">비트단항
논리연산자
(Reduction)</td><td>&</td><td>비트단항 and</td><td>& (0101) = 0 → (0 · 1 · 0 · 1) = 0</td></tr>
<tr><td>|</td><td>비트단항 or</td><td>| (0101) = 1 → (0 + 1 + 0 + 1) = 1</td></tr>
<tr><td>~&</td><td>비트단항 nand</td><td>~& (0101) = 1 → ~ (0 · 1 · 0 · 1) = 1</td></tr>
<tr><td>~|</td><td>비트단항 nor</td><td>~| (0101) = 0 → ~ (0 + 1 + 0 + 1) = 0</td></tr>
<tr><td>^</td><td>비트단항 xor</td><td>^ (0101) = 0 → (0 ⊕ 1 ⊕ 0 ⊕ 1) = 0</td></tr>
<tr><td>~~, ~^</td><td>비트단항 xnor</td><td>~^ (0101) = 1 → (0 ⊙ 1 ⊙ 0 ⊙ 1) = 1</td></tr>
</table>

표 3-6. Verilog에서 사용하는 연산자(계속)

연산자 종류	연산자	의미	사용 예
관계연산자 (Relational)	==	같다	assign equal = a == b;
	!=	같지 않다	assign n_equal = a != b;
	<	작다	assign less = a < b;
	<=	같거나 작다	assign l_equal = a <= b;
	>	크다	assign great = a > b;
	>=	크거나 같다	assign g_equal = a >= b;
시프트연산자 (Shift)	>>	우측 이동	0110_1001 >> 2 → 0001_1010
	<<	왼쪽 이동	0110_1001 << 1 → 1101_0010
조건연산자 (Conditional)	? :	조건 : 참 : 거짓	y = (a == b) ? a : b;
결합연산자 (Concatenation)	{ }	결합	assign a = {1'b1, 1'b0, 2'b1}; → a = 1001
반복연산자 (Repetition)	{ { } }	반복	assign a = 2{01}; → a = 0101

(1) 산술연산자(arithmetic operator)

산술연산자는 2개의 피연산자(operand)의 +, -, * , /, %(나머지) 연산을 수행하는 2항 연산자로 표현 형식은 다음과 같다.

<피연산자> <산술연산자> <피연산자>

피연산자가 네트형 또는 레지스터형이면 부호 없는 연산이 수행되고, 반면 정수형(integer로 선언)일 경우, 부호 있는 연산이 수행되며 합성에 제한이 있다. 나눗셈과 나머지 연산에서 두 번째 피연산자가 0(zero)인 경우 결과값은 x(unknown)이 됨을 주의한다.

```
※ 산술연산자의 사용 예
/*  wire 또는 reg로 선언된 a = 4'h7, b = 4'h2  */
sum = a + b;              // sum = 8'h09
diff = a - b;             // diff = 8'h05
neg = -a;                 // neg = 8'hF9
mul = a * b;              // mul = 8'h0E
div = a / b;              // div = 8'h03
modulo = a % b;           // modulo = 8'h01
modulo = -a % b;          // modulo = 8'hFF
```

(2) 논리연산자(logical operator)

논리연산자는 피연산자 간의 논리적 결합이나 부정으로 판단하는 연산자로 && (논리 and), || (논리 or), ! (논리 not)이 있다.

```
<피연산자> <논리연산자> <피연산자>
<논리 not 연산자> <피연산자>
```

논리연산자의 결과는 항상 1비트로서 논리 거짓(0) 또는 논리 참(1)이 되며, 참이나 거짓의 판단이 불가능할 경우 x(unknown)이 된다. 실제 설계에서는 x(unknown)는 사용하지 않고 0(zero) 또는 1이 나오도록 하는 것이 좋다.

```
※ 논리연산자의 사용 예
/*  a = 4'b0101, b = 4'b0000, c = 4'bxxxx  */
a && b          // 결과 값은 논리 참(1) && 논리 거짓(0)의 결과로 0
a || b          // 결과 값은 논리 참(1) || 논리 거짓(0)의 결과로 1
!a              // 결과 값은 논리 참(1)의 부정으로 0
a && c          // 결과 값은 논리 참(1) && x의 결과로 x(unknown)
!c              // 결과 값은 x(unknown)의 부정으로 x(unknown)
```

(3) 비트단위 논리연산자(bitwise logical operator)

비트단위 논리연산자는 [표 3-7]의 진리표처럼 피연산자의 각 비트에 대한 논리연산을 수행한다.

```
<피연산자> <비트단위 논리연산자> <피연산자>
<비트 not 연산자> <피연산자>
```

피연산자들 간의 비트단위로 연산을 수행하게 되므로 결과의 비트 수는 피연산자의 비트 수와 같다. 만약 피연산자의 비트 수가 서로 다를 경우 비트 수가 작은 피연산자의 최상위 비트(msb) 쪽에 0을 채운 후 연산을 수행한다.

표 3-7. 비트단위 논리연산자의 진리표

&	0	1	x	z
0	0	0	0	0
1	0	1	x	x
x	0	x	x	x
z	0	x	x	x

|	0	1	x	z
0	0	1	x	x
1	1	1	1	1
x	x	1	x	x
z	x	1	x	x

^	0	1	x	z
0	0	1	x	x
1	1	0	x	x
x	x	x	x	x
z	x	x	x	x

~^	0	1	x	z
0	1	0	x	x
1	0	1	x	x
x	x	x	x	x
z	x	x	x	x

~	
0	1
1	0
x	x
z	x

```
※ 비트단위 논리연산자의 사용 예
/*  a = 4'b0101, b = 4'b0100  */
a & b            // 결과 값은 0100
a ¦ b            // 결과 값은 0101
a ^ b            // 결과 값은 0001
a ~^ b           // 결과 값은 1110
~b               // 결과 값은 1011
```

2비트 이상의 피연산자 벡터에 대해 비트단위 논리연산자와 논리연산자를 사용함에 있어 주의가 필요하다. [표 3-8]은 비트단위 논리연산자와 논리연산자의 결과를 비교한 것이다.

표 3-8. 비트단위 논리연산자와 논리연산자 연산 결과 비교

피연산자 값	비트단위 논리연산자	논리연산자
a = 1010 b = 0011 c = 0000	a & b = 0010	a && b = 1
	a | b = 1011	a || b = 1
	a & c = 0000	a && c = 0
	a | c = 1010	a || c = 1

(4) 비트단항 논리연산자(reduction logical operator)

비트단항 논리연산자는 하나의 피연산자를 갖는 단항연산자로 & (논리 and), | (논리 or), ^ (논리 xor), ~& (논리 nand) ~| (논리 nor), ~^ (논리 xnor)가 있다.

<비트단항 논리연산자> <피연산자>

비트단항 논리연산자의 진리표는 이항연산자인 논리연산자와 같지만, 피연산자를 구성하는 비트들에 대해 연산을 수행하여 1비트의 결과를 생성하기 때문에 축약 또는 축소 연산자라고도 한다.

```
※ 비트단항 논리연산자의 사용 예
/*  a = 4'b0101  */
& a              // 논리 연산 0 & 1 & 0 & 1을 수행하여 결과 값은 1'b0
¦ a              // 논리 연산 0 ¦ 1 ¦ 0 ¦ 1을 수행하여 결과 값은 1'b1
^ a              // 논리 연산 0 ^ 1 ^ 0 ^ 1을 수행하여 결과 값은 1'b1
~& a             // 논리 연산 0 ~& 1 ~& 0 ~& 1을 수행하여 결과 값은 1'b1
~¦ a             // 논리 연산 0 ~¦ 1 ~¦ 0 ~¦ 1을 수행하여 결과 값은 1'b0
~^ a             // 논리 연산 0 ~^ 1 ~^ 0 ~^ 1을 수행하여 결과 값은 1'b1
```

(5) 관계연산자(relational operator)

관계연산자는 이항연산자로 == (같다), != (같지 않다), < (작다), <= (작거나 같다), > (크다), >= (크거나 같다)가 있으며, 두 피연산자의 크기를 비교하여 1비트의 결과로 논리값 참(1) 또는 논리값 거짓(0)을 출력으로 생성한다.

```
<피연산자> <관계연산자> <피연산자>
```

피연산자 중 하나에 x(unknown)이나 z(High impedance)가 포함되어 있으면 관계연산자의 결과는 1비트의 x가 된다. 또한 두 피연산자의 비트 수가 서로 다를 경우는 비트 수가 작은 피연산자의 최상위 비트(msb) 쪽에 0을 채운 후 관계연산을 수행한다. 관계연산자는 산술연산자가 포함된 수식과 함께 사용될 때가 많으며, 이때 산술연산자가 우선순위가 높으므로 주의해서 사용할 필요가 있다. 연산자들간의 우선순위를 기억하기 어려우므로 먼저 연산이 필요한 수식에 괄호 「( )」를 사용하면 우선순위로 인한 오류를 피할 수 있다.

```
※ 관계연산자의 사용 예
/*  a = 4'b0100, b = 4'b0011  */
a == b          // 결과 값은 1'b0
a != b          // 결과 값은 1'b1
a < b           // 결과 값은 1'b0
a <= b          // 결과 값은 1'b0
a > b           // 결과 값은 1'b1
a >= b          // 결과 값은 1'b1
a < b + 2       // 4 < (3 + 2)를 수행하여 결과 값은 1'b0
a - b < 2       // (4 - 3) < 2를 수행하여 결과 값은 1'b1
a - (b < 2)     //  4 - (3 < 2)를 수행하여 결과 값은 4'b0100
```

(6) 시프트연산자(shift operator)

시프트연산자는 〉〉 (오른쪽 이동)과 〈〈 (왼쪽 이동)이 있으며 표현 형식은 다음과 같다.

```
<피연산자> <시프트연산자> <피연산자>
```

첫 번째 피연산자 벡터의 비트값을 두 번째 피연산자 값만큼 이동시키고 비어 있는 비트들은 0으로 채운다. 두 번째 피연산자는 항상 부호 없는 수가 되어야 하며 시프트연산 결과는 부호에 영향을 미치지 않는다. 시프트연산 결과의 부호는 첫 번째 피연산자와 수식의 나머지 부분에 의해 결정된다. 또한 시프트연산자는 순환자리이동(circular shift) 되지 않음을 주의한다.

```
※ 시프트연산자의 사용 예
/*  a = 4'b0110  */
b = a >> 1         // 피연산자 a를 오른쪽으로 1비트 시프트, b = 0011
b = a << 1         // 피연산자 a를 왼쪽으로 1비트 시프트, b = 1100
b = a << 3         // 피연산자 a를 왼쪽으로 3비트 시프트, b = 0000
```

(7) 조건연산자(conditional operator)

조건연산자(? :)는 3개의 피연산자를 갖는 3항 연산자로 조건식을 수행하여 참이면 참 수식을 수행하고 거짓이면 거짓 수식을 수행하게 된다.

```
<조건식> ? <참 수식> : <거짓 수식>;
```

만약 조건식의 결과가 x(unknown)이면 참 수식과 거짓 수식을 모두 실행하여 각각의 결과를 비트단위로 비교하여 최종 결과를 생성한다. 이때 참 수식의 하나의 비트와 거짓 수식의 해당 위치의 비트가 서로 값이 틀리면 x, 같다면 해당 비트의 값이 결과가 된다. 조건연산자는 [그림 3-9]의 멀티플렉서(multiplexer)의 기능 또는 if ~ else문과 비슷하다.

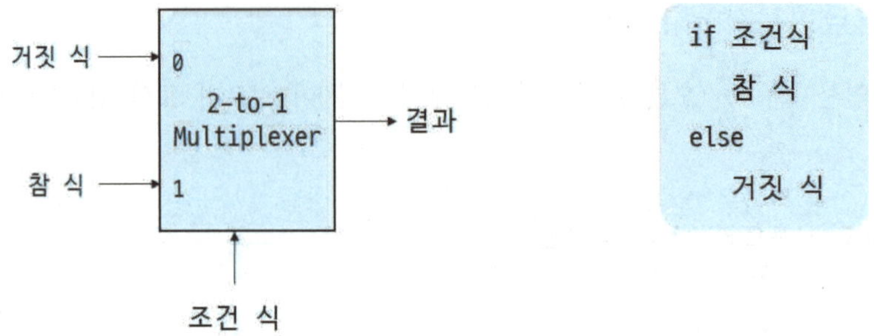

그림 3-9. 2-to-1 멀티플렉서(mux)와 if ~ else문

```
※ 조건연산자의 사용 예
/*  2-to-1 mux의 기능적 모델  */
assign   out = condition_expr ? true_expr : false_expr;

/*  tri-state 버퍼의 기능적 모델  */
wire     [7:0] bus_data, data;
assign   bus_data = drv_en ? data : 8'bz;
```

조건연산자는 조건 안에 새로운 조건이 포함되는 네스티드(nested) 조건을 사용할 수 있다. 이때 5단계(N = 5) 이상의 네스티드 조건을 사용할 경우, 하드웨어 구현 시 지연이 발생할 수 있으므로 이러한 설계를 피하는 것이 좋다. 5단계 이상의 네스티드 조건은 뒤에 설명할 case문을 이용하여 설계할 수 있다.

```
※ 네스티드 조건연산자의 사용 예
결과 = (조건식 1) ? (true_expr 1) :
       (조건식 2) ? (true_expr 2) :
                  ⋮
       (조건식 N) ? (true_expr N) : false_expr;
```

(8) 결합연산자(concatenation operator)

결합연산자({ })는 여러 개의 피연산자들을 하나로 결합하는데 사용한다. 이때 피연산자들의 크기는 항상 정해져 있어야 결합할 수 있다.

```
{ <피연산자 1>, <피연산자 2>, ..., <피연산자 N> }
```

{피연산자 1, 피연산자 2, … 피연산자 N}과 같이 결합하고자 하는 피연산자들 간에는 콤마(,)로 구분하고 시작과 끝은 「{ }」 표시로 나타낸다.

```
※ 결합연산자의 사용 예
a = {1'b1, 1'b0, 1'b0};                   // a = 3'b100
data = {3'b011, 1'b0, 2'b11};             // data = 6'b011011
[15:0] new_word = {word[7:0], word[15:8]}; // 16비트 word의 상하위 8비트가 교환
```

(9) 반복연산자(repetition operator)

반복연산자는 결합연산자({ })를 사용하여 「a{b}」의 형태로 표현하며 피연산자 b를 피연산자 a회 반복하여 결합한다.

```
<반복 횟수> { <피연산자> }
```

```
※ 반복연산자의 사용 예
vec = {1'b1, {2{1'b0}}, 1'b1};      // vec = 4'b1001
byte_a = {2{4'b0111}};              // byte_a = 8'b01110111
```

3-3 Verilog의 추상화 수준 모델링 방법

Verilog HDL을 이용하여 원하는 논리회로나 디지털시스템을 표현하는 방법으로 4가지 추상화 수준의 모델링 방법이 있다. 추상화 수준에 따라 스위치 수준 모델링, 게이트 수준 모델링, 데이터 플로우 수준 모델링, 행위 또는 알고리즘 수준 모델링이 있다. 스위치 수준 모델링은 스위치(On/OFF), 기억노드, 그리고 그들의 연결로 구현되는 추상화 수준 모델링의 가장 하위 수준으로 여기서는 다루지 않을 것이며, 스위치 수준 모델링을 제외한 3가지 추상화 수준 모델링 방법과 구조적 모델링 방법에 대해 알아보자.

3-3-1 게이트 수준 모델링

Verilog에는 [표 3-9]의 기본적인 논리 게이트가 프리미티브 연산자(primitive operator)로 미리 정의되어 있으며, 모듈 정의 없이 일반적인 모듈처럼 인스턴스화가 가능하다.

표 3-9. 기본적인 디지털 논리 게이트

논리 게이트	기호	논리식	진리표		
			a	b	c
AND	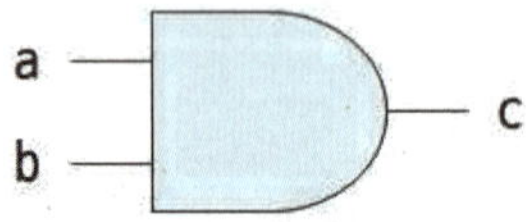	$c=a \cdot b$	0	0	0
			0	1	0
			1	0	0
			1	1	1
OR	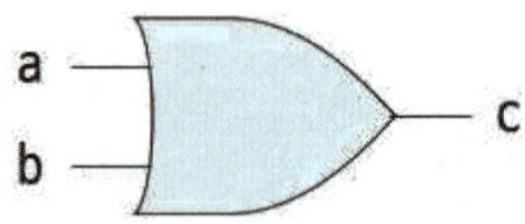	$c=a+b$	0	0	0
			0	1	1
			1	0	1
			1	1	1
NOT	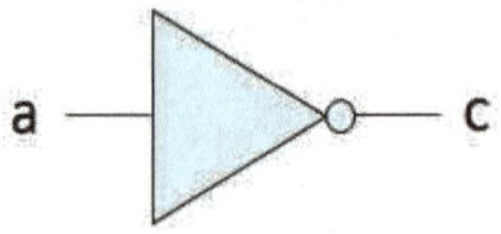	$c=\bar{a}$	0	-	1
			1	-	0
			-	-	-
			-	-	-

표 3-9. 기존적인 디지털 논리 게이트(계속)

논리 게이트	기호	논리식	진리표 a	진리표 b	진리표 c
NAND	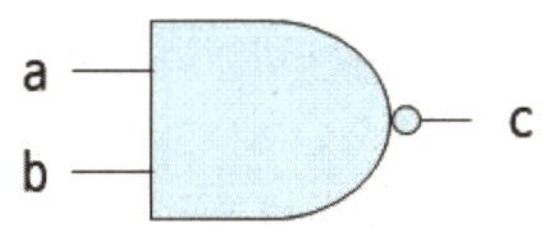	$c=\overline{a \cdot b}$	0	0	1
			0	1	1
			1	0	1
			1	1	0
NOR	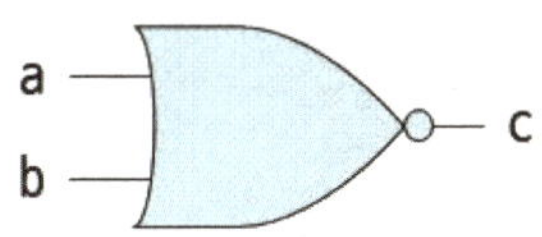	$c=\overline{a+b}$	0	0	1
			0	1	0
			1	0	0
			1	1	0
XOR	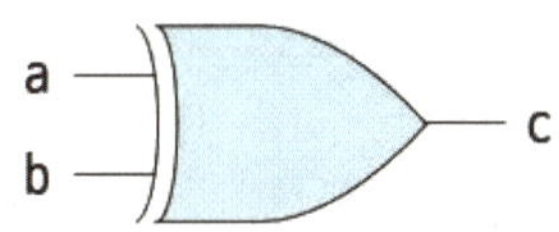	$c=\bar{a}b+a\bar{b}$ or $c=a\oplus b$	0	0	0
			0	1	1
			1	0	1
			1	1	0

논리 게이트 프리미티브의 인스턴스화를 위한 표현은 다음과 같으며, 인스턴스 이름은 생략할 수 있다. 이때 입출력 목록은 반드시 출력, 입력순으로 작성해야 함을 주의해야 한다.

```
프리미티브_연산자 #(상승지연, 하강지연) 인스턴스_이름 (output, input1, input2, ...);
```

※ 사용 예 (and 게이트 프리미티브)

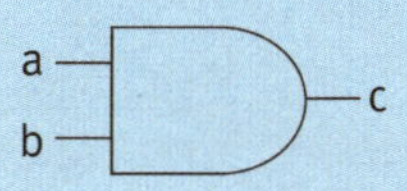

```
and          U1 (c, a, b); // 지연 생략, 인스턴스 이름 U1
and             (c, a, b); // 지연, 인스턴스 이름 생략
and  #2      U1 (c, a, b); // 상승/하강지연 모두 2ns
and  #(3, 4) U1 (c, a, b); // 상승지연 3ns, 하강지연 4ns
```

게이트 프리미티브 표현 형식에서 '#'을 이용하여 전달지연을 지정할 수 있다. 지연 값이 지정되지 않으면 전달지연은 0으로 간주한다. 지연은 하나 또는 두 개의 값으로 지정할 수 있으며 첫 번째 값은 출력 상승지연, 두 번째 값은 출력 하강지연을 의미한다. 하나의 지연 값만 지정하면 상승지연과 하강지연이 동일한 값으로 설정된다.

게이트 프리미티브 연산자는 인스턴스화(instantiation) 하여 사용하게 되는데 이것은 상위 모듈에서 프리미티브 연산자를 하위 모듈로 호출하여 사용하는 개념이다. 이러한 인스턴스화 개념은 모듈 내에서 하나의 게이트 프리미티브 연산자를 여러 번 호출하여 사용할 경우, 인스턴스 이름을 달리 사용하여 각각의 호출한 것들을 서로 다른 인스턴스(객체)로 구분할 수 있게 한다. 따라서 미리 잘 설계된 Design Entity(설계 독립체로 모듈이라 생각해도 된다)를 여러 번 반복 호출해서 사용할 수 있음을 의미한다.

```
/*  U1과 U2는 서로 다른 객체이다.  */
and U1 (output1, input1, input2);
and U2 (output2, input2, input3);
     ⋮
```

앞에서 설명한 논리 게이트 프리미티브 연산자 이외에 제어신호가 포함된 3상태 게이트 프리미티브 연산자도 사용할 수 있다. 3상태 게이트 프리미티브는 bufif0, bufif1, notif0, notif1이 있으며, 출력은 0, 1, z가 될 수 있다. 이들 게이트 프리미티브들은 오직 제어신호가 인가될 때만 신호를 전달할 수 있으며, 제어신호가 인가되지 않을 경우는 z(high impedence)가 전달된다. [그림 3-10]과 [표 3-10]은 3상태 게이트 프리미티브의 기호와 진리표를 보이고 있다.

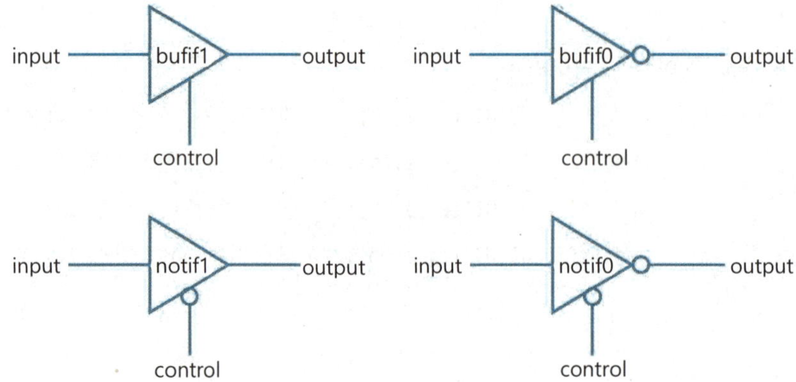

그림 3-10. 3상태 게이트 프리미티브의 기호

표 3-10. 3상태 게이트 프리미티브의 진리표

bufif1		control			
		0	1	x	z
input	0	z	0	L	L
	1	z	1	H	H
	x	z	x	x	x
	z	z	x	x	x

bufif0		control			
		0	1	x	z
input	0	0	z	L	L
	1	1	z	H	H
	x	x	z	x	x
	z	x	z	x	x

notif1		control			
		0	1	x	z
input	0	z	1	H	H
	1	z	0	L	L
	x	z	x	x	x
	z	z	x	x	x

notif0		control			
		0	1	x	z
input	0	1	z	H	H
	1	0	z	L	L
	x	x	z	x	x
	z	x	z	x	x

※ buf/not/3상태 게이트 프리미티브 사용 예

```
buf     U1  (output, input);
not     U2  (output, input);
bufif0  U1  (output, input, control);
bufif1  U1  (output, input, control);
```

3-3-2 데이터 플로우 수준 모델링

복잡하지 않은 작은 회로를 설계할 때는 설계자의 직관적인 판단에 의해 게이트간 연결을 하는 게이트 수준 모델링 기법이 적합하다. 그러나 조금 더 복잡한 회로를 설계할 때는 게이트 수준보다 한 단계 더 추상적인 기능 중심의 모델링 기법을 사용하는 것이 보다 효율적일 것이다. 데이터 플로우 수준 모델링 방법은 다양한 연산 및 처리 결과를 이용하여 회로의 동작을 표현할 수 있다.

앞에서 설명한 게이트 수준 모델링에서는 게이트 프리미티브 연산자를 사용하여 기본적인 논리회로의 각 논리소자의 입출력을 표현하였다. 이때 프리미티브 연산자는 입력에 대한 연산결과를 직접 출력신호에 할당하는 표현 형식을 사용한다. 반면 다양한 연산자나 데이터 처리를 활용하는 데이터 플로우 수준 모델링 방법을 이용한 설계에서는 연산 및 처리 결과를 출력신호로 넘겨받기 위해 할당문을 사용한다. 할당문은 객체(object)에 값을 주는 기본적인 방법으로 net(wire) 자료형 객체에 값을 할당하는 연속 할당문과 variable(reg) 자료형 객체에 값을 할당하는 절차형 할당문이 있다.

표 3-11. 할당문의 종류

구분	내용
연속 할당문 (continuous assignment)	• assign 문을 이용하여 net형 객체에 스칼라 또는 벡터 형태의 값을 할당 `assign result = a & b;` • 우변의 값에 변화가 발생했을 때 좌변의 객체에 값의 할당이 즉시 일어남 • 조합회로에서 사용

절차형 할당문 (procedural assignment)	• always 문 또는 initial 문에서 블록킹 할당 연산자(=) 또는 논블록킹 할당 연산자(<=)를 사용하여 variable형 객체(reg, integer 등)의 값을 갱신
	`always @ (event_signal) begin`
	`result_blocking = a & b; // 블록킹 대입문`
	`result_nonblocking <= a & b; // 논블록킹 대입문`
	`end`
	• 우변 수식의 값 변화(event)와 상관없이 event_signal의 값에 변화가 발생했을 때 우변 수식의 값이 좌변의 객체에 값의 할당되며 다음 절차형 할당문에 의해 값이 갱신될 때까지 좌변에 할당된 값은 유지됨
	• 순차회로에서 사용

연속 할당문(continuous assignment statement)은 현재의 입력에 대해 바로 출력이 결정되는 조합회로의 논리식을 기술하기 위해 「assign」이라는 예약어로 시작하며 「신호강도」, 「지연값」을 지정한 후 「네트형 스칼라 또는 네트형 벡터」 「할당기호(=)」 「논리식 또는 산술 연산식」을 기술한다. 이때 신호강도와 지연값은 선택 사항이며, 설정하지 않으면 신호강도는 strong1과 strong0, 지연값은 0ns를 기본값으로 갖는다. 여기서는 신호강도와 지연값은 논하지 않겠다.

절차형 할당문(procedural assignment statement)은 다음 절에서 자세히 다루겠다.

```
※ 표현 형식
assign [신호강도] [지연값] 네트 또는 와이어 = 논리식 혹은 산술 연산식 ;
------------------------------------------------------------------
※ 사용 예
assign out = in1 & in2;            // out, in1, in2는 네트
assign flag = (cnt == 4'h7);
assign out = (en == 1) ? a : b;
assign address[15:0] = 16'b0;      // address는 16비트 네트형 벡터
/*  1비트 네트 carry와 4비트 네트형 벡터 sum의 결합  */
assign { carry, sum[3:0] } = a[3:0] + b[3:0] + c_in;
```

연속 할당문 사용 시 주의 사항

- 연속 할당문(assign문)에서 할당 연산자 「=」의 왼쪽에는 net형만 올 수 있으며 reg형은 사용할 수 없다.
- 연속 할당문에서 할당 연산자 「=」의 오른쪽에 올 수 있는 것은 net형/reg형 스칼라 또는 벡터 또는 함수 호출문이다.
- 연속 할당문의 할당 연산자 「=」의 오른쪽 피연산자들의 값이 변화하면 즉시 왼쪽 net에 값이 할당된다.

3-3-3 행위 수준 모델링

설계 대상 회로의 복잡도가 증가함에 따라 설계 초반에 효율적인 설계방법을 결정하는 것이 필요하다. 이를 위해 설계자는 회로도나 논리식을 고려하지 않고 회로의 기능적 측면을 고려하는 동작(행위) 수준의 설계방법을 선택할 수 있다. 이러한 행위 수준 모델링은 Verilog의 최상위 수준의 설계방법으로 설계자에게 많은 융통성을 제공하며, C언어를 이용한 프로그래밍과 매우 유사하다.

행위 수준 모델링을 위해서는 앞에서 설명한 조합논리회로 설계에 사용하는 연속 할당문(assign문) 외에도 순차논리회로 설계를 위한 절차적 할당문(procedural assignment)의 이해가 필요하다. 절차적 할당문은 레지스터 자료형(reg, integer, real 등)의 값을 할당

하며, 다음 절차형 할당문에 의해 값이 갱신될 때까지 할당된 값을 유지한다. 절차형 할당문은 always, initial, task, function 등의 절차(procedure) 구문과 함께 사용되며, 블록킹(blocking, '=') 대입문과 논블록킹(nonblocking, '<=') 대입문으로 구분된다. 실행 흐름이 절차 구문 내의 할당문(블록킹 또는 논블록킹 대입문)에 도달했을 때 할당을 위한 이벤트가 발생된다. 반면 연속 할당문은 할당을 위한 문장의 실행에 의해서가 아니라 할당기호 (=) 오른쪽 수식의 값 변화에 의해 왼쪽 네트에 값이 할당되는 점이 다르다.

(1) always문

always문은 행위 수준 모델링의 가장 기본이 되는 구문으로 논리합성, 즉 실제 하드웨어 구현이 가능하다. 조합논리회로와 순차논리회로의 모델링에 모두 사용되며, 시뮬레이션을 위한 테스트벤치 작성에도 사용된다. always문은 module이 실행되는 동안 always 블록 내의 문장을 루프형식으로 반복 수행한다. 따라서 타이밍 제어와 관련된 표현에 유용하게 사용될 수 있다.

※ 표현 형식

```
always  @ (sensitivity_list)  // 마지막에 세미콜론이 없음
   begin
      blocking or nonblocking 대입문;
      if, case문 등;
   end
-------------------------------------------------------------------------
```

```
※ 사용 예
module sample (a, b, out1, out2);
  input   a, b;
  output  out1, out2;
  reg     out1, out2; // 아래 always 블록의 왼쪽 할당 신호들을 레지스터형 선언

  always  @ (a or b)  // a 또는 b 신호가 변화할 때마다 아래 begin ~ end가 실행됨
    begin
      out1 = 1'b1;   // 이벤트 신호 a 또는 b의 값이 변화하면 레지스터 out1과 out2에
      out2 = 1'b0;   // 각각 1과 0을 할당(절차적 할당문으로 블록킹 대입문 사용)
    end
endmodule
```

always문의 사용 형식은 예약어 「always」 다음에 「@(sensitivity_list)」을 기술한다. 이때 마지막에 세미콜론(;)이 없음을 주의한다. always문은 sensitivity_list의 이벤트 신호들 중 하나라도 값이 변화할 때마다 내부의 동작(행위) 수준 문장들이 실행된다. 이러한 'always @(sensitivity_list)'와 하나 또는 여러 개의 내부 동작(행위) 수준 문장들로 구성된 블록을 'always 블록'이라 한다. always 블록에서 여러 개의 내부 동작(행위) 수준 문장들이 사용될 경우 begin ~ end 블록으로 묶어 표현해야 한다.

always @(*) 또는 always *

「always @(sensitivity_list)」는 sensitivity_list에 정의된 신호의 변화가 있을 때 내부 문장이 실행되지만, 「always @(*)」 또는 「always *」는 always 블록 내 모든 신호의 변화가 있을 때 내부 문장들이 실행된다.

하나의 module 내에 여러 개의 always 블록이 포함될 수 있으며 각각의 always 블록들은 연속 할당문과 마찬가지로 동시에 실행된다. sensitivity_list에 나열된 신호들 중 하나 이상의 신호가 변화하게 되면 always 블록 내부의 begin ~ end 블록이 실행된다. 이때 begin ~ end 블록 내에 사용된 블록킹 대입문(=) 또는 논블록킹 대입문(<=)에 따라 실행 방식이 달라진다. always 블록의 동작은 일종의 레지스터이므로 always 블록 내에서 할당문 왼쪽 신호들은 반드시 레지스터(reg)형으로 선언되어 있어야 한다.

(2) initial문

module이 실행되는 동안 무한히 반복되는 always문과 달리 initial문은 한 번만 실행된다. always문과 마찬가지로 begin ~ end 내에 여러 절차형 문장들로 구성되는 initial 블록을 구성할 수 있으며 내부의 절차형 문장들은 순차적으로 실행된다. initial 블록은 일반적으로 초기화, 모니터링, 파형, 그리고 전체 실행 시 단 한 번만 수행되어야 하는 과정에 사용된다.

```
※ 표현 형식
initial  begin
   blocking or nonblocking 할당문;
end
--------------------------------------------------------------------------------
※ 사용 예
module sample (a, b, out1, out2);
   input    a, b;
   output   out1, out2;
   reg      out1, out2; // 아래 initial 블록의 왼쪽 할당 신호 out1, out2를 레지스터형 선언

   initial             // 모듈이 실행된 후 아래 begin ~ end가 한 번만 실행됨
      begin
         out1 = 1'b0;  // 레지스터 out1에 초기값 0 할당
         out2 = 1'b1;  // 레지스터 out2에 초기값 0 할당
      end
endmodule
```

(3) 절차적 할당문

절차적 할당문은 순차적 할당문이라고도 하며 블록킹 대입문과 논블록킹 대입문이 있다. 연속 할당문과 달리 값의 할당을 위해 사용한 예약어 「assign」을 사용하지 않으며, reg, integer 등의 레지스터형 변수(신호)의 값을 할당할 때 사용한다. 절차형 할당문에 의해 값이 할당된 레지스터형 변수들은 다음 절차형 할당문에 의해 값이 갱신될 때까지 현재 할당된 값을 유지한다. 레지스터 변수에 값을 할당할 때, 레지스터의 비트 수에 비해 할당하고자 하는 값의 비트 수가 클 경우 할당 값의 하위 비트의 값들이 선택되며, 반대의 경우는 레지스터의 상위 비트에 0이 채워진다.

```
※ 표현 형식
out  = a & b;     // 블록킹 대입문
out  <= a ¦ b     // 논블록킹 대입문
--------------------------------------------------------------------------------
※ 사용 예
module sample (a, b, out1, out2);
   input     a, b;
   output   out1, out2;
   reg      out1, out2; // 아래 always 블록의 왼쪽 할당 신호 out1, out2를 레지스터형 선언

   always @ ( a or b)
      begin
         out1  = a & b;    // 블록킹 대입문
         out2  <= a ¦ b;   // 논블록킹 대입문
      end
endmodule
```

블록킹 대입문(blocking assignment)은 begin ~ end로 묶인 순차적 블록에 열거된 순서대로 실행된다. 하나의 대입이 끝나고 다음 대입이 순차적으로 이루어지므로 [그림 3-11]과 같이 기술 순서에 따라 회로의 동작이 달라질 수 있다.

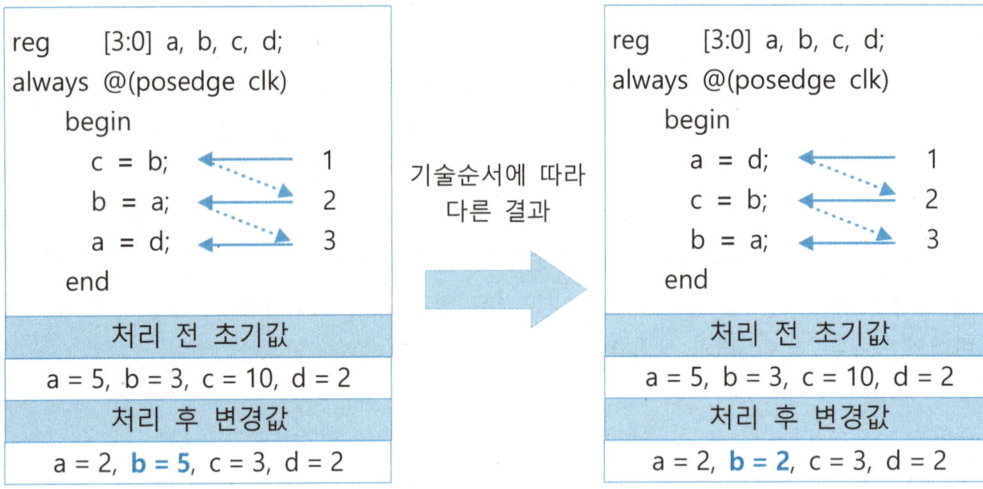

그림 3-11. 블록킹 대입문의 기술 순서에 따른 다른 결과

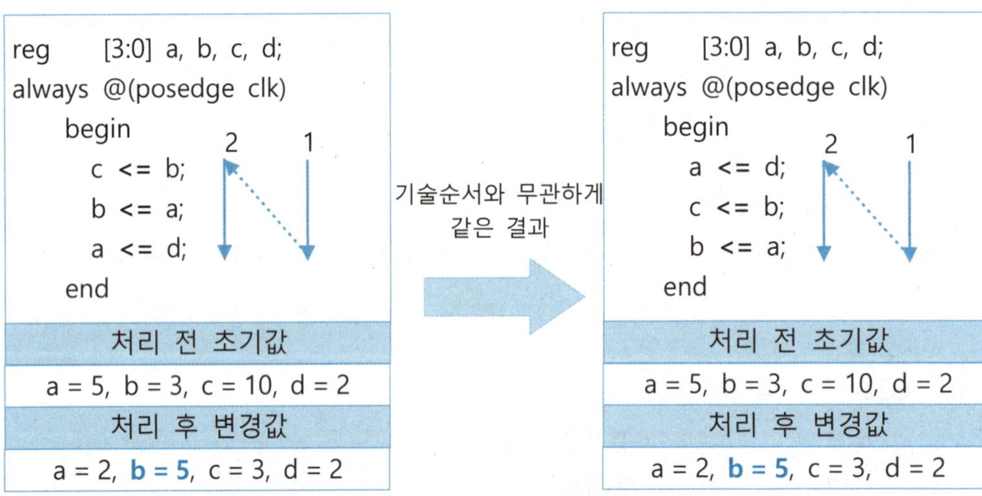

그림 3-12. 논블록킹 대입문의 기술 순서와 무관한 결과

논블록킹 대입문(nonblocking assignment)은 순차적 블록 내 열거된 순서와 무관하게 지연없이 할당이 이루어진다. 대입문 오른쪽의 할당이 완전히 끝난 후 병렬적으로 왼쪽에 할당이 이루어진다. 일반적으로 순차논리회로를 설계할 때는 기술 순서와 상관없는 논블록킹 대입문의 사용이 적절하다. [그림 3-12]는 논블록킹 대입문의 할당 처리 결과를 나타내고 있다.

논블록킹 대입문에 사용되는 「<=」 연산자는 관계연산자의 작거나 같다와 같은 기호를 사용하고 있음에 주의해야 한다. 「<=」 연산자가 수식에서 사용되면 관계연산자로 해석되고, 논블록킹 할당의 문장에서는 할당(대입) 연산자로 해석된다.

- always 블록과 initial 블록 내에 할당 변수(레지스터)가 하나만 있을 경우 블록킹 대입문과 논블록킹 대입문 중 어떤 대입문을 사용하더라도 동일한 결과를 갖게 된다. 그러나 추후 always/initial 블록을 수정하게 될 경우를 고려하여 논블록킹 대입문을 사용하는 것이 좋다.

(4) 조건문

조건문(if ~ else문)은 문장의 선택적인 실행을 위해 사용되며 표현 형식은 다음과 같다.

```
※ 표현 형식
if (조건식)          // 마지막에 세미콜론이 없음
   true_statement;   // 조건식이 참일 경우 실행 문장
else
   false_statement;  // 조건식이 거짓일 경우 실행 문장
----------------------------------------------------------------------------
※ 사용 예
module sample (a, b, out);
    input     a, b;
    output    out;
    reg       out; // 아래 always 블록의 왼쪽 할당 신호 out을 레지스터형 선언

    always @ ( a or b)
       if (a == 0)
          out <= x + y;    // a가 0이면 실행
       else
          out <= x - y;    // a가 0이 아니면 실행
endmodule
```

조건식이 참(1) 또는 설정된 값이면 참 문장(true_statememt)이 실행되고 거짓(0) 또는 설정 값이 아니면 거짓 문장(false_statement)이 실행된다. else는 선택사항이며 else 문장이 없을 경우 조건식이 거짓이면 변수는 이전 할당 값을 유지하게 된다. 그러나 실제 설계에서 if ~ else문의 else를 생략하고 논리합성을 수행할 경우 불필요한 회로(불필요한 플립플롭이나 래치)가 생성될 수 있으므로 생략하지 않아야 한다.

if ~ else문 내부에 또 다른 if ~ else문이 포함될 경우 이를 네스티드(nested) 조건문이라 한다. 네스티드 if ~ else문에서 else를 생략하거나 각각의 if ~ else문 쌍을 명확하게 사용하지 않을 경우, 전체적인 논리 동작이 달라질 수 있으므로 들여쓰기나 begin ~ end 블록을 사용하여 구분하는 것이 좋다. 앞서 언급한 것처럼 불필요한 회로 생성을 피하기 위해서라도 else를 생략하지 않는 것이 좋다. 또한 네스티드 조건문 사용 시 5단계 이상의 네스티드 조건을 사용하게 되면 논리 오류가 없음에도 지연에 의한 오류가 발생할 수 있으므로 5단계 이상 사용하지 않는 것이 좋다.

※ 네스티드 조건문(if ~ else문) 사용 예

```
if (!rst)                   // 1st if
   mode      <=  2'b00;
else begin                  // 1st if의 else
   if (sw1 == 1) begin      // 2nd if
      mode   <=  2'b01;
      result <=  x + y; end
   else begin               // 2nd if의 else
      mode   <=  2'b10;
      result <=  x - y; end
end
```

(5) case문

위에 설명한 네스티드 조건문에서 네스티드 조건의 단계가 많아지면 논리 구조가 복잡해지며 지연에 의한 오류가 발생할 수 있다. case문을 사용하면 여러 경우의 수에 대해 조건에 맞는 실행 문장의 선택을 쉽게 할 수 있다. case문은 조건식의 값과 일치하는 선택 항의 문장이 실행되며, 일치하는 항이 없을 때는 default항이 실행된다. 이때 하나의 case문에서 default항은 하나만 허용된다. default항이 생략되면 이전에 할당받은 값을 유지하게 되지만, 조건문(if ~ else문)에서 else가 생략되었을 때처럼 합성 시 불필요한 회로가 생성될 수 있으므로 default를 생략하지 않아야 한다.

대부분의 네스티드 조건문은 case문으로 대체 가능하다. case문의 표현 형식은 다음과 같다.

```
※ 표현 형식
case (조건식)
   선택항 1   : 문장 1;
   선택항 2   : 문장 2;
      ⋮
   선택항 n   : 문장 n;
   default    : 기본 문장;
endcase
--------------------------------------------------------------------------------
※ 사용 예
module sample (a, b, sel, out);
   input          a, b;
   input   [1:0] sel;
   output         out;

   reg            out;  // 아래 always 블록의 왼쪽 할당 신호 out을 레지스터형 선언
   reg     [1:0] sel;  // 아래 always 블록의 왼쪽 할당 신호 sel을 레지스터형 선언

   always @ ( a or b)
      case (sel)
         2'b00    :  out = x + y;
         2'b01    :  out = x - y;
         2'b10    :  out = x * y;
         2'b10    :  out = 0;
         default  :  out = 1'bz;
      endcase
endmodule
```

case문의 변형으로 casex문과 casez문이 있다. 이들을 사용하면 case 조건식과 선택항에서 x(unknown)와 z(high impedance) 비트가 아닌 부분만을 비교하여 사용할 수 있다.

(6) 반복문

반복문은 루프문이라고도 하며, 예약어 while, repeat, forever, for를 사용하는 4가지 형식이 있다. 일반적으로 반복문은 합성에 제한이 있으므로 주로 시뮬레이션을 위한 테스트벤치(testbench) 작성에 사용된다.

표 3-12. 반복문

종류	동작
while문	조건식을 만족할 때까지 문장을 반복 실행
repeat문	지정된 횟수만큼 문장을 반복 실행
forever문	문장이 무한히 반복 실행
for문	제어변수가 설정된 초기값부터 연산 후 갱신이 이루어지며 조건식을 만족할 때까지 문장을 반복해서 실행, 이때 제어변수는 integer로 선언이 필요함

```
※ 표현 형식
while   (조건식) 문장;
repeat  (반복횟수) 문장;
forever 문장;
for     (제어변수의 초기값; 조건식; 제어변수의 갱신) 문장;
--------------------------------------------------------------------------------
※ 사용 예
/* while문 */
initial begin
```

```
    cnt = 0;
    while ( cnt < 1024 ) begin       // 조건식을 만족할 때가지 문장을 반복 실행
      $display ("Count = %d", cnt);
      cnt = cnt + 1;
    end
end

/*  repeat문  */
initial  begin
    cnt = 0;
    repeat ( 100 ) begin             // 설정된 횟수(100)만큼 문장을 반복 실행
      $display ("Count = %d", cnt);
      cnt = cnt + 1;
    end
end

/*  forever문  */
initial  begin
    clk = 1'b0;
    forever #10 clk = ~clk;          // step = 20단위 주기의 클록 발생
end

/*  for문  */
integer i;               // 조건식에 사용되는 제어변수는 integer로 선언되어야 함
initial begin
    for (i = 0; i <8; i = i + 1)     // 조건식을 만족할 때까지 실행
      out[i] = a[i] & b[i];
end
```

(7) 함수와 태스크

설계를 진행할 때 여러 부분에서 같은 기능을 하는 동작적 설계가 필요한 경우가 종종 있게 되는데, 이처럼 공통적으로 사용되는 부분을 루틴(routine)이라 한다. 대부분의 프로그래밍 언어와 마찬가지로 Verilog는 이러한 반복되는 루틴을 독립된 코드인 함수(function)나 태스크(task)로 정의하고 이를 호출하여 사용하는 기능을 제공한다. 이러한 루틴 개념은 규모가 큰 동작적 모델링을 작은 부분들로 분할하여 설계할 수 있도록 하며, 소스코드의 가독성을 높이고 디버깅을 쉽게 할 수 있는 장점을 갖도록 한다.

함수와 태스크를 사용하기 위해서는 먼저 함수를 정의하고 module이나 다른 함수 등에서 호출한다. 함수의 정의를 위해서는 먼저 예약어 「function」와 함수이름을 쓴다. 이때 마지막에 세미콜론이 있어야 한다. 함수 내부는 함수 선언문과 처리문으로 나뉘며, 함수 선언문에서는 「input」을 선언하고 함수에서 사용하는 입력인수를 (입력1, 입력2, ...)와 같이 나열한다. 선언 가능한 자료형은 레지스터형만 가능하며, parameter, integer 등을 사용할 수도 있다. 처리문에서는 함수의 동작을 표현한다. 이때 할당을 위해 논블록킹 대입문(<=)을 사용하면 안 된다. 함수로부터 전달받는 값은 함수명을 통해 받으며 따로 범위를 정의하지 않으면 하나의 1비트 값을 전달받게 된다. 만약, 여러 비트의 벡터 출력이 요구될 경우 범위를 지정하면 되며, 여러 변수의 출력을 전달받고 싶으면 결합연산자를 사용하여 하나의 벡터 출력으로 묶어서 전달받을 수 있다.

함수를 호출할 때는 함수 내부에 정의된 함수 선언문의 인수(변수)를 순서대로 나열한다. 이때 인수의 순서는 반드시 일치시켜야 하지만 인수의 이름은 달라도 된다.

```
※ 함수 정의 형식
function  [범위] 함수_이름;
   함수 선언문 ( 입력1, 입력2, ... );
   처리문;
endfunction

※ 함수 호출 형식
함수_이름 (인수1, 인수2, ...); // 호출 시 인수는 정의에서 선언된 변수의 순서대로 맵핑
------------------------------------------------------------------------
```

```
※ 함수 정의 예
function  exor_func;
   input    a, b; // 함수의 입력 선언
   if (a ^ b)
      exor_func = 1;
   else
      exor_func = 0;
endfunction

※ 함수 호출 예
assign out = exor_func (in_a, in_b); // 호출 시 순서는 지키되 이름은 달라도 됨
```

태스크 정의와 호출은 함수와 매우 유사하다. 다만 함수는 정의 시 함수 선언부에서 「input」 만을 사용할 수 있지만, 태스크는 「input」 외에도 「inout」 과 「output」 을 선언할 수 있다.

```
※ 태스크 정의 형식
task  [범위] 태스트_이름;
   태스크 선언문 ( 입력1, 입력2, ... );
   처리문;
endtask

/*  아래와 같이 정의해도 위의 정의와 등가  */
task  [범위] 태스트_이름( 입력1, 입력2, ... );
   처리문;
endtask

※ 태스크 호출 형식
태스크_이름 (인수1, 인수2, ...); // 인수는 정의에서 선언된 변수의 순서대로 맵핑
----------------------------------------------------------------------------
```

```
※ 태스크 정의 예
task  bitwise;
   input   [15:0] a, b;          // 태스크의 입력 선언
   ouput   [15:0] ab_and, ab_or; // 태스크의 출력 선언

   begin
      #10;                  // 타이밍 제어문을 통해 시간지연 포함 가능
      ab_and  = a & b;      // 연속 할당문(assign문)없이 인수값 할당 가능
      ab_or   = a | b;
   end
endtask

※ 태스크 호출 예
bitwise (a, b, ab_and, ab_or); // 포트 순서는 일치 필요, 이름은 달라도 됨
```

- 함수와 태스크는 모듈 내에서 정의하고 호출하여 사용한다.

3-4 구조적 모델링

구조적 모델링(계층설계)은 설계 대상인 전체 시스템을 여러 작은 단위의 부 시스템(sub-system)으로 분할하여 설계하는 구조 기반의 설계방법이다. 구조적 설계방법의 두 가지 유형인 top-down 설계방법과 bottom-up 설계방법이 있다. 먼저 top-down 설계방법은 최상위 블록을 정의하고 최상위 블록을 만드는데 필요한 하위 서브 블록을 구성해 간다. 하위 서브 블록은 더 이상 나누어지지 않는 리프 셀(leaf-cell)까지 나눌 수 있다. 반면 bottom-up 설계방법은 먼저 필요한 블록들을 만들고 그들을 이용해 상위 서브 블록들을 만들어 간다. 이러한 방법으로 최상위 블록까지 만들어 낸다. 일반적으로 top-down 설계방법과 bottom-up 설계방법을 같이 사용한다. 시스템 설계자는 최상위 블록을 정의하고 논리 설계자는 필요한 기능들을 하위블록으로 나눔으로써 설계를 어떻게 구성할 것인지 결정한다. 동시에 회로 설계자는 각 리프 셀에 대한 최적화 회로를 설계하고 이 리프 셀을 가지고 상위 레벨 셀들을 만들어 간다. [그림 3-13]은 구조적 모델링의 기본 개념을 보이고 있다.

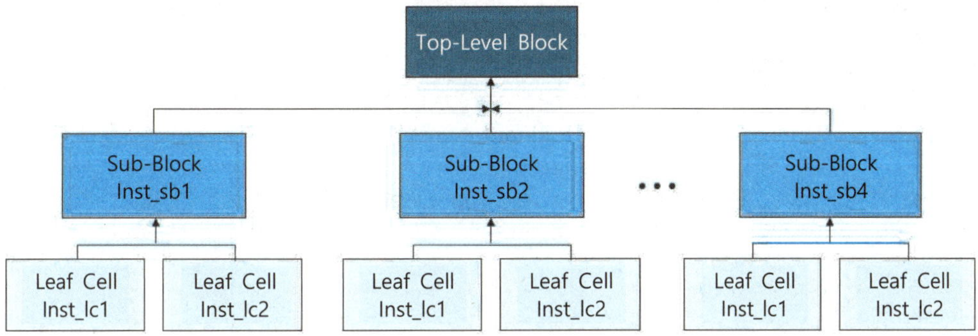

그림 3-13. 구조적 모델링의 개념

3-4-1 포트 연결 규칙

구조적 설계에서는 설계된 각각의 부 시스템, 즉 하위 모듈이 상위 모듈에서 호출되고 신호의 결합을 하게 된다.

구조적 모델링 방법으로 설계하기 위해서는 먼저 리프 셀(Leaf Cell)을 설계해야 한다. 리프 셀의 상위 모듈인 서브 블록(Sub-Block)은 미리 설계한 최하위 모듈인 리프 셀들을 호출하고 결합함으로써 설계된다. 마지막으로 최상위 모듈인 Top-Level Block의 설계에서도 앞선 방법과 마찬가지로 하위 모듈인 서브 블록들을 호출하고 결합한다. 구조적 모델링에서는 이처럼 상위 모듈에서 하위 모듈의 호출과 신호의 결합이 반복적으로 이루어진다. 이때 신호 결합에 사용하는 하위 모듈의 포트(port)는 하위 모듈의 외부 입출력 신호들로 정의된 포트들이다.

[표 3-13]은 하위 모듈과 상위 모듈의 신호 결합을 위한 규칙이다. [그림 3-14]와 같이 가상의 모듈에서 내부(internal)와 외부(external) 포트를 고려하자.

표 3-13. 입출력 포트의 연결 규칙

구분	내용
입력포트 (input port)	• 모듈 내부에서 반드시 네트형 • 외부적으로는 레지스터(reg)형 또는 네트(net)형 신호와 연결
출력포트 (output port)	• 모듈 내부에서 레지스터형 또는 네트형 • 외부적으로는 반드시 네트형과 연결
입출력포트 (inout port)	• 모듈 내부에서 반드시 네트형 • 외부적으로는 반드시 네트와 연결

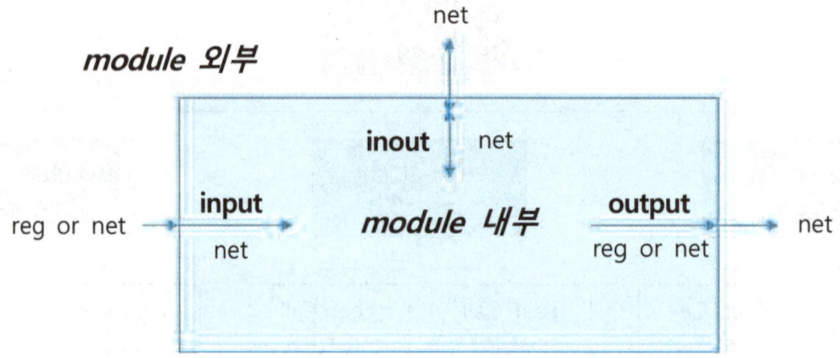

그림 3-14. 내부 및 외부 포트 연결 규칙

Verilog에서는 포트 정의에서 선언된 포트를 연결하지 않고 내버려 둘 수 있다. 설계 시 단순한 디버깅(debugging)을 위해 사용한 포트의 경우 외부 신호와 연결하지 않아도 상관없다. 이 경우 컴파일 시 경고(warning)가 발생하게 되지만 회로 동작에는 영향이 없다.

3-4-2 모듈 인스턴스화 및 포트 매핑

구조적 모델링 시 하위 모듈의 호출을 위한 인스턴스화(instantiation)와 포트 맵핑(port mapping)이 필요하다. 하위 모듈을 인스턴스화 하기 위한 문장 형식은 다음과 같다.

```
※ 하위 모듈의 인스턴스화 사용 형식
모듈_이름 인스턴스_이름 (포트_맵핑);
```

상위 모듈에서 하위 모듈을 인스턴스화 할 때 상위 모듈과 하위 모듈간의 입출력 포트를 지정된 신호끼리 연결하는 포트 맵핑은 두 가지 방법이 있다. 연결하고자 하는 포트의 수가 작을 때 사용하는 '위치에 의한 포트 맵핑' 방법과 비교적 포트의 수가 많을 때 사용하는 '이름에 의한 포트 맵핑' 방법이 있다. 각각의 포트 맵핑의 사용 방법에 대해 자세히 알아보자.

위치에 의한 포트 맵핑은 초보자들도 쉽게 할 수 있는 방법이다. 위의 하위 모듈의 인스턴스화 사용형식에서 '포트_맵핑' 부분의 포트(또는 신호)의 순서를 미리 설계해 놓은 하위 모듈의 포트 목록에 나열되어 있는 포트의 순서와 일치시킨다. 이때 포트의 순서는 반드시 일치시켜야 하지만 같은 포트 이름을 사용할 필요는 없다.

※ 위치에 의한 포트 맵핑 사용 형식
하위 모듈의 포트 정의 순서 : port1, port2, ..., port N
포트 맵핑 방법 : port1, port2, ..., port N

이름에 의한 포트 맵핑은 입출력 포트가 많은 대형 설계에서 주로 사용하게 된다. 사용한 포트의 수가 많을 때 모듈 정의에서 포트의 위치를 기억하기 어렵기 때문에 위치에 의한 포트 맵핑을 사용하면 오류가 자주 발생한다. 이러한 오류를 피하기 위해 Verilog에서는 위치 대신 포트의 이름을 통한 외부 신호와의 연결을 지원한다. 이름에 의한 포트 맵핑 시 포트의 순서는 일치시킬 필요는 없지만 포트 이름 사용에 주의해야 한다. 사용 형식은 다음과 같다.

※ 이름에 의한 포트 맵핑 사용 형식
.하위 모듈의 포트 이름(현재 모듈의 신호 이름)

[그림 3-15]는 두 개의 서브 블록을 사용하는 구조적 설계의 예이다. 서브 모듈에서 외부 신호로 연결되는 포트 정의를 살펴보면 sub_module1의 포트 리스트는 clk, rst in, a0, a1이며, sub_module2의 포트 리스트는 clk, rst, b0, b1, out이다.

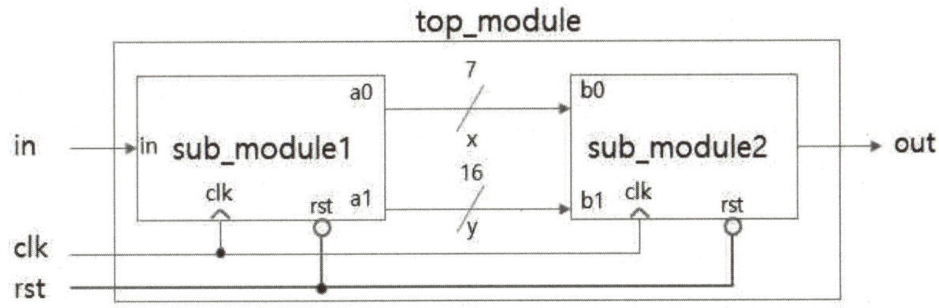

그림 3-15. 구조적 모델링으로 설계된 회로의 예

※ 구조적 설계를 위한 서브 모듈의 입출력 포트 정의

```
/*  sub_module1  */
module   sub_module1 (clk, rst, in, a0, a1);
   input          clk, rst;
   input          in;
   output  [6:0]  a0;
   output  [15:0] a1;
     ⋮
endmodule
----------------------------------------------------------------------------
/*  sub_module2  */
module   sub_module2 (clk, rst, b0, b1, out);
   input          clk, rst;
   input   [6:0]  b0;
   input   [15:0] b1;
   output         out;
     ⋮
endmodule
```

구조적 모델링 개념을 적용한 상위 모듈 설계에서 하위 모듈의 호출(인스턴스화)을 위해 서브 모듈의 이름, 인스턴스 이름을 기술한다. 신호의 결합을 위한 포트 맵핑을 하기 전에 포트 신호의 이름을 살펴보면, [그림 3-15]에서 알 수 있듯이 입력 포트 clk, rst, in은 두 개의 하위 모듈과 상위 모듈에서 모두 동일한 이름으로 사용되었고, sub_module2의 출력 포트 out은 하위 모듈과 상위 모듈에서 동일한 이름을 사용하였다. 그러나 sub_module1의 출력 포트 a0, a1 그리고 sub_module2의 입력 포트 b0, b1은 상위 모듈에서 네트(wire)형 신호인 x, y로 사용되었다. 이를 주의하여 포트 맵핑을 한다.

먼저 위치에 의한 포트 맵핑 방법은 sub_module1과 sub_module2의 호출 후 서브 모듈의 포트 정의에서 기술된 포트 리스트의 순서대로 각각 (clk, rst, in, x, y), (clk, rst, x, y, out)와 같이 포트 맵핑을 한다. 이때 하위 모듈 sub_module1의 출력 포트 a0, a1과 sub_module2의 입력 포트 b0, b1은 상위 모듈에서 사용한 네트(wire)형 신호 x, y로 기술해야 한다. 또한 sub_module2의 출력 포트 out은 상위 모듈과 동일한 이름이므로 그대로 사용했음을 주의한다.

```
※ 위치에 의한 포트 맵핑 예
/*  Top module  */
module   top_module (clk, rst, in, out);
   input          clk, rst, in;
   output         out;
   wire    [6:0]  x;
   wire    [15:0] y;

   sub_module1  U0 (clk, rst, in, x, y);
   sub_module2  U1 (clk, rst, x, y, out);
endmodule
```

다음으로 이름에 의한 포트 맵핑 방법은 각 서브 모듈의 포트 정의에서 사용한 포트 이름과 상위 모듈에서 사용한 포트 이름에 주의하여 작성한다. sub_module1의 포트 맵핑을 위해 (.clk(clk), .rst(rst), .in(in), .a0(x), .a1(y)), 그리고 sub_module2를 위해 (.clk(clk), .rst(rst), .b0(x), .b1(y), .out(out))와 같이 기술한다. 이때 기술된 포트 리스트의 순서는 일치시키지 않아도 된다.

```
※ 이름에 의한 포트 맵핑 예
// Top module
module   top_module (clk, rst, in, out);
   input          clk, rst, in;
   output         out;
   wire    [6:0]  x;
   wire    [15:0] y;
```

```
sub_module1          U0 (
    /*  input          */  .clk          (clk),
    /*  input          */  .rst          (rst),
    /*  input          */  .in           (in),
    /*  output  [6:0]  */  .a0           (x),
    /*  output  [15:0] */  .a1           (y));
---------------------------------------------------------------------------
sub_module2          U1 (                // port_list 순서와 다르게 나열
    /*  input   [6:0]  */  .b0           (x),
    /*  input   [15:0] */  .b1           (y),
    /*  input          */  .rst          (rst),
    /*  input          */  .clk          (clk),
    /*  output         */  .out          (out));
endmodule
```

3-5 효율적인 Verilog 코딩

대부분의 설계 엔지니어들은 자신만의 스타일을 가지고 코딩을 한다. 코딩 스타일은 습관이고 한번 굳어진 습관을 바꾸기는 쉽지 않을 것이다. 많은 책과 자료에서 Verilog 코딩 스타일에 대한 가이드를 제시하고 있다. 여기에서는 Verilog를 처음 배우는 초보자들이 좋은 코딩 습관을 가질 수 있도록 코딩 시 요구되는 중요 사항에 대해 설명할 것이다.

3-5-1 가독성을 높이기 위한 코딩 방법

Verilog 코드를 보기 좋게 작성한다는 것은 설계자가 코딩 시간을 줄이는 방법 중 한 가지이다. 가독성(readability) 있게 작성된 코드는 코딩하는 과정에서 작성 내용을 쉽게 파악할 수 있으며, 추후 오류를 수정하는 디버깅 단계나 기능 확장을 위해 추가 코드를 작성할 때 효율적이다. 가독성 높은 코드를 작성하기 위해서는 다음의 규칙을 주의하면 된다.

(1) 모듈(module) 및 포트(port) 이름 설정

Rule 1 : **(필수)** 모듈(Top module) 이름의 첫 글자는 숫자를 쓰지 않는다.

```
※ 최상위 모듈 이름의 첫 글자에 숫자를 사용한 부적절한 예
module   1bit_fa (a, b, cin, sum, carry); // fa_1bit와 같이 사용해야 한다.
   input    a, b, cin;
   output   sum, carry;
   ...
endmodule
```

Rule 2 : **(필수)** 포트 신호와 자료형 이름은 대소문자로 구분된 이름을 사용하지 않는다.

```
※ 대소문자로 구분하여 포트 및 자료형의 이름의 부적절한 사용 예
module   test (a, b, A, B);
   input    a, b;
   output   A, B;

   wire  [6:0]  bus;
   wire  [15:0] Bus;
   ...
endmodule
```

Rule 3 : **(필수)** 포트 이름은 영문자, 숫자, '_'를 사용하되 '_'를 연속적으로 사용하거나 맨 앞 또는 맨 뒤에 사용하지 않는다.

```
※ 포트 이름의 부적절한 사용 예
module   test (bcd_a0, bcd_a1, out0_, out1_);
   input    bcd_a0, bcd_a1;         // 적절한 사용 예
   output   out0_, out1_;           // 부적절한 사용 예
   ...
endmodule
```

(2) 상수 또는 사용자 정의 형식 설정

Rule 4 : 모듈 전체에서 일정한 값으로 사용되는 상수(constance)를 parameter로 선언할 때 대문자를 사용한다.

```
※ 상수 또는 사용자 정의 형식 사용 예
module test (a, b, inst, result);
   parameter   WIDTH = 8;          // 대문자를 이용한 상수 선언
   parameter   ADD   = 4'h0,       // parameter 선언 시 콤마(,)로 구분할
               SUB   = 4'h1,       // 수 있으며, 마지막은 세미콜론(;)을
               MUL   = 4'h2,       // 사용해야 한다.
               DIV   = 4'h3;

   input   [3:0] a, b, inst;
   output  [WIDTH:0] result;       // parameter로 선언된 상수 WIDTH의 사용
   ...
endmodule
```

(3) 클록과 리셋의 포트 이름 사용

Rule 5 : 클록(clock) 이름은 'clk'을 사용하거나 'clk'을 접두어로 사용한다. 리셋(reset)은 'rst'을 사용하거나 'rst'을 접두어로 사용

```
※ 클록(clock)과 리셋(reset)의 사용 예
module test (clk, rst, a, b, out);
   input        clk, rst;          // 클록(clk)과 리셋(rst) 포트 신호 선언
   input  [3:0] a, b;
   output [3:0] out;

   reg    [3:0] out;

   always @ (posedge clk or negedge rst) begin
      if (!rst)
         out <= 4'b0000;
      else
         out <= a ^ b;
   end
endmodule
```

(4) 식별어 사용

Rule 6 : **(필수)** Verilog 예약어를 변수나 상수 이름에 사용하지 않는다.

```
※ 식별어의 부적절한 사용 예
module test (and, or, output);
   input     and, or;          // 프리미티브 연산자과 동일한 이름
   output    out;
   ...
endmodule
```

(5) 포트 선언

Rule 7 : 포트(port)를 선언할 때 다음의 순서를 따른다.

```
※ 포트 선언 순서
Input
  - clock signals
  - reset signals
  - enable signals
  - other control signals
  - data and address lines
Output
  - clock signals
  - reset signals
  - enable signals
  - other control signals
  - data
```

Rule 8 : 여러 개의 input 및 output 포트, 자료형이 사용될 경우 입력, 출력, 자료형 선언 사이에는 여백 줄(blank line)을 둔다.

```
※ 여러 개의 입출력 및 자료형 선언
module test (clk, rst, a, b, out1, out2);
   input        clk, rst;
   input  [3:0] a, b;
                                 // <--- blank line(붙여 쓰는 경우가 많다)
   output [3:0] out1;
   output [7:0] out2;
                                 // <--- blank line
   reg    [3:0] out1;
   reg    [7:0] out2;
                                 // <--- blank line
   always @ (posedge clk or negedge rst) begin
      if (!rst) begin
         out1 <= 4'b0000;
         out2 <= 8'b0000;
      end
      else begin
         out1 <= a & b;
         out2 <= {a, b};
      end
   end

endmodule
```

(6) 모듈의 인스턴스화(instantiation) 시 포트 맵핑

Rule 9 : **(필수)** 모듈의 post_list의 수가 많을 경우 인스턴스화를 할 때 위치에 의한 포트 맵핑 대신 이름에 의한 포트 맵핑을 사용한다.

```
※ 모듈의 인스턴스화 시 포트 맵핑 방법
`timescale  1ns/10ps

module  tb_mux;
   reg    [7:0] a, b, c, d;
   reg    [1:0] sel;

   wire   [7:0] out;

   mux U0 (.a(a), .b(b), .c(c), .d(d),
           .sel(sel), .out(out));  // 이름에 의한 포트 맵핑(권장)

   mux U1 (a, b, c, d, sel, out);  // 순서에 의한 포트 맵핑
   ...
endmodule
```

(7) 우선 순위가 없는 논리 구현

Rule 10 : 우선 순위가 없는 논리 구현할 경우 'if ~ else문' 보다는 'case ~ endcase'를 사용한다.

```
※ 우선 순위가 없는 논리 구현
if (sel == 0)
   out = x;                       case (sel)
else if (sel == 1)                   1'b0 : out = x;
   out = y;              ⇒           1'b1 : out = y;
else                                 default : out = 1'bz;
   out = 1'bz                     endcase
```

3-5-2 효율적인 설계를 위한 코딩 방법

Verilog를 이용한 설계의 최종 목표는 설계 후 합성(synthesis) 과정을 거쳐 Programming FPGA를 통해 설계한 논리회로나 시스템을 실제 하드웨어에서 동작하도록 하거나 반도체 공정을 통해 칩(Chip)으로 만드는 것일 것이다. 따라서 컴파일러가 효율적으로 합성할 수 있도록 애매한 표현은 피해야 한다. 이를 위해 플립플롭과 게이트로 표현할 수 있는 가능한 단순한 표현을 사용하여 설계하는 것이 좋다.

(1) 조건문 사용

Rule 1 : 조건문을 사용한 설계 시 항상 else를 마지막에 기술하여 래치(Latch)와 같은 불필요한 회로가 합성되는 것을 피하라.

Rule 2 : 조건문을 사용한 순차회로 설계 시 논블록킹(non-blocking) 할당문을 사용하라. 순차회로를 조건문을 이용하여 설계할 때 한 개의 할당문만 사용한다면 논블록킹 할당문(<=)과 블록킹 할당문(=)의 차이는 없으나 두 개 이상을 사용할 경우는 할당 결과가 달라지므로 논블록킹 할당문 사용을 습관화하는 것이 좋다.

```
※ 조건문(if ~ else문)에서 올바른 코딩 방법
module test (x, y, sel, out);
   input        x, y;
   input  [1:0] sel;

   output       out;

   reg          out;

   always @ (x or y or sel) begin
      if (sel == 2'b00)
         out  <= x;            // 논블록킹 할당문 사용
      else if (sel == 2'b01)
         out  <= y;            // 논블록킹 할당문 사용
      else                     // 이 부분부터 다음 줄은 래치 생성을 피하기
         out  <= 1'bz;         // 위해 기술하는 것이 좋다
   end
endmodule
```

- 코드에서 'else'와 'out = 1'bz'를 주석문으로 처리하고 컴파일을 하면 메시지 창에서 다음과 같은 Latch 발생에 대한 경고를 볼 수 있을 것이다.

  Warning (10240): Verilog HDL Always Construct warning at test.v(9): <u>inferring latch(es) for variable "out"</u>, which holds its previous value in one or more paths through the always construct

(2) case문 사용

Rule 3 : case문을 사용한 설계 시 항상 default를 마지막에 기술해야 한다.

Rule 4 : case문을 사용한 순차회로 설계 시 조건문을 사용했을 때와 같은 이유로 논블록킹(non-blocking) 할당문을 사용하라.

```
※ case문에서 올바른 코딩 방법
module test (x, y, sel, out);
   input         x, y;
   input   [1:0] sel;

   output        out;

   reg           out;

   always @ (x or y or sel) begin
      case(sel)
         0       :  out  <=  x;
         1       :  out  <=  y;
         default :  out  <=  2'bz;
      endcase
   end
endmodule
```

- 조건문에서 발생한 경고처럼 'default : out = 2'bz'를 주석문으로 처리하고 컴파일을 하면 메시지 창에서 다음과 같은 Latch 발생에 대한 경고를 볼 수 있을 것이다.

  Warning (10240): Verilog HDL Always Construct warning at test.v(9): <u>inferring latch(es) for variable "out"</u>, which holds its previous value in one or more paths through the always construct

(3) always문의 이벤트 신호 목록(sensitivity list)에는 클록(clk)와 리셋(rst)만 사용하라.

Rule 5 : 가능한 'always @ (posedge clk or negedge rst)' 만 사용하라.

always문을 사용하는 순차회로에서 합성 시 생성되는 플립플롭은 clk 이벤트와 별개로 비동기 rst을 사용한다. 일반적인 회로에서 clk 신호에는 게이트를 연결하지 않는다. 이벤트 신호 목록에 다른 신호가 들어갈 경우 clk에 게이트 연산이 포함되며, 온도, 전압, 전류 등의 변화에 따라서 안정성에 문제가 생길 수 있다.

(4) 신호의 값을 표현할 때 폭(Width)을 반드시 정하라.

```
※ 신호의 값을 설정할 때 올바른 표현
a = 1'b0;
b = 8'hFF;
```

3-6 연습문제

Ex. 3.1 모듈(module)은 Verilog HDL을 이용한 디지털시스템 설계에서 가장 기본이 되는 설계 단위이다. 모듈의 구조에 대해 설명해보자.

Ex. 3.2 Verilog HDL은 디지털시스템의 구조와 기능 및 동작을 표현하기 위해 두 가지의 자료형을 사용한다. Verilog에서 사용하는 자료형에 대해 설명해보자.

Ex. 3.3 Verilog HDL의 4가지 추상화 수준의 모델링 방법에 대해 설명해보자.

Ex. 3.4 절차적 할당문인 블록킹 대입문과 논블록킹 대입문의 차이에 대해 설명해보자.

Ex. 3.5 다음과 같은 if ~ else 조건문으로 작성된 코드를 case문으로 바꾸어 보자.

`// wire [3:1] r;`
 	
`always @(*)`
`   if (r[3])`
`      y = 3'b100;`
`   else if (r[2])`
`      y = 3'b011;`
`   else if (r[1])`
`      y = 3'b010;`
`   else if (r[0])`
`      y = 3'b001;`
`   else`
`      y = 3'b000;`
	>>>	`// wire [3:1] r;`
		
		`always @(*)`

PART

02

Chapter 4

조합회로 모델링

디지털 논리회로는 입력의 변화에 대한 출력 변화가 언제 나타나느냐에 따라 조합회로와 순차회로로 구분할 수 있다. 조합회로는 입력의 변화에 대해 바로 출력이 결정되는 데 반해 순차회로는 입력된 정보와 회로의 기억상태에 따라 출력이 결정된다. 따라서 조합회로의 구현을 위해서는 정보(상태)를 저장하는 소자가 필요 없지만 순차회로에서는 저장 소자가 요구된다.

이 장에서는 Part I의 2장에서 설치한 설계용 EDA(Electric Design Automation) 소프트웨어와 학습키트를 활용하여 조합회로를 설계하는 방법에 대해 설명할 것이다. 디지털 시스템을 설계할 때 공통적으로 요구되는 다양한 주제를 다룸으로써 복잡한 디지털시스템의 설계에 필요한 기본 회로들을 설계할 수 있다.

4-1 기본 논리 게이트(Basic Logic Gate)

디지털시스템의 회로를 구성하는 가장 기본적인 요소는 논리 게이트(logic gate)이다. Verilog를 사용하여 AND, OR, NOT, NAND, XOR 등의 논리 게이트로 이루어진 기본적인 논리회로를 설계해보자.

4-1-1 기본 게이트 회로의 설계

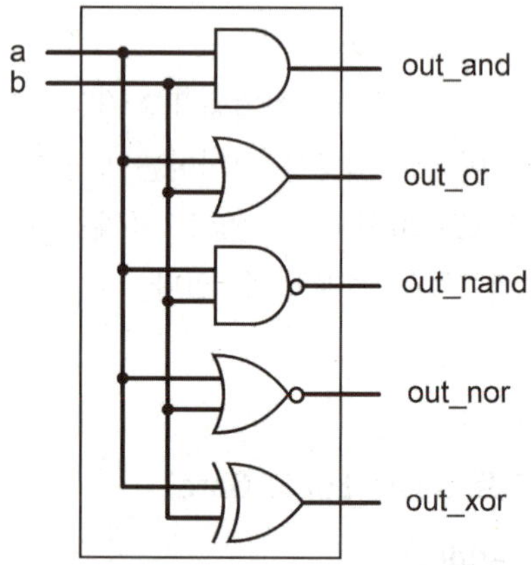

그림 4-1. 기본 게이트 회로

[그림 4-1]의 기본 게이트 회로를 Quartus Prime에서 프리미티브 연산자를 사용하여 설계하고 시뮬레이션 해보자.

① 2장의 내용을 참조하여 프로젝트 생성
- 프로젝트 디렉토리 이름 : D://intelFPGA_lite/Quartus_Projects/CH4/gates
- 프로젝트 이름 : gates (최상위 설계 엔터티 이름은 자동으로 gates로 설정됨)
- 타겟 디바이스 설정 (실습용 학습키트가 없으면 아무거나 설정해도 됨)

② 텍스트 에디터를 사용하여 [모듈 4-1]를 작성
- 모듈 코드 파일 이름 : gates.v

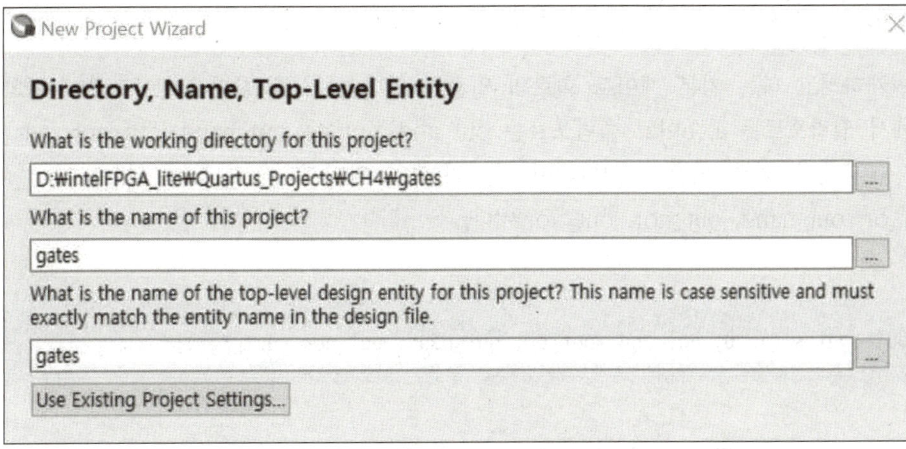

그림 4-2. 기본 게이트 회로설계를 위한 프로젝트의 작업 디렉토리, 이름 설정

[그림 4-2]는 기본 게이트 회로 설계를 위한 프로젝트 생성 정보이다.

다음은 3장에서 설명했던 모듈의 표현 형식이다.

```
/* 이곳에 주석을 써 넣는다 */
module module_name (port_list);

    모듈 구조의 정의
     • port 선언;
     • 자료형 선언;

    회로 기능 표현
     • Primitive 연산자 표현;
     • assign문 표현;
     • function/task 호출문 표현;
     • always/initial문 표현;

endmodule
```

그림 4-3. 모듈 표현 형식

[모듈 4-1]의 코드를 작성하기 위해서는 module_name, port_list, 모듈 구조의 정의와 회로 기능을 표현해야 한다.

(1) module_name

먼저 프로젝트 생성에서 Top-level Entity(최상위 모듈)의 이름을 프로젝트 이름과 동일하게 gates로 설정하였다. 따라서 module_name을 'gates'로 설정한다.

(2) port_list

설계하려고 하는 기본 게이트 회로의 입출력 인터페이스를 살펴보자. [그림 4-1]의 회로에서 입력포트는 a, b이고 출력포트는 out_and, out_or, out_nand, out_nor, out_xor로 총 7개의 외부 입출력 인터페이스를 갖는다. 따라서 port_list는 (a, b, out_and, out_or, out_nand, out_nor, out_xor)이다.

```
module gates (a, b, out_and, out_or, out_nand, out_nor, out_xor);
```

- module의 마지막에 세미콜론(;)을 잊지 않아야 한다.

(3) 모듈 구조의 정의

모듈 구조의 정의에서는 입출력 포트 선언과 자료형 선언이 필요하다.

입출력 포트 선언은 port_list의 각 포트 신호들의 방향에 따라 a와 b는 'input'으로 선언하고, out_and, out_or, out_nand, out_nor, out_xor는 'output'으로 선언하면 된다.

자료형 선언은 외부와의 인터페이스를 위한 port_list의 신호들과 회로의 내부 신호들에 대해 이루어진다. 소자간의 물리적인 연결 신호들은 'wire'로 선언하며, 신호의 값(상태)이 새롭게 할당되기 전까지 현재의 값을 유지하는 신호들의 경우 'reg'로 선언한다. [그림 4-1]의 회로에서는 외부와 물리적 연결을 위한 포트 신호만 있으므로 선언할 자료형은 'wire'이지만 1비트 포트 신호의 경우 일반적으로 wire 선언을 생략한다.

```
input   a, b;
output  out_and, out_or, out_nand, out_nor, out_xor;
```

- 여기에서 모든 포트 신호들은 1비트 신호이므로 자료형 선언이 생략되었다.

  1비트 보다 큰 비트폭을 갖는 신호를 포트 선언할 때에는 신호 이름 앞에 [비트폭] 표현을 해야 한다. 이때 서로 다른 비트폭의 신호는 동시에 포트 선언을 할 수 없다. 만약 2비트 입력 x1과 4비트 입력 x2을 선언한다면 다음과 같이 나누어 선언해야 한다.

```
input    [1:0] x1;     // 2비트 x1의 input 포트 선언
input    [3:0] x2;     // 4비트 x2의 input 포트 선언
```

(4) 회로 기능의 정의

회로 기능의 정의에서는 할당문, 함수, 반복문 등 회로의 동작을 기술한다. [그림 4-1]의 회로에서 기본 논리소자인 AND, OR 등 게이트는 다음과 같이 표현할 수 있다.

```
and   U0 (out_and, a, b);
or    U1 (out_or, a, b);
nand  U2 (out_nand, a, b);
nor   U3 (out_nor, a, b);
xor   U4 (out_xor, a, b);
```

- 각각의 회로 동작을 기술한 후 마지막에 세미콜론(;)을 입력해야 한다.

위에서 설명한 표현방법에 [그림 4-1]의 기본 게이트 회로의 모듈 코드는 다음과 같다. 모듈의 마지막은 'endmodule'로 끝나며, 마지막에 세미콜론이 없음을 주의하자.

모듈 4-1

```
/* 게이트 프리미티브를 이용한 기본 게이트 회로 설계 */

module gates (a, b, out_and, out_or, out_nand, out_nor, out_xor);

   input     a, b;
   output    out_and, out_or, out_nand, out_nor, out_xor;

   and   U0 (out_and, a, b);
   or    U1 (out_or, a, b);
   nand  U2 (out_nand, a, b);
   nor   U3 (out_nor, a, b);
   xor   U4 (out_xor, a, b);

endmodule
```

[모듈 4-1]의 모듈 설계 후 사용자 인터페이스 메뉴의 'Processing' → 'Start Compilation'을 실행하거나 단축 아이콘 (▶)을 클릭하여 컴파일을 진행해보자. 오타 등으로 오류가 발생하였다면 수정해보자.

4-1-2 기본 게이트 회로의 시뮬레이션

컴파일을 성공하였다면 설계한 모듈의 기능 검증을 위한 테스트벤치의 작성이 필요하다. [그림 4-4]는 3장에서 설명했던 테스트벤치의 표현 형식이다. 앞서 설명한 대로 테스트벤치는 설계 모듈과 유사한 형식으로 작성되지만 외부 입출력 포트가 없는 최상위 계층의 모듈이다. 따라서 위의 모듈과 달리 'port_list'가 없다.

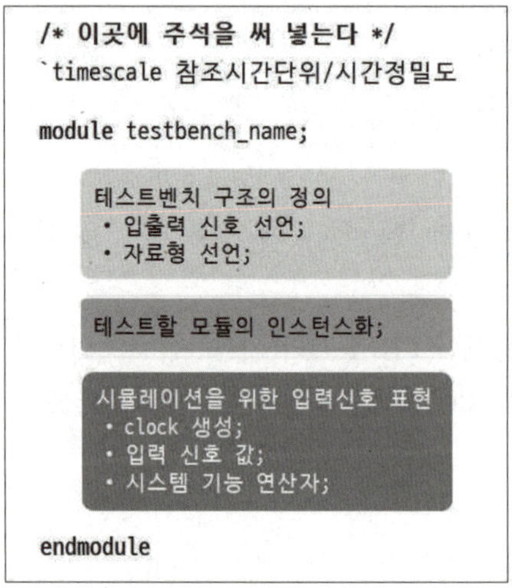

그림 4-4. 테스트벤치 표현 형식

(1) 시간 단위 표현

테스트벤치에서 사용하는 시간 단위 표현은 다음과 같은 형식을 사용한다. 〈참조시간단위〉는 지연시간의 단위이고 〈시간정밀도〉는 시간의 해상도로 1, 10, 100의 단위만을 사용한다.

```
※ 표현 형식
`timescale  <참조시간단위> / <시간정밀도>
---------------------------------------------------------------------------
※ 사용 예
`timescale  1ns / 10ps
```

- `timescale에서 「`」는 Esc키 아래에 있는 `이며, 마지막에 세미콜론(;)이 없음을 주의해야 한다.

(2) testbench_name

테스트벤치 이름(testbench_name)은 설계한 모듈을 검증하는 시뮬레이션용 코드라는 것을 알 수 있도록 관습적으로 모듈이름 앞 또는 뒤에 'tb'를 붙여 'tb_module_name'나 'module_name_tb'와 같이 사용한다.

이 책에서는 앞으로 'tb_module_name'을 사용할 것이며, 저장 시 파일 이름도 'tb_module_name.v'를 사용할 것이다.

```
module  tb_gates;
```

(3) 테스트벤치 구조의 정의

테스트벤치는 외부 입출력이 없지만 테스트할 설계 모듈을 내부에서 인스턴스화(instantiation) 하여 입력신호를 넣어주고 출력신호를 관찰해야 하므로 입출력에 대한 선언이 필요하다. 이를 위해 설계 모듈의 입력신호를 'reg', 출력신호를 'wire'로 선언한다. 또한, 시뮬레이션에 사용할 입력신호를 생성하기 위해 정수 변수나 파라미터(parameter) 등을 사용했다면 이들의 자료형을 선언해야 한다.

```
reg    a, b;
wire   out_and, out_or, out_nand, out_nor, out_xor;
```

- 기본 논리 게이트의 테스트벤치에서는 정수 변수나 파라미터의 사용이 필요치 않아 생략되었다.

(4) 테스트할 모듈의 인스턴스화

테스트벤치에서 테스트할 설계 모듈을 인스턴스화 하기 위해서는 다음과 같은 표현을 사용한다.

```
※ 표현 형식
module_name  instance_name (port_mapping);
---------------------------------------------------------------------------
※ port_mapping의 두 가지 방법
1. 위치에 의한 포트 맵핑 예
   gates U0 (a, b, out_and, out_or, out_nand, out_nor, out_xor);
2. 이름에 의한 포트 맵핑 예
   gates U0 (.a(a), .b(b), .out_and(out_and), .out_or(out_or),
             .out_nand(out_nand), .out_nor(out_nor), .out_xor(out_xor));
```

- 위치에 의한 포트 맵핑은 테스트할 모듈의 입출력 port_list의 순서를 반드시 지키며 작성해야 하며, 이름에 의한 포트 맵핑은 순서와 상관없이 작성할 수 있다.

```
※ 테스트벤치에서 이름에 의한 포트 맵핑 사용
.모듈_포트이름(테스트벤치_포트이름)
```

(5) 시뮬레이션을 위한 입력신호 표현

설계 모듈의 시뮬레이션을 위한 입력신호의 값 또는 파형을 생성하는 부분이다. 여기에 입력신호의 값, 함수, 태스크, 시뮬레이션 내부 신호의 자료형, 시스템 기능연산자($stop, $finish $monitor, $display 등)가 포함될 수 있다. 설계 모듈(gate.v)의 시뮬레이션용 입력신호를 initial 문과 begin ~ end 블록문을 사용하여 다음과 같이 표현할 수 있다.

```
initial begin
   a = 0; b = 0; #100;
   a = 0; b = 1; #100;
   a = 1; b = 0; #100;
   a = 1; b = 1; #100;
end
```

- 위에서 a = 0; b = 0; #100은 입력 a와 b를 0으로 하고 100ns 동안 지연(유지)하는 신호를 표현한 것이다.

테스트벤치 4-1

```
/* 게이트 프리미티브를 이용한 기본 게이트 회로의 테스트벤치 */
`timescale 1ns/10ps

module tb_gates;
   reg    a, b;
   wire   out_and, out_or, out_nand, out_nor, out_xor;

   gates U0 (a, b, out_and, out_or, out_nand, out_nor, out_xor);

   initial begin
      a = 0; b = 0; #100;
      a = 0; b = 1; #100;
      a = 1; b = 0; #100;
      a = 1; b = 1; #100;
   end
endmodule
```

Quartus Prime의 인터페이스 메뉴에서 'Tools' → 'Run Simulation Tool' → 'RTL Simulation'을 선택하여 ModelSim-Altera를 실행하고 아래의 요약 과정을 순서대로 진행해 보자.

① 'File' → 'New' → 'Source' → 'Verilog'를 선택 후 위의 테스트벤치 코드를 작성하고 파일이름을 'tb_gates.v'로 저장

② 'Compile' → 'Compile...'를 클릭 후 테스트벤치 코드(tb_gates.v)를 선택하고 'Compile' 클릭

- 컴파일 시 오류가 있으면 수정 후 반드시 파일을 저장하고 재컴파일 실행

③ 'Simulate' → 'Start Simulation...' 또는 를 선택하고 work 왼쪽의 ⊞를 누르고 작성한 테스트벤치 코드(tb_gates.v)를 선택 후 'OK' 클릭

④ Object 창의 입출력 포트 신호들을 선택 후 Wave 창에 드래그 또는 오른쪽 마우스 클릭하여 'Add Wave'를 선택하여 Wave 창에 추가

- Wave 창이 보이지 않으면 인터페이스 메뉴의 'View' → 'Wave' 선택

⑤ 'Simulate' → 'Run' → 'Run-All' 또는 를 클릭하여 시뮬레이션 실행

단계별 진행 과정 화면은 2장을 참조하고, 2장에서 설명한 시뮬레이션을 위한 EDA 툴 설정을 하지 않았다면 ModelSim-Altera 실행 시 오류가 발생한다.

시뮬레이션 결과

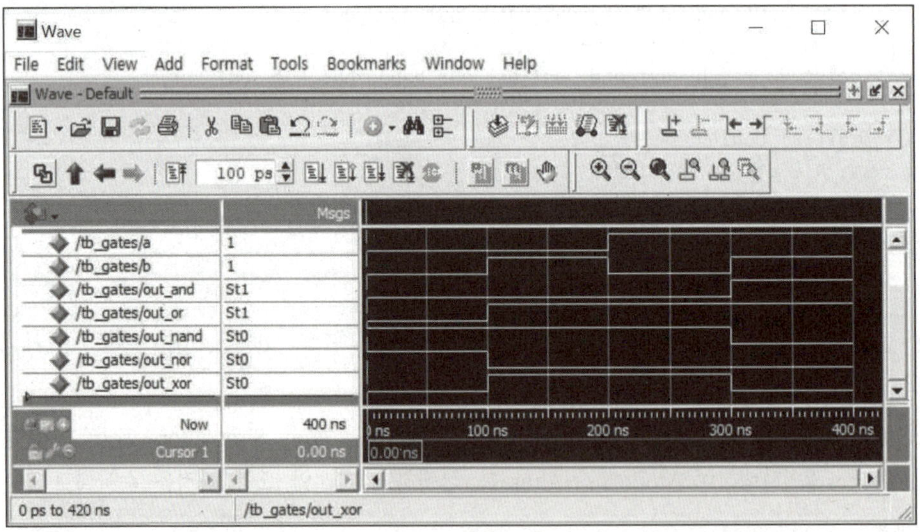

그림 4-5. 테스트벤치를 이용한 시뮬레이션 결과 화면

4-1-3 학습키트를 활용한 기본 논리 게이트 회로 동작 확인

우리는 앞에서 기본 게이트 회로를 프리미티브 연산자를 이용하여 설계하고 시뮬레이션을 통해 회로 기능을 검증하였다. 학습키트를 통해 설계한 회로의 동작을 확인해보자.

학습키트는 직접 제작한 보드 또는 시중에서 구입한 개발용 보드 등 어떤 것을 사용해도 상관없다. FPGA 디바이스와 주변 장치의 연결 정보를 알 수 있는 회로도와 핀 맵(Pin map)을 알 수 있으면 된다. FPGA와 사용자 I/O만 제공하는 저가의 코어(core) 보드를 사용할 경우, LED, FND, LCD 등 다양한 주변 장치를 이용하는 실습을 위해서는 직접 연결하는 수고가 필요하다. 그러나 시중에서 FPGA 개발키트로 판매되고 있는 제품들은 FPGA 뿐만아니라 다양한 주변 장치를 모두 포함하고 있으므로 이 책에서 다루고자 하는 주제들에 대한 실습을 하는데 어려움이 없을 것이다.

이 책에서는 (주)뉴티씨(NEWTC)사의 FPGA 개발키트(FB-CY4E-DEV)를 기준으로 설명할 것이다. 다른 학습키트에 대해서도 해당 장비의 회로도와 핀 연결 정보를 참고하여 학습을 진행할 수 있다.

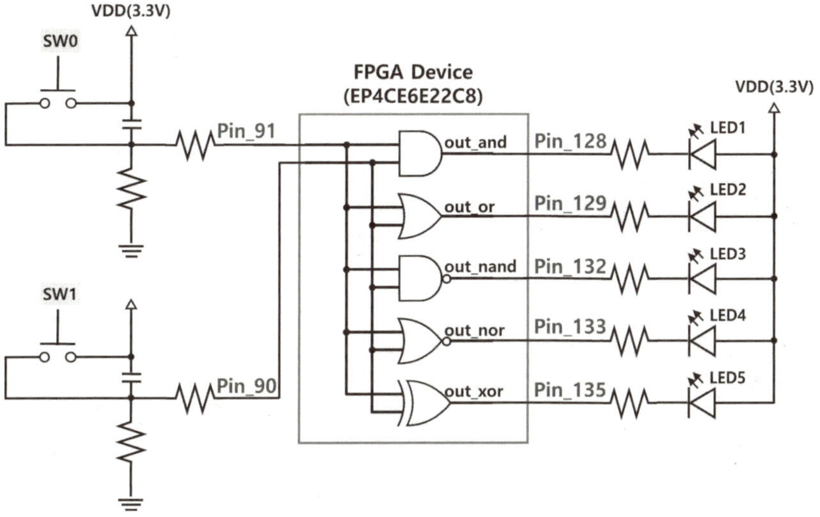

그림 4-6. 설계한 기본 게이트 회로와 학습키트 주변 장치의 연결

- [그림 4-6]에서 학습키트(뉴티씨, FB-CY4E-DEV)의 푸시 스위치는 풀다운(Pull-Down) 스위치이므로 Active High(스위치를 눌렀을 때 'High(1))로 동작한다. 반면 LED는 풀업(Pull-Up) 회로로 구성되어 있어 출력이 'Low(0)' 일 때 LED가 'ON'으로 동작한다. 대상 회로를 오류없이 설계했더라도 하드웨어 연결정보를 모르면 설계한 회로의 동작 상태를 이해할 수 없으므로 보유하고 있는 학습키트의 매뉴얼을 확인해야 한다.

다음 과정을 순서대로 진행하여 [표 4-1]의 입출력 및 LED 상태(결과)를 확인해보자.

① Quartus Prime 사용자 인터페이스 메뉴의 'Assignments' → 'Device'를 통해 학습 키트의 FPGA Device Family와 Part number를 선택
② 사용자 인터페이스 메뉴의 'Assignments' → 'Pin Planner'를 선택하고 핀 연결정보를 이용하여 핀 할당 후 저장
③ 'Processing' → 'Start Compilation'을 클릭하여 다시 컴파일 실행
④ 'Tools' → 'Programmer' 또는 (아이콘)를 선택하여 Programmer 실행
⑤ Hardware Setup이 'USB-blaster [USB-0]' 임을 확인하고 'Add File...'을 클릭하여 컴파일 후 합성이 완료된 gates.sof 파일 선택
⑥ Program Configure의 체크박스를 ☑ 표시한 후 'Start'를 클릭하면 다운로드 실행

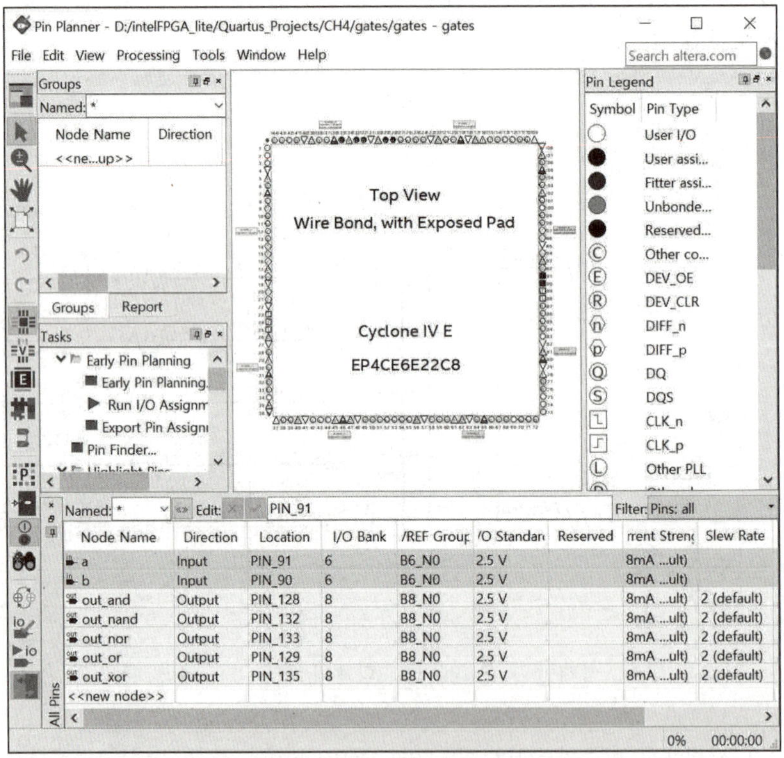

그림 4-7. 기본 게이트 회로의 핀 할당을 위한 Pin Planner

[그림 4-6]에서 입력에 따른 출력과 LED 상태는 [표 4-1]과 같다.

표 4-1. 입력에 따른 출력과 LED 상태

입력		출력					LED 상태				
a	b	AND	OR	NAND	NOR	XOR	AND	OR	NAND	NOR	XOR
0	0	0	0	1	1	0	ON	ON	OFF	OFF	ON
0	1	0	1	1	0	1	ON	OFF	OFF	ON	OFF
1	0	0	1	1	0	1	ON	OFF	OFF	ON	OFF
1	1	1	1	0	0	0	OFF	OFF	ON	ON	ON

- [그림 4-6]에서 스위치(SW1, SW2)가 눌리면 1, 눌리지 않으면 0이 입력되며, 출력이 0일 때 LED는 ON 상태, 1일 때 OFF 상태가 된다.

4-2 전가산기(Full Adder)

논리회로나 디지털공학을 학습해 본 경험이 있는 사람은 전가산기(Full Adder)를 한 번쯤 접해봤을 것이다. 전가산기는 조합논리회로의 이해하는데 좋은 예로서 논리회로 학습에서 가장 많이 사용되는 회로이다.

4-2-1 전가산기의 설계

[그림 4-8]의 회로는 두 개의 값(a, b)과 하위 올림 수(cin)를 입력받아 입력의 합(sum)과 올림 수(carry)를 출력하는 전가산기 회로이다. Quartus Prime에서 비트단위 논리연산자(bitwise logical operator)를 사용하여 전가산기 회로를 설계하고 시뮬레이션 해보자.

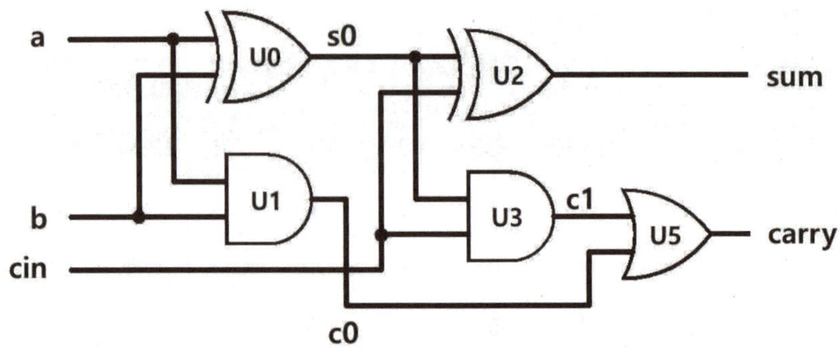

그림 4-8. 전가산기(full adder)

① 2장의 내용을 참고하여 프로젝트 생성
- 프로젝트 디렉토리 이름 : D://intelFPGA_lite/Quartus_Projects/CH4/fadder
- 프로젝트 이름 : fadder (최상위 설계 엔터티 이름은 자동으로 fadder로 설정)
- 타겟 디바이스 설정 (실습용 학습키트가 없으면 아무거나 설정해도 됨)

② 텍스트 에디터를 사용하여 [모듈 4-2]를 작성
- 모듈 코드 파일 이름 : fadder.v

[그림 4-9]는 전가산기 회로 설계를 위한 프로젝트 생성 정보이다.

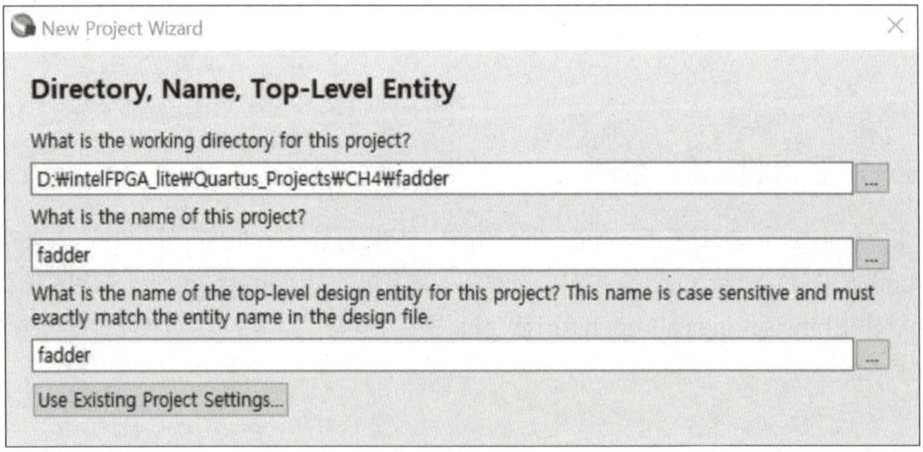

그림 4-9. 전가산기 회로 설계를 위한 프로젝트의 작업 디렉토리, 이름 설정

모듈 4-2

```
01  /* 비트단위 논리 연산자를 이용한 전가산기 회로 설계 */
02
03  module fadder (a, b, cin, sum, carry);
04
05     input     a, b, cin;
06     output    sum, carry;
07
08     wire      s0, c0, c1;       // 1bit net형 신호의 wire는 생략 가능
09
10     assign    s0 = a ^ b;       // 비트단위 논리연산자 xor : ^
11     assign    c0 = a & b;       // 비트단위 논리연산자 and : &
12     assign    c1 = s0 & cin;
13     assign    sum = s0 ^ cin;
14     assign    carry = c0 | c1;  // 비트단위 논리연산자 or : |
15
16  endmodule
```

- 08줄의 s0, c0, c1은 전가산기의 외부 포트가 아니며 모듈 내부에서 논리 게이트들 사이의 내부 연결 신호이므로 wire로 선언되어야 한다. 이때 1비트 net형 신호의 경우 wire 선언을 생략할 수 있다.

[모듈 4-2]의 모듈 설계 후 사용자 인터페이스 메뉴의 'Processing' → 'Start Compilation'을 실행하거나 단축 아이콘 (▶)을 클릭하여 컴파일을 진행해보자. 오타 등으로 오류가 발생하였다면 수정하자.

4-2-2 전가산기의 시뮬레이션

컴파일을 오류없이 성공했다면 설계한 모듈의 기능 검증을 위한 테스트벤치를 작성해야 한다.

Quartus Prime의 인터페이스 메뉴에서 'Tools' → 'Run Simulation Tool' → 'RTL Simulation'을 선택하여 ModelSim-Altera를 실행하고 아래의 요약 과정을 순서대로 진행해보자.

① 'File' → 'New' → 'Source' → 'Verilog'를 선택 후 다음의 테스트벤치 코드를 작성하고 파일이름을 'tb_fadder.v'로 저장
② 'Compile' → 'Compile...'를 클릭 후 테스트벤치 코드(tb_fadder.v)를 선택하고 'Compile' 클릭
- 컴파일 시 오류가 있으면 수정 후 반드시 파일을 저장하고 재 컴파일 실행

③ 'Simulate' → 'Start Simulation...' 또는 를 선택하고 work 왼쪽의 ⊞를 누르고 작성한 테스트벤치 코드(tb_fadder.v)를 선택 후 'OK' 클릭
④ Object 창의 입출력 포트 신호들을 선택 후 Wave 창에 드래그 또는 오른쪽 마우스 클릭하여 'Add Wave'를 선택하여 Wave 창에 추가
- Wave 창이 보이지 않으면 인터페이스 메뉴의 'View' → 'Wave' 선택

⑤ 'Simulate' → 'Run' → 'Run-All' 또는 를 클릭하여 시뮬레이션 실행

[테스트벤치 4-2]는 전가산기의 시뮬레이션을 위한 테스트벤치 코드이다.

테스트벤치 4-2

```
/* 비트단위 논리 연산자를 이용한 전가산기 회로의 테스트벤치 */
`timescale 1ns/10ps

module tb_fadder;
   reg    a, b, cin;
   wire   sum, carry;

   fadder fa (a, b, cin, sum, carry);

   initial begin
      a = 0; b = 0; cin = 0; #100;
      a = 0; b = 1; cin = 0; #100;
      a = 1; b = 0; cin = 0; #100;
      a = 1; b = 1; cin = 0; #100;
      a = 0; b = 0; cin = 1; #100;
      a = 0; b = 1; cin = 1; #100;
      a = 1; b = 0; cin = 1; #100;
      a = 1; b = 1; cin = 1; #100;
   end
endmodule
```

시뮬레이션 결과

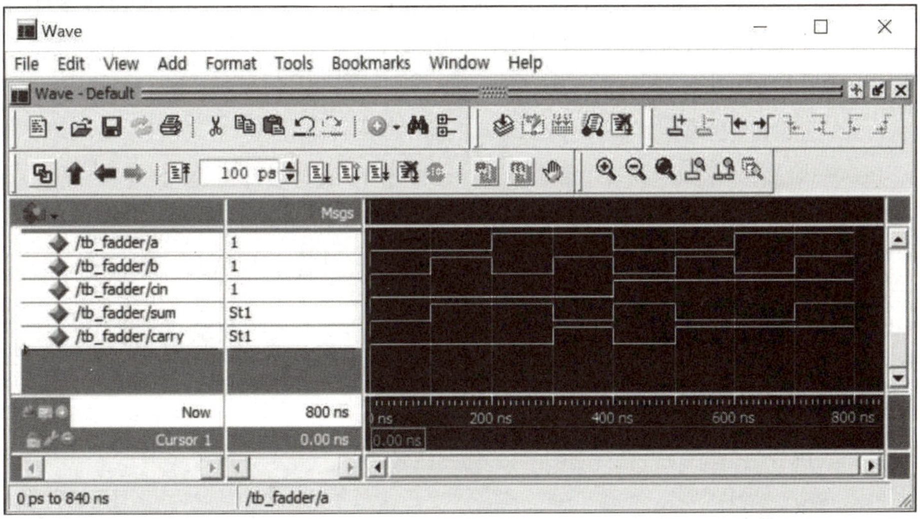

그림 4-10. 비트단위 논리연산자로 설계한 전가산기의 시뮬레이션 결과 화면

4-2-3 학습키트를 활용한 전가산기의 동작 확인

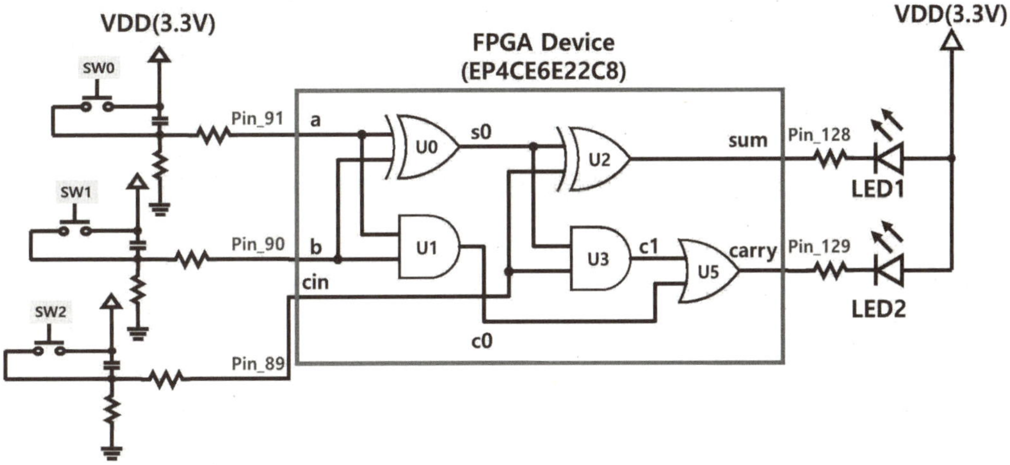

그림 4-11. 설계한 전가산기 입출력 포트와 학습키트 주변 장치의 연결

[그림 4-11]은 설계한 전가산기의 Programming FPGA 후 핀 할당을 할 때 필요한 전가산기의 입출력 포트와 학습키트 주변 장치의 연결 정보이다.

다음 과정을 순서대로 진행하여 [표 4-2]의 입력에 따른 출력과 LED 상태를 확인해보자.

① Quartus Prime 사용자 인터페이스 메뉴의 'Assignments' → 'Device'를 통해 학습 키트의 FPGA Device Family와 Part number를 선택
② 사용자 인터페이스 메뉴의 'Assignments' → 'Pin Planner'를 선택하고, [그림 4-12]와 같이 핀 할당 후 저장
③ 'Processing' → 'Start Compilation'을 클릭하여 다시 컴파일 실행
④ 'Tools' → 'Programmer' 또는 를 선택하여 Programmer 실행
⑤ Hardware Setup이 'USB-blaster [USB-0]' 임을 확인하고 'Add File...'을 클릭하여 컴파일 후 합성이 완료된 fadder.sof 파일 선택
⑥ Program Configure의 체크박스를 ☑ 표시한 후 'Start'를 클릭하면 다운로드 실행

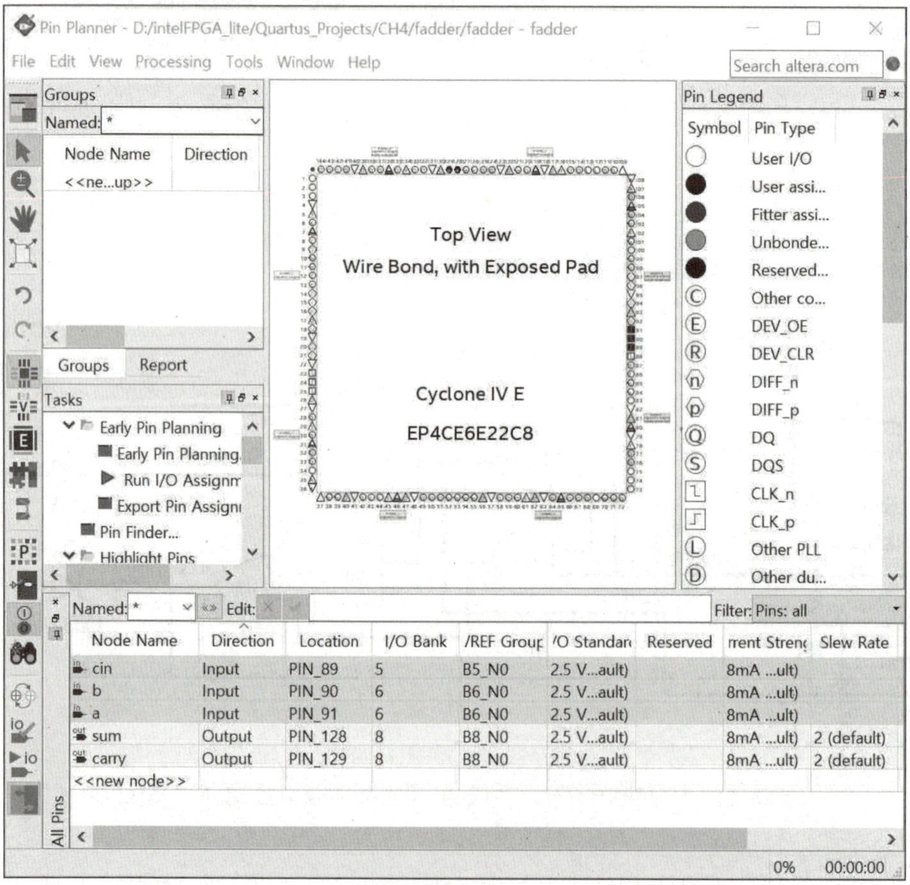

그림 4-12. 전가산기의 핀 할당을 위한 Pin Planner

표 4-2. 입력에 따른 출력과 LED 상태

입력			출력		LED 상태	
a	b	cin	sum	carry	LED1	LED2
0	0	0	0	0	ON	ON
0	1	0	1	0	OFF	ON
1	0	0	1	0	OFF	ON
1	1	0	0	1	ON	OFF
0	0	1	1	0	OFF	ON
0	1	1	0	1	ON	OFF
1	0	1	0	1	ON	OFF
1	1	1	1	1	OFF	OFF

4-2-4 구조적 설계를 이용한 전가산기의 설계

[그림 4-8]의 전가산기 회로는 [그림 4-13]과 같이 반가산기 2개를 사용하여 구조적 모델링 방법으로 설계할 수도 있다.

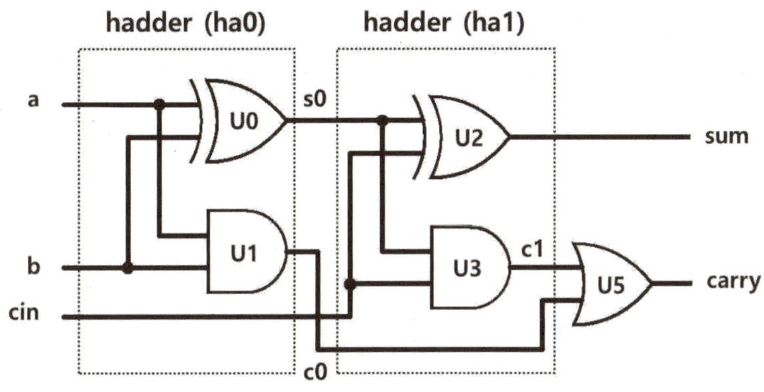

그림 4-13. 2개의 반가산기와 OR 게이트로 구성된 1비트 전가산기

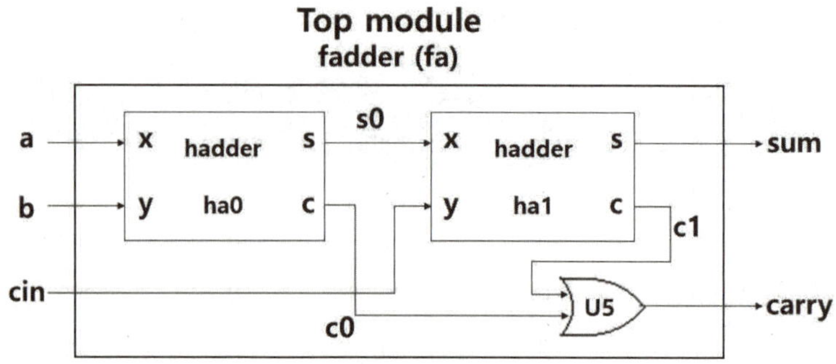

그림 4-14. 전가산기의 내외부 포트 연결

[그림 4-14]는 2개의 반가산기로 구성된 위 전가산기의 블록도로 입출력 포트와 내부 신호의 연결을 나타내고 있다.

구조적 모델링 방법을 사용하여 [그림 4-13]의 전가산기를 설계해보자.

① 2장의 내용을 참고하여 프로젝트 생성
- 프로젝트 디렉토리 이름 : D://intelFPGA_lite/Quartus_Projects/CH4/fadder_struc
- 프로젝트 이름 : fadder_struc (최상위 설계 엔터티 이름)
- 타겟 디바이스 설정 (실습용 학습키트가 없으면 아무거나 설정해도 됨)

② 텍스트 에디터를 사용하여 [모듈 4-3]과 [모듈 4-4]를 작성 후 아래 이름으로 저장
- [모듈 4-3] 반가산기 모듈(하위 모듈) 코드 파일 이름 : hadder.v
- [모듈 4-4] 전가산기 모듈(최상위 모듈) 코드 파일 이름 : fadder_struc.v

[그림 4-15]는 구조적 모델링 기반 전가산기 회로 설계를 위한 프로젝트 생성 정보이다.

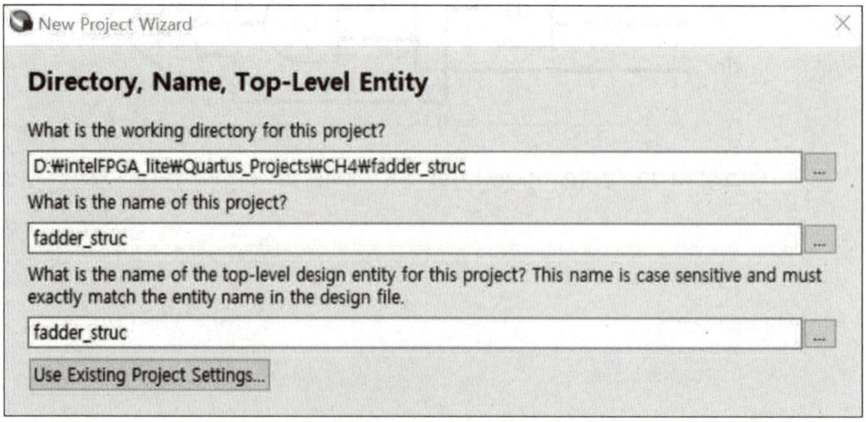

그림 4-15. 전가산기 회로설계를 위한 프로젝트의 작업 디렉토리, 이름 설정

모듈 4-3

```
01  /* 비트단위 논리 연산자를 이용한 반가산기 회로 설계 */
02
03  module hadder (x, y, s, c);
04
05     input     x, y;
06     output    s, c;
07
08     assign    s = x ^ y;    // 비트단위 논리연산자 xor : ^
09     assign    c = x & y;    // 비트단위 논리연산자 and : &
10
11  endmodule
```

- 08줄 및 09줄에서 사용한 비트단위 논리연산자는 피연산자의 각 비트에 대한 논리연산을 수행하는 연산자로 결과의 비트 수는 피연산자의 비트 수와 같다.

모듈 4-4

```
01  /* 구조적 모델링을 사용한 전가산기 회로 설계 */
02
03  module fadder_struc (a, b, cin, sum, carry);
04
05     input     a, b, cin;
06     output    sum, carry;
07
08     wire      s0, c0, c1;
09
10     // 순서에 의한 포트 맵핑
11     hadder ha0 (a, b, s0, c0);
12     hadder ha1 (s0, cin, sum, c1);
13
14     // 이름에 의한 포트 맵핑
15     // hadder ha0 (.x(a), .y(b), .s(s0), .c(c0));
16     // hadder ha1 (.x(s0), .y(cin), .s(sum), .c(c1));
17
18     assign carry = c0 | c1;  // or  U5 (carry, s0, c1); 와 등가
19
20  endmodule
```

- 08줄의 s0, c0, c1은 전가산기의 외부 포트가 아니며 모듈 내부에서 하위 모듈간의 내부 연결신호이므로 wire로 선언되었다.

- 10줄 ~ 16줄의 포트 맵핑에서 다음을 주의해야 한다.
  - 순서에 의한 포트 맵핑 사용 : 현재 모듈(전가산기 모듈)에서 사용하는 하위 모듈의 포트 이름을 사용하되 하위 모듈의 port_list의 순서는 반드시 지켜야 한다.
  - 이름에 의한 포트 맵핑 사용 : 「.하위 모듈의 포트 이름(현재 모듈의 신호)」의 형식을 사용하되 하위 모듈에서의 port_list의 순서를 지키지 않아도 된다.

반가산기 및 전가산기의 모듈 설계 후 사용자 인터페이스 메뉴의 'Processing' → 'Start Compilation'을 실행하거나 단축 아이콘 ()을 클릭하여 컴파일을 진행해보자. 오타 등으로 문법 오류가 발생하였다면 수정해보자.

4-2-5 구조적 설계를 이용한 전가산기의 시뮬레이션

구조적 모델링 방법으로 설계한 전가산기 회로의 기능 검증을 위해 [테스트벤치 4-3]을 작성하고 시뮬레이션을 진행해보자.

① 'File' → 'New' → 'Source' → 'Verilog'를 선택 후 다음의 테스트벤치 코드를 작성하고 파일이름을 'tb_fadder_struc.v'로 저장

② 'Compile' → 'Compile...'를 클릭 후 테스트벤치 코드(tb_fadder_struc.v)를 선택하고 'Compile' 클릭

- 컴파일 시 오류가 있으면 수정 후 반드시 파일을 저장하고 재 컴파일 실행

③ 'Simulate' → 'Start Simulation...' 또는 를 선택하고 work 왼쪽의 ⊞를 누르고 작성한 테스트벤치 코드(tb_fadder_struc.v)를 선택 후 'OK' 클릭

④ Object 창의 입출력 포트 신호들을 선택 후 Wave 창에 드래그 또는 오른쪽 마우스 클릭하여 'Add Wave'를 선택하여 Wave 창에 추가

- Wave 창이 보이지 않으면 인터페이스 메뉴의 'View' → 'Wave' 선택

⑤ 'Simulate' → 'Run' → 'Run-All' 또는 를 클릭하여 시뮬레이션 실행

테스트벤치 4-3

```
01  /* 구조적 모델링을 사용한 전가산기 회로의 테스트벤치 */
02  `timescale  1ns/10ps
03
04  module  tb_fadder;
05     reg    a, b, cin;
06     wire   sum, carry;
07
08     fadder_struc fa (.a(a), .b(b), .cin(cin), .sum(sum), .carry(carry));
09
10     initial begin
11        a = 0; b = 0; cin = 0; #100;
12        a = 0; b = 1; cin = 0; #100;
13        a = 1; b = 0; cin = 0; #100;
14        a = 1; b = 1; cin = 0; #100;
15        a = 0; b = 0; cin = 1; #100;
16        a = 0; b = 1; cin = 1; #100;
17        a = 1; b = 0; cin = 1; #100;
18        a = 1; b = 1; cin = 1; #100;
19     end
20  endmodule
```

- 08줄은 이름에 의한 포트 맵핑 방법을 사용하여 다음과 같이 표현할 수도 있다.

```
hadder U0 (.x(x), .y(y), .s(s), .c(c)); // 이름에 의한 포트 맵핑
```

여기서 포트의 순서는 [모듈 4-3]의 port_list 순서와 달라도 상관없다.

시뮬레이션 결과

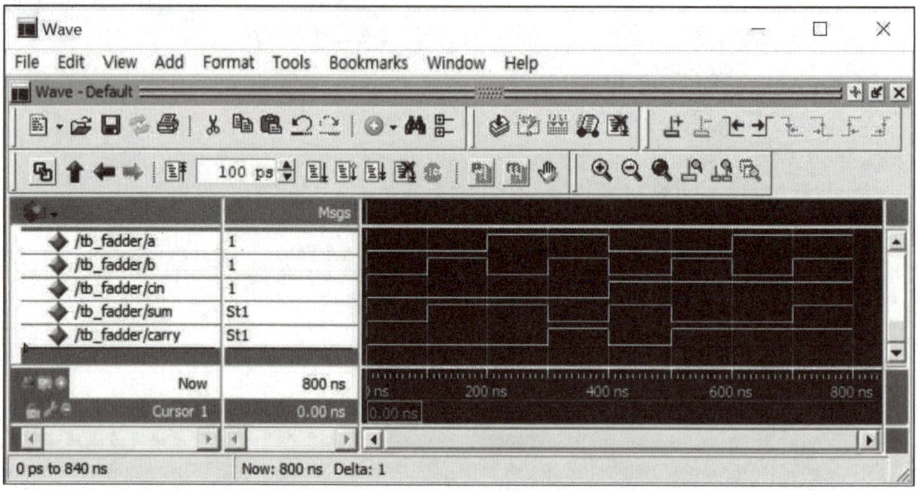

그림 4-16. 구조적 모델링으로 설계한 전가산기의 시뮬레이션 결과 화면

[그림 4-16]의 시뮬레이션 결과는 [그림 4-10]의 비트단위 논리연산자로 설계한 전가산기의 결과와 같다.

4-3 멀티플렉서(Multiplexer)

멀티플렉서(Multiplexer)는 2^n개의 입력을 받아 그들 중 하나를 선택하여 출력으로 연결해주는 조합회로로서 데이터 선택기(data selector)라고도 하며 간단히 MUX라고 부른다. 반대로 한 개의 입력을 받아서 2^n개의 출력 중 하나의 출력에 연결하는 회로를 디멀티플렉서(Demultiplexcer) 또는 DEMUX라고 한다. 멀티플렉서나 디멀티플레서는 여러 개의 데이터 중에서 하나를 선택하기 위해 제어신호가 필요하다.

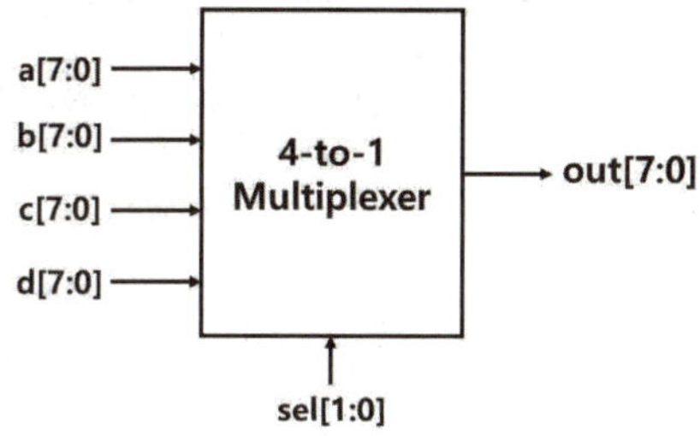

그림 4-17. 8비트 4×1 멀티플렉서

표 4-3. 멀티플렉서의 진리표

sel[1]	sel[0]	out
0	0	a
0	1	b
1	0	c
1	1	d

4-3-1 멀티플렉서의 설계

[그림 4-17]의 회로는 네 개의 8비트 입력(a, b, c, d)을 받아서 제어신호(sel)에 의해 하나의 출력에 연결하는 멀티플렉서이다. Quartus Prime에서 다음의 세 가지 방법을 사용하여 멀티플렉서를 설계하고 시뮬레이션을 진행해보자.

▷ 연속 할당문(assign)과 조건연산자(conditional operator)를 사용
▷ always문과 조건문(if ~ else문)을 사용
▷ always문과 case문을 사용

① 2장의 내용을 참고하여 프로젝트 생성
- 프로젝트 디렉토리 이름 : D://intelFPGA_lite/Quartus_Projects/CH4/mux
- 프로젝트 이름 : mux (최상위 설계 엔터티 이름)
- 타겟 디바이스 설정 (실습용 학습키트가 없으면 아무거나 설정해도 됨)

② 텍스트 에디터를 사용하여 멀티플렉서를 위한 [모듈 4-5(a)] ~ [모듈 4-5(c)]를 작성
- 멀티플렉서 모듈 코드 파일 이름 : mux.v

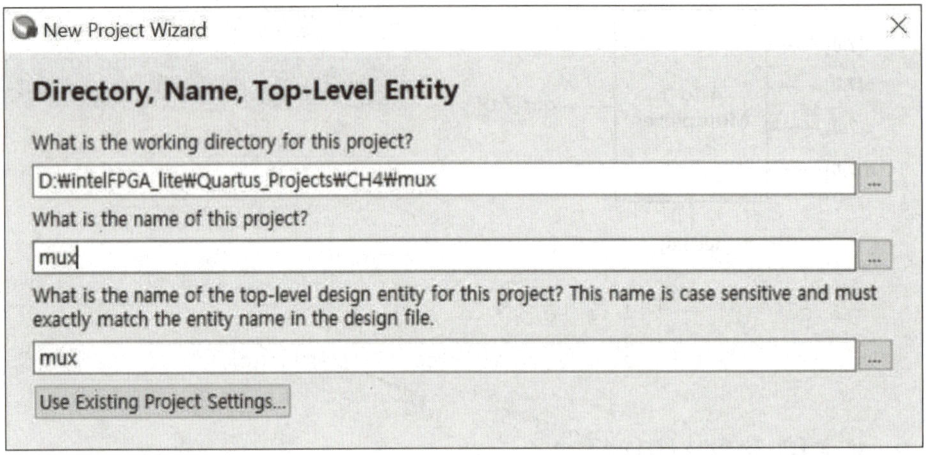

그림 4-18. 멀티플렉서 모듈 설계를 위한 프로젝트의 작업 디렉토리, 이름 설정

[그림 4-18]은 멀티플렉서 모듈 설계를 위한 프로젝트 생성 정보이다.

각각의 방법으로 멀티플렉서의 모듈 설계 후 사용자 인터페이스 메뉴의 'Processing' → 'Start Compilation'을 실행하거나 단축 아이콘 (▶)을 클릭하여 컴파일을 진행할 때 다음을 주의하자.

모듈 코드를 작성할 때 작업 디렉토리(작업 폴더 이름)과 프로젝트 이름은 일치시킬 필요는 없으나 프로젝트 이름과 최상위 설계 엔터티(top-level design entity) 이름 즉, 모듈이름은 반드시 일치시켜야 한다.

여기서는 하나의 프로젝트를 생성 후 3가지 설계방법을 적용하여 설계하므로 먼저 [모듈 4-5(a)]의 조건연산자를 이용한 모듈을 작성하고 mux.v로 저장 후 컴파일을 진행한다. 컴파일 오류가 없으면, mux.v의 내용을 [모듈 4-5(b)]의 조건문을 이용한 모듈 코드로 수정 후 저장하고 컴파일하자. 이때 각각의 설계방법으로 설계한 모듈은 모두 최상위 엔터티이므로 프로젝트명과 모듈이름 및 저장하는 파일명이 같아야 한다. 따라서 앞서 설계한 내용을 여러 줄 주석(/* ~ */)으로 처리하고 새로운 설계방법으로 수정하자. 이러한 방법으로 [모듈 4-5(c)]의 case문을 이용한 모듈 코드도 작성 후 컴파일까지 진행해 보자.

모듈 4-5(a)

```
/* 조건연산자를 사용한 4×1 MUX 설계 */

module mux (a, b, c, d, sel, out);

   input     [7:0] a, b, c, d;
   input     [1:0] sel;
   output    [7:0] out;

   // assign문과 조건연산자 사용
   assign out = sel == 0 ? a :
                sel == 1 ? b :
                sel == 2 ? c : d;
endmodule
```

모듈 4-5(b)

```
01  /* 조건문(if ~ else)을 이용한 4×1 MUX 설계 */
02
03  module mux (a, b, c, d, sel, out);
04
05     input    [7:0] a, b, c, d;
06     input    [1:0] sel;
07     output   [7:0] out;
08
09     reg      [7:0] out; // always문의 왼쪽 할당 신호벡터 out을 reg형 선언
10
11     // 조건문(if ~ else) 사용
12     always @ (a or b or c or d or sel)
13        if (sel == 0)
14           out = a;
15        else if (sel == 1)
16           out = b;
17        else if (sel == 2)
18           out = c;
19        else
20           out = d;
21
22  endmodule
```

- [모듈 4-5(a)]와 달리 09줄에서 always문의 왼쪽 할당 신호 벡터 out을 reg형으로 선언하였다.

모듈 4-5(c)

```
01  /* case문을 이용한 4×1 MUX 설계 */
02
03  module mux (a, b, c, d, sel, out);
04
05     input    [7:0] a, b, c, d;
06     input    [1:0] sel;
07     output   [7:0] out;
08
09     reg      [7:0] out; // always문의 왼쪽 할당 신호벡터 out을 reg형 선언
10
11     // case문 사용
12     always @ (a or b or c or d or sel)
13        case(sel)
14           0 : out = a;  // 2'b00 : out = a;와 등가
15           1 : out = b;  // 2'b01 : out = b;와 등가
16           2 : out = c;  // 2'b10 : out = c;와 등가
17           default : out = d; // 3 : out = d; 또는 2'b11 : out = d;와 등가
18        endcase
19
20  endmodule
```

- [모듈 4-5(a)]와 달리 09줄에서 always문의 왼쪽 할당 신호 벡터 out을 reg형으로 선언하였다.

4-3-2 멀티플렉서의 시뮬레이션

앞에서 3가지 방법으로 설계한 mux 모듈은 모두 같은 입출력 인터페이스를 가지므로 하나의 테스트벤치를 사용하여 시뮬레이션이 가능하다.

Quartus Prime의 인터페이스 메뉴에서 'Tools' → 'Run Simulation Tool' → 'RTL Simulation'을 선택하여 ModelSim-Altera를 실행하고 아래의 요약 과정을 순서대로 진행해보자.

① 'File' → 'New' → 'Source' → 'Verilog'를 선택 후 다음의 테스트벤치 코드를 작성하고 파일이름을 'tb_mux.v'로 저장

② 'Compile' → 'Compile...'를 클릭 후 테스트벤치 코드(tb_mux.v)를 선택하고 'Compile' 클릭

- 컴파일 시 오류가 있으면 수정 후 반드시 파일을 저장하고 재컴파일 실행

③ 'Simulate' → 'Start Simulation...' 또는 를 선택하고 work 왼쪽의 ⊞를 누르고 작성한 테스트벤치 코드(tb_mux.v)를 선택 후 'OK' 클릭

④ Object 창의 입출력 포트 신호들을 선택 후 Wave 창에 드래그 또는 오른쪽 마우스 클릭하여 'Add Wave'를 선택하여 Wave 창에 추가

- Wave 창이 보이지 않으면 인터페이스 메뉴의 'View' → 'Wave' 선택

⑤ 'Simulate' → 'Run' → 'Run-All' 또는 를 클릭하여 시뮬레이션 실행

테스트벤치 4-5

```
/* 조건연산자, 조건문, case문을 사용하여 설계한 멀티플렉서의 테스트벤치 */
`timescale  1ns/10ps

module  tb_mux;
   reg    [7:0] a, b, c, d;
   reg    [1:0] sel;

   wire   [7:0] out;

   mux U0 (.a(a), .b(b), .c(c), .d(d),
           .sel(sel), .out(out));        // 이름에 의한 포트 맵핑
   // mux U0 (a, b, c, d, sel, out);     // 순서에 의한 포트 맵핑

   initial begin
      a = 8'h00; b = 8'h01; c = 8'h02; d = 8'h03; sel = 2'b00; #100;
      a = 8'h00; b = 8'h01; c = 8'h02; d = 8'h03; sel = 2'b01; #100;
      a = 8'h00; b = 8'h01; c = 8'h02; d = 8'h03; sel = 2'b10; #100;
      a = 8'h00; b = 8'h01; c = 8'h02; d = 8'h03; sel = 2'b11; #100;
   end
endmodule
```

시뮬레이션 결과

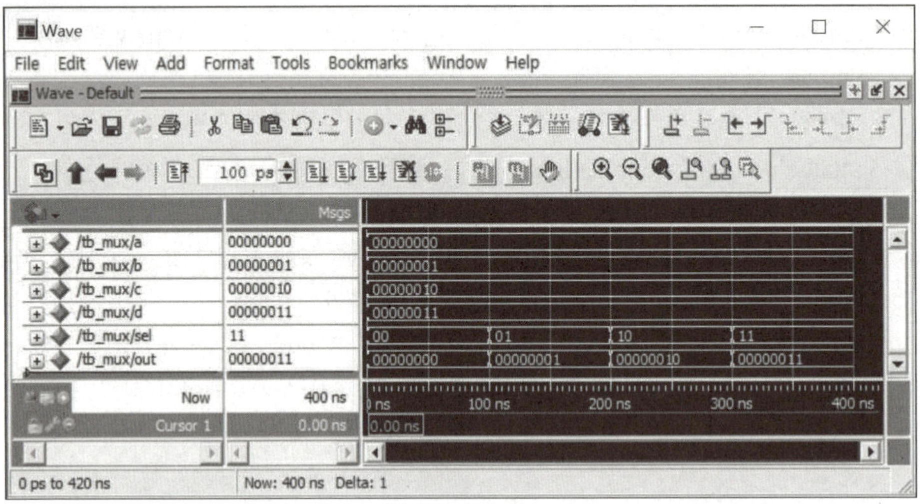

그림 4-19. 4×1 멀티플렉서의 시뮬레이션 결과 화면

4-3-3 학습키트를 활용한 멀티플렉서의 동작 확인

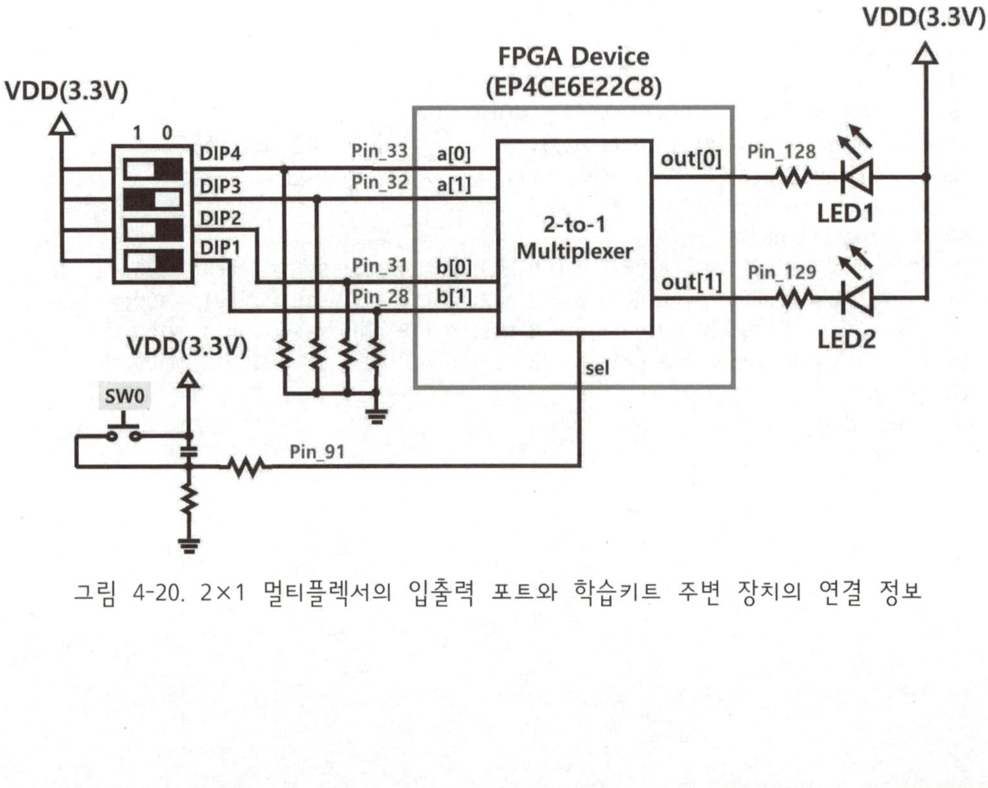

그림 4-20. 2×1 멀티플렉서의 입출력 포트와 학습키트 주변 장치의 연결 정보

앞에서 설계한 [모듈 4-5(a)] ~ [모듈 4-5(c)]의 4×1 멀티플렉서를 학습키트에 구현하여 동작을 확인할 때 입력 및 출력 장치의 제한으로 [그림 4-20]과 같이 2개의 2비트 입력과 1개의 2비트 출력을 갖는 2×1 멀티플렉서로 수정할 필요가 있다.

다음의 과정에 따라 프로젝트를 생성하고 [그림 4-20]의 멀티플렉서의 입출력과 학습키트 주변장치의 연결 정보를 참고하여 핀 할당 후 FPGA Programming을 진행해보자.

① 2장의 내용을 참고하여 프로젝트 생성
- 프로젝트 디렉토리 이름 : D://intelFPGA_lite/Quartus_Projects/CH4/mux_2to1
- 프로젝트 이름 : mux_2to1 (최상위 설계 엔터티 이름)
- 타겟 디바이스 설정 (실습용 학습키트가 없으면 아무거나 설정해도 됨)

② 텍스트 에디터를 사용하여 2×1 멀티플렉서를 위한 [모듈 4-6]을 작성
- 멀티플렉서 모듈 코드 파일 이름 : mux_2to1.v

③ Quartus Prime 사용자 인터페이스 메뉴의 'Assignments' → 'Device'를 통해 실습키트의 FPGA Device Family와 Part number를 선택

④ 사용자 인터페이스 메뉴의 'Assignments' → 'Pin Planner'를 선택하고 핀 연결정보를 이용하여 핀 할당 후 저장

⑤ 'Processing' → 'Start Compilation'을 클릭하여 다시 컴파일 실행

⑥ 'Tools' → 'Programmer' 또는 를 선택하여 Programmer 실행

⑦ Hardware Setup이 'USB-blaster [USB-0]' 임을 확인하고 'Add File...'을 클릭하여 컴파일 후 합성이 완료된 mux_2to1.sof 파일 선택

⑧ Program Configure의 체크박스를 ☑ 표시한 후 'Start'를 클릭하면 다운로드 실행

[그림 4-21]은 2×1 멀티플렉서 설계를 위한 프로젝트 생성 정보이다.

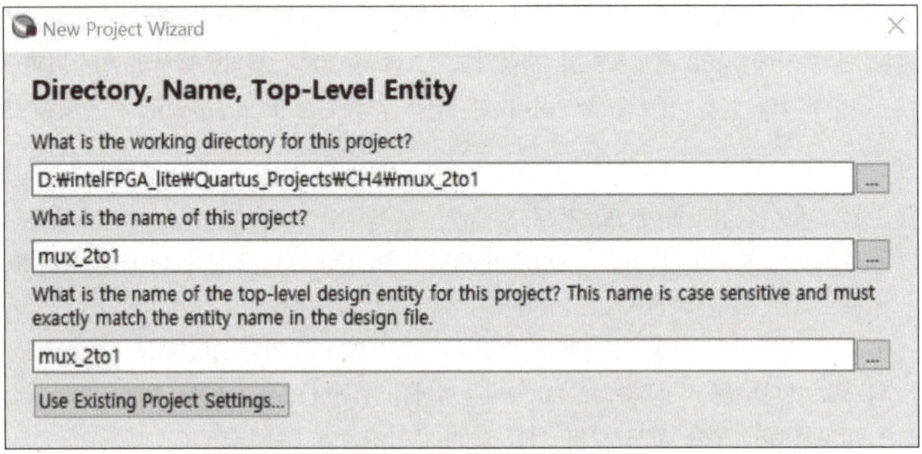

그림 4-21. 2×1 멀티플렉서 모듈 설계를 위한 프로젝트의 작업 디렉토리, 이름 설정

모듈 4-6

```
/* case문을 이용한 2×1 MUX 설계 */

module mux_2to1 (a, b, sel, out);

   input    [1:0] a, b;
   input          sel;
   output   [1:0] out;

   reg      [1:0] out; // always문의 왼쪽 할당 신호벡터 out을 reg형 선언

   // case문 사용
   always @ (a or b or sel)
      case(sel)
         0 : out = a;  // 2'b00 : out = a;와 등가
         1 : out = b;  // 2'b01 : out = b;와 등가
         default : out = 2'bzz;
      endcase

endmodule
```

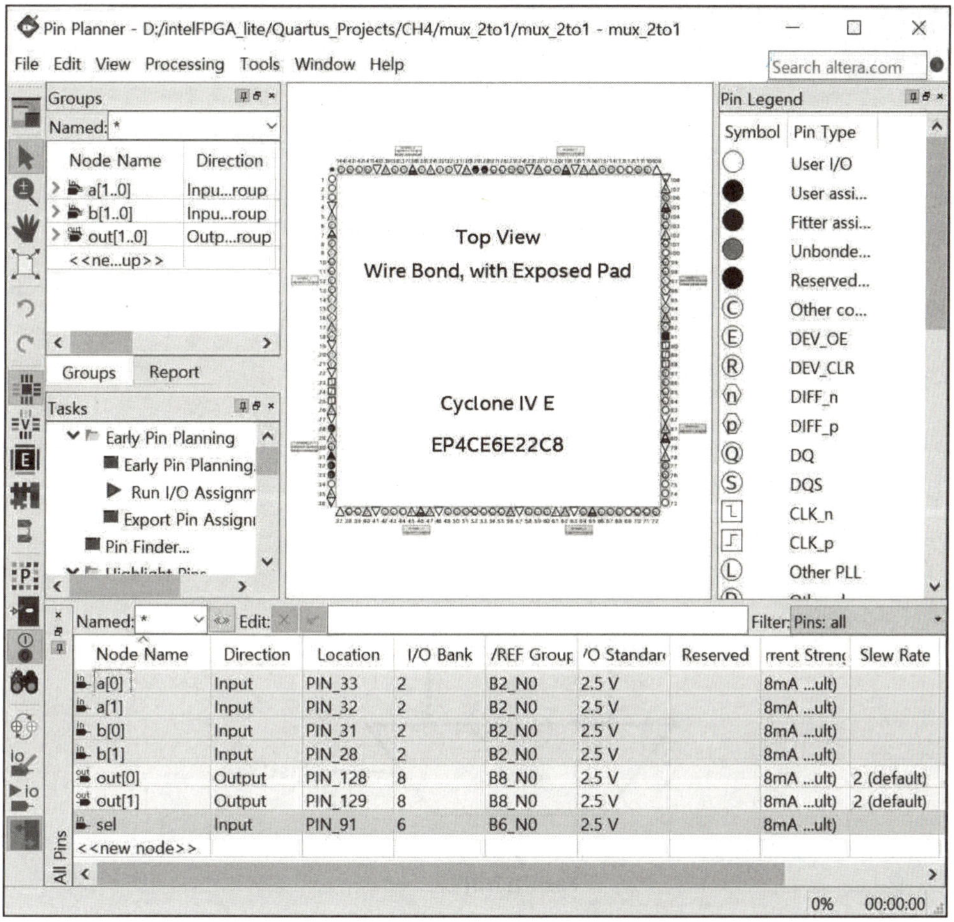

그림 4-22. 2×1 멀티플렉서의 핀 할당을 위한 Pin Planner

표 4-4. 입력에 따른 출력과 LED 상태

입력			출력		LED 상태	
a	b	sel	out0	out1	LED1	LED2
10	00	0	1	0	OFF	ON
10	00	1	0	0	ON	ON

4-4 산술 논리 장치(ALU)

산술 논리 장치는 산술연산, 논리연산, 시프트연산 등의 기능을 수행할 수 있는 조합 논리회로로서 ALU(Arithmatic Logic Unit)라고 부른다. ALU의 설계를 통해 3장에서 설명한 다양한 연산자의 이해와 이를 활용하는 방법을 알아보자.

4-4-1 ALU의 설계

[그림 4-23]의 회로는 두 개의 4비트 피연산자(a, b)와 명령어(inst)를 입력받아 산술연산, 논리연산 등을 수행하여 출력하는 산술 논리 장치이다. 산술 논리 장치를 설계하고 시뮬레이션을 진행해보자.

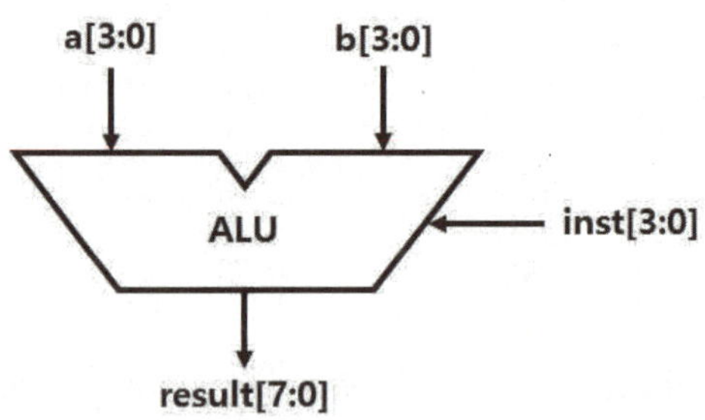

그림 4-23. 4비트 산술논리장치(ALU)

표 4-5. ALU의 명령어와 연산

명령어		연산	의미
산술연산	0000	a + b	덧셈
	0001	a - b	뺄셈
	0010	a × b	곱셈
	0011	a / b	나눗셈
	0100	a % b	나머지
비트단위 논리연산	0101	~a	비트 NOT
	0110	a & b	비트 AND

표 4-5. ALU의 명령어와 연산(계속)

명령어		연산	의미
비트단위 논리연산	0111	a | b	비트 OR
	1000	a ^ b	비트 XOR
	1001	a ~^ b	비트 XNOR
비트단항 논리연산	1010	& a	비트단항 AND
	1011	| a	비트단항 OR
	1100	~& a	비트단항 NAND
	1101	^ a	비트단항 XOR
시프트 연산	1110	a >> b	a를 b비트 우측 이동
	1111	a << b	a를 b비트 좌측 이동

① 2장의 내용을 참고하여 프로젝트 생성
- 프로젝트 디렉토리 이름 : D://intelFPGA_lite/Quartus_Projects/CH4/alu
- 프로젝트 이름 : alu (최상위 설계 엔터티 이름은 자동으로 alu로 설정)
- 타겟 디바이스 설정 (실습용 학습키트가 없으면 아무거나 설정해도 됨)

② 텍스트 에디터를 사용하여 [모듈 4-7]을 작성
- 모듈 코드 파일 이름 : alu.v

[그림 4-24]는 4비트 ALU 설계를 위한 프로젝트 생성 정보이다.

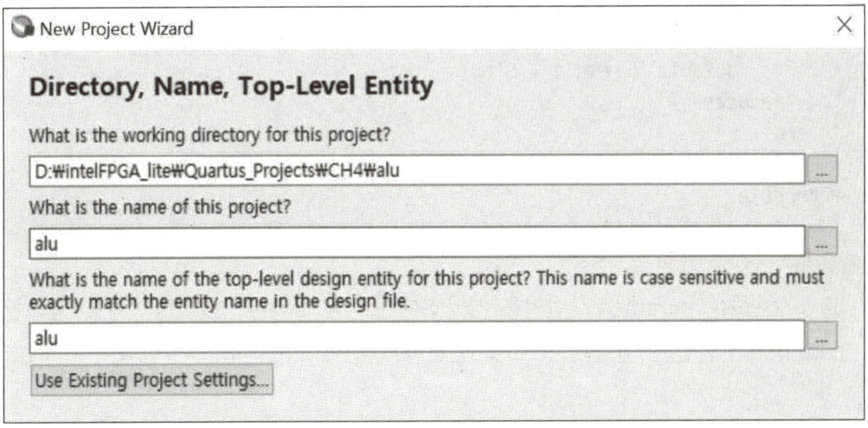

그림 4-24. 4비트 ALU를 위한 프로젝트의 작업 디렉토리, 이름 설정

모듈 4-7

```
01 /* 4비트 산술 논리 장치(ALU) 설계 */
02
03 module alu (a, b, inst, result);
04
05    parameter ADD = 4'h0, SUB = 4'h1, MUL = 4'h2, DIV = 4'h3, MOD = 4'h4,
06              BitNOT = 4'h5, BitAND = 4'h6, BitOR = 4'h7, BitXOR = 4'h8,
07              BitXNOR = 4'h9, RedAND = 4'ha, RedOR = 4'hb,
08              RedNAND = 4'hc, RedXOR = 4'hd, RSHFT = 4'he, LSHFT = 4'hf;
09
10    input   [3:0] a, b, inst;
11    output  [7:0] result;
12
13    reg     [7:0] result;
14
15    always @ (a or b or inst) begin
16       case(inst)
17          ADD     : result = a + b;
18          SUB     : result = a - b;
19          MUL     : result = a * b;
20          DIV     : result = a / b;
21          MOD     : result = a % b;
22          BitNOT  : result = ~ a;
23          BitAND  : result = a & b;
24          BitOR   : result = a | b;
25          BitXOR  : result = a ^ b;
26          BitXNOR : result = a ~^ b;
27          RedAND  : result = & a;
28          RedOR   : result = | a;
29          RedNAND : result = ~& a;
30          RedXOR  : result = ^ a;
31          RSHFT   : result = a >> b;
32          LSHFT   : result = a << b;
33          default : result = 8'hz;
34       endcase
35    end
36
37 endmodule
```

- 05 ~ 08줄은 parameter 선언을 사용하여 [표 4-5]의 다양한 명령어를 정의한 것이다. parameter 선언은 입출력 포트를 선언하기 전에 하는 것이 일반적이다.

4-4-2 ALU의 시뮬레이션

[테스트벤치 4-7]은 위에서 설계한 ALU의 시뮬레이션을 위한 테스트벤치 코드이다.

테스트벤치 4-7

```
01  /* 4비트 ALU의 테스트벤치 */
02  `timescale  1ns/10ps
03
04  module  tb_alu;
05     reg      [3:0] a, b, inst;
06     wire     [7:0] result;
07
08     integer  i;             // 정수형 변수 i의 자료형 선언
09
10     alu U0 (.a(a), .b(b), .inst(inst), .result(result));
11
12     initial begin
13        a = 4'hb; b = 4'h2;
14     end
15
16     initial begin
17        inst = 4'h0;
18
19        for (i = 0; i <= 15; i = i + 1) begin
20           #100; inst = inst + 1;
21        end
22     end
23
24  endmodule
```

- 08줄에서 'integer i;'는 시뮬레이션을 위한 문법으로 18줄의 반복문(for문)에서 조건식에 사용되는 정수형 변수의 자료형을 선언한 것이다.

  19 ~ 21줄은 다음과 같은 표현도 가능하다.

```
for (i = 0; i <= 15; i = i + 1)
   #100  inst = inst + 1;   // #100 뒤의 세미콜론(;)의 생략 가능
```

Quartus Prime의 인터페이스 메뉴에서 'Tools' → 'Run Simulation Tool' → 'RTL Simulation'을 선택하여 ModelSim-Altera를 실행하고 아래의 요약 과정을 순서대로 진행해보자.

① 'File' → 'New' → 'Source' → 'Verilog'를 선택 후 다음의 테스트벤치 코드를 작성하고 파일이름을 'tb_alu.v'로 저장
② 'Compile' → 'Compile...'를 클릭 후 테스트벤치 코드(tb_alu.v)를 선택하고 'Compile' 클릭
③ 컴파일 시 오류가 있으면 수정 후 반드시 파일을 저장하고 재 컴파일 실행
④ 'Simulate' → 'Start Simulation...' 또는 를 선택하고 work 왼쪽의 ⊞를 누르고 작성한 테스트벤치 코드(tb_alu.v)를 선택 후 'OK' 클릭
⑤ Object 창의 입출력 포트 신호들을 선택 후 Wave 창에 드래그 또는 오른쪽 마우스 클릭하여 'Add Wave'를 선택하여 Wave 창에 추가
⑥ Wave 창이 보이지 않으면 인터페이스 메뉴의 'View' → 'Wave' 선택
⑦ 'Simulate' → 'Run' → 'Run-All' 또는 를 클릭하여 시뮬레이션 실행

위의 시뮬레이션을 완료 후 [그림 4-25]와 같은 결과 화면을 볼 수 있을 것이다. 이때 시뮬레이션 결과 파형은 2진수 형태로 나타나므로 ALU의 연산결과를 확인하는 데 어려움이 있다.

[그림 4-25]와 같이 사용자 인터페이스 메뉴에서 'Format' → 'Radix' → '변경하고자 하는 포맷'을 선택하여 입출력 신호의 포맷을 변경하면 [그림 4-26]과 [그림 4-27]처럼 ALU의 시뮬레이션 결과를 쉽게 확인할 수 있다.

- 산술연산 결과(0 ≤ inst ≤ 4) 확인 : 전체 신호의 포맷을 부호없는 정수(Unsigned)로 설정
- 비트단위 논리연산 결과(5 ≤ inst ≤ 9) 확인 : inst는 부호없는 정수(Unsigned), 나머지 신호의 포맷을 이진수(Binary)로 설정
- 비트단항 논리연산 결과(10 ≤ inst ≤ 13) 확인 : inst는 부호없는 정수(Unsigned), 나머지 신호의 포맷을 이진수(Binary)로 설정
- 시프트 연산 결과(14 ≤ inst ≤ 15) 확인 : inst는 부호없는 정수(Unsigned), 나머지 신호의 포맷을 이진수(Binary)로 설정

시뮬레이션 결과

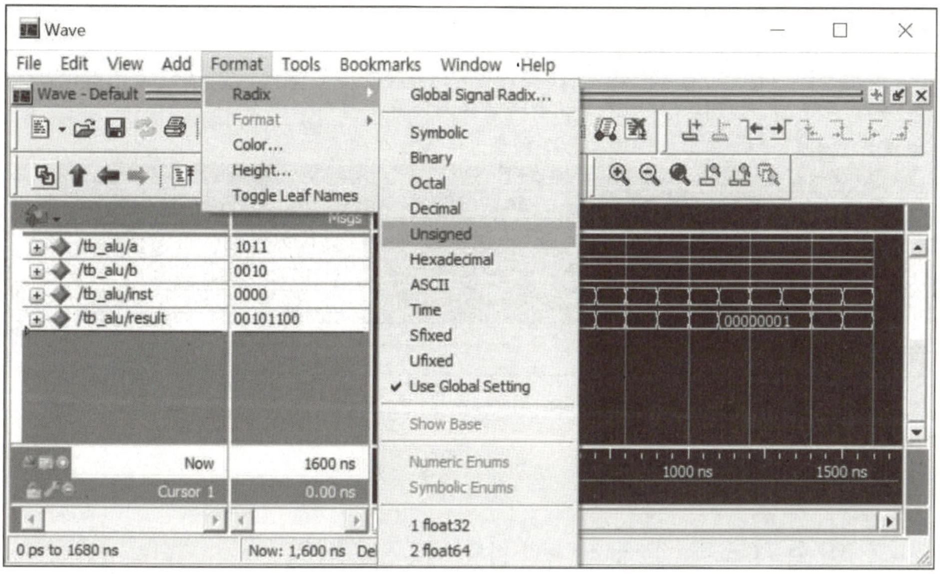

그림 4-25. 시뮬레이션 결과 확인을 위한 입출력 신호의 포맷 설정 방법

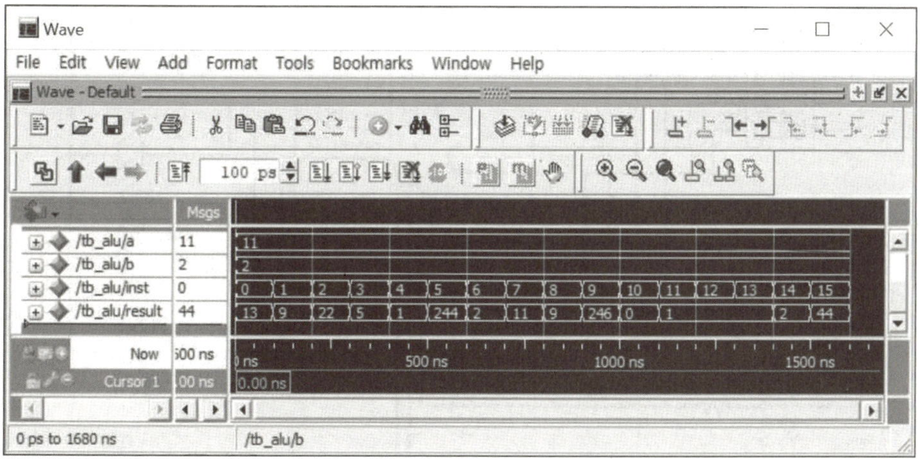

그림 4-26. 전체 입출력 신호의 포맷을 Unsigned로 변경 후 결과 화면

시뮬레이션 결과(계속)

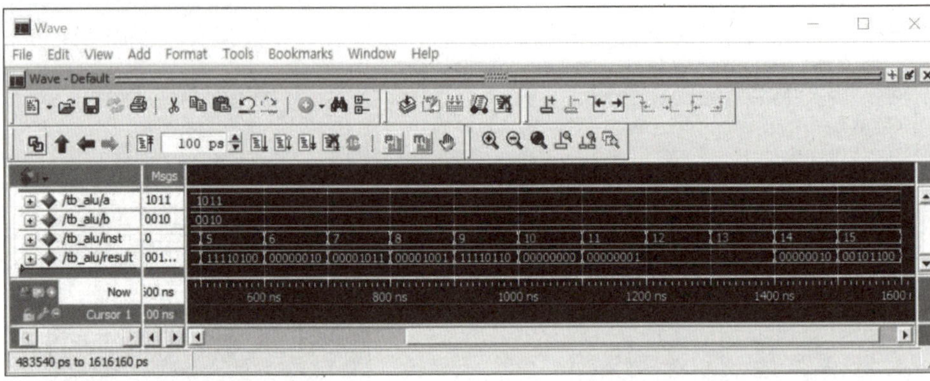

그림 4-27. inst는 Unsigned, 나머지 신호는 Binary로 포맷 변경 후 결과 화면

4-4-3 학습키트를 활용한 ALU의 동작 확인

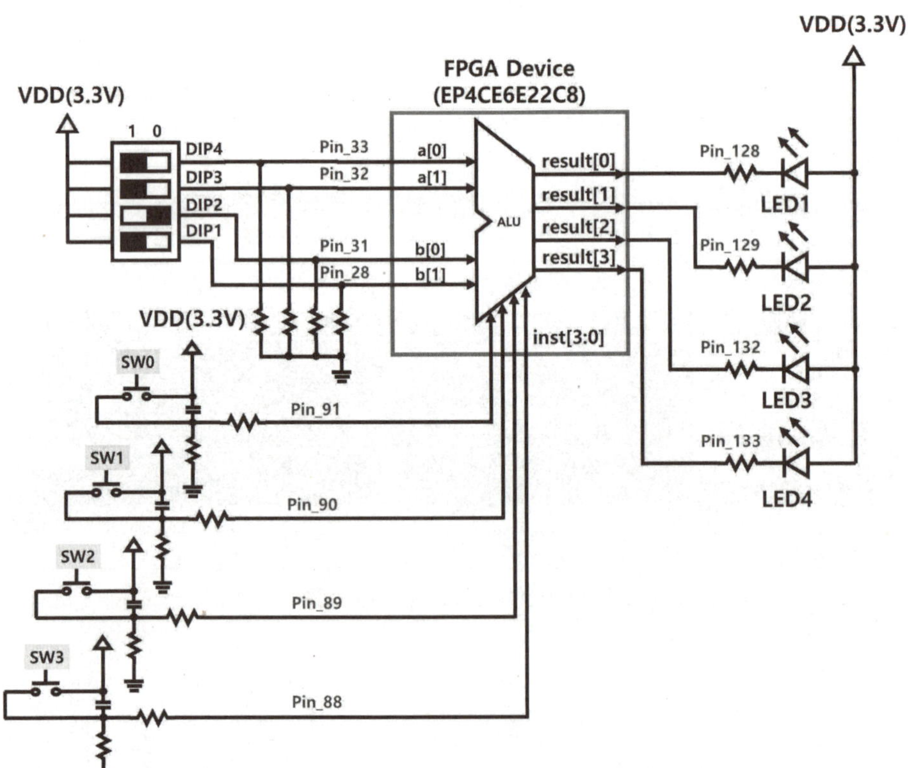

그림 4-28. 2비트 ALU의 구현을 위한 학습키트의 핀 연결 정보

[그림 4-28]은 두 개의 2비트 입력에 대한 산술 및 논리 연산결과를 4비트 출력으로 내보내는 2비트 ALU이다.

다음의 과정에 따라 프로젝트를 생성하고 [그림 4-28]의 ALU와 학습키트 주변장치의 연결 정보를 참고하여 핀 할당 후 FPGA Programming을 진행해보자.

① 2장의 내용을 참고하여 프로젝트 생성
- 프로젝트 디렉토리 이름 : D://intelFPGA_lite/Quartus_Projects/CH4/alu_2bit
- 프로젝트 이름 : alu_2bit (최상위 설계 엔터티 이름)
- 타겟 디바이스 설정 (실습용 학습키트가 없으면 아무거나 설정해도 됨)

② 텍스트 에디터를 사용하여 2비트 ALU를 위한 [모듈 4-8]을 작성
- 멀티플렉서 모듈 코드 파일 이름 : alu_2bit.v

③ Quartus Prime 사용자 인터페이스 메뉴의 'Assignments' → 'Device'를 통해 실습 키트의 FPGA Device Family와 Part number를 선택

④ 사용자 인터페이스 메뉴의 'Assignments' → 'Pin Planner'를 선택하고 핀 연결정보를 이용하여 핀 할당 후 저장

⑤ 'Processing' → 'Start Compilation'을 클릭하여 다시 컴파일 실행

⑥ 'Tools' → 'Programmer' 또는 를 선택하여 Programmer 실행

⑦ Hardware Setup이 'USB-blaster [USB-0]' 임을 확인하고 'Add File...'을 클릭하여 컴파일 후 합성이 완료된 alu_2bit.sof 파일 선택

⑧ Program Configure의 체크박스를 ☑ 표시한 후 'Start'를 클릭하면 다운로드 실행

[그림 4-29]는 2비트 ALU 설계를 위한 프로젝트 생성 정보이다.

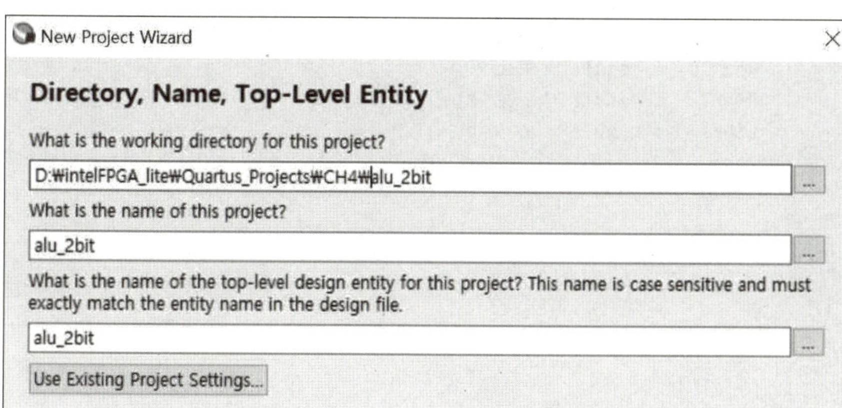

그림 4-29. 2비트 ALU 모듈 설계를 위한 프로젝트의 작업 디렉토리, 이름 설정

모듈 4-8

```
/* 2비트 산술 논리 장치(ALU) 설계 */

module alu_2bit (a, b, inst, result);

   parameter ADD = 4'h0, SUB = 4'h1, MUL = 4'h2, DIV = 4'h3, MOD = 4'h4,
             BitNOT = 4'h5, BitAND = 4'h6, BitOR = 4'h7, BitXOR = 4'h8,
             BitXNOR = 4'h9, RedAND = 4'ha, RedOR = 4'hb,
             RedNAND = 4'hc, RedXOR = 4'hd, RSHFT = 4'he, LSHFT = 4'hf;

   input    [1:0] a, b;
   input    [3:0] inst;

   output   [3:0] result;

   reg      [3:0] result;

   always @ (a or b or inst) begin
      case(inst)
         ADD     : result = a + b;
         SUB     : result = a - b;
         MUL     : result = a * b;
         DIV     : result = a / b;
         MOD     : result = a % b;
         BitNOT  : result = ~ a;
         BitAND  : result = a & b;
         BitOR   : result = a | b;
         BitXOR  : result = a ^ b;
         BitXNOR : result = a ~^ b;
         RedAND  : result = & a;
         RedOR   : result = | a;
         RedNAND : result = ~& a;
         RedXOR  : result = ^ a;
         RSHFT   : result = a >> b;
         LSHFT   : result = a << b;
      endcase
   end

endmodule
```

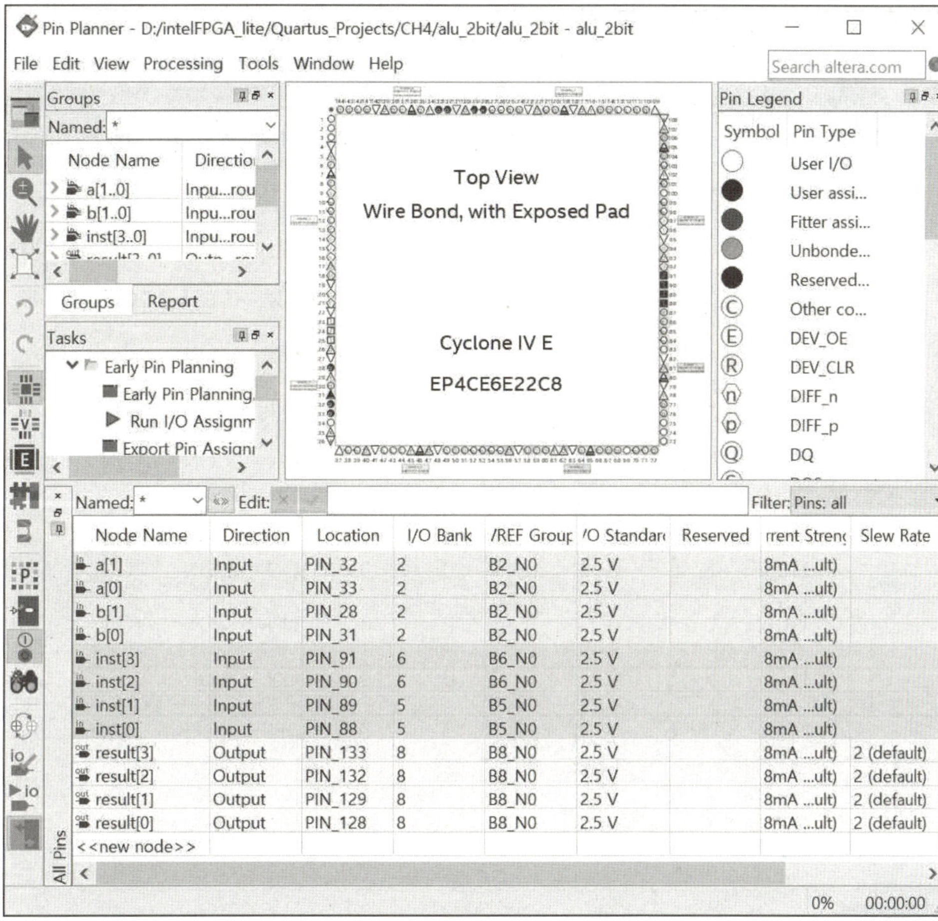

그림 4-30. 2비트 ALU의 입출력 포트의 핀 할당을 위한 Pin Planner

표 4-6. 입력에 따른 출력과 LED 상태

입력			연산	출력				LED 상태			
a	b	inst		out3	out2	out1	out0	LED4	LED3	LED2	LED1
		0000	a + b	0	1	0	1	ON	OFF	ON	OFF
		0001	a - b	0	0	0	1	ON	ON	ON	OFF
11	10	0010	a × b	0	1	1	0	ON	OFF	OFF	ON
		0011	a / b	0	0	0	1	ON	ON	ON	OFF
		0100	a % b	0	0	0	1	ON	ON	ON	OFF

표 4-6. 입력에 따른 출력과 LED 상태(계속)

입력			연산	출력				LED 상태			
a	b	inst		out3	out2	out1	out0	LED4	LED3	LED2	LED1
		0101	~a	1	1	0	0	OFF	OFF	ON	ON
		0110	a & b	0	0	1	0	ON	ON	OFF	ON
		0111	a | b	0	0	1	1	ON	ON	OFF	OFF
		1000	a ^ b	0	0	0	1	ON	ON	ON	OFF
		1001	a ~^ b	1	1	1	0	OFF	OFF	OFF	ON
11	10	1010	& a	0	0	0	1	ON	ON	ON	OFF
		1011	| a	0	0	0	1	ON	ON	ON	OFF
		1100	~& a	0	0	0	0	ON	ON	ON	ON
		1101	^ a	0	0	0	0	ON	ON	ON	ON
		1110	a >> b	0	0	0	0	ON	ON	ON	ON
		1111	a << b	1	1	0	0	OFF	OFF	ON	ON

4-5 인코더(Encoder)

아마도 여러분의 가정에 전자제품을 원격으로 제어하기 위한 리모컨을 하나쯤 가지고 있을 것이다. 리모컨의 수많은 스위치를 누를 때 정해진 적외선 펄스 신호를 만들어 송신한다. 바로 리모컨 송신기가 인코더이다. 인코더(encoder)는 코드(code)를 만드는 정보 변환장치로서 디코더(decoder)와 역변환 관계를 갖는 회로이다.

4-5-1 10진-2진 인코더(BCD 인코더)의 설계

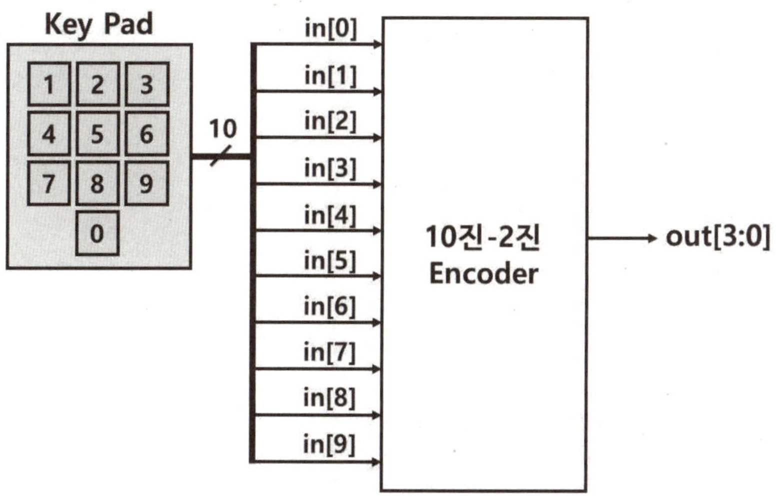

그림 4-31. 10진-2진 인코더

[그림 4-31]은 10진수를 2진수로 변환하는 10진-2진 인코더로서 BCD 인코더라 부르기도 한다. 0 ~ 9의 수를 나타내는 10개의 입력 스위치가 있고 3에 해당하는 키를 누르면 10비트 2진수 00_0000_0100이 인코더에 입력되고 4비트 2진수 0011이 출력된다. 만약 7을 누르면 00_0100_0000이 입력되어 0111을 출력할 것이다.

[그림 4-31]의 10진-2진 인코더(BCD 인코더)의 모듈을 다음의 3가지 방법으로 설계하고 시뮬레이션 해보자.

▷ 연속 할당문(assign)과 조건연산자(conditional operator)를 사용

▷ always문과 조건문(if ~ else문)을 사용

▷ always문과 case문을 사용

하나의 프로젝트를 생성 후 3가지 설계방법을 적용하여 설계하므로 먼저 [모듈 4-9(a)]의 조건연산자를 이용한 모듈을 작성하고 encoder.v로 저장 후 컴파일을 진행한다. 컴파일 오류가 없으면, 설계한 내용을 여러 줄 주석으로 처리하자. encoder.v의 내용을 [모듈 4-9(b)]의 조건문을 이용한 모듈 코드와 [모듈 4-9(c)]의 case문을 이용한 모듈 코드로 각각 수정 후 저장하고 컴파일까지 진행해보자.

① 2장의 내용을 참고하여 프로젝트 생성
- 프로젝트 디렉토리 이름 : D://intelFPGA_lite/Quartus_Projects/CH4/encoder
- 프로젝트 이름 : encoder (최상위 설계 엔터티 이름은 자동으로 설정됨)
- 타겟 디바이스 설정 (실습용 학습키트가 없으면 아무거나 설정해도 됨)

② 텍스트 에디터를 사용하여 10진-2진 인코더를 위한 [모듈 4-9(a)] ~ [모듈 4-9(c)]를 작성
- 모듈 코드 파일 이름 : encoder.v

[그림 4-32]는 10진-2진 인코더 설계를 위한 프로젝트 생성 정보이다.

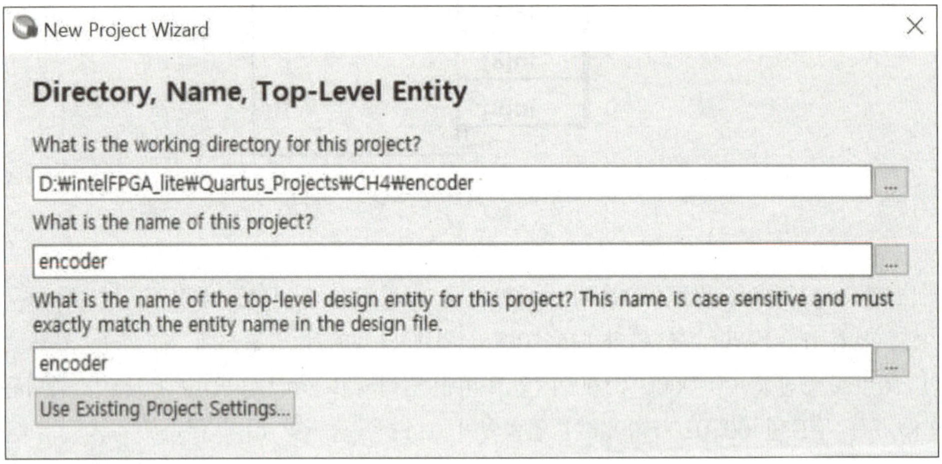

그림 4-32. 10진-2진 인코더 설계를 위한 프로젝트의 작업 디렉토리, 이름 설정

모듈 4-9(a)

```
/* assign문과 조건연산자(? :)를 이용한 10진-2진 인코더 설계 */

module encoder (in, out);

   input     [9:0] in;
   output    [3:0] out;

   assign out = in == 10'b00_0000_0001 ? 4'b0000 : // Key Pad input = 0
                in == 10'b00_0000_0010 ? 4'b0001 : // Key Pad input = 1
                in == 10'b00_0000_0100 ? 4'b0010 : // Key Pad input = 2
                in == 10'b00_0000_1000 ? 4'b0011 : // Key Pad input = 3
                in == 10'b00_0001_0000 ? 4'b0100 : // Key Pad input = 4
                in == 10'b00_0010_0000 ? 4'b0101 : // Key Pad input = 5
                in == 10'b00_0100_0000 ? 4'b0110 : // Key Pad input = 6
                in == 10'b00_1000_0000 ? 4'b0111 : // Key Pad input = 7
                in == 10'b01_0000_0000 ? 4'b1000 : // Key Pad input = 8
                in == 10'b10_0000_0000 ? 4'b1001 : // Key Pad input = 9
                                         4'b1111;  // otherwise

endmodule
```

모듈 4-9(b)

```
/* 조건문(if ~ else)을 사용한 10진-2진 인코더 설계 */

module encoder (in, out);

   input     [9:0] in;
   output    [3:0] out;

   reg       [3:0] out;

   always @ (in) begin
      //  Key Pad : 98 7654 3210
      if (in == 10'b00_0000_0001)      // Key Pad input = 0
         out = 4'b0000;
      else if (in == 10'b00_0000_0010) // Key Pad input = 1
         out = 4'b0001;
      else if (in == 10'b00_0000_0100) // Key Pad input = 2
         out = 4'b0010;
      else if (in == 10'b00_0000_1000) // Key Pad input = 3
         out = 4'b0011;
      else if (in == 10'b00_0001_0000) // Key Pad input = 4
```

```
            out = 4'b0100;
        else if (in == 10'b00_0010_0000) // Key Pad input = 5
            out = 4'b0101;
        else if (in == 10'b00_0100_0000) // Key Pad input = 6
            out = 4'b0110;
        else if (in == 10'b00_1000_0000) // Key Pad input = 7
            out = 4'b0111;
        else if (in == 10'b01_0000_0000) // Key Pad input = 8
            out = 4'b1000;
        else if (in == 10'b10_0000_0000) // Key Pad input = 9
            out = 4'b1001;
        else                             // otherwise
            out = 4'b1111;
    end

endmodule
```

모듈 4-9(c)

```
/* case문을 사용한 10진-2진 인코더 설계 */

module encoder (in, out);

    input     [9:0] in;
    output    [3:0] out;

    reg       [3:0] out;

    always @ (in) begin
        case(in)
            //  98 7654 3210 <-- Key Pad 번호
            10'b00_0000_0001  :  out = 4'b0000; // Key Pad input = 0
            10'b00_0000_0010  :  out = 4'b0001; // Key Pad input = 1
            10'b00_0000_0100  :  out = 4'b0010; // Key Pad input = 2
            10'b00_0000_1000  :  out = 4'b0011; // Key Pad input = 3
            10'b00_0001_0000  :  out = 4'b0100; // Key Pad input = 4
            10'b00_0010_0000  :  out = 4'b0101; // Key Pad input = 5
            10'b00_0100_0000  :  out = 4'b0110; // Key Pad input = 6
            10'b00_1000_0000  :  out = 4'b0111; // Key Pad input = 7
            10'b01_0000_0000  :  out = 4'b1000; // Key Pad input = 8
            10'b10_0000_0000  :  out = 4'b1001; // Key Pad input = 9
            default           :  out = 4'b1111; // otherwise
        endcase
    end

endmodule
```

4-5-2 10진-2진 인코더의 시뮬레이션

3절의 MUX에서와 마찬가지로 3가지 방법으로 설계한 encoder 모듈은 모두 같은 입출력 인터페이스를 가지므로 하나의 테스트벤치를 사용하여 시뮬레이션을 진행할 수 있다.

Quartus Prime의 인터페이스 메뉴에서 'Tools' → 'Run Simulation Tool' → 'RTL Simulation'을 선택하여 ModelSim-Altera를 실행하고 아래의 요약 과정을 순서대로 진행해 보자.

① 'File' → 'New' → 'Source' → 'Verilog'를 선택 후 다음의 테스트벤치 코드를 작성하고 파일이름을 'tb_encoder.v'로 저장

② 'Compile' → 'Compile...'를 클릭 후 테스트벤치 코드(tb_encoder.v)를 선택하고 'Compile' 클릭
- 컴파일 시 오류가 있으면 수정 후 반드시 파일을 저장하고 재 컴파일 실행

③ 'Simulate' → 'Start Simulation...' 또는 를 선택하고 work 왼쪽의 ⊞를 누르고 작성한 테스트벤치 코드(tb_encoder.v)를 선택 후 'OK' 클릭

④ Object 창의 입출력 포트 신호들을 선택 후 Wave 창에 드래그 또는 오른쪽 마우스 클릭하여 'Add Wave'를 선택하여 Wave 창에 추가
- Wave 창이 보이지 않으면 인터페이스 메뉴의 'View' → 'Wave' 선택

⑤ 'Simulate' → 'Run' → 'Run-All' 또는 를 클릭하여 시뮬레이션 실행

테스트벤치 4-9

```
/* 조건연산자, 조건문, case문으로 설계한 10진-2진 인코더의 테스트벤치 */
`timescale  1ns/10ps

module  tb_encoder;
   reg    [9:0] in;
   wire   [3:0] out;

   encoder U0 (.in(in), .out(out));    // 이름에 의한 포트 맵핑
   // encoder U0 (in, out);            // 순서에 의한 포트 맵핑

   initial begin
      in = 10'b00_0000_0001; #100;
      in = 10'b00_0000_0010; #100;
      in = 10'b00_0000_0100; #100;
      in = 10'b00_0000_1000; #100;
      in = 10'b00_0001_0000; #100;
      in = 10'b00_0010_0000; #100;
      in = 10'b00_0100_0000; #100;
      in = 10'b00_1000_0000; #100;
      in = 10'b01_0000_0000; #100;
      in = 10'b10_0000_0000; #100;
      in = 10'b00_0000_0000; #100;
   end

endmodule
```

시뮬레이션 결과

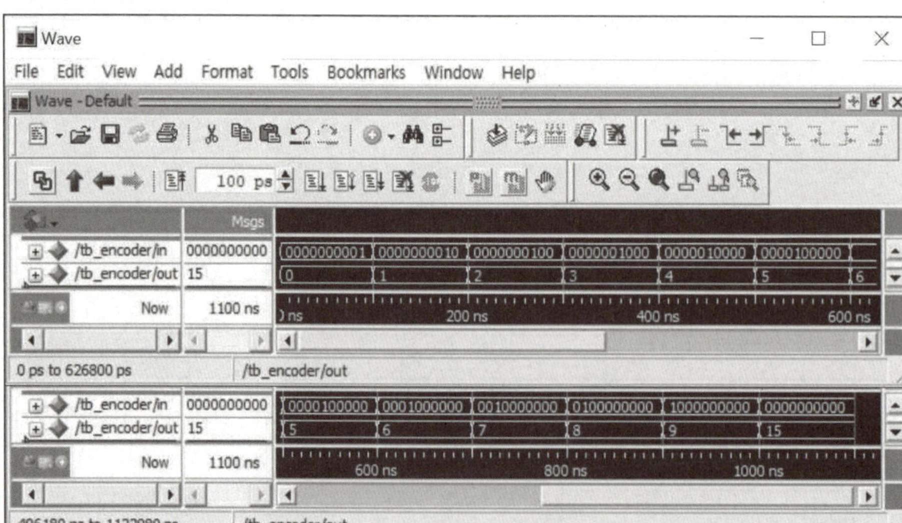

그림 4-33. 10진-2진 인코더의 시뮬레이션 결과 화면

4-5-3 학습키트를 활용한 10진-2진 인코더의 동작 확인

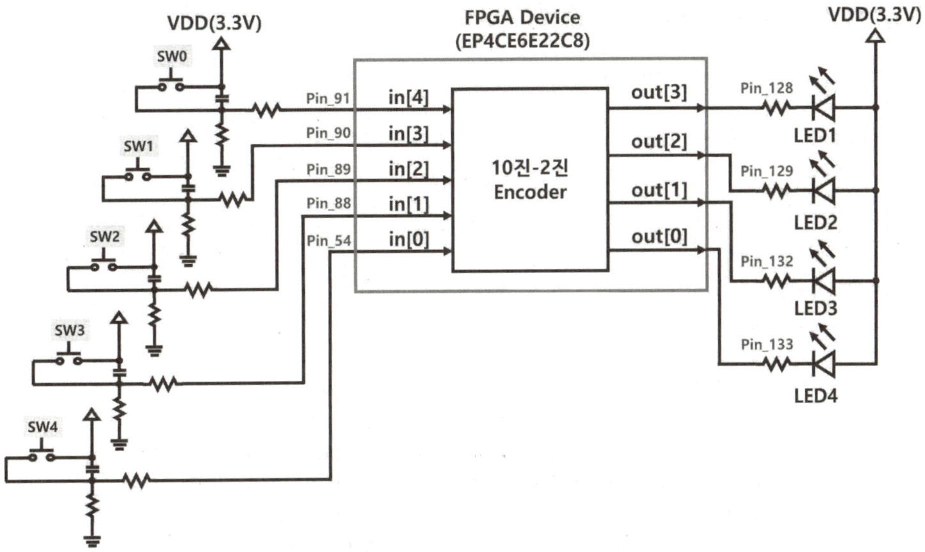

그림 4-34. 10진-2진 인코더의 구현을 위한 학습키트의 핀 연결 정보

[모듈 4-9]의 10진-2진 인코더를 학습키트에 구현하여 동작을 확인할 때 입력으로 사용할 수 있는 스위치가 5개이므로 [그림 4-34]처럼 5개의 스위치 입력(5비트 입력신호)을 사용해야 한다.

[그림 4-35]와 같이 프로젝트를 생성하고 [모듈 4-9]를 [모듈 4-10]처럼 입력신호를 5비트로 수정 후 컴파일을 해보자.

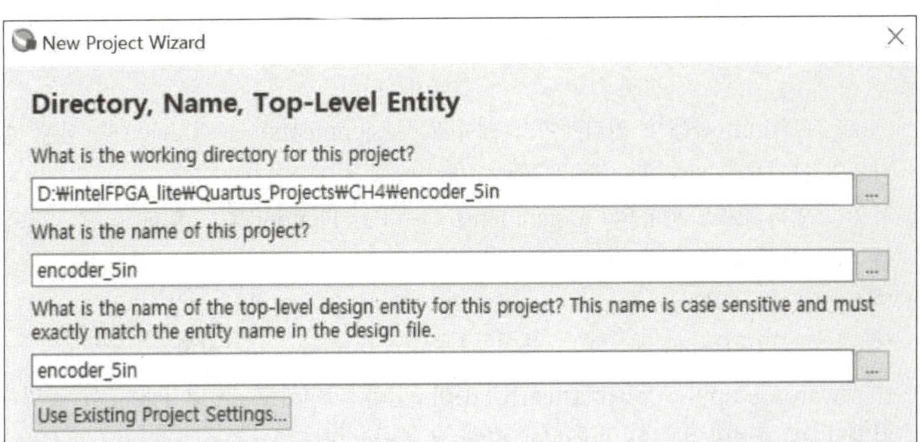

그림 4-35. 10진-2진 인코더의 수정을 위한 프로젝트의 작업 디렉토리, 이름 설정

모듈 4-10

```
01  /* Programming FPGA를 위해 수정한 10진-2진 인코더 모듈 */
02
03  module encoder_5in (in, out);
04
05     input     [4:0] in;
06     output    [3:0] out;
07
08     reg       [3:0] out;
09
10     always @ (in) begin
11        case(in)
12           // 4 3210 <-- Key Pad 번호
13           5'b0_0001  :  out = 4'b1111;    // Key Pad input = 0
14           5'b0_0010  :  out = 4'b1110;    // Key Pad input = 1
15           5'b0_0100  :  out = 4'b1100;    // Key Pad input = 2
16           5'b0_1000  :  out = 4'b1000;    // Key Pad input = 3
17           5'b1_0000  :  out = 4'b0000;    // Key Pad input = 4
18           default    :  out = 4'b1010;    // otherwise
19        endcase
20     end
21
22  endmodule
```

- 13 ~ 18줄에서 출력 out에 할당되는 값을 모듈 4-9(c)와 다르게 Key Pad의 누른 숫자와 동일한 개수의 LED가 ON이 되도록 변경하였다.

컴파일 오류가 없다면 다음의 과정에 따라 [그림 4-34]의 5비트 입력을 갖는 10진-2진 인코더의 핀 할당을 한 후 FPGA Programming을 진행해보자.

① Quartus Prime 사용자 인터페이스 메뉴의 'Assignments' → 'Device'를 통해 실습키트의 FPGA Device Family와 Part number를 선택
② 사용자 인터페이스 메뉴의 'Assignments' → 'Pin Planner'를 선택하고 핀 연결정보를 이용하여 핀 할당 후 저장
③ 'Processing' → 'Start Compilation'을 클릭하여 다시 컴파일 실행
④ 'Tools' → 'Programmer' 또는 를 선택하여 Programmer 실행
⑤ Hardware Setup이 'USB-blaster [USB-0]' 임을 확인하고 'Add File...'을 클릭하여 컴파일 후 합성이 완료된 encoder_5in.sof 파일 선택
⑥ Program Configure의 체크박스를 ☑ 표시한 후 'Start'를 클릭하면 다운로드 실행

표 4-7. 입력에 따른 출력과 LED 상태

Key Pad	입력					출력				LED 상태			
	SW0	SW1	SW2	SW3	SW4	out3	out2	out1	out0	LED4	LED3	LED2	LED1
0	0	0	0	0	1	1	1	1	1	OFF	OFF	OFF	OFF
1	0	0	0	1	0	1	1	1	0	OFF	OFF	OFF	ON
2	0	0	1	0	0	1	1	0	0	OFF	OFF	ON	ON
3	0	1	0	0	0	1	0	0	0	OFF	ON	ON	ON
4	1	0	0	0	0	0	0	0	0	ON	ON	ON	ON
otherwise						1	0	1	0	OFF	ON	OFF	ON

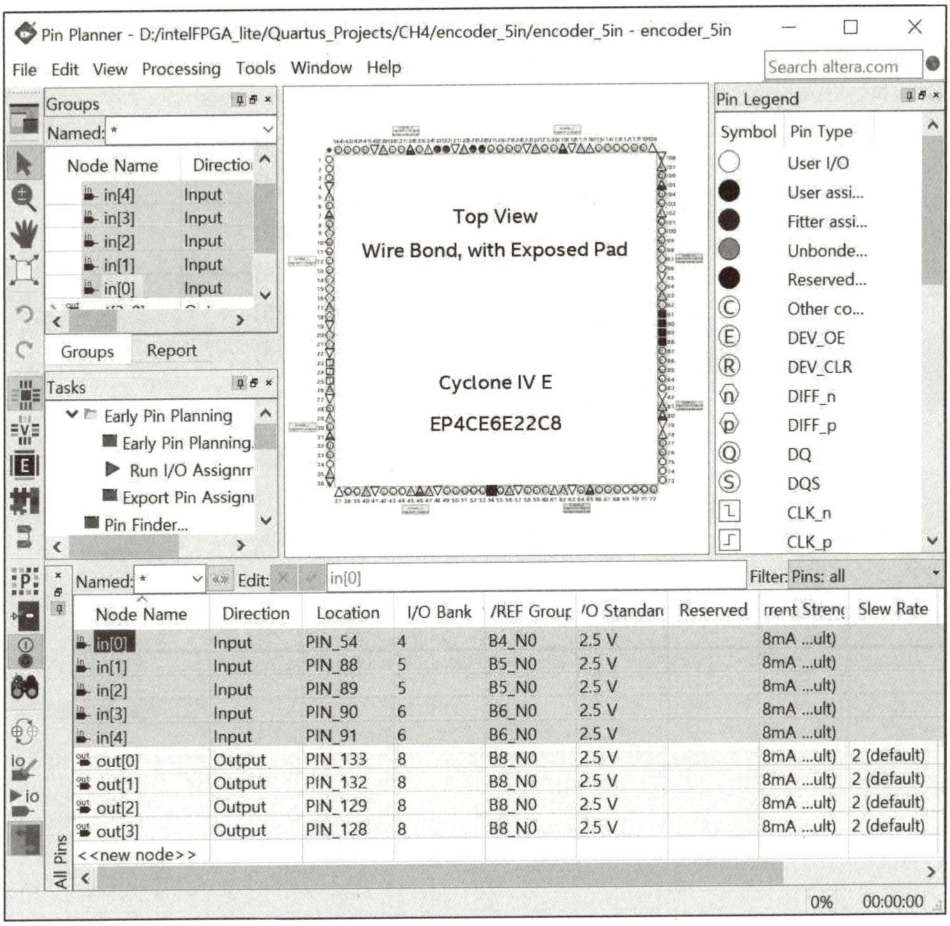

그림 4-36. 10진-2진 인코더의 입출력 포트의 핀 할당을 위한 Pin Planner

4-6 디코더(Decoder)

우리는 5절에서 10진수를 2진수로 변환하는 10진-2진 변환 인코더를 설계해 보았다. 디코더(decoder)는 인코더의 역변환 관계를 갖는 회로로서 리모컨 송신기가 인코더일 때 TV 또는 에어컨 등과 같이 리모컨의 제어 대상이 되는 수신기가 디코더이다. 디코더는 다양한 코드변환에 사용되며 2진수를 BCD 코드로 변환하는 binary-to-BCD 컨버터 등으로도 사용된다.

4-6-1 3×8 디코더의 설계

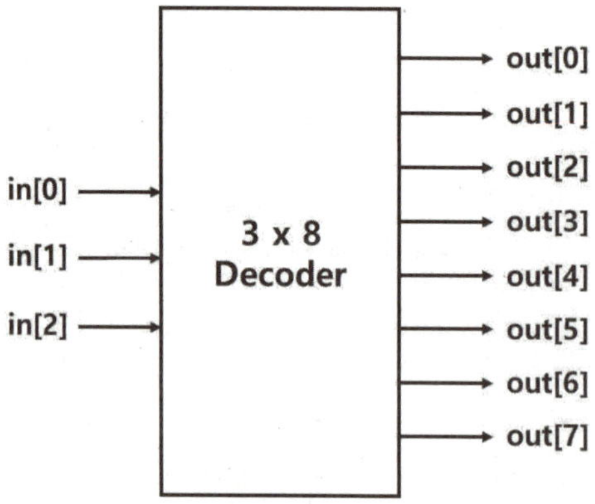

그림 4-37. 3×8 디코더

표 4-8. 3×8 디코더의 진리표

입력			출력							
in[2]	in[1]	in[0]	out[7]	out[6]	out[5]	out[4]	out[3]	out[2]	out[1]	out[0]
0	0	0	1	1	1	1	1	1	1	0
0	0	1	1	1	1	1	1	1	0	1
0	1	0	1	1	1	1	1	0	1	1
0	1	1	1	1	1	1	0	1	1	1
1	0	0	1	1	1	0	1	1	1	1
1	0	1	1	1	0	1	1	1	1	1
1	1	0	1	0	1	1	1	1	1	1
1	1	1	0	1	1	1	1	1	1	1

[그림 4-37]은 3개의 입력을 받아 2^3개의 출력을 발생시키는 3×8 디코더이고, [표 4-8]은 진리표이다. 3×8 디코더를 case문을 사용하여 설계하고 시뮬레이션 해보자.

① 2장의 내용을 참고하여 프로젝트 생성
- 프로젝트 디렉토리 이름 : ../Quartus_Projects/CH4/decoder
- 프로젝트 이름 : decoder
- 타겟 디바이스 설정

② [모듈 4-11] 작성
- 모듈 코드 파일 이름 : decoder.v

모듈 4-11

```
/* case문을 사용한 3x8 디코더 설계 */

module decoder (in, out);

   input     [2:0] in;
   output    [7:0] out;

   reg       [7:0] out;

   always @ (in) begin
      case(in)
         0  :  out = 8'b1111_1110;
         1  :  out = 8'b1111_1101;
         2  :  out = 8'b1111_1011;
         3  :  out = 8'b1111_0111;
         4  :  out = 8'b1110_1111;
         5  :  out = 8'b1101_1111;
         6  :  out = 8'b1011_1111;
         7  :  out = 8'b0111_1111;
         default :  out = 8'bz;
      endcase
   end

endmodule
```

4-6-2 3×8 디코더의 시뮬레이션

[테스트벤치 4-11]을 작성하여 3×8 디코더의 시뮬레이션을 해보자.

Quartus Prime의 인터페이스 메뉴에서 'Tools' → 'Run Simulation Tool' → 'RTL Simulation'을 선택하여 ModelSim-Altera를 실행하고 아래의 요약 과정을 순서대로 진행해 보자.

① 'File' → 'New' → 'Source' → 'Verilog'를 선택 후 다음의 테스트벤치 코드를 작성하고 파일이름을 'tb_decoder.v'로 저장

② 'Compile' → 'Compile...'를 클릭 후 테스트벤치 코드(tb_decoder.v)를 선택하고 'Compile' 클릭
- 컴파일 시 오류가 있으면 수정 후 반드시 파일을 저장하고 재 컴파일 실행

③ 'Simulate' → 'Start Simulation...' 또는 를 선택하고 work 왼쪽의 ⊞를 누르고 작성한 테스트벤치 코드(tb_decoder.v)를 선택 후 'OK' 클릭

④ Object 창의 입출력 포트 신호들을 선택 후 Wave 창에 드래그 또는 오른쪽 마우스 클릭하여 'Add Wave'를 선택하여 Wave 창에 추가
- Wave 창이 보이지 않으면 인터페이스 메뉴의 'View' → 'Wave' 선택

⑤ 'Simulate' → 'Run' → 'Run-All' 또는 를 클릭하여 시뮬레이션 실행

테스트벤치 4-11

```
/* case문을 사용한 3x8 디코더의 테스트벤치 */
`timescale  1ns/10ps

module  tb_decoder;
   reg       [2:0] in;
   wire      [7:0] out;
   integer   i;                          // 정수형 변수 i의 자료형 선언

   decoder U0 (.in(in), .out(out));      // 이름에 의한 포트 맵핑

   initial begin
      in = 0;
      for (i = 0; i <= 7; i = i + 1)
         #100  in = in + 1;
   end

endmodule
```

시뮬레이션 결과

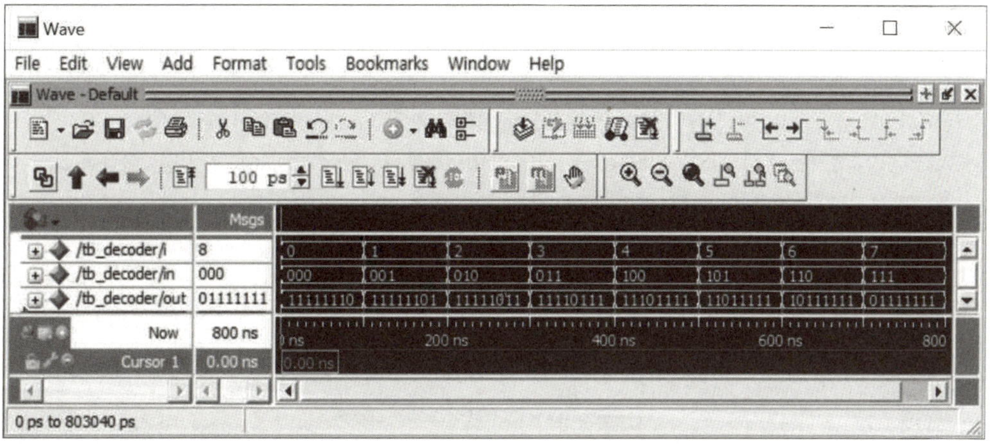

그림 4-38. 3×8 디코더의 시뮬레이션 결과 화면

4-6-3 학습키트를 활용한 3×8 디코더의 동작 확인

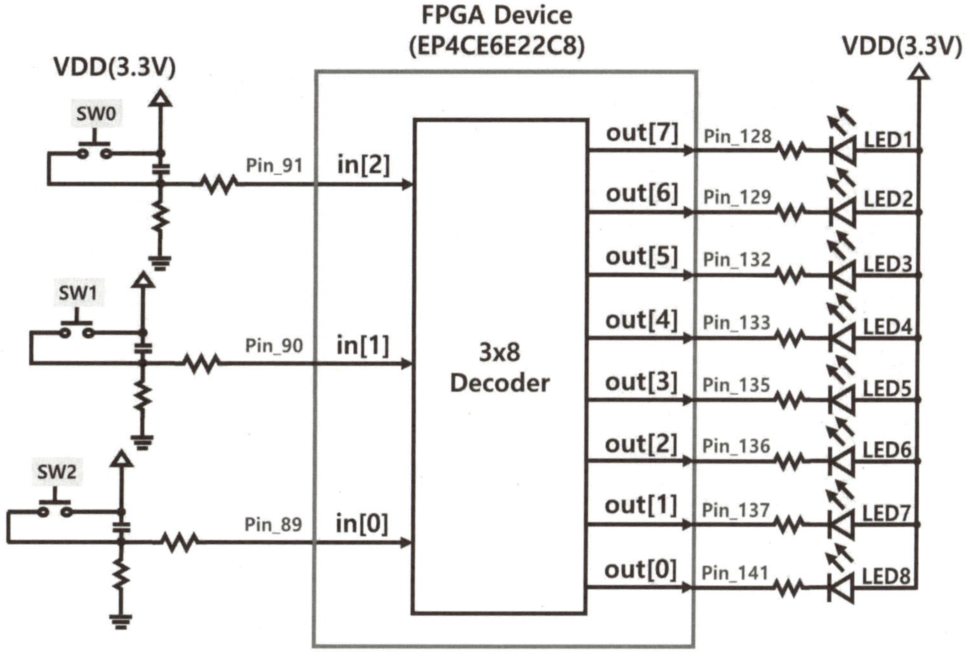

그림 4-39. 3×8 디코더의 구현을 위한 학습키트의 핀 연결 정보

[그림 4-39]는 3×8 디코더의 입출력 포트와 학습키트 주변 장치의 연결 정보이다. [그림 4-40]을 참고하여 핀 할당 후 FPGA Programming을 진행하자. 그리고 학습키트를 사용하여 [표 4-9]의 입력에 따른 3×8 디코더의 동작을 확인해보자.

① Quartus Prime의 Pin Planner에서 핀 할당 진행 후 다시 컴파일 실행
② Programmer에서 USB-Blaster를 사용하여 합성된 decoder.sof 파일을 다운로드
③ [표 4-9]의 입력에 대한 출력(LED 상태)을 확인

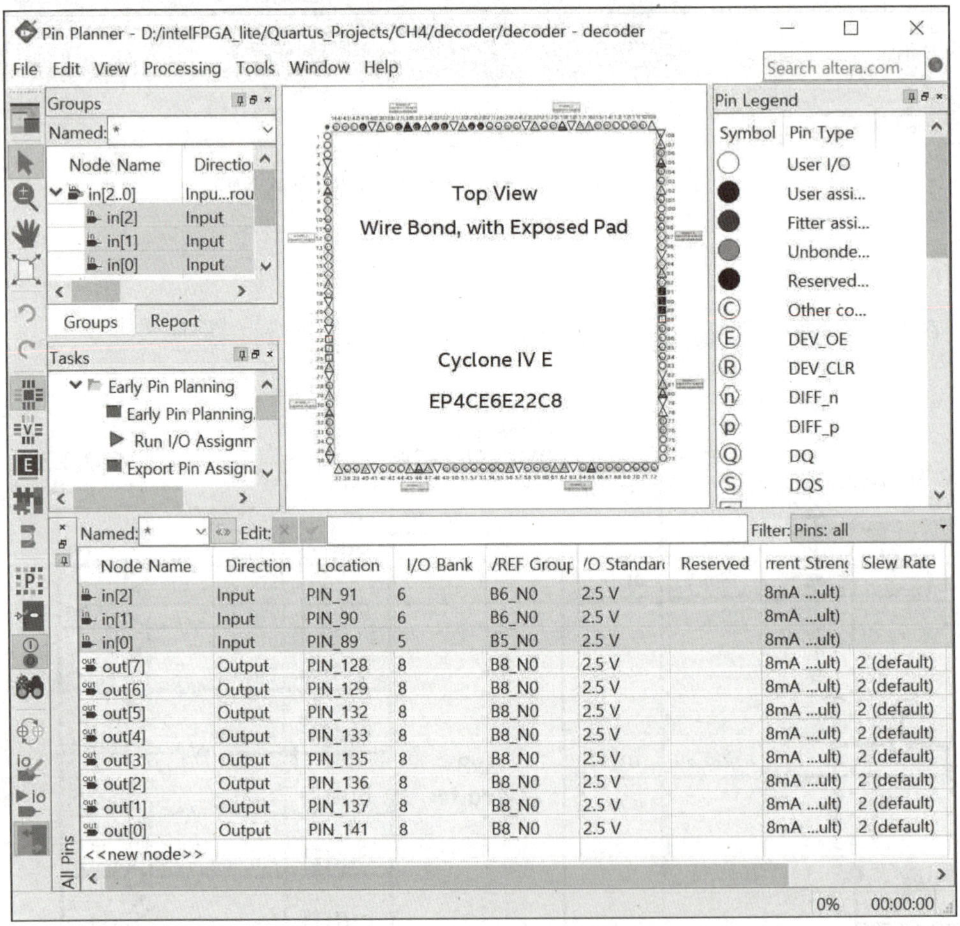

그림 4-40. 3×8 디코더의 입출력 포트의 핀 할당을 위한 Pin Planner

표 4-9. 3×8 디코더의 동작

입력			출력							
in[2]	in[1]	in[0]	LED1	LED2	LED3	LED4	LED5	LED6	LED7	LED8
0	0	0	OFF	OFF	OFF	OFF	OFF	OFF	OFF	ON
0	0	1	OFF	OFF	OFF	OFF	OFF	OFF	ON	OFF
0	1	0	OFF	OFF	OFF	OFF	OFF	ON	OFF	OFF
0	1	1	OFF	OFF	OFF	OFF	ON	OFF	OFF	OFF
1	0	0	OFF	OFF	OFF	ON	OFF	OFF	OFF	OFF
1	0	1	OFF	OFF	ON	OFF	OFF	OFF	OFF	OFF
1	1	0	OFF	ON	OFF	OFF	OFF	OFF	OFF	OFF
1	1	1	ON	OFF	OFF	OFF	OFF	OFF	OFF	OFF

4-7 BCD-7세그먼트 디코더(BCD-7Segment Decoder)

7세그먼트(7-segment)는 숫자를 표시하기 위해 7개의 세그먼트와 1개의 dot로 구성된 장치로서 FND(Flexible Numerical Display)라고도 한다. 각각의 세그먼트의 제어 신호의 이름은 a, b, c, d, e, f, g이고 dot는 dp이다. 세그먼트와 dot는 다이오드(diode)로 이루어져 있으며 숫자 모양으로 배열되어 있다. 각 다이오드는 정방향으로 전압이 인가되면 ON 상태가 되어 발광함으로써 숫자를 표현할 수 있다.

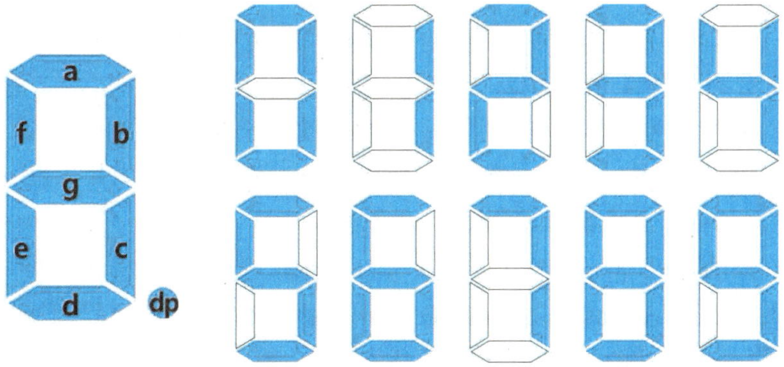

그림 4-41. 7세그먼트 표시장치의 세그먼트 이름과 숫자 표현

[그림 4-42]처럼 7세그먼트 장치의 내부 다이오드의 양극(anode) 쪽이 공통으로 묶여 있는 것을 공통 양극(common anode) 방식이라 하고 반대로 음극(cathode) 쪽이 공통으로 묶여 있는 것을 공통 음극(common cathode) 방식이라 한다. 공통 양극 방식의 7세그먼트는 공통 단자가 Vcc/Vdd(+)에 연결되어 있으며 8개의 세그먼트(a, b, c, d, e, f, g, dp)에 LOW(0) 값이 주어지면 발광(ON) 상태가 된다. 반면 공통 음극 방식의 7세그먼트는 공통 단자가 GND(-)에 연결되어 있어 8개의 세그먼트(a, b, c, d, e, f, g, dp)에 HIGH(1) 값이 주어지면 발광(ON)한다.

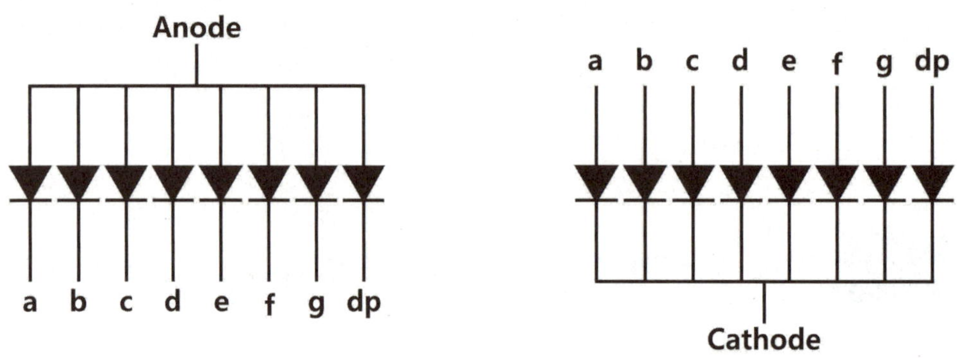

(a) Common Anode(CA) type (b) Common Cathod(CC) Type

그림 4-42. 7세그먼트의 내부 회로와 제어신호

1자리 7세그먼트 표시장치를 제어하기 위해서는 공통 단자(Vcc/Vdd 또는 GND)와 7개의 세그먼트 및 1개의 dot를 제어하기 위한 총 9개의 제어신호가 필요하다. 4자리 7세그먼트 표시장치는 1자리 7세그먼트 표시장치 4개가 한 셋으로 이루어진 것이다. 따라서 36개의 제어신호가 필요하다. 이러한 방식은 가능하지만 제어신호의 수를 줄이기 위해서 [그림 4-43]처럼 각 7세그먼트 표시장치의 8개 제어신호(7개의 세그먼트와 1개의 dot)는 서로 연결되어 있다. 따라서 모두 동시에 같은 숫자가 표시된다.

실제 응용에서 4자리의 7세그먼트 표시장치의 각 7세그먼트에 서로 다른 숫자를 표시하기 위해 잔상 효과를 사용하게 된다. 동영상을 이루는 한 장의 정지된 사진을 프레임(frame)이라 부르며, 1초 동안의 프레임 수를 fps의 단위로 나타낸다. 일반적으로 우리 눈은 1초에 20 ~ 30 fps(frame per second) 이상의 정지된 사진들을 차례로 보게 되면 동영상으로 느끼게 된다. 정지된 장면을 변화시키며 빠르게 반복하면 지금 보고 있는 장면이 망막에 맺혀 다음 장면과 겹쳐 보임으로써 움직이는 장면을 보는 것으로 착각하게 된다. 이러한 현상을 잔상 효과라 한다.

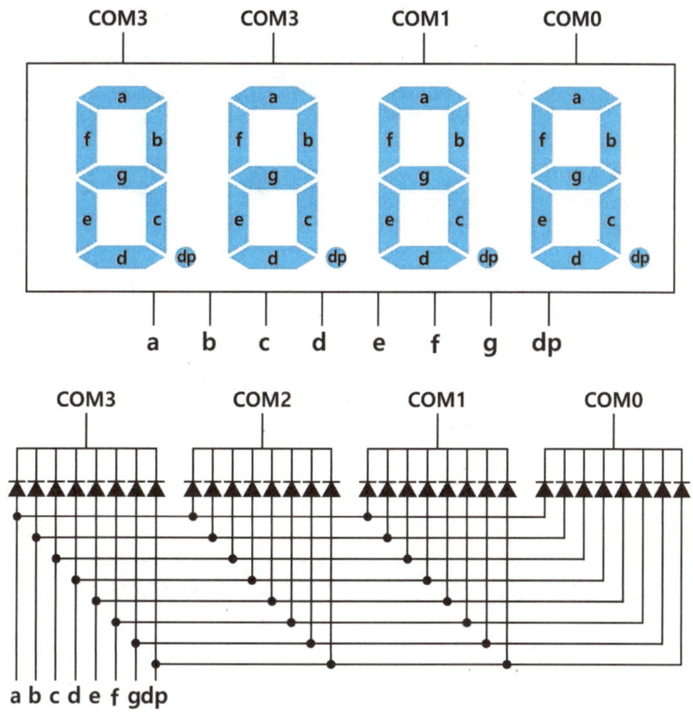

그림 4-43. 공통 음극 방식(CC type)의 4자리 7세그먼트 표시 장치 회로도

[그림 4-43]의 4자리 7세그먼트(CC-Type) 표시장치에서 COM0 ~ COM3 중 하나만 선택하여 Low(0) 값을 할당하고, 8개의 제어신호(a, b, c, d, e, f, g, dp)에 표시하고자 하는 숫자에 해당하는 High(1) 값을 할당한다. 이러한 과정을 빠르게 반복하면 잔상 효과에 의해 각 자릿수에 서로 다른 숫자를 표시하는 것이 가능하다.

4-7-1 BCD-7세그먼트 디코더의 설계

잔상효과를 이용하여 7세그먼트 표시장치를 제어하는 것을 7세그먼트 동적 디스플레이(7-segment dynamic display)라고 하며 5장에서 설명할 것이다. 여기서는 5절에서 설명한 BCD 인코더(10진-2진 인코더)의 출력인 BCD 코드값을 7세그먼트 표시장치에 나타내는 [그림 4-44]의 BCD-7세그먼트 디코더를 설계해보자. BCD-7세그먼트 디코더의 진리표는 [표 4-10]과 같다.

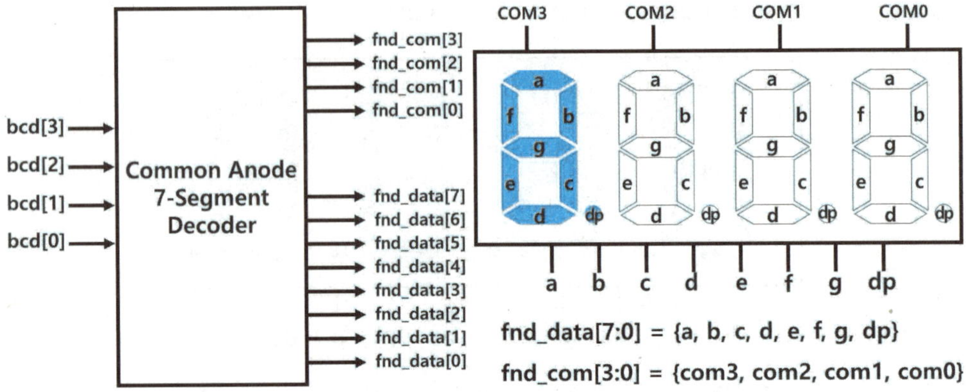

그림 4-44. BCD-7세그먼트 디코더

표 4-10. 공통 음극(CC) 방식의 7세그먼트 디코더 진리표

10진수	입력(BCD[3:0])				출력(fnd_data[7:0])							
	bcd[3]	bcd[2]	bcd[1]	bcd[0]	a	b	c	d	e	f	g	dp
0	0	0	0	0	1	1	1	1	1	1	0	0
1	0	0	0	1	0	1	1	0	0	0	0	0
2	0	0	1	0	1	1	0	1	1	0	1	0
3	0	0	1	1	1	1	1	1	0	0	1	0
4	0	1	0	0	0	1	1	0	0	1	1	0
5	0	1	0	1	1	0	1	1	0	1	1	0
6	0	1	1	0	1	0	1	1	1	1	1	0
7	0	1	1	1	1	1	1	0	0	0	0	0
8	1	0	0	0	1	1	1	1	1	1	1	0
9	1	0	0	1	1	1	1	1	0	1	1	0

- 사용하는 실습키트의 7세그먼트 표시장치가 공통 양극(CA) 방식일 경우, 출력(fnd_data[7:0])을 반전(0 → 1, 1 → 0)하여 작성하자.

① 2장의 내용을 참고하여 프로젝트 생성
- 프로젝트 디렉토리 이름 : ../Quartus_Projects/CH4/fnd
- 프로젝트 이름 : fnd
- 타겟 디바이스 설정

② [모듈 4-12] 작성
- 모듈 코드 파일 이름 : fnd.v

모듈 4-12

```
/* Common Cathode 방식의 BCD-7세그먼트 디코더 설계 */

module fnd (bcd, fnd_data, fnd_com);

   input     [3:0] bcd;

   output    [7:0] fnd_data;
   output    [3:0] fnd_com;

   reg       [7:0] fnd_data;

   always @ (bcd) begin
      case(bcd)            // abcd efgdp <-- 7세그먼트의 control data
         0  :  fnd_data = 8'b1111_1100;
         1  :  fnd_data = 8'b0110_0000;
         2  :  fnd_data = 8'b1101_1010;
         3  :  fnd_data = 8'b1111_0010;
         4  :  fnd_data = 8'b0110_0110;
         5  :  fnd_data = 8'b1011_0110;
         6  :  fnd_data = 8'b1011_1110;
         7  :  fnd_data = 8'b1110_0000;
         8  :  fnd_data = 8'b1111_1110;
         9  :  fnd_data = 8'b1111_0110;
         default :  fnd_data = 8'b1111_1111;
      endcase
   end

   assign   fnd_com = 4'b0111; // 4자리 FND의 천의 자리 선택을 위한 com 출력

endmodule
```

- 28줄에서 fnd_com은 [그림 4-44]의 4자리 7세그먼트 표시장치의 com3(천의 자리 7세그먼트)을 선택하도록 할당하였다. 0 또는 1을 할당할 때는 사용하는 학습키트에 사용된 7세그먼트의 타입을 확인하여 공통 음극(CC) 방식이면 0, 공통 양극(CA) 방식이면 1을 fnd_com로 출력하면 해당 7세그먼트가 선택된다.

테스트벤치 4-12

```
/* case문을 사용한 BCD-7세그먼트 디코더의 테스트벤치 */
`timescale  1ns/10ps

module  tb_fnd;
   reg     [3:0] bcd;
   wire    [7:0] fnd_data;
   wire    [3:0] fnd_com;

   integer   i;                          // 시뮬레이션 전용

   fnd U0 (.bcd(bcd), .fnd_data(fnd_data), .fnd_com(fnd_com));

   initial begin
      bcd = 0;

      for (i = 0; i <= 9; i = i + 1)
         #100  bcd = bcd + 1;
   end

endmodule
```

4-7-2 BCD-7세그먼트 디코더의 시뮬레이션

[테스트벤치 4-12]를 이용하여 BCD-7세그먼트 디코더의 시뮬레이션을 진행해보자.

Quartus Prime의 인터페이스 메뉴에서 'Tools' → 'Run Simulation Tool' → 'RTL Simulation'을 선택하여 ModelSim-Altera를 실행하고 아래의 요약 과정을 순서대로 실행해보자.

① 'File' → 'New' → 'Source' → 'Verilog'를 선택 후 다음의 테스트벤치 코드를 작성하고 파일이름을 'tb_fnd.v'로 저장

② 'Compile' → 'Compile...'를 클릭 후 테스트벤치 코드(tb_fnd.v)를 선택하고 'Compile' 클릭
- 컴파일 시 오류가 있으면 수정 후 반드시 파일을 저장하고 재 컴파일 실행

③ 'Simulate' → 'Start Simulation...' 또는 를 선택하고 work 왼쪽의 ⊞를 누르고 작성한 테스트벤치 코드(tb_fnd.v)를 선택 후 'OK' 클릭

④ Object 창의 입출력 포트 신호들을 선택 후 Wave 창에 드래그 또는 오른쪽 마우스 클릭하여 'Add Wave'를 선택하여 Wave 창에 추가
- Wave 창이 보이지 않으면 인터페이스 메뉴의 'View' → 'Wave' 선택

⑤ 'Simulate' → 'Run' → 'Run-All' 또는 를 클릭하여 시뮬레이션 실행

시뮬레이션 결과

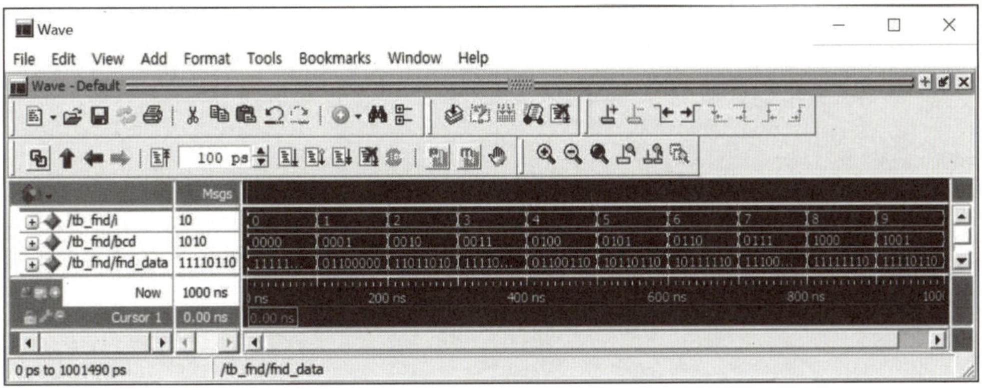

그림 4-45. BCD-7세그먼트 디코더의 시뮬레이션 결과 화면

4-7-3 학습키트를 활용한 BCD-7세그먼트 디코더의 동작 확인

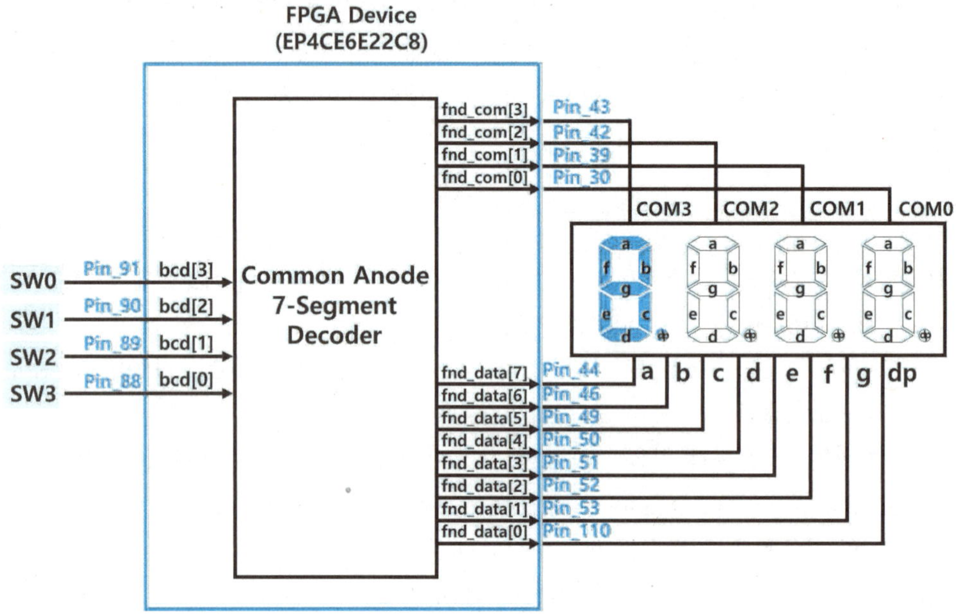

그림 4-46. BCD-7세그먼트 디코더의 구현을 위한 학습키트의 핀 연결 정보

[그림 4-46]의 핀 연결 정보를 참고하여 핀 할당 후 FPGA Programming을 진행하자. 그리고 학습키트를 사용하여 [표 4-11]의 입력에 따른 BCD-7세그먼트 디코더의 동작을 확인해보자.

① Quartus Prime의 Pin Planner에서 핀 할당 진행 후 다시 컴파일 실행
② Programmer에서 USB-Blaster를 사용하여 합성된 fnd.sof 파일을 다운로드
③ [표 4-11]의 입력에 대한 출력(7세그먼트에 표시된 숫자)을 확인

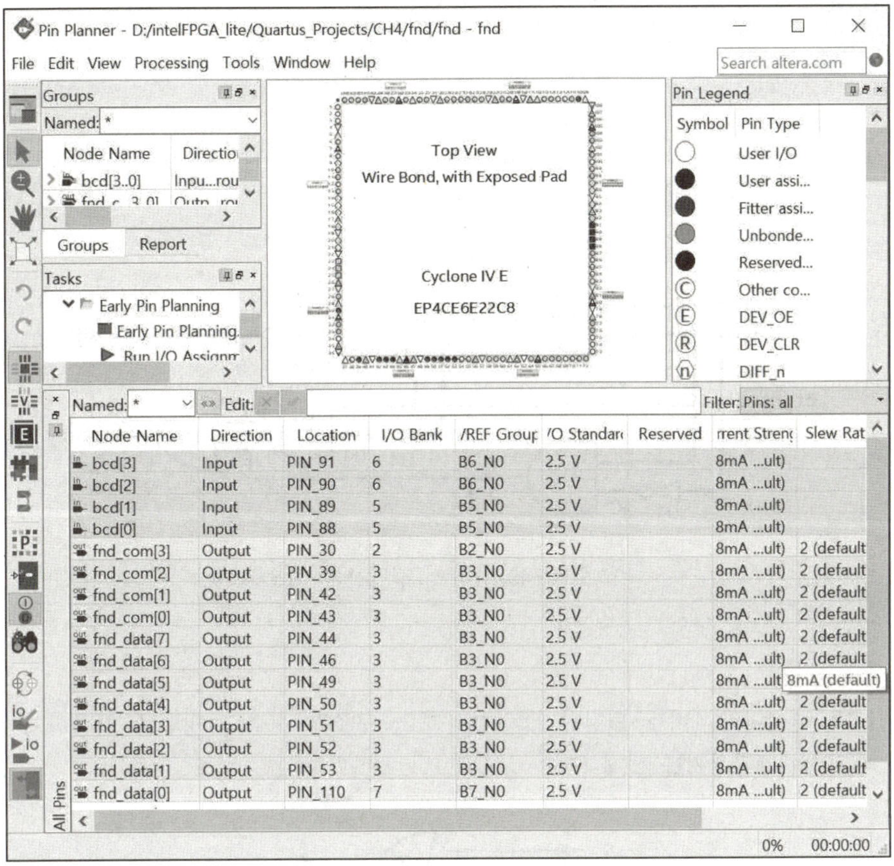

그림 4-47. BCD-7세그먼트 디코더의 입출력 포트의 핀 할당을 위한 Pin Planner

표 4-11. BCD-7세그먼트 디코더의 동작

10진	BCD 입력(bcd[3:0])				출력(fnd_data[7:0])
	SW0	SW1	SW2	SW3	출력되는 숫자
0	0	0	0	0	0
1	0	0	0	1	1
2	0	0	1	0	2
3	0	0	1	1	3
4	0	1	0	0	4
5	0	1	0	1	5
6	0	1	1	0	6
7	0	1	1	1	7
8	1	0	0	0	8
9	1	0	0	1	9

4-8 연습문제

Ex. 4.1 [그림 4-48]은 1비트 전감산기(full subtractor) 회로이다. 게이트 프리미티브 연산자를 이용하여 설계하고 시뮬레이션 하라.

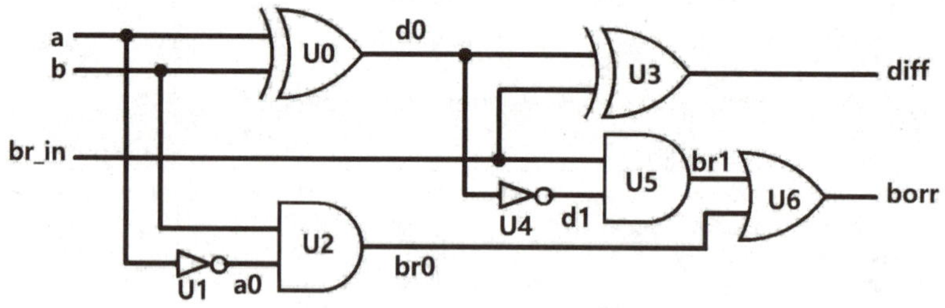

그림 4-48. 1비트 전감산기 회로

Ex. 4.2 [그림 4-49]의 1비트 반감산기를 설계하고, 구조적 모델링 방법을 사용하여 [그림 4-50]의 전감산기를 설계하라.

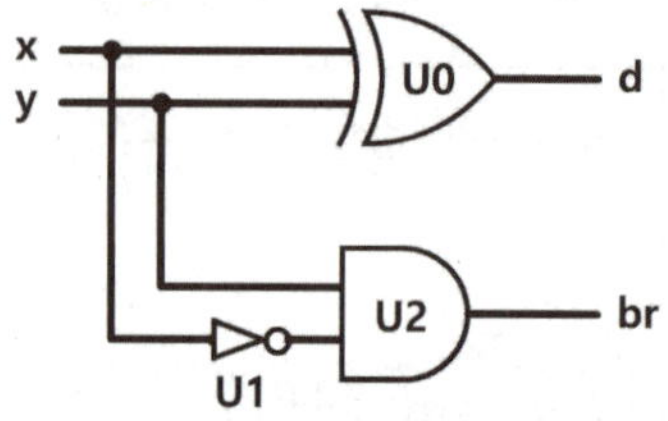

그림 4-49. 1비트 반감산기 회로

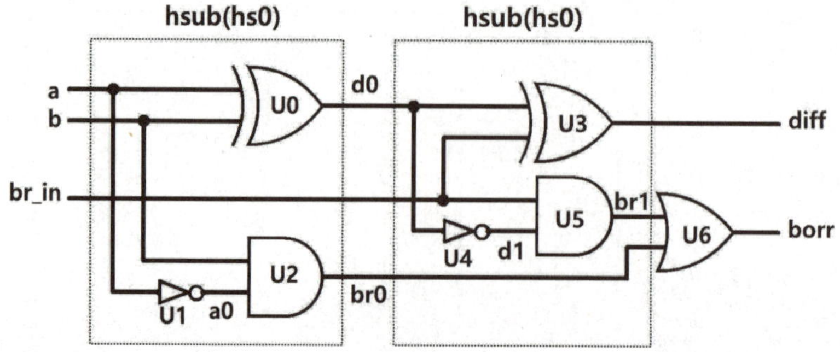

그림 4-50. 1비트 반감산기 2개와 OR 게이트로 구성된 1비트 전감산기 회로

Ex. 4.3 2절에서 [그림 4-13]의 1비트 전가산기를 [모듈 4-2]와 같이 설계하였다. 구조적 모델링 방법을 사용하여 [그림 4-51]의 4비트 병렬 전가산기를 설계하라.

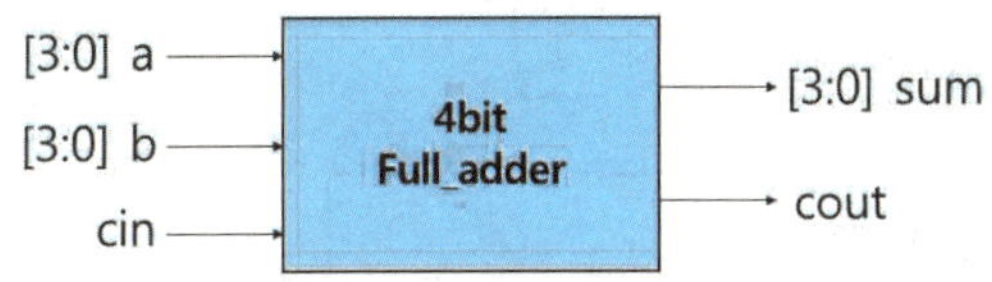

(a) 4비트 전가산기의 입출력 포트

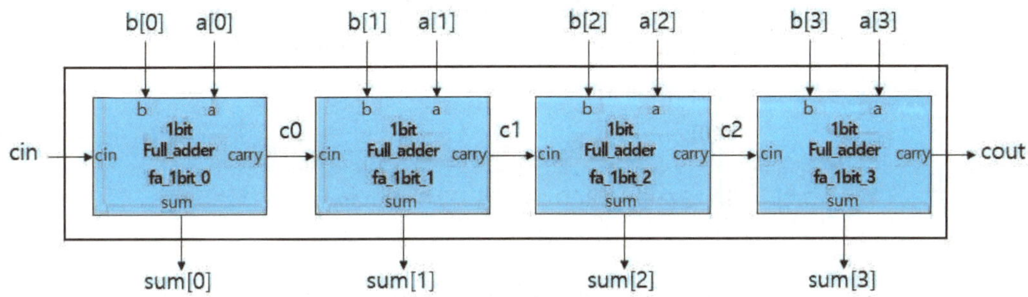

(b) 1비트 전가산기의 병렬 연결 구조

그림 4-51. 1비트 전가산기 4개로 구성된 4비트 전가산기

Ex. 4.4 4절에서 [그림 4-24]의 4비트 ALU를 case문을 사용하여 설계해보았다. 다음을 사용하여 다시 설계해보자.

- 연속 할당문(assign)과 조건연산자(conditional operator)를 사용
- always문과 조건문(if ~ else문)을 사용

Ex. 4.5 5절에서 설계한 10진-2진 인코더는 BCD 코드 변환기라고도 한다. [그림 4-52]와 같이 8비트 2진수 입력을 받아 3자리 10진수 표현을 위해 3개의 4비트 BCD 코드를 출력을 내보내는 Binary-to-BCD 변환기를 설계하고 시뮬레이션을 통해 [표 4-12]와 같은 입출력 결과를 갖는지 확인하라.

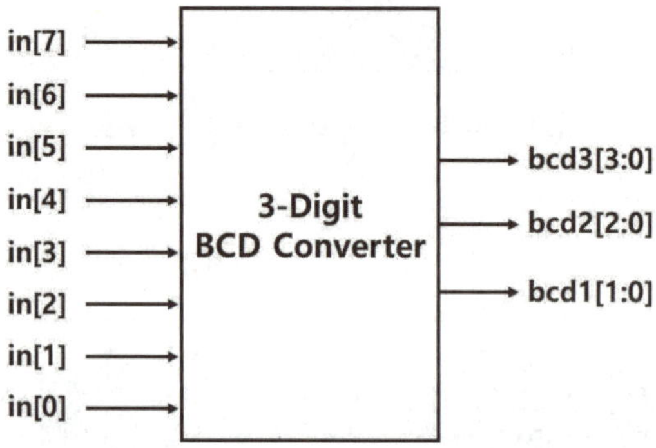

그림 4-52. 3자릿수 BCD 출력을 갖는 Binary-to-BCD 변환기

표 4-12. 3자리 BCD 출력을 갖는 Binary-to-BCD 변환기의 진리표

입력									출력		
10진수	in[7]	in[6]	in[5]	in[4]	in[3]	in[2]	in[1]	in[0]	BCD3	BCD2	BCD1
000	0	0	0	0	0	0	0	0	0000	0000	0000
009	0	0	0	0	1	0	0	1	0000	0000	1001
017	0	0	0	1	0	0	0	1	0000	0001	0111
058	0	0	1	1	1	0	1	0	0000	0101	1000
126	0	1	1	1	1	1	1	0	0001	0010	0110
255	1	1	1	1	1	1	1	1	0010	0101	0101

Ex. 4.6 6절에서 [그림 4-37]의 3×8 디코더를 case문을 사용하여 설계해보았다. 다음을 사용하여 다시 설계해보자.

- 연속 할당문(assign)과 조건연산자(conditional operator)를 사용
- always문과 조건문(if ~ else문)을 사용

Ex. 4.7 7절에서 [그림 4-44]의 BCD-7세그먼트 디코더를 case문을 사용하여 설계해보았다. 다음을 사용하여 다시 설계해보자.

- 연속 할당문(assign)과 조건연산자(conditional operator)를 사용
- always문과 조건문(if ~ else문)을 사용

Chapter 5

순차회로 모델링

앞 장에서는 조합회로 즉, 논리 게이트들의 조합만으로 구성되는 여러 디지털시스템을 설계해 보았다. 그러나 다양한 기능을 갖는 디지털시스템을 설계하기 위해서는 순차회로를 함께 이용하는 것이 보다 효율적이다. 순차회로는 현재의 입력뿐만 아니라 과거의 입력이나 현재 상태 값을 저장하는 기억소자와 조합회로로 구성된다. 상태 값을 기억하기 위한 플립플롭과 순차적 처리의 기준이 되는 클록이 기본적으로 필요하다.

이 장에서는 Part I의 3장에서 설명한 Verilog HDL의 기본 문법을 참고하여 순차적 처리가 요구되는 디지털시스템의 다양한 주제를 다룰 것이다. 또한 작성된 소스코드의 코딩 스타일은 그동안의 방법과 다소 다르다고 느낄 것이다. 현장에서는 다 수의 엔지니어들이 팀을 이루어 프로젝트 단위의 독립적 설계 후 통합하거나, 기존 설계된 내용(IP core; Intellectual Property core)을 반복하여 사용하므로 설계된 코드 내용을 쉽게 파악할 수 있도록 가독성 높은 코딩이 필요하다. 앞선 장에서는 기본 문법을 학습하기 위해 가능한 짧은 코드로 제시하였지만, 이 장에서는 현장에서의 실전 연습에 목적을 두어 코드의 길이가 다소 길어지더라도 가독성을 높일 수 있도록 작성하였다.

5-1 플립플롭(Flip-Flop)

순차회로는 조합회로의 출력값 일부가 기억소자에 저장되고, 이후 기억소자에 저장되었던 값이 조합회로에 입력되어 현재의 입력값과 이전에 저장되었던 값에 의해 현재의 출력이 결정된다.

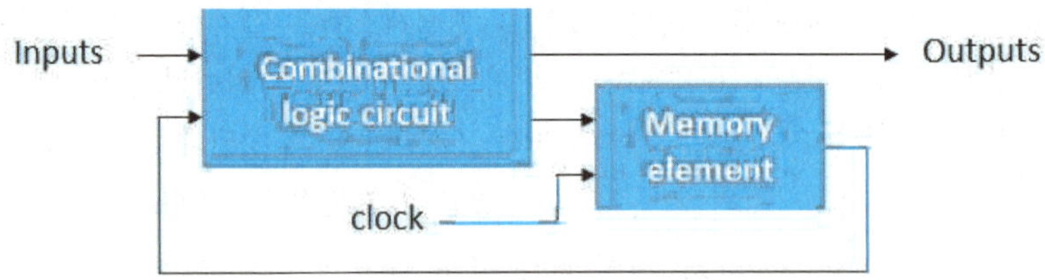

그림 5-1. 순차회로 모델(Sequential Circuits Model)

상태를 유지하는 기억소자인 플립플롭(Flip-Flop; FF)의 종류는 인버터 스탠드처럼 ON/OFF를 유지하는데 사용하는 SR-FF, 카운터에 주로 사용하는 T-FF, 데이터를 저장하는데 주로 사용하는 D-FF 등이 있다.

Verilog HDL을 사용하여 순차회로의 기본 요소인 플립플롭을 설계해 보자.

5-1-1 D-플립플롭의 설계

[그림 5-2]는 클록의 상승에지(positive edge)에서 동작하는 상승에지 트리거 D-FF (positive edge triggered D type Flip Flop)의 심볼(symbol)과 동작 타이밍도(timing diagram)이다. D-FF의 D는 Delay(지연)를 의미한다.

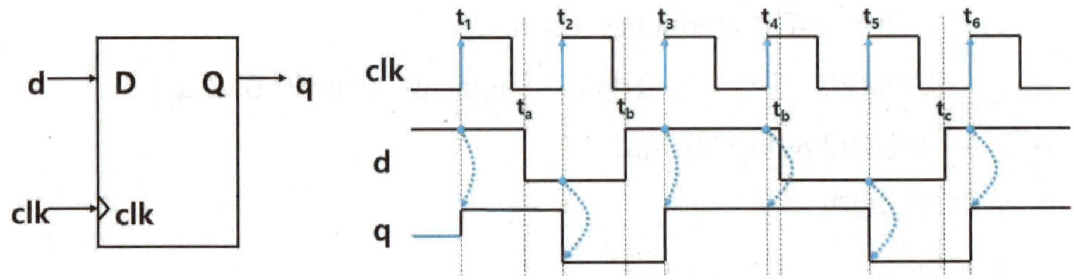

(a) D-FF 심볼 (b) 상승에지 트리거 D-FF의 동작

그림 5-2. Positive edge triggered D-type Flip Flop

표 5-1. 상승에지 트리거 D-FF 진리표

입력		출력
d	clk	q
0	↑	0
1	↑	1
x	0	qn

qn : 동작 전 q의 값

clk = ↑ : clk의 상승에지(positive edge trigger)

[그림 5-1] (b)의 D-FF 동작에 대해 알아보자.

- t_1 : t_1의 clk 상승에지에서 입력 d가 출력 q로 전달된다. 전달된 신호의 값은 다음 번 clk의 상승에지인 t_2까지 유지된다.
- t_a : t_a에서 입력 d의 값이 1 → 0으로 바뀌었지만 D-FF은 clk의 상승에지에서 동작하므로 이전 출력 q = 1이 유지된다.
- t_2 : t_2의 clk 상승에지에서 입력 d = 0이 출력으로 전달되어 q = 0이 되고 다음 번 clk의 상승에지인 t_3까지 유지된다.

이와 같은 동작이 나머지 시간에서도 실행된다.

모듈 5-1

```
/* 상승에지 트리거 D-FF 설계 */

module d_ff0 (
   clk,            // 클록
   d,              // D-FF의 입력 d
   q);             // D-FF의 출력

   input    clk;
   input    d;
   output   q;

   reg      q;

   always @ (posedge clk)
      q <= d;

endmodule
```

- Quartus Prime에서는 D-FF이 프리미티브 게이트(primitive gate)인 ‘dff’로 내장되어 있으므로 dff를 모듈 이름으로 사용할 수 없음에 주의하자.

[모듈 5-1]의 D-FF 모듈 코드를 살펴보자.

- 12줄 : 출력 q는 clk의 상승에지에서 d의 값을 전달받아 다음번 clk의 상승에지까지 전달받은 값을 유지해야 하므로 reg형으로 선언되었다.
- 14줄 : 상승에지 트리거 D-FF은 clk의 상승에지에서 동작하도록 always문의 @(sensitivity_list)에 ‘posedge clk’이 표현되어 있다. 만약 하강에지(negative edge)에 동작하는 D-FF을 설계한다면, ‘posedge clk’ 대신 ‘negedge clk’을 사용하면 된다. 그러나 특별한 경우가 아니라면 Verilog 설계 엔지니어들은 clk을 상승에지에 트리거 되도록 설계한다.
- 15줄 : always문의 sensitivity_list 신호인 clk의 이벤트(변화)가 발생했을 때 always 블록문에서는 논블록킹 할당문(<=)을 사용한 문장 ‘q <= d’에 의해 입력 d의 값이 q에 전달된다.

[그림 5-3]은 qb 출력이 추가된 상승에지 트리거 D-FF이다. qb는 위에서 설계한 D-FF의 출력 q의 반전된 값을 갖는 출력이다.

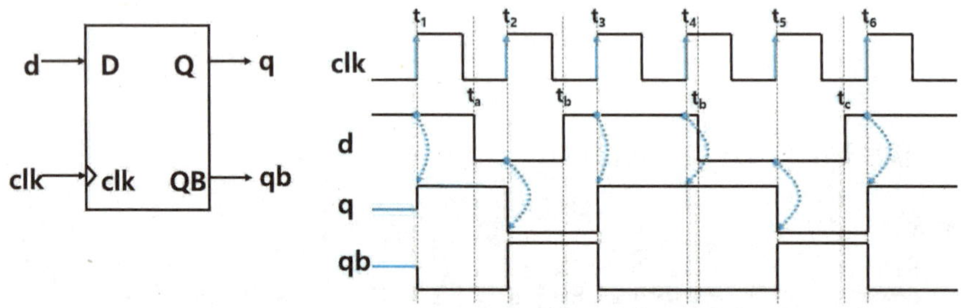

그림 5-3. qb가 있는 Positive edge triggered D-type Flip Flop

[모듈 5-2]는 [그림 5-3]의 qb 출력을 포함하는 D-FF을 설계한 모듈 코드이다.

모듈 5-2

```
01  /* qb를 갖는 상승에지 트리거 D-FF의 비효율적인 설계 */
02
03  module d_ff1 (
04     clk,          // 클록
05     d,            // D-FF의 입력 d
06     q,            // D-FF의 출력
07     qb);          // D-FF의 반전 출력
08
09     input     clk;
10     input     d;
11     output    q, qb;
12
13     reg       q, qb;
14
15     always @ (posedge clk) begin
16        q   <=  d;
17        qb  <=  ~q;
18     end
19
20  endmodule
```

[모듈 5-2]의 모듈 코드를 살펴보자.

- 13줄 : 출력 q와 qb는 모두 always 블록문 내 순차적 할당문의 왼쪽 신호이므로 reg형으로 선언했다.
- 15줄 ~ 18줄 : 출력 q와 qb는 always 블록문 내에 함께 포함되어야 하므로 'begin ~ end 블록문'을 사용하여 묶여 있다. 만약 'begin ~ end 블록문'으로 묶지 않는다면 always문은 clk의 이벤트가 발생했을 때 'q <= d' 문장만 실행되며 'qb <= ~q'는 always문과 별개로 동작할 것이다.
  이때 출력신호 q와 qb에 우측 신호값을 할당할 때 논블록킹 할당문(<=)을 사용해야 함에 주의하자.

[모듈 5-2]는 출력 결과가 정상적으로 나타나지만 회로적으로는 비효율적으로 설계된 모듈 코드이다. always 블록문 내부에서 출력 q와 qb는 논블록킹 할당문에 의해 각각 1비트 정보를 저장하므로 두 개의 플립플롭이 합성된다. 이를 효율적으로 설계하기 위해서는 always 블록문에서 출력 q만 할당(저장된다)하고 qb는 always 블록문 밖에서 연속 할당문(assign문)을 사용하여 할당(저장되지 않는다)하면 된다. [모듈 5-3]은 효율적으로 설계된 모듈 코드이다.

모듈 5-3

```
01  /* qb를 갖는 상승에지 트리거 D-FF의 효율적인 설계 */
02
03  module d_ff2 (
04     clk,           // 클록
05     d,             // D-FF의 입력 d
06     q,             // D-FF의 출력
07     qb);           // D-FF의 반전 출력
08
09     input     clk;
10     input     d;
11     output    q, qb;
12
13     reg       q;
14
15     assign    qb = ~q;      // qb는 always문 밖에서 assign문으로 할당됨
16
17     always @ (posedge clk)
18        q <= d;
19
20  endmodule
```

[모듈 5-3]의 모듈 코드를 살펴보자.

- 13줄 : 출력 q는 always 블록문 내 순차적 할당문의 왼쪽 신호이므로 reg형으로 선언했다.
- 15줄 : 연속 할당문인 assign문을 사용하여 qb를 할당하였다.
- 17줄 ~ 18줄 : 출력 q만 always 블록문 내에 포함되어 있다.

순차회로에서 자주 사용되는 1비트 데이터를 저장하는 D-FF은 일반적으로 비동기(asynchronous)식 하강에지 트리거 프리셋(PRN) 및 리셋(CLRN) 기능을 포함한다.

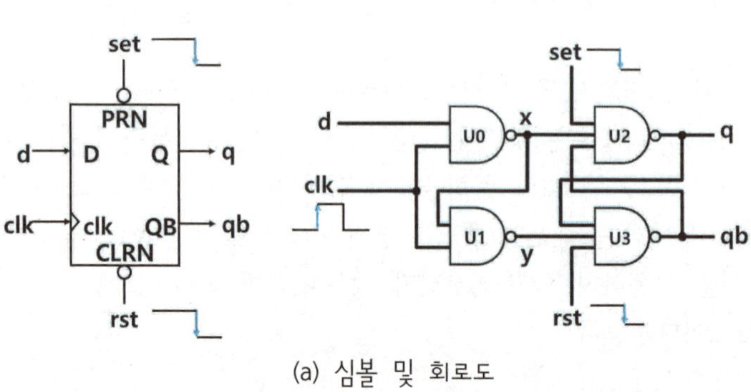

(a) 심볼 및 회로도

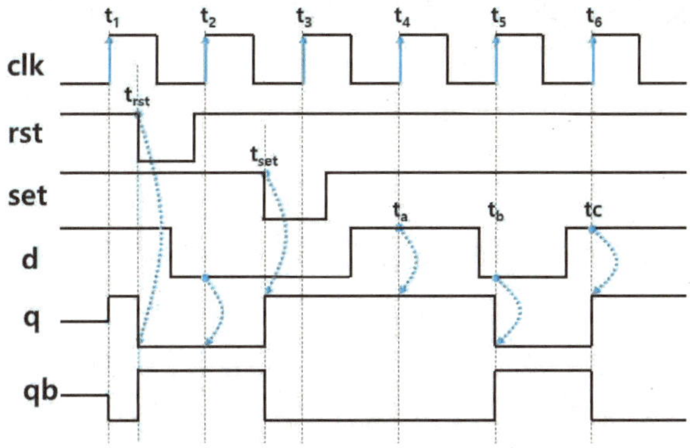

(b) 타이밍도

그림 5-4. 비동기식 하강에지 PRN 및 CLRN 기능의 Positive edge triggered D-FF

[그림 5-4]의 D-FF 동작에 대해 알아보자.

- t_1 : t_1의 clk 상승에지에서 입력 d = 1이 출력 q = 1로 전달된다.
- t_{rst} : t_1에서 전달된 출력 q = 1은 다음번 clk의 상승에지인 t_2까지 유지되어야 하지만, t_{rst}에서 PRN의 비동기식 하강에지에 트리거 되어 출력 q의 값은 q = 1 → 0으로 리셋(reset)된다.
- t_2 : t_2의 clk 상승에지에서 입력 d = 0이 출력 q = 0로 전달된다.
- t_{set} : t_2의 clk 상승에지에서 입력 d = 0이 출력으로 전달되어 q = 0이 되고 다음번 clk의 상승에지인 t_3까지 유지되어야 하는데 t_{set}에서 CLRN의 비동기식 하강에지에 트리거 되어 출력 q의 값은 q = 0 → 1으로 프리셋(set)된다.

이후 동작은 [그림 5-2]에서와 같다.

[모듈 5-4]는 [그림 5-4]의 D-FF을 프리미티브 게이트를 이용하여 설계한 모듈이다.

모듈 5-4

```
01  /* 프리미티브 게이트를 이용하여 설계한 D-FF */
02
03  module d_ff_gate (
04     clk,          // 클록
05     rst,          // 리셋
06     set,          // 셋
07     d,            // D-FF의 입력 d
08     q,            // D-FF의 출력
09     qb);          // D-FF의 반전 출력
10
11     input    clk, rst, set;
12     input    d;
13     output   q, qb;
14
15     wire     x, y;
16
17     nand  U0 (x, d, clk);
18     nand  U1 (y, x, clk);
19     nand  U2 (q, x, qb, set);
20     nand  U3 (qb, y, q, rst);
21
22  endmodule
```

[모듈 5-4]의 모듈 코드를 살펴보자.

- 15줄 : [그림 5-4]에서 x, y는 프리미티브 논리소자를 연결해주므로 wire로 선언되었다.
- 17 ~ 20줄 : 프리미티브 게이트를 사용하여 [그림 5-4(a)]를 게이트 수준 모델링 방법으로 설계하였다.

플립플롭은 프리미티브 게이트를 사용하여 설계하는 것보다 아래 진리표를 이용하여 행위 수준 모델링 방법으로 설계하는 것이 일반적이다.

표 5-2. 상승에지 트리거 D-FF 진리표

입력				출력	
rst	set	clk	d	q	qb
0	1	x	x	0	1
1	0	x	x	1	0
1	1	↑	0	0	1
1	1	↑	1	1	0
1	1	0	x	qn	qbn

qn : 동작 전 q의 값
qbn : 동작 전 qb의 값
clk = ↑ : clk의 상승에지(positive edge trigger)

[그림 5-4]의 D-FF을 [표 5-2]의 진리표를 사용하여 행위 수준 모델링 방법으로 설계하고 시뮬레이션 해보자.

① 2장의 내용을 참고하여 프로젝트 생성
- 프로젝트 디렉토리 이름 : ../Quartus_Projects/CH5/d_ff
- 프로젝트 이름 : d_ff (최상위 설계 엔터티 이름은 자동으로 d_ff로 설정됨)
- 타겟 디바이스 설정 (실습용 학습키트가 없으면 아무거나 설정해도 됨)

② 텍스트 에디터를 사용하여 [모듈 5-5]를 작성 후 저장
- [모듈 5-5]의 파일 이름 : d_ff.v

모듈 5-5

```
01  /* 비동기 하강에지 트리거 프리셋(PRN)과 리셋(CLRN)를 갖는 D-FF의 설계 */
02
03  module d_ff (
04     clk,           // 클록
05     rst,           // 리셋
06     set,           // 셋
07     d,             // D-FF의 입력 d
08     q,             // D-FF의 출력
09     qb);           // D-FF의 반전 출력
10
11     input     clk, rst, set;
12     input     d;
13     output    q, qb;
14
15     reg       q;
16
17     assign    qb = ~q;
18
19     always @ (posedge clk or negedge rst or negedge set) begin
20        if(!rst)         // 리셋(CLRN) 동작
21           q  <= 0;
22        else if (!set)  // 프리셋(PRN) 동작
23           q  <= 1;
24        else
25           q  <= d;
26     end
27
28  endmodule
```

[모듈 5-5]의 모듈 코드를 살펴보자.

- 19줄 : always문의 sensitivity_list에 posedge clk, negedge rst 및 set 신호가 나열되어 있으므로 rst와 set 신호의 하강에지에서 clk에 비동기된 이벤트가 발생하며 20줄부터 25줄까지의 begin ~ end 블록 내 문장들이 실행된다.
- 20줄 ~ 21줄 : rst = 1 → 0으로 switching 되는 하강에지에서 출력 q는 리셋 되어 q = 0이 된다.
- 22줄 ~ 23줄 : rst = 1이고 set = 1 → 0으로 switching 되는 하강에지에서 출력 q는 프리셋 되어 q = 1이 된다.
- 24줄 ~ 25줄 : rst = 1이고 set = 1일 때 clk = 0 → 1으로 switching 되는 상승에지에서 ‘q <= d’ 문장이 실행되어 출력신호 q는 d의 값을 전달받는다.

5-1-2 플립플롭의 시뮬레이션

위에서는 일반적으로 사용하는 D-FF 모듈 설계 방법에 대해 알아봤다. 작성한 [모듈 5-5]를 컴파일하여 오류(오타 또는 문법적 오류)가 있는지 확인해보자. 오류 없이 컴파일이 완료되었다면 시뮬레이션을 통해 설계한 D-FF의 기능을 검증해보자.

Quartus Prime의 인터페이스 메뉴에서 「Tools」 → 「Run Simulation Tool」 → 「RTL Simulation」을 선택하여 ModelSim-Altera를 실행하고 아래의 요약 과정을 순서대로 진행하자.

① 「File」 → 「New」 → 「Source」 → 「Verilog」를 선택 후 다음의 테스트벤치 코드를 작성하고 파일이름을 「tb_d_ff.v」로 저장
② 「Compile」 → 「Compile...」를 클릭 후 테스트벤치 코드(tb_d_ff.v)를 선택하고 「Compile」 클릭
- 컴파일 시 오류가 있으면 수정 후 반드시 파일을 저장하고 재 컴파일 실행

③ 「Simulate」 → 「Start Simulation...」 또는 를 선택하고 work 왼쪽의 ⊞를 누르고 작성한 테스트벤치 코드(tb_d_ff.v)를 선택 후 「OK」 클릭
④ Object 창의 입출력 포트 신호들을 선택 후 Wave 창에 드래그 또는 오른쪽 마우스 클릭하여 「Add Wave」를 선택하여 Wave 창에 추가
- Wave 창이 보이지 않으면 인터페이스 메뉴의 「View」 → 「Wave」 선택

⑤ 「Simulate」 → 「Run」 → 「Run-All」 또는 를 클릭하여 시뮬레이션 실행

테스트벤치 5-5

```
/* 비동기 하강에지 트리거 PRN과 CLRN를 갖는 D-FF의 테스트벤치 */
`timescale  1ns/10ps

module  tb_d_ff;
   reg        clk, rst, set, d;
   wire       q, qb;

   d_ff                  U0 (
   /* input              */  .clk            (clk),
   /* input              */  .rst            (rst),
   /* input              */  .set            (set),
   /* input              */  .d              (d),
```

```
13      /* output            */  .q            (q),
14      /* output            */  .qb           (qb));
15
16      initial begin
17         rst = 1; set = 1; d = 0; #50;
18         rst = 0; set = 1; d = 0; #30; // clear(system reset)
19         rst = 1; set = 0; d = 0; #30; // pre-set
20         rst = 1; set = 1; d = 0; #100;
21         rst = 1; set = 1; d = 1; #100;
22         rst = 1; set = 1; d = 0; #100;
23         rst = 1; set = 1; d = 1; #100;
24         rst = 1; set = 1; d = 0; #200;
25         $stop;
26      end
27
28      initial   clk = 0;          // clk의 초기값을 0으로 설정
29
30      always    #50 clk = ~clk;  // 1ns × 50ns마다 반전, 100ns 주기의 클록 생성
31
32   endmodule
```

[테스트벤치 5-5]의 코드를 살펴보자.

- 08줄 ~ 14줄 : 테스트벤치에서 d_ff을 인스턴스화(호출)하고 이름을 사용하여 포트 맵핑하였다.
- 16 ~ 26줄 : initial문과 begin ~ end 블록문을 사용하여 d_ff에 입력할 신호를 생성한다. #(숫자)는 생성한 신호의 유지시간을 의미한다. 25줄의 '$stop'은 30줄의 always문이 지속적으로 클록을 생성하므로 24줄의 마지막 입력신호를 끝으로 시뮬레이션을 중지(pause)하라는 시스템 예약어이다.
- 28줄 : initial문을 사용하여 clk의 초기값을 0으로 설정
- 30줄 : 'always #(숫자) clk = ~clk'는 #(숫자) 시간 동안 이전 clk의 값을 유지한 후 clk을 반전(inverse)하는 것을 지속적으로 반복하라는 구문이다.

시뮬레이션 결과

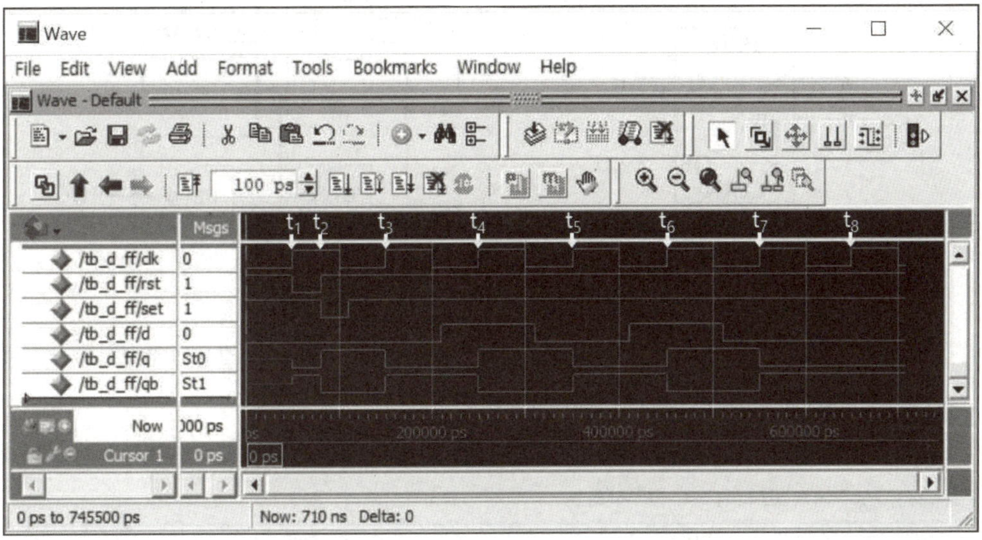

그림 5-5. D-FF의 시뮬레이션 결과 화면

[그림 5-5]의 시뮬레이션 결과를 [표 5-2]의 진리표와 비교해보자.

t_1과 t_2에서는 clk의 상승에지와 상관없이 비동기적으로 하강에지 트리거 clear 및 pre-set에 의해 동작한다. t_3 ~ t_8에서는 clk의 상승에지마다 D-FF의 진리표 대로 'q = 0 → q = 1(t_4) → q = 0(t_5) → q = 1(t_6) → q = 0(t_7) → q = 0(t_8)'으로 동작한다. 즉, clk의 상승에지에서 입력 값을 출력으로 전달하고, 다음번 clk의 상승에지까지 출력 값이 유지(저장)되는 것을 확인할 수 있다.

5-1-3 SR-플립플롭의 설계

SR-FF은 입력 S(set)에 대해 출력이 1(High), R(reset)에 대해 출력이 0(Low)이 되도록 하는 플립플롭으로 NAND 게이트 또는 NOR 게이트를 사용하여 설계할 수 있다. 여기서는 [그림 5-6]과 같이 NAND 게이트로 구성된 상승에지 트리거 SR-FF를 설계하는 방법에 대해 알아볼 것이다. [그림 5-6]의 SR-FF도 D-FF과 마찬가지로 비동기(asynchronous)식 하강에지 트리거 프리셋(PRN) 및 시스템 클리어(CLRN) 기능을 포함하고 있다. SR-FF은 진리표를 사용하여 행위 수준 모델링으로 설계하는 것이 일반적인데 프리미티브 게이트를 사용한 설계도 함께 진행해보자. [표 5-3]은 SR-FF의 진리표이다.

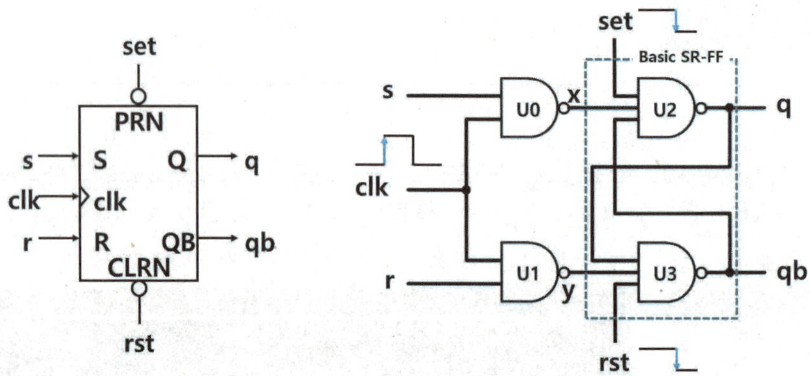

그림 5-6. 비동기식 하강에지 PRN 및 CLRN 기능을 갖는 SR-FF

표 5-3. 상승에지 트리거 SR-FF 진리표

입력					출력		상태
rst	set	clk	s	r	q	qb	
0	1	x	x	x	0	1	system clear
1	0	x	x	x	1	0	pre-set
1	1	↑	0	0	qn	qbn	hold
1	1	↑	0	1	0	1	reset
1	1	↑	1	0	1	0	set
1	1	↑	1	1	undefined		forbidden

qn : 동작 전 q의 값
qbn : 동작 전 qb의 값
clk = ↑ : clk의 상승에지(positive edge trigger)

[모듈 5-6]은 프리미티브 게이트를 사용하여 설계한 SR-FF의 모듈이고, [모듈 5-7]은 위의 진리표를 사용하여 행위 수준 모델링 방법으로 설계한 SR-FF 모듈이다.

모듈 5-6

```
01  /* 프리미티브 게이트를 이용하여 설계한 SR-FF */
02
03  module sr_ff_gate (
04     clk,           // 클록
05     rst,           // 리셋
06     set,           // 셋
07     s,             // SR-FF의 입력 s
08     r,             // SR-FF의 입력 r
09     q,             // SR-FF의 출력
10     qb);           // SR-FF의 반전 출력
11
12     input    clk, rst, set;
13     input    s, r;
14     output   q, qb;
15
16     wire     x, y;
17
18     nand  U0 (x, s, clk);
19     nand  U1 (y, r, clk);
20     nand  U2 (q, x, qb, set);
21     nand  U3 (qb, y, q, rst);
22
23  endmodule
```

[모듈 5-6]의 모듈 코드를 살펴보자.

- 16줄 : [그림 5-5]에서 x, y는 프리미티브 논리소자를 연결해주므로 wire로 선언되었다.
- 18 ~ 21줄 : 프리미티브 게이트를 사용하여 SR-FF의 각 논리소자를 구현하였다.

[그림 5-5]의 SR-FF을 [표 5-3]의 진리표를 사용하여 행위 수준 모델링 방법으로 설계하고 시뮬레이션 해보자.

① 2장의 내용을 참고하여 프로젝트 생성
  - 프로젝트 디렉토리 이름 : ../Quartus_Projects/CH5/sr_ff
  - 프로젝트 이름 : sr_ff (최상위 설계 엔터티 이름은 자동으로 sr_ff로 설정됨)
  - 타겟 디바이스 설정 (실습용 학습키트가 없으면 아무거나 설정해도 됨)

② 텍스트 에디터를 사용하여 [모듈 5-7]을 작성
  - 모듈 코드 파일 이름 : sr_ff.v

모듈 5-7

```
/* always문과 case문을 이용하여 설계한 SR-FF */

module sr_ff (
    clk,            // 클록
    rst,            // 리셋
    set,            // 셋
    s,              // SR-FF의 입력 s
    r,              // SR-FF의 입력 r
    q,              // SR-FF의 출력
    qb);            // SR-FF의 반전 출력

    input    clk, rst, set;
    input    s, r;
    output   q, qb;

    reg      q;

    assign   qb = ~q;

    always @ (posedge clk or negedge rst or negedge set) begin
        if(!rst)                    // 클리어(CLRN) 동작
            q <= 0;
        else if (!set)              // 프리셋(PRN) 동작
            q <= 1;
        else
            case({s, r})
                0 : q <= q;         // hold  : s = 0, r = 0
                1 : q <= 1'b0;      // reset : s = 0, r = 1
                2 : q <= 1'b1;      // set   : s = 1, r = 0
                3 : q <= 1'bx;      // forbidden : s = 1, r = 1
                default : q <= 1'bz; // latch 방지를 위해 생략하지 않는다
            endcase
    end

endmodule
```

[모듈 5-7]의 모듈 코드를 살펴보자.

- 20줄 : always 블록문의 sensitivity_list는 상승에지에서 트리거 되는 클록(posedge clk)과 하강에지에서 트리거 되는 리셋(negedge rst) 및 셋(negedge set)에 동기되어 있다.
- 21 ~ 22줄 : 하강에지 트리거 rst = 1 → 0일 때 시스템을 클리어(q = 0)한다.
- 23 ~ 24줄 : rst = 1이고 하강에지 트리거 set = 1 → 0일 때 시스템을 프리셋(q = 1) 한다.
- 25 ~ 32줄 : rst = 1, set = 1이고 clk = 0 → 1일 때 입력 s와 r의 조건에 따라 reset, set, hold, forbidden 동작을 수행하도록 설계하였다.

5-1-4 SR-플립플롭의 시뮬레이션

Quartus Prime의 인터페이스 메뉴에서 「Tools」 → 「Run Simulation Tool」 → 「RTL Simulation」을 선택하여 ModelSim-Altera를 실행하고 아래의 요약 과정을 순서대로 진행하자.

① 「File」 → 「New」 → 「Source」 → 「Verilog」를 선택 후 다음의 테스트벤치 코드를 작성하고 파일이름을 「tb_sr_ff.v」로 저장

② 「Compile」 → 「Compile...」를 클릭 후 테스트벤치 코드(tb_sr_ff.v)를 선택하고 「Compile」 클릭

- 컴파일 시 오류가 있으면 수정 후 반드시 파일을 저장하고 재 컴파일 실행

③ 「Simulate」 → 「Start Simulation...」 또는 [아이콘]를 선택하고 work 왼쪽의 [+]를 누르고 작성한 테스트벤치 코드(tb_sr_ff.v)를 선택 후 「OK」 클릭

④ Object 창의 입출력 포트 신호들을 선택 후 Wave 창에 드래그 또는 오른쪽 마우스 클릭하고 「Add Wave」를 선택하여 Wave 창에 추가

- Wave 창이 보이지 않으면 인터페이스 메뉴의 「View」 → 「Wave」 선택

⑤ 「Simulate」 → 「Run」 → 「Run-All」 또는 [아이콘]를 클릭하여 시뮬레이션 실행

테스트벤치 5-7

```
/* SR-FF의 시뮬레이션을 위한 테스트벤치 */
`timescale  1ns/10ps

module  tb_sr_ff;
   reg    clk, rst, set, s, r;
   wire   q, qb;

   sr_ff                U0 (
   /* input             */  .clk          (clk),
   /* input             */  .rst          (rst),
   /* input             */  .set          (set),
   /* input             */  .s            (s),
   /* input             */  .r            (r),
   /* output            */  .q            (q),
   /* output            */  .qb           (qb));

   initial begin
      rst = 1; set = 1; s = 0; r = 0; #50;
      rst = 0; set = 1; s = 0; r = 0; #30;    // system reset
      rst = 1; set = 0; s = 0; r = 0; #30;    // pre-set
      rst = 1; set = 1; s = 0; r = 1; #100;   // reset
      rst = 1; set = 1; s = 0; r = 0; #100;   // hold
      rst = 1; set = 1; s = 1; r = 0; #100;   // set
      rst = 1; set = 1; s = 0; r = 0; #100;   // hold
      rst = 1; set = 1; s = 0; r = 1; #100;   // reset
      rst = 1; set = 1; s = 0; r = 0; #100;   // hold
      rst = 1; set = 1; s = 1; r = 1; #200;   // forbidden
      $stop;
   end

   initial   clk = 0;               // clk의 초기값을 0으로 설정

   always   #50 clk = ~clk;// 1ns × 50 = 50ns마다 반전, 100ns 주기의 clk 생성

endmodule
```

시뮬레이션 결과

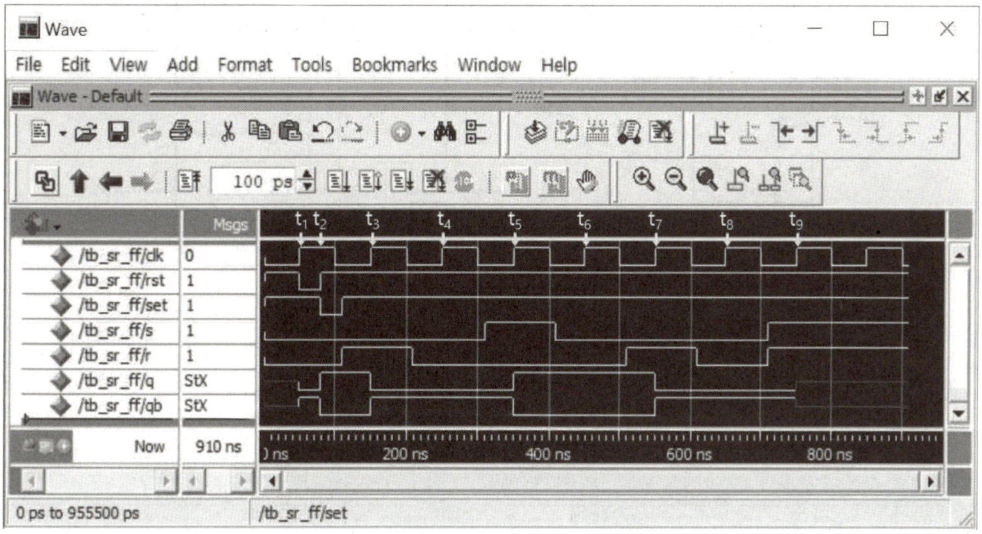

그림 5-7. SR-FF의 시뮬레이션 결과 화면

[그림 5-7]의 시뮬레이션 결과를 [표 5-3]의 진리표와 비교해보자.

t_1과 t_2에서는 clk의 상승에지와 상관없이 비동기적으로 clear와 pre-set으로 동작한다. t_3 ~ t_9에서는 clk의 상승에지마다 SR-FF의 진리표 대로 'reset(t_3) → hold(t_4) → set(t_5) → hold(t_6) → reset(t_7) → hold(t_8) → forbidden(t_9)'으로 동작함을 알 수 있다.

5-1-5 JK-플립플롭의 설계

앞에서 설계한 SR-FF은 사용할 수 없는 입력(s = 1, r = 1)이 있었다. 아래 그림은 SR-FF에서 금지되었던 입력을 개선한 JK-FF이다. [표 5-4]는 JK-FF의 진리표이다.

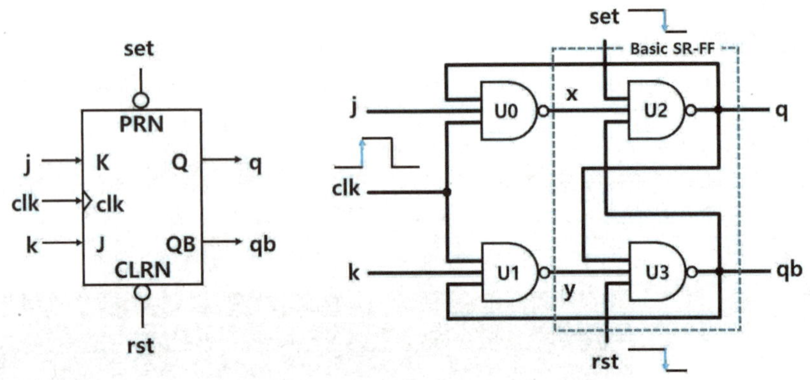

그림 5-8. 비동기식 하강에지 PRN 및 CLRN 기능을 갖는 JK-FF

표 5-4. 상승에지 트리거 JK-FF 진리표

입력					출력		상태
rst	set	clk	j	k	q	qb	
0	1	x	x	x	0	1	clear
1	0	x	x	x	1	0	pre-set
1	1	↑	0	0	qn	qbn	hold
1	1	↑	0	1	0	1	reset
1	1	↑	1	0	1	0	set
1	1	↑	1	1	qbn	qn	inversion

qn : 동작 전 q의 값
qbn : 동작 전 qb의 값
clk = ↑ : clk의 상승에지(positive edge trigger)

[모듈 5-8]은 [그림 5-8]의 회로도를 프리미티브 게이트를 사용하여 게이트 수준 모델링 방법으로 설계한 JK-FF 모듈이고, [모듈 5-9]는 [표 5-4]의 진리표를 사용하여 행위 수준 모델링을 사용하여 설계한 JK-FF의 모듈이다. 앞에서 설계한 D-FF과 SR-FF과 모듈 표현은 유사하므로 모듈 코드 표현에 대한 설명은 생략하겠다.

모듈 5-8

```
/* 프리미티브 게이트를 이용하여 설계한 JK-FF */

module jk_ff_gate (
   clk,          // 클록
   rst,          // 리셋
   set,          // 셋
   j,            // JK-FF의 입력 j
   k,            // JK-FF의 입력 k
   q,            // JK-FF의 출력
   qb);          // JK-FF의 반전 출력

   input    clk, rst, set;
   input    j, k;
   output   q, qb;

   wire     x, y;

   nand  U0 (x, j, q, clk);
   nand  U1 (y, k, qb, clk);
   nand  U2 (q, x, qb, set);
   nand  U3 (qb, y, q, rst);

endmodule
```

[그림 5-8]의 JK-FF을 [표 5-4]의 진리표를 사용하여 행위 수준 모델링 방법으로 설계하고 시뮬레이션 해보자.

① 2장의 내용을 참고하여 프로젝트 생성
- 프로젝트 디렉토리 이름 : ../Quartus_Projects/CH5/jk_ff
- 프로젝트 이름 : jk_ff (최상위 설계 엔터티 이름은 자동으로 jk_ff로 설정됨)
- 타겟 디바이스 설정 (실습용 학습키트가 없으면 아무거나 설정해도 됨)

② 텍스트 에디터를 사용하여 [모듈 5-9]를 작성
- 모듈 코드 파일 이름 : jk_ff.v

모듈 5-9

```
/* always문과 case문을 이용하여 설계한 JK-FF */

module jk_ff (
   clk,          // 클록
   rst,          // 리셋
   set,          // 셋
   j,            // JK-FF의 입력 j
   k,            // JK-FF의 입력 k
   q,            // JK-FF의 출력
   qb);          // JK-FF의 반전 출력

   input     clk, rst, set;
   input     j, k;
   output    q, qb;

   reg       q;

   assign    qb = ~q;                  // qb를 always 블록문 밖에서 할당

   always @ (posedge clk or negedge rst or negedge set) begin
      if(!rst)                         // 클리어(CLRN) 동작
         q <= 0;
      else if (!set)                   // 프리셋(PRN) 동작
         q <= 1;
      else
         case({j, k})
            2'b00 : q <= q;            // hold             : j = 0, k = 0
            2'b01 : q <= 1'b0;         // reset            : j = 0, k = 1
            2'b10 : q <= 1'b1;         // set              : j = 1, k = 0
            2'b11 : q <= qb;           // output inversion : j = 1, k = 1
            default : q <= 1'bz;       // latch 방지를 위해 생략하지 않는다
         endcase
    end

 endmodule
```

5-1-6 JK-플립플롭의 시뮬레이션

Quartus Prime의 인터페이스 메뉴에서 「Tools」 → 「Run Simulation Tool」 → 「RTL Simulation」을 선택하여 ModelSim-Altera를 실행하고 아래의 요약 과정을 순서대로 진행해보자.

① 「File」 → 「New」 → 「Source」 → 「Verilog」를 선택 후 다음의 테스트벤치 코드를 작성하고 파일이름을 「tb_jk_ff.v」로 저장

② 「Compile」 → 「Compile...」를 클릭 후 테스트벤치 코드(tb_jk_ff.v)를 선택하고 「Compile」 클릭

- 컴파일 시 오류가 있으면 수정 후 반드시 파일을 저장하고 재 컴파일 실행

③ 「Simulate」 → 「Start Simulation...」 또는 를 선택하고 work 왼쪽의 ⊞를 누르고 작성한 테스트벤치 코드(tb_jk_ff.v)를 선택 후 「OK」 클릭

④ Object 창의 입출력 포트 신호들을 선택 후 Wave 창에 드래그 또는 오른쪽 마우스 클릭하여 「Add Wave」를 선택하여 Wave 창에 추가

- Wave 창이 보이지 않으면 인터페이스 메뉴의 「View」 → 「Wave」 선택

⑤ 「Simulate」 → 「Run」 → 「Run-All」 또는 를 클릭하여 시뮬레이션 실행

테스트벤치 5-9

```
/* JK-FF의 시뮬레이션을 위한 테스트벤치 코드 */
`timescale 1ns/10ps

module tb_jk_ff;
   reg    clk, rst, set, j, k;
   wire   q, qb;

   jk_ff              U0 (
   /* input           */  .clk            (clk),
   /* input           */  .rst            (rst),
   /* input           */  .set            (set),
   /* input           */  .j              (j),
   /* input           */  .k              (k),
   /* output          */  .q              (q),
   /* output          */  .qb             (qb));

   initial begin
      rst = 1; set = 1; j = 0; k = 0; #50;
      rst = 0; set = 1; j = 0; k = 0; #30;    // system reset
      rst = 1; set = 0; j = 0; k = 0; #30;    // pre-set
      rst = 1; set = 1; j = 0; k = 1; #100;   // reset
      rst = 1; set = 1; j = 0; k = 0; #100;   // hold
      rst = 1; set = 1; j = 1; k = 0; #100;   // set
      rst = 1; set = 1; j = 0; k = 0; #100;   // hold
      rst = 1; set = 1; j = 0; k = 1; #100;   // reset
```

```
        rst = 1; set = 1; j = 0; k = 0; #100;   // hold
        rst = 1; set = 1; j = 1; k = 1; #200;   // forbidden
        $stop;
    end

    initial   clk = 0;                 // clk의 초기값을 0으로 설정

    always   #50 clk = ~clk;// 1ns × 50 = 50ns마다 반전, 100ns 주기의 clk 생성

endmodule
```

시뮬레이션 결과

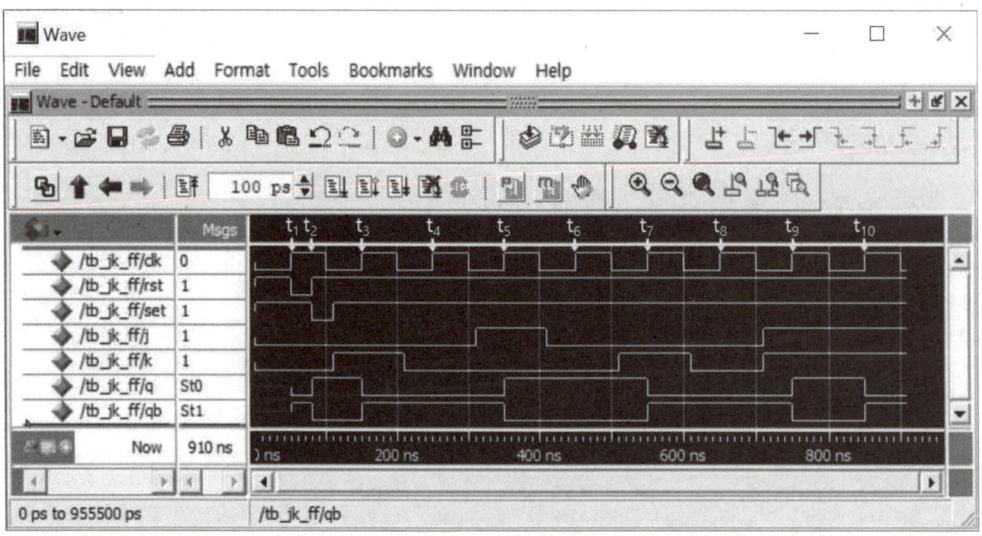

그림 5-9. JK-FF의 시뮬레이션 결과 화면

[그림 5-9]의 시뮬레이션 결과를 [표 5-4]의 진리표와 비교해보자.

JK-FF은 SR-FF에서 사용할 수 없는 입력 조건을 개선한 것이므로 t_1 ~ t_8까지는 SR-FF의 시뮬레이션 결과와 동일하다. 그러나 t_9 ~ t_{10}에서는 SR-FF의 결과와 다르다. 시뮬레이션 결과에서 JK-FF은 이전 출력인 qn이 반전되어 q = qbn이 출력되는 것을 확인할 수 있다.

5-1-7 학습키트를 활용한 플립플롭의 동작 확인

우리는 앞에서 다양한 플립플롭(D-FF, SR-FF, JK-FF)을 설계하고 시뮬레이션으로 기능을 검증하였다. 여기서는 학습키트를 사용하여 SR-FF과 JK-FF을 통합한 응용 회로의 동작을 확인해보자. D-FF에 대한 동작은 다음에 학습할 시프트 레지스터(Shift Register) 설계에서 확인하자.

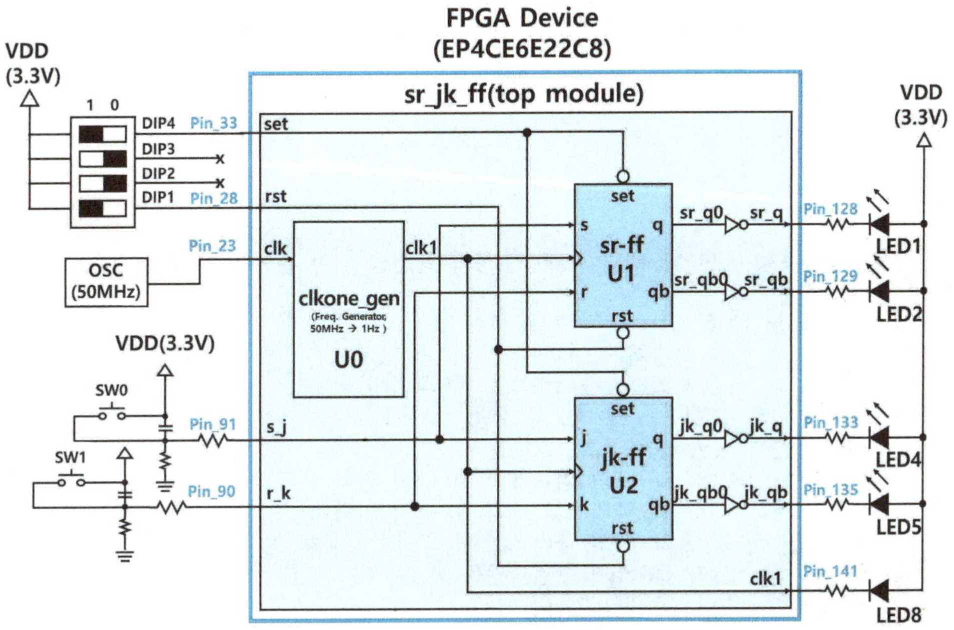

그림 5-10. 설계한 SR-FF & JK-FF의 통합 시스템과 학습키트 주변 장치의 연결

앞서 설계한 SR-FF과 JK-FF은 각각 최상위 모듈로 설계되었으므로 [그림 5-10]의 회로와 같이 구현하기 위해서는 두 가지 종류의 플립플롭을 통합하는 새로운 최상위 시스템(새로운 최상위 모듈)의 설계가 필요하다.

다음 과정에 따라 SR-FF과 JK-FF을 통합하는 최상위 시스템을 설계해 보자.

① 2장의 내용을 참고하여 프로젝트 생성
- 프로젝트 디렉토리 이름 : ../Quartus_Projects/CH5/sr_jk_ff
- 프로젝트 이름 : sr_jk_ff (최상위 설계 엔터티 이름은 자동으로 sr_jk_ff로 설정됨)
- 타겟 디바이스 설정 (실습용 학습키트가 없으면 아무거나 설정해도 됨)

② 프로젝트 생성 후 sr_ff.v와 jk_ff.v를 복사해서 새로 생성된 프로젝트 폴더에 추가

③ 텍스트 에디터를 사용하여 최상위 모듈인 [모듈 5-10]을 작성 후 저장
- 모듈 코드 파일 이름 : sr_jk_ff.v

④ 텍스트 에디터를 사용하여 [모듈 5-11]의 1 Hz 클록 생성기를 작성 후 저장
- 모듈 코드 파일 이름 : clkone_gen.v

모듈 5-10

```
/* 학습키트를 통한 SR-FF과 JK-FF의 동작 확인을 위한 통합 시스템 설계 */

module sr_jk_ff (
   clk,          // 클록
   rst,          // 리셋
   set,          // 셋
   clk1,         // 1Hz 클록
   s_j,          // SR-FF의 입력 s와 JK-FF의 입력 j
   r_k,          // SR-FF의 입력 r과 JK-FF의 입력 k
   sr_q,         // SR-FF의 출력
   sr_qb,        // SR-FF의 반전 출력
   jk_q,         // JK-FF의 출력
   jk_qb);       // JK-FF의 반전 출력

   input    clk, rst, set;
   input    s_j, r_k;
   output   sr_q, sr_qb, jk_q, jk_qb, clk1;

   wire     sr_q0, sr_qb0, jk_q0, jk_qb0, clk1;

   clkone_gen       U0 (
   /*  input         */ .clk           (clk),
   /*  input         */ .rst           (rst),
   /*  output        */ .clk1          (clk1)); // 1Hz clk

   sr_ff            U1 (
   /*  input         */ .clk           (clk1),
   /*  input         */ .rst           (rst),
   /*  input         */ .set           (set),
   /*  input         */ .s             (s_j),
```

```
31      /*  input          */ .r              (r_k),
32      /*  output         */ .q              (sr_q0),
33      /*  output         */ .qb             (sr_qb0));
34
35      jk_ff              U2 (
36      /*  input          */ .clk             (clk1),
37      /*  input          */ .rst             (rst),
38      /*  input          */ .set             (set),
39      /*  input          */ .j               (s_j),
40      /*  input          */ .k               (r_k),
41      /*  output         */ .q               (jk_q0),
42      /*  output         */ .qb              (jk_qb0));
43
44      assign    sr_q    =   ~sr_q0;
45      assign    sr_qb   =   ~sr_qb0;
46      assign    jk_q    =   ~jk_q0;
47      assign    jk_qb   =   ~jk_qb0;
48
49   endmodule
```

[모듈 5-10]의 모듈 코드를 살펴보자.

모듈 5-10은 3장의 구조적 모델링(계층 설계) 방법을 사용하여 설계한 것으로 아래 요약 설명보다 상세한 내용은 해당 부분을 참고하기 바란다.

- 04 ~ 13줄 : 최상위 모듈의 이름(sr_jk_ff)과 입출력 포트 리스트이다.
- 15 ~ 17줄 : 최상위 모듈의 입출력 포트의 방향을 선언했다.
- 19줄 : 하위 모듈(sr_ff, jk_ff)의 입출력 포트와 연결되는 최상위 모듈(sr_jk_ff)의 신호들을 wire로 선언했다.
- 21 ~ 24줄 : OSC(Oscillator)로부터 입력된 50 MHz 클록을 1 Hz 클록으로 변환해 주는 클록 생성기를 인스턴스화 하였고, 이름에 의한 포트 맵핑을 하였다.
- 26 ~ 33줄 : 앞서 설계한 SR-FF을 인스턴스화 하고, 이름에 의한 포트 맵핑을 하였다.
- 35 ~ 42줄 : 앞서 설계한 JK-FF을 인스턴스화 하고, 이름에 의한 포트 맵핑을 하였다.
- 44 ~ 47줄 : 하위 모듈의 출력을 연속 할당문(assign문)을 사용하여 최상위 모듈의 출력 포트에 할당하였다. 이때 비트 not 연산자(~)를 사용하여 출력이 1일 때 LED가 ON이 되도록 하였다(사용하는 학습키트에 따라 이 부분은 제거 가능).

모듈 5-11

```
01  /* 50 MHz 클록을 입력받아 1 Hz 클록을 생성하는 클록 생성기 */
02
03  module clkone_gen (
04     clk,          // 클록
05     rst,          // 리셋
06     clk1);        // 1 Hz 클록
07
08     input          clk, rst;
09     output         clk1;
10
11     reg      [24:0] cnt_clk1;
12     reg            clk1;
13
14     // Frequency Generator (50 MHz → 1 Hz)
15     always @ (posedge clk or negedge rst)  begin  // 클록주기인 Tclk = 20 ns
16        if (!rst) begin
17           cnt_clk1  <= 0;
18           clk1      <= 0;
19        end
20        else if (cnt_clk1 == 25'd24999999)  begin  // Tclk × 25000000 = 500 ms
21           cnt_clk1  <=  0;
22           clk1      <=  ~clk1;                   // clk1은 500 ms마다 반전 -> 1 Hz
23        end
24        else
25           cnt_clk1  <=  cnt_clk1 + 1'b1;
26     end
27
28  endmodule
```

[모듈 5-11]의 모듈 코드를 살펴보자.

- 08 ~ 09줄 : 입출력 포트의 방향을 선언했다.
- 11 ~ 12줄 : FPGA 외부의 OSC에서 만들어진 50 MHz 클록을 최상위 모듈에서 입력(clk)으로 받아 1 Hz 클록을 생성에 필요한 카운터(cnt_clk1) 및 클록 변수(clk1)를 reg형으로 선언했다. 원하는 클록을 생성하는 방법은 이후 4절에서 자세히 설명할 것이다.
- 14 ~ 26줄 : 50 MHz 클록을 1 Hz 클록으로 변환해 주는 클록 생성 부분이다.

프로젝트 생성 후 통합 시스템 설계가 완료되었다면 컴파일을 진행해보자. 오류가 없다면 [그림 5-10]의 통합 시스템(sr_jk_ff)의 입출력 포트와 학습키트 주변 장치의 연결 정보를 참고하여 핀 할당 후 FPGA Programming을 진행해보자.

① Quartus Prime 사용자 인터페이스 메뉴의 「Assignments」 → 「Device」를 통해 실습키트의 FPGA Device Family와 Part number를 선택

② 사용자 인터페이스 메뉴의 「Assignments」 → 「Pin Planner」를 선택하고 핀 연결정보를 이용하여 핀 할당 후 저장

③ 「Processing」 → 「Start Compilation」을 클릭하여 다시 컴파일 실행

④ 「Tools」 → 「Programmer」 또는 를 선택하여 Programmer 실행

⑤ Hardware Setup이 「USB-blaster [USB-0]」 임을 확인하고 「Add File...」을 클릭하여 컴파일 후 합성이 완료된 sr_jk_ff.sof 파일 선택

⑥ Program Configure의 체크박스를 ☑ 표시한 후 「Start」를 클릭하면 다운로드 실행

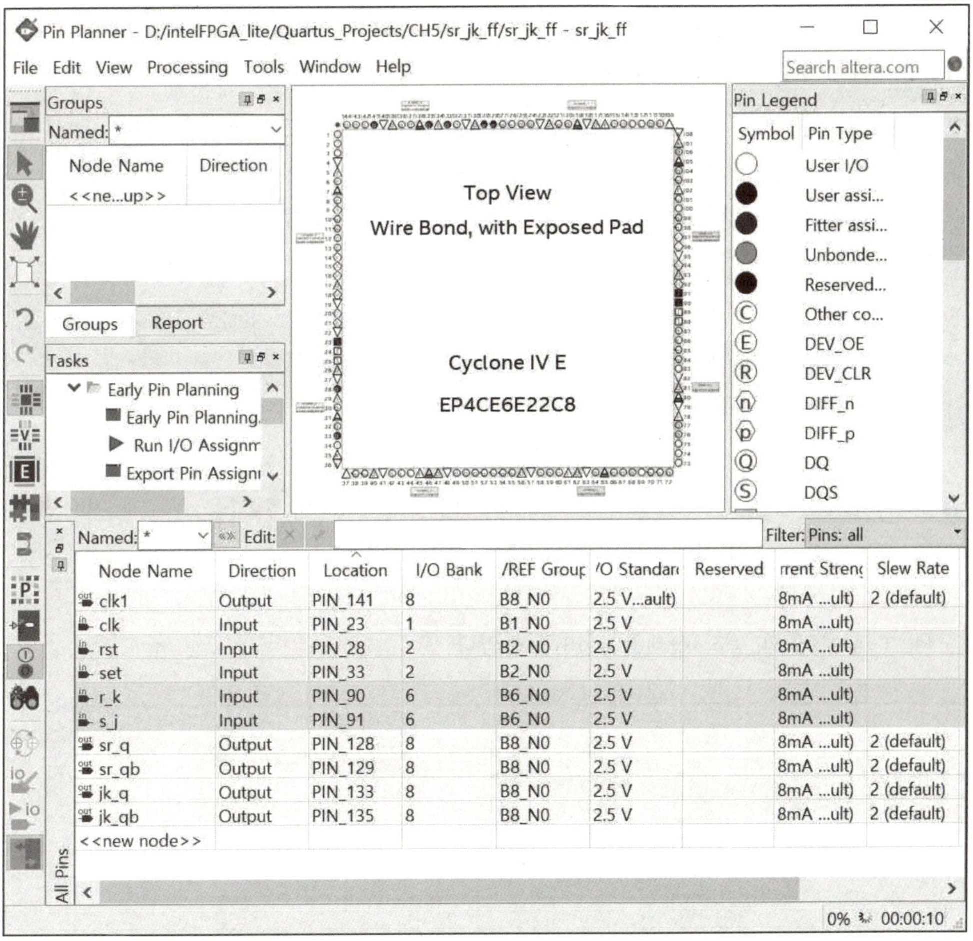

그림 5-11. 통합된 최상위 모듈(sr_jk_ff)의 핀 할당을 위한 Pin Planner

[그림 5-11]의 핀 할당과 FPGA Programming까지 완료하였다면 [그림 5-10]처럼 DIP 스위치가 DIP1 = 1, DIP4 = 1로 설정되어 있는지 확인(DIP2와 DIP3는 NC 즉, 연결되어 있지 않음)하고 다음의 동작 상태를 확인해보자. 이때 rst과 set은 하강에지(negative edge triggered)에서 동작함을 주의하자.

Clear : DIP1(rst) = 0, DIP4(set) = 1으로 설정하면,
LED1(SR-FF의 q) = OFF, LED2(SR-FF의 qb) = ON
LED4(JK-FF의 q) = OFF, LED5(JK-FF의 qb) = ON
LED8(1Hz 클록)는 ON 또는 OFF

Preset : DIP1(rst) = 1, DIP4(set) = 0으로 설정하면,
LED1(SR-FF의 q) = ON, LED2(SR-FF의 qb) = OFF
LED4(JK-FF의 q) = ON, LED5(JK-FF의 qb) = OFF
LED8(1Hz 클록)는 점멸

Reset : DIP1(rst) = 1, DIP4(set) = 1으로 설정하고, SW1(FF reset)을 1초간 누르면,
LED1(SR-FF의 q) = OFF, LED2(SR-FF의 qb) = ON
LED4(JK-FF의 q) = OFF, LED5(JK-FF의 qb) = ON
LED8(1Hz 클록)는 점멸

Set : DIP1(rst) = 1, DIP4(set) = 1으로 설정하고, SW0(FF set)을 1초간 누르면,
LED1(SR-FF의 q) = ON, LED2(SR-FF의 qb) = OFF
LED4(JK-FF의 q) = ON, LED5(JK-FF의 qb) = OFF
LED8(1Hz 클록)는 점멸

Hold : DIP1(rst) = 1, DIP4(set) = 1으로 설정하고, SW0와 SW1을 누르지 않으면,
이전 상태 유지

[표 5-5]에 위의 동작 상태를 정리해 놓았다.

표 5-5. 입력에 따른 출력과 LED 상태

입력				출력				
DIP1	DIP4	SW0	SW1	SR-FF		JK-FF		clk1
rst	set	s or j	r or k	LED1(q)	LED2(qb)	LED4(q)	LED5(qb)	LED8
0	1	x	x	OFF	ON	OFF	ON	ON/OFF
1	0	x	x	ON	OFF	ON	OFF	점멸
1	1	0	0	이전 상태	이전 상태	이전 상태	이전 상태	점멸
1	1	0	1초간 push	OFF	ON	OFF	ON	OFF 시 동작
1	1	1초간 push	0	ON	OFF	ON	OFF	OFF 시 동작
1	1	1초간 push	1초간 push	금지 상태		1초마다 교대로 점멸		OFF 시 동작

- DIP 스위치는 왼쪽이 1(High), 푸시 스위치는 누르면 1(High)로 설정된다. LED는 출력이 0(LOW)일 때 ON이 된다. 통합회로에서는 플립플롭의 출력을 반전해서 출력하므로 LED가 ON일 때 출력을 1(High)로 생각하면 된다.

[테스트벤치 5-10]은 위의 통합 시스템 모듈의 시뮬레이션을 위한 테스트벤치이다. 학습키트를 이용하여 설계한 플립플롭의 동작을 확인한 후 시뮬레이션 결과와 비교해보면 좋을 것이다. 시뮬레이션을 실행하면 완료하기까지 상당한 시간이 필요하니 앞의 내용을 복습하며 기다려보자(PC 사양에 따라 수 십분 이상 걸릴 수도 있다).

- OSC clk을 1 KHz로 가정하고 1 Hz 클록 생성기와 테스트벤치 코드를 다음과 같이 수정하면 빠른 시뮬레이션이 가능하다.

  [모듈 5-11] clkone_gen.v

  18줄 : cnt_clk1 == 25'd24999999 → cnt_clk1 == 25'd24999

  [테스트벤치 5-10] tb_sr_jk_ff.v

  02줄 : `timescale 1ns/10ps → `timescale 1us/10ns

  06줄 : parameter T_CLK = 20; → parameter T_CLK = 20;

  07줄 : T_1SEC = 1E9; → T_1SEC = 1E6;

테스트벤치 5-10

```
/* SR-FF & JK-FF 통합시스템의 시뮬레이션을 위한 테스트벤치 코드 */
`timescale  1ns/10ps

module  tb_sr_jk_ff;

   parameter T_CLK = 20;    // TCLK = 20ns(f = 50MHz)
   parameter T_1SEC = 1E9;   // 1ns를 기준시간으로 사용하므로 T_1SEC = 1nsx10^9 = 1s

   reg     clk, rst, set, s_j, r_k;
   wire    sr_q, sr_qb, jk_q, jk_qb, clk1;

   sr_jk_ff             U0 (
   /* input            */  .clk             (clk),
   /* input            */  .rst             (rst),
   /* input            */  .set             (set),
   /* output           */  .clk1            (clk1),
   /* output           */  .s_j             (s_j),
   /* output           */  .r_k             (r_k),
   /* output           */  .sr_q            (sr_q),
   /* output           */  .sr_qb           (sr_qb),
   /* output           */  .jk_q            (jk_q),
   /* output           */  .jk_qb           (jk_qb));

   initial begin
      clk = 0; rst = 1; set = 1; s_j = 0; r_k = 0; #(T_1SEC);
      rst = 0; set = 1; s_j = 0; r_k = 0; #(0.6*T_1SEC);     // system reset
      rst = 1; set = 0; s_j = 0; r_k = 0; #(0.6*T_1SEC);     // pre-set
      rst = 1; set = 1; s_j = 0; r_k = 1; #(T_1SEC);         // reset
      rst = 1; set = 1; s_j = 0; r_k = 0; #(T_1SEC);         // hold
      rst = 1; set = 1; s_j = 1; r_k = 0; #(T_1SEC);         // set
      rst = 1; set = 1; s_j = 0; r_k = 0; #(T_1SEC);         // hold
      rst = 1; set = 1; s_j = 0; r_k = 1; #(T_1SEC);         // reset
      rst = 1; set = 1; s_j = 1; r_k = 1; #(2*T_1SEC);       // 금지/출력반전
      $stop;
   end

   always    #(T_CLK/2) clk = ~clk;

endmodule
```

[테스트벤치 5-10]의 코드를 살펴보자.

- 02줄 : 기준이 되는 참고시간단위를 1 ns, 시간정밀도를 10 ps로 설정하였다.
- 06줄 : clk 포트를 통해 입력받는 외부 OSC 클록(50 MHz)의 주기(T_CLK = 20 ns) parameter를 사용해서 설정하였다.
- 07줄 : 설계한 FF의 동작 확인을 위해 통합 시스템의 내부에서는 1 Hz 클록을 사용한다. 이때 참고시간단위가 1 ns이므로 1 Hz 클록의 주기(T_1 SEC = 1 ns×10^9 = 1 sec)를 parameter로 설정하였다.
- 09 ~ 10줄 : 테스트벤치의 입력신호를 reg, 출력신호를 wire로 선언하였다.
- 12 ~ 22줄 : 설계한 하위 모듈(sr_ff, jk_ff)를 인스턴스화, 이름에 의한 포트 맵핑을 사용하였다.
- 24 ~ 35줄 : 통합 시스템의 입력신호를 생성하기 위한 표현이다.
- 37줄 : always문을 사용하여 외부(OSC)로부터 입력되는 50 MHz clk을 생성하는 표현이다.

시뮬레이션 결과

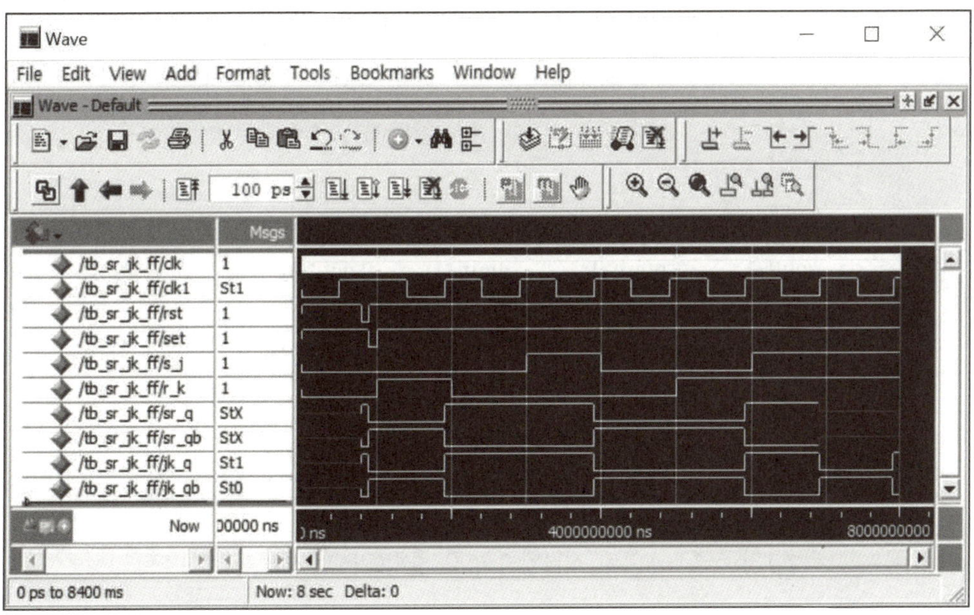

그림 5-12. JK-FF의 시뮬레이션 결과 화면

5-2 시프트 레지스터(Shift Register)

시프트 레지스터(shift register)는 여러 개의 플립플롭이 직렬로 연결된 구조로서 직렬입력-병렬출력(SIPO)과 병렬입력-직렬출력(PISO) 등 다양한 형태의 직병렬 입출력을 갖는 디지털회로이다. 시프트 방향에 따라 왼쪽 시프트, 오른쪽 시프트, 양방향 시프트 등으로 구분된다.

시프트 레지스터는 통신시스템에서 병렬 데이터를 직렬 데이터로 변환하는 회로, 디지털 도어락 또는 금고에서 비밀번호를 입력받는 회로, 시간 지연회로, 난수 발생 회로(LFSR 이용) 등 다양한 응용 분야에서 사용된다.

Verilog HDL을 사용하여 시프트 레지스터를 설계하는 방법에 대해 알아보자.

5-2-1 직렬입력-병렬출력(SIPO) 시프트 레지스터의 설계

[그림 5-13]은 비동기 리셋(Asynchronous reset) 기능을 갖는 직렬입력-병렬출력 구조의 4비트 시프트 레지스터 회로이다. 클록의 상승에지에서 레지스터에 저장된 데이터는 왼쪽으로 1비트씩 시프트 된다. 직렬입력 sin은 레지스터의 최하위 비트(lsb; least significant bit)에 입력되며, 병렬출력 qout은 4개의 플립플롭의 출력 Q로 구성된 4비트 병렬 데이터를 출력한다.

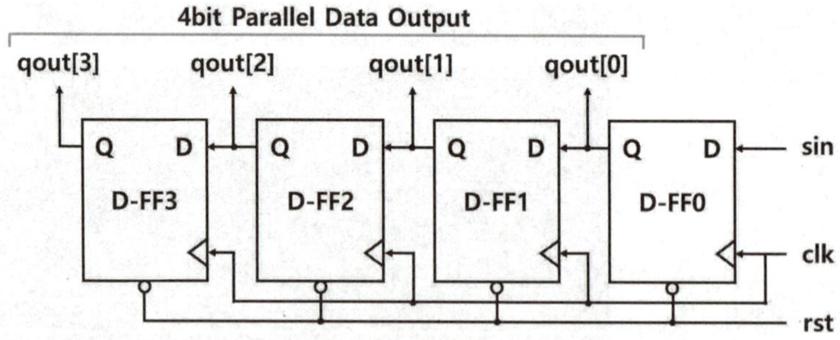

그림 5-13. 4비트 직렬입력-병렬 출력(SIPO) 시프트 레지스터

[모듈 5-12]와 [모듈 5-13]은 각각 조건연산자와 조건문(if ~ else문)을 사용하여 설계한 SIPO 구조의 시프트 레지스터이다.

모듈 5-12

```
01 /* 조건연산자 이용한 4비트 SIPO 시프트 레지스터 설계 */
02
03 module sipo4b_cond (
04    clk,          // 클록
05    rst,          // 리셋
06    sin,          // 직렬 입력
07    qout);        // 병렬 입력
08
09    input          clk, rst;
10    input          sin;
11    output   [3:0] qout;
12
13    reg      [3:0] qout;
14
15    always @ (posedge clk or negedge rst)
16       qout  <=  (!rst) ? 4'b0 : {qout, sin}; // 조건연산자와 결합연산자를 이용한 출력
17
18 endmodule
```

[모듈 5-12]의 모듈 코드를 살펴보자.

- 11줄 : 4비트 병렬출력을 위해 4비트 폭을 갖는 출력 포트를 선언한다.
- 13줄 : 4비트 병렬출력은 기억 소자인 D-FF의 출력 q의 값이므로 4비트 기억소자 qout을 reg형으로 선언해야 한다. 즉, always문의 왼쪽 할당 신호(기억소자)는 reg형으로 선언하는 것이 필요하다.
- 15줄 : always문의 sensitivity_list는 상승에지에서 트리거 되는 clk과 하강에지에서 트리거 되는 rst으로 구성되며, D-FF의 동작은 clk에 동기되어 있으며 clk과 동기되지 않은 리셋 기능을 갖는다.
- 16줄 : 조건연산자와 결합연산자를 사용하여 1비트 왼쪽 시프트를 구현하였다. 4비트 qout과 1비트 sin은 결합연산자에 의해 {qout, sin}와 같이 5비트 신호가 된다. 조건연산자에 의해 (!rst)가 참(rst = 0)이면 qout에는 논블록킹 할당문(<=)에 의해 4'b0 값이 할당되며, (!rst)가 거짓(rst = 1)이면 qout에 {qout, sin}이 할당된다. 이때 할당되는 값({qout, sin})의 비트 폭이 할당 변수 qout보다 크므로 최상위 비트(msb; most significant bit)는 버려진다. 즉, qout = {qout[2], qout[1], qout[0], sin}이 할당된다. 반대로 할당 변수 폭이 할당 값보다 크면 최상위 비트가 0(zero)으로 채워진다.

모듈 5-13

```
01  /* 조건문(if ~ else문)을 이용한 4비트 SIPO 시프트 레지스터 설계 */
02
03  module  sipo4b_if  (
04     clk,          // 클록
05     rst,          // 리셋
06     sin,          // 직렬 입력
07     qout);        // 병렬 출력
08
09     input          clk, rst;
10     input          sin;
11     output   [3:0] qout;
12
13     reg      [3:0] qout;
14
15     always @ (posedge clk or negedge rst) begin
16        if (!rst)
17           qout <= 4'b0;
18        else  begin
19           qout <= (qout << 1);
20           qout[0] <= sin;
21        end
22     end
23
24  endmodule
```

[모듈 5-13]의 모듈 코드를 살펴보자.

- 19 ~ 20줄 : 시프트 연산자를 사용하여 4비트 qout을 왼쪽으로 1비트 시프트 한 결과를 qout에 할당하는 것과 qout의 lsb(least significant bit)에 1비트 직렬입력 sin을 할당하는 것은 동시에 이루어진다. 19줄과 20줄은 논블록킹 대입문을 사용하고 있으므로 순차적으로 할당이 이루어지지 않고 동시에 이루어진다.

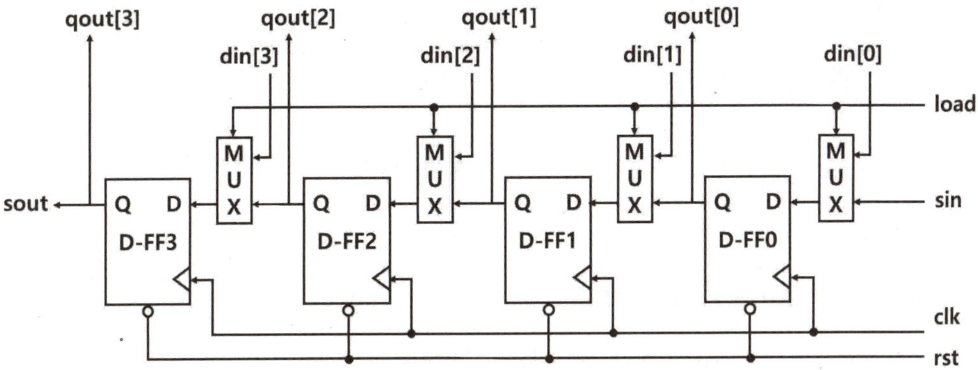

그림 5-14. 비동기 reset 및 load 기능을 갖는 4비트 SISO 시프트 레지스터

[그림 5-14]는 비동기 리셋(reset) 및 4비트 입력을 로드(load) 하는 기능을 갖는 직렬입력-직/병렬출력(SISO & SIPO) 구조의 4비트 시프트 레지스터이다. 출력신호의 선택에 따라 SISO 또는 SIPO 동작이 가능하다.

아래 과정에 따라 [그림 5-14]의 회로를 설계해 보자.

① 2장의 내용을 참고하여 프로젝트 생성
- 프로젝트 디렉토리 이름 : ../Quartus_Projects/CH5/shift_reg
- 프로젝트 이름 : shift_reg (최상위 설계 엔터티 이름은 자동으로 shift_reg로 설정됨)
- 타겟 디바이스 설정 (실습용 학습키트가 없으면 아무거나 설정해도 됨)

② 텍스트 에디터를 사용하여 [모듈 5-14]을 작성
- 모듈 코드 파일 이름 : shift_reg.v

모듈 5-14

```
/* 비동기 리셋 및 load 기능을 갖는 4비트 SISO/SIPO 시프트 레지스터 설계 */

module  shift_reg  (
   clk,           // 클록
   rst,           // 리셋
   load,          // 데이터 load를 위한 제어 신호
   sin,           // 직렬 입력
   din,           // load 할 4bit 병렬 입력
   sout,          // 직렬 출력
   qout);         // 4비트 병렬 출력

   input           clk, rst, load;
```

```
    input          sin;           // serial input data
    input    [3:0] din;           // 4bit parallel input data

    output         sout;          // serial output
    output   [3:0] qout;          // 4bit parallel output

    reg      [3:0] qout;

    assign  sout  =  qout[3];

    always @ (posedge clk or negedge rst) begin
       if (!rst)
          qout <= 4'b0;
       else if (load)
          qout <= din;
       else begin
          qout <= (qout << 1);
          qout[0] <= sin;
       end
    end

 endmodule
```

5-2-2 직렬입력-병렬출력 시프트 레지스터의 시뮬레이션

Quartus Prime의 인터페이스 메뉴에서 「Tools」 → 「Run Simulation Tool」 → 「RTL Simulation」를 선택하여 ModelSim-Altera를 실행하고 아래의 요약 과정을 순서대로 진행해보자.

① 「File」 → 「New」 → 「Source」 → 「Verilog」를 선택 후 아래 테스트벤치 코드를 작성하고 파일이름을 「tb_shift_reg.v」로 저장

② 「Compile」 → 「Compile...」를 클릭 후 테스트벤치 코드(tb_shift_reg.v)를 선택하고 「Compile」 클릭

- 컴파일 시 오류가 있으면 수정 후 반드시 파일을 저장하고 재 컴파일 실행

③ 「Simulate」 → 「Start Simulation...」 또는 를 선택하고 work 왼쪽의 ⊞를 누르고 작성한 테스트벤치 코드(tb_shift_reg.v)를 선택 후 「OK」 클릭

④ Object 창의 입출력 포트 신호들을 선택 후 Wave 창에 드래그 또는 오른쪽 마우스 클릭하여 「Add Wave」를 선택하여 Wave 창에 추가

- Wave 창이 보이지 않으면 인터페이스 메뉴의 「View」 → 「Wave」 선택

⑤ 「Simulate」 → 「Run」 → 「Run-All」 또는 를 클릭하여 시뮬레이션 실행

테스트벤치 5-14

```
/* 4비트 SIPO 시프트 레지스터의 시뮬레이션을 위한 테스트벤치 */
`timescale  1ns/10ps

module  tb_shift_reg;
   reg          clk, rst, load;
   reg          sin;
   reg    [3:0] din;
   wire         sout;
   wire   [3:0] qout;

   shift_reg          U0 (
   /* input           */  .clk            (clk),
   /* input           */  .rst            (rst),
   /* input           */  .load           (load),
   /* input           */  .sin            (sin),
   /* input     [3:0] */  .din            (din),
   /* output          */  .sout           (sout),
   /* output    [3:0] */  .qout           (qout));

   initial begin
      rst = 1; load = 0; sin = 0; din = 4'b0000; #100;
      rst = 0; load = 0; sin = 0; din = 4'b0000; #30;   // reset
      rst = 1; load = 1; sin = 0; din = 4'b1011; #100;  // load
      rst = 1; load = 0; sin = 0; din = 4'b0000; #100;
      rst = 1; load = 0; sin = 1; din = 4'b0000; #100;
      rst = 1; load = 0; sin = 0; din = 4'b0000; #100;
      rst = 1; load = 0; sin = 0; din = 4'b0000; #100;
      rst = 1; load = 0; sin = 1; din = 4'b0000; #100;
      rst = 1; load = 1; sin = 1; din = 4'b1111; #100;  // load
      rst = 1; load = 0; sin = 1; din = 4'b1111; #100;
      $stop;
   end

   initial   clk = 0;

   always   #50 clk = ~clk;

endmodule
```

시뮬레이션 결과

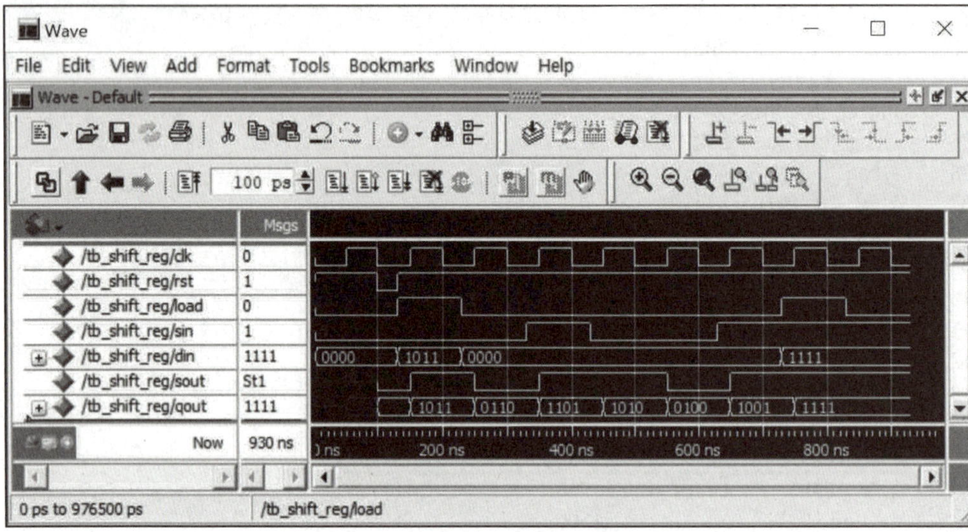

그림 5-15. 설계한 4비트 SIPO 시프트 레지스터의 시뮬레이션 결과 화면

[그림 5-15]의 시뮬레이션 결과에서 비동기 로드 기능으로 load = 0 → 1이 되는 즉시 qout에 din이 할당된다. 그러나 load = 0일 때는 클록에 동기되어 클록의 상승에지마다 sout은 qout의 최상위 비트(msb)가 출력되고, qout은 1비트 시프트 후 최하위 비트(lsb)에 sin이 할당되어 4비트로 출력됨을 알 수 있다.

5-2-3 LFSR을 이용한 난수 발생기의 설계

선형 되먹임 시프트 레지스터(Linear Feedback Shift Register; LFSR)는 통신 및 컴퓨팅 시스템의 스트림등의 응용에서 필요한 의사 난수 (pseudo random sequence) 발생기를 설계하는 데 사용된다. 레지스터에 입력되는 값이 이전 상태 값들의 선형 함수로 계산되는 구조를 갖는다. 이때 선형 함수는 XOR(배타적 논리합)이 일반적으로 사용된다.

[그림 5-16]은 4비트 LFSR을 이용한 의사 랜덤잡음 발생기의 회로도이고, [표 5-6]은 LFSR의 진리표이다.

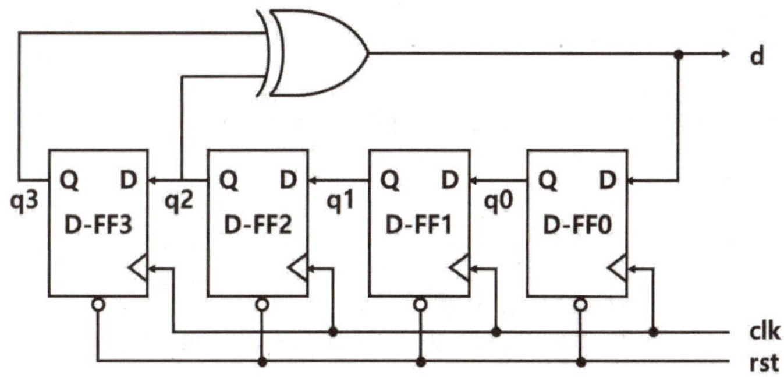

그림 5-16. 4비트 LFSR를 이용한 의사 랜덤 잡음 발생기의 회로도

표 5-6. 4비트 LFSR의 진리표

q3	q2	q1	q0	d	q3	q2	q1	q0	d
1	1	1	1	0	0	0	1	1	0
1	1	1	0	0	0	1	1	0	1
1	1	0	0	0	1	1	0	1	0
1	0	0	0	1	1	0	1	0	1
0	0	0	1	0	0	1	0	1	1
0	0	1	0	0	1	0	1	1	1
0	1	0	0	1	0	1	1	1	1
1	0	0	1	1	1	1	1	1	0

※ reset

Verilog HDL을 사용하여 [표 5-6]의 진리표를 갖는 [그림 5-16]의 4비트 LFSR을 이용한 의사 랜덤잡음 발생기를 설계해 보자.

① 2장의 내용을 참고하여 프로젝트 생성
- 프로젝트 디렉토리 이름 : ../Quartus_Projects/CH5/lfsr
- 프로젝트 이름 : lfsr (최상위 설계 엔터티 이름은 자동으로 lfsr로 설정됨)
- 타겟 디바이스 설정 (실습용 학습키트가 없으면 아무거나 설정해도 됨)

② 텍스트 에디터를 사용하여 [모듈 5-15]를 작성
- 모듈 코드 파일 이름 : lfsr.v

모듈 5-15

```
/* 4비트 LFSR를 이용한 의사 난수 발생기 설계 */

module lfsr (
   clk,          // 클록
   rst,          // 리셋
   d,            // 랜덤 잡음 출력
   q);           // 4비트 LSFR 시프트 레지스터 출력

   input          clk, rst;
   output         d;
   output   [3:0] q;

   reg      [3:0] q;
   wire           d;

   assign  d = q[2] ^ q[3];         // 선형함수로 XOR 사용

   always @ (posedge clk or negedge rst) begin
      if (!rst)
         q <= 4'b1111;
      else
         q <= {q, d};                // q는 LSFR의 q[2:0]과 되먹임 입력 d의 결합 출력
   end

endmodule
```

5-2-4 LFSR을 이용한 난수 발생기의 시뮬레이션

Quartus Prime의 인터페이스 메뉴에서 「Tools」 → 「Run Simulation Tool」 → 「RTL Simulation」을 선택하여 ModelSim-Altera를 실행하고 아래의 요약 과정을 순서대로 진행해보자.

① 「File」 → 「New」 → 「Source」 → 「Verilog」를 선택 후 다음의 테스트벤치 코드를 작성하고 파일이름을 「tb_lfsr.v」로 저장

② 「Compile」 → 「Compile...」를 클릭 후 테스트벤치 코드(tb_lfsr.v)를 선택하고 「Compile」 클릭

- 컴파일 시 오류가 있으면 수정 후 반드시 파일을 저장하고 재 컴파일 실행

③ 「Simulate」 → 「Start Simulation...」 또는 를 선택하고 work 왼쪽의 ⊞를 누르고 작성한 테스트벤치 코드(tb_lfsr.v)를 선택 후 「OK」 클릭

④ Object 창의 입출력 포트 신호들을 선택 후 Wave 창에 드래그 또는 오른쪽 마우스 클릭하여 「Add Wave」를 선택하여 Wave 창에 추가

- Wave 창이 보이지 않으면 인터페이스 메뉴의 「View」 → 「Wave」 선택

⑤ 「Simulate」 → 「Run」 → 「Run-All」 또는 를 클릭하여 시뮬레이션 실행

테스트벤치 5-15

```
/* 4비트 LFSR를 이용한 의사 난수 발생기의 시뮬레이션을 위한 테스트벤치 */
`timescale  1ns/10ps

module  tb_lfsr;
   reg          clk, rst;
   wire         d;
   wire   [3:0] q;

   lfsr                 U0 (
   /* input             */  .clk            (clk),
   /* input             */  .rst            (rst),
   /* output            */  .d              (d),
   /* output            */  .q              (q));

   initial begin
      rst = 1; #100;
      rst = 0; #30;    // 리셋
      rst = 1; #2000;
      $stop;
   end

   initial   clk = 0;

   always   #50 clk = ~clk;

endmodule
```

시뮬레이션 결과

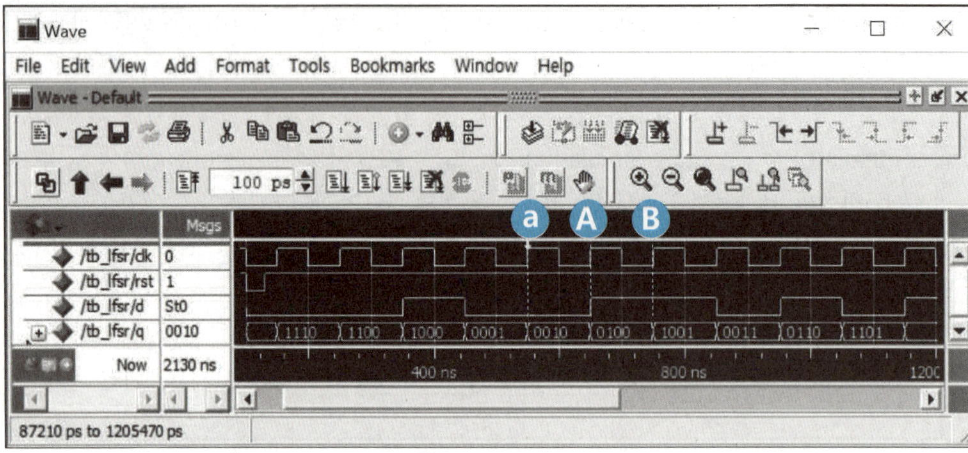

그림 5-17. 4비트 LFSR을 이용한 의사 난수 발생기의 시뮬레이션 결과

[그림 5-17]은 4비트 LFSR을 이용한 의사 난수 발생기의 시뮬레이션 결과이다.

Ⓐ : 출력 q는 ⓐ에서의 출력(q = 4'b0010)이 왼쪽으로 1비트 시프트되고, ⓐ에서 출력인 동시에 되먹임 입력으로 FF에 저장되었던 d = 0이 q[0]에 할당된 결과(q = 4'b0100)가 출력된다. Ⓐ의 되먹임 입력인 d = 1은 D-FF 동작에 의해 Ⓑ에 반영되어 나타날 것이다.

Ⓑ : Ⓐ에서의 동작과 마찬가지로 출력 q는 Ⓐ의 출력(q = 4'b0100)이 왼쪽으로 1비트 시프트되고, 되먹임 입력인 d = 1이 q[0]에 할당된 결과(q = 4'b1001)가 출력된다.

이때 각각의 클록의 상승에지에서의 출력 d는 1비트 랜덤잡음이다.

5-2-5 학습키트를 활용한 시프트 레지스터의 동작 확인

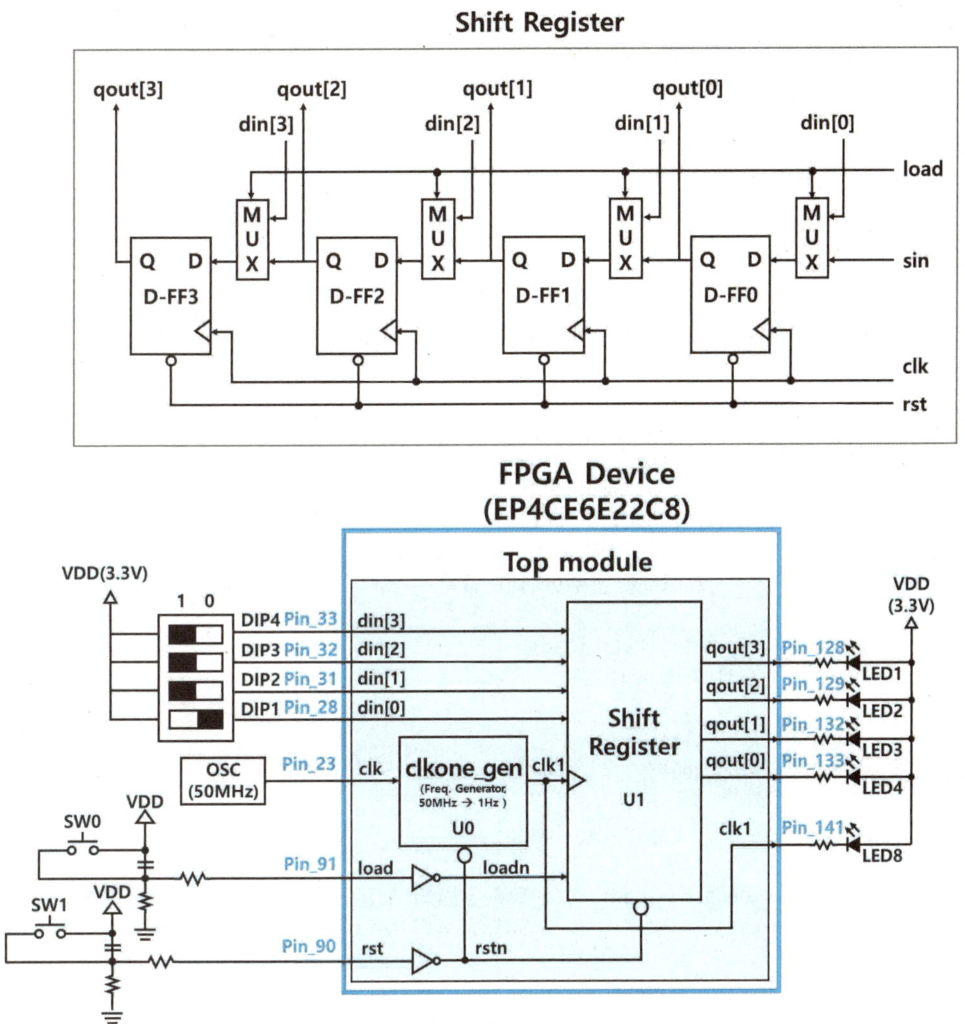

그림 5-18 시프트 레지스터 동작확인을 위한 학습키트의 핀 연결 정보

[그림 5-18]은 1초마다 왼쪽으로 1비트씩 시프트하는 시프트 레지스터 회로이다. Top 모듈인 [모듈 5-16]을 작성하고, 학습키트와 주변 장치와의 연결 정보를 참고하여 핀 할당 후 FPGA Programming을 진행해보자.

① 2장의 내용을 참고하여 프로젝트 생성
- 프로젝트 디렉토리 이름 : ../Quartus_Projects/CH5/top_shift_reg
- 프로젝트 이름 : top_shift_reg (최상위 설계 엔터티 이름은 자동으로 설정됨)
- 타겟 디바이스 설정 (실습용 학습키트가 없으면 아무거나 설정해도 됨)

② 프로젝트 생성 후 shift_reg.v와 1절에서 설계했던 clkone_gen.v를 복사해서 새로 생성된 프로젝트 폴더에 추가

③ 텍스트 에디터를 사용하여 [모듈 5-16]을 작성
- 모듈 코드 파일 이름 : top_shift_reg.v

모듈 5-16

```
/* 학습키트에서 시프트 레지스터의 동작 확인을 위한 통합 시스템 설계 */

module  top_shift_reg  (
   clk,          // 클록
   rst,          // 리셋
   load,         // load 제어 신호
   din,          // load 입력 데이터
   qout,         // 시프트 레지스터의 병렬출력
   clk1);        // clk를 분주한 1Hz 클록

   input          clk, rst, load;
   input    [3:0] din;

   output         clk1;
   output   [3:0] qout;

   wire           clk1, rstn, loadn;

   assign    loadn = ~load;    // SW0 입력의 Active-Low 동작을 위해 반전시킴
   assign    rstn  = ~rst;     // SW1 입력의 Active-Low 동작을 위해 반전시킴

   clkone_gen         U0 (
   /*  input           */ .clk          (clk),
   /*  input           */ .rst          (rstn),
   /*  output          */ .clk1         (clk1));

   shift_reg          U1 (
   /*  input           */ .clk          (clk1),
   /*  input           */ .rst          (rstn),
   /*  input           */ .load         (loadn),
   /*  input     [3:0] */ .din          (din),
   /*  output    [3:0] */ .qout         (qout));

endmodule
```

[모듈 5-16]의 모듈 코드를 살펴보자.

- 19 ~ 20줄 : 사용하는 학습키트의 푸시 스위치의 동작이 Active Low(스위치를 눌렀을 때 0(Low)가 입력) 또는 Active High(스위치를 눌렀을 때 1(High)이 입력)로 동작하는지에 따라 불필요할 수 있다. 사용하는 학습키트가 Active Low로 동작할 경우, 17줄의 rstn과 loadn을 삭제, 19줄과 20줄 전체 삭제, 그리고 24줄과 29줄의 rstn → rst, 30줄의 loadn → load로 변경하면 된다.
- 27줄 : shift_reg를 인스턴스화 할 때 최상위 모듈 (top_shift_reg)에서 사용하지 않는 입출력 포트는 이름에 의한 포트 맵핑 시 신호 맵핑을 생략할 수 있다.

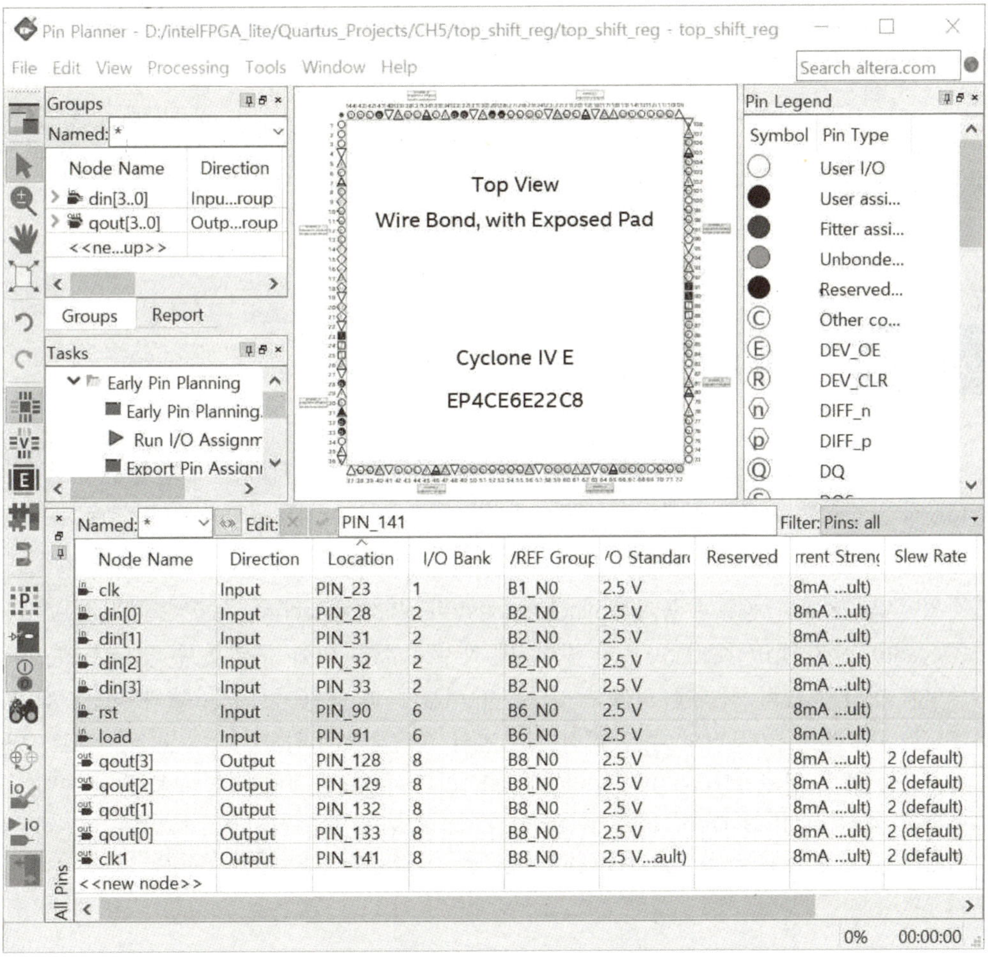

그림 5-19. 통합된 최상위 모듈(top_shift_reg)의 핀 할당을 위한 Pin Planner

[그림 5-19]의 핀 할당과 FPGA Programming까지 완료하였다면 [그림 5-18]과 같이 DIP 스위치가 DIP1 = 0, DIP2 ~ DIP4 = 1로 설정(din = 4'b1110)되어 있는지 확인 후 [모듈 5-16]의 동작 상태를 확인해보자. 이때 rst과 load는 하강에지 트리거(negative edge triggered) 동작을 위해 반전(스위치를 눌렀을 때 하강에지 트리거 됨)시켜 '1 → 0'이 입력됨을 주의하자.

Reset : SW1(FF reset)을 1초간 누르면 4개의 D-FF(qout[3:0])은 리셋(4'b0000)되어 LED4(qout[0]) = ON ~ LED1(qout[3]) = ON의 상태가 된다.

Load : SW0(FF set)을 1초간 누르면, 4개의 D-FF(qout[3:0])에 din = 4'b1110이 로드(LED4 = ON, LED1 ~ LED3은 OFF) 된다. qout[3:0] = 4'b1110으로 로드된 후 1Hz 클록 상승에지(LED8 = OFF)마다 qout[0]의 0이 qout의 상위 비트로 시프트되어 LED3(qout[1])부터 LED1(qout[3])까지 차례로 ON 상태가 됨을 확인할 수 있다.

5-3 카운터(Counter)

카운터(counter)는 플립플롭의 중요한 응용 중 하나로 제어회로 설계에 자주 사용하는 대표적인 순차회로이다. 클록이 입력될 때마다 수를 세는 기본 동작과 이를 활용하여 순차 제어, 타이밍, 주파수 분할 및 측정 등에 널리 사용된다.

일반적인 카운터 종류는 동기식(Synchronous)/비동기식(Asynchronous), 2진(Binary)/10진(Decade), 증가(Up)/감소(Down)와 같이 세 가지 요소에 의해 구분할 수 있다. 카운터의 출력이 하나의 입력 클록에 의해 동기되는지 여부에 따라 동기식 카운터와 비동기식 카운터로 구분되며, 카운터의 수를 헤아리는 범위 즉, 계수 범위가 0 ~ 2^N인 N비트 2진 카운터와 계수 범위가 0 ~ 9인 10진 카운터(10진 카운터는 4비트)로 구분된다. 또한 카운터의 계수 값이 증가하면 증가 카운터, 감소하면 감소 카운터이다. 세 가지 요소의 조합하여 총 8개 종류의 카운터로 나뉠 수 있다.

5-3-1 비동기식 N비트 2진 증가 카운터의 설계

비동기식 N비트 2진 카운터는 직렬로 연결된 N개의 플립플롭으로 구성되며 카운터 내의 플립플롭 출력이 동시에 발생하지 않고 순차적으로 발생하므로 리플(ripple) 카운터라도 한다.

[그림 5-20]은 하강에지에서 동작하는 4개의 JK-FF으로 구성된 4비트 증가 카운터의 회로도이다. lsb(least significant bit)에 해당하는 플립플롭에 카운터 클록이 연결되며 각 플립플롭의 출력 Q는 다음 플립플롭의 클록으로 사용된다. 이때 [그림 5-20]에서 사용된 JK-FF은 앞서 설계했던 상승에지에서 동작하는 JK-FF과 달리 하강에지에서 동작(회로도의 클록 입력에서 ○ 표현)함에 주의하자.

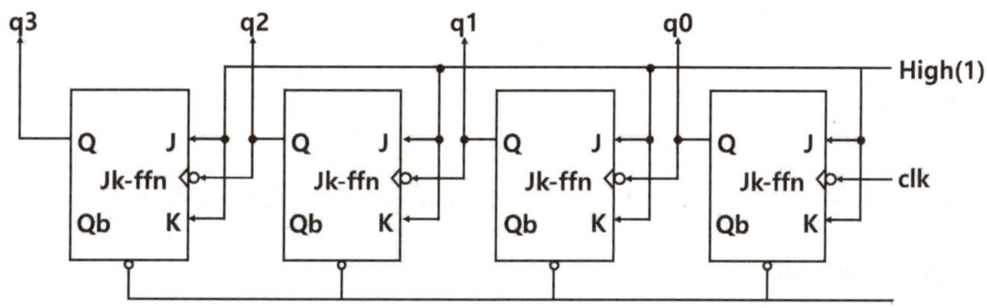

그림 5-20. 비동기식 4비트 2진 증가 카운터

[그림 5-21]은 위의 증가 카운터 출력이 갖는 16개(0 ~ 15)의 상태에 대한 타이밍도이다.

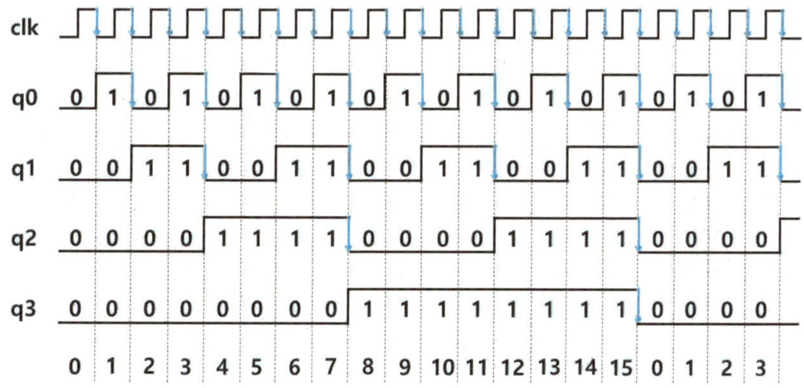

그림 5-21. 비동기식 4비트 2진 증가 카운터의 타이밍 도

[그림 5-20]의 비동기식 4비트 2진 증가 카운터를 설계해 보자.

① 2장의 내용을 참고하여 프로젝트 생성
- 프로젝트 디렉토리 이름 : ../Quartus_Projects/CH5/ripple_4cnt_up
- 프로젝트 이름 : ripple_4cnt_up
- 타겟 디바이스 설정

② [모듈 5-17]을 작성하여 저장
- 모듈 코드 파일 이름 : ripple_4cnt_up.v

③ 앞서 설계한 [모듈 5-9]를 하강에지에서 동작하도록 아래 [모듈 5-18]과 같이 수정하고 파일 이름 jk_ffn.v로 저장

모듈 5-17

```
/* 비동기식 4비트 2진 증가 카운터(Up Counter)의 Top 모듈 설계 */

module  ripple_4cnt_up  (
   clk,          // 클록
   rst,          // 리셋
   j,            // JK-FF의 j(입력)
   k,            // JK-FF의 k(입력)
   qout);        // 4비트 2진 증가 카운터의 출력

   input            clk, rst, set;
   input            j, k;
   output    [3:0] qout;

   wire      [3:0] qout;

   jk_ffn           jkffn0 (
   /*  input            */ .clk           (clk),
   /*  input            */ .rst           (rst),
   /*  input            */ .j             (j),
   /*  input            */ .k             (k),
   /*  output           */ .q             (qout[0]));

   jk_ffn           jkffn1 (
   /*  input            */ .clk           (qout[0]),
   /*  input            */ .rst           (rst),
   /*  input            */ .j             (j),
   /*  input            */ .k             (k),
```

```
    /*  output           */ .q              (qout[1]));

    jk_ffn          jkffn2 (
    /*  input            */ .clk            (qout[1]),
    /*  input            */ .rst            (rst),
    /*  input            */ .j              (j),
    /*  input            */ .k              (k),
    /*  output           */ .q              (qout[2]));

    jk_ffn          jkffn3 (
    /*  input            */ .clk            (qout[2]),
    /*  input            */ .rst            (rst),
    /*  input            */ .j              (j),
    /*  input            */ .k              (k),
    /*  output           */ .q              (qout[3]));

endmodule
```

모듈 5-18

```
/* always문과 case문을 이용하여 설계한 JK-FF을 clk의 하강에지 동작으로 수정 */

module jk_ffn (
   clk,          // 클록
   rst,          // 리셋
   set,          // 셋
   j,            // JK-FF의 입력 j
   k,            // JK-FF의 입력 k
   q,            // JK-FF의 출력 q
   qb);          // JK-FF의 출력 qb

   input     clk, rst, set;
   input     j, k;
   output    q, qb;

   reg       q;

   assign    qb = ~q;

   always @ (negedge clk or negedge rst or negedge set) begin     // 수정된 부분
      if(!rst)                               // 클리어(CLRN) 동작
         q  <=  0;
      else if (!set)                         // 프리셋(PRN) 동작
```

```
24            q  <=  1;
25         else
26            case({j, k})
27               2'b00   : q  <=  q;          // hold             : j = 0, k = 0
28               2'b01   : q  <=  1'b0;       // reset            : j = 0, k = 1
29               2'b10   : q  <=  1'b1;       // set              : j = 1, k = 0
30               2'b11   : q  <=  qb;         // output inversion : j = 1, k = 1
31               default : q  <=  1'bz;       // latch 방지
32            endcase
33      end
34
35   endmodule
```

[모듈 5-18]의 모듈 코드를 살펴보자.

- 03줄 : [모듈 5-9]의 모듈이름을 jk_ff에서 jk_ffn로 수정하였다.
- 10줄 : [모듈 5-9]의 sensitivity_list에서 posedge clk를 negedge clk로 수정하였다.
- 31줄 : latch 방지를 위한 사용한 q <= 1'bz는 합성이 가능하지만 일반적으로 ASIC 설계에서는 내부에 z(High Impedance)를 설계하지 않는다. 따라서 q <= 1'b0 또는 q <= 1'b1로 처리하는 것이 좋다.

5-3-2 비동기식 N비트 2진 증가 카운터의 시뮬레이션

[테스트벤치 5-17]을 작성하여 [모듈 5-17]의 리플 증가 카운터를 시뮬레이션 해보자.

Quartus Prime의 인터페이스 메뉴에서 「Tools」 → 「Run Simulation Tool」 → 「RTL Simulation」을 선택하여 ModelSim-Altera를 실행하고 아래의 요약 과정을 순서대로 진행해보자.

① 「File」 → 「New」 → 「Source」 → 「Verilog」를 선택 후 다음의 테스트벤치 코드를 작성하고 파일이름을 「tb_ripple_4cnt.v」로 저장

② 「Compile」 → 「Compile...」를 클릭 후 테스트벤치 코드(tb_ripple_4cnt_up.v)를 선택하고 「Compile」 클릭

- 컴파일 시 오류가 있으면 수정 후 반드시 파일을 저장하고 재 컴파일 실행

③ 「Simulate」 → 「Start Simulation...」 또는 를 선택하고 work 왼쪽의 ⊞를 누르고 작성한 테스트벤치 코드(tb_ripple_4cnt_up.v)를 선택 후 「OK」 클릭

④ Object 창의 입출력 포트 신호들을 선택 후 Wave 창에 드래그 또는 오른쪽 마우스 클릭하여 「Add Wave」를 선택하여 Wave 창에 추가

- Wave 창이 보이지 않으면 인터페이스 메뉴의 「View」 → 「Wave」 선택

⑤ 「Simulate」 → 「Run」 → 「Run-All」 또는 를 클릭하여 시뮬레이션 실행

테스트벤치 5-17

```
/* 비동기식 4비트 2진 증가 카운터(리플 증가 카운터)의 테스트벤치 */
`timescale  1ns/10ps

module  tb_ripple_4cnt_up;
   reg          clk, rst, j, k;
   wire   [3:0] qout;

   ripple_4cnt_up U0 (                           // 증가 카운터
   /* input            */  .clk          (clk),
   /* input            */  .rst          (rst),
   /* input            */  .j            (j),
   /* input            */  .k            (k),
   /* output           */  .qout         (qout));

   initial   clk = 1;

   initial    begin
      rst = 0; j = 1; k = 1; #100;
      rst = 1; j = 1; k = 1; #2000;
      $stop;
   end

   always    #50 clk = ~clk;

endmodule
```

시뮬레이션 결과

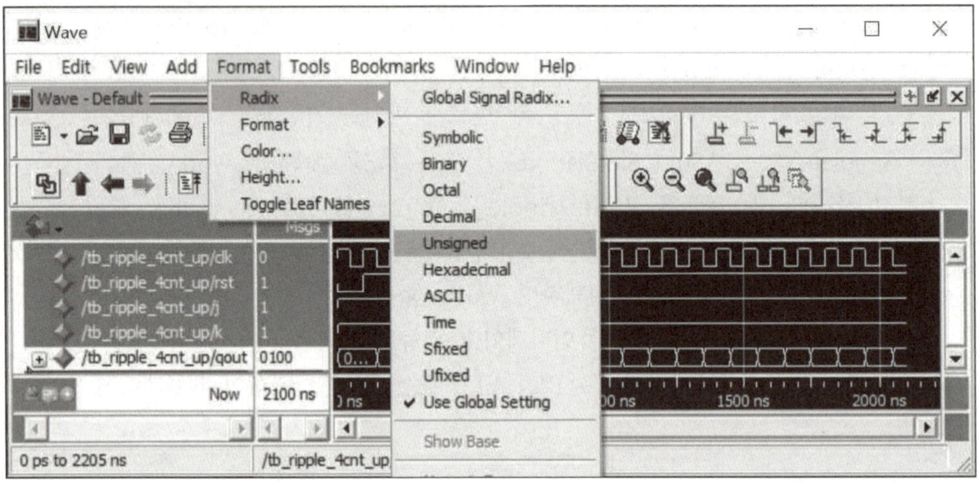

(a) data format 변경

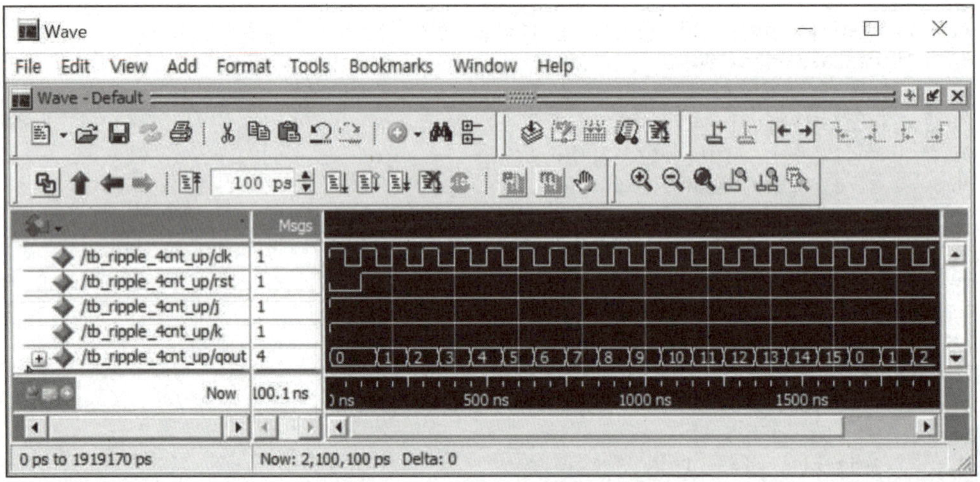

(b) data format이 변경된 결과

그림 5-22. 비동기식 4비트 2진 증가 카운터의 시뮬레이션 결과

시뮬레이션 결과로부터 증가 카운터의 동작을 쉽게 확인하기 위해 왼쪽의 신호리스트에서 출력신호 'qout'을 클릭하고 「Format」 → 「Radix」 → 「Unsigned」 선택 또는 마우스의 오른쪽 버튼을 눌러 「Radix」 → 「Unsigned」를 선택하면 위와 같이 출력신호 qout을 10진수로 확인할 수 있다.

[그림 5-22]의 시뮬레이션 결과에서 증가 카운트는 비동기식으로 동작하므로 클록의 상승에지에 트리거 되지 않고 하강에지에 트리거 되어 출력됨을 알 수 있다.

5-3-3 비동기식 N비트 감소 카운터의 설계 및 시뮬레이션

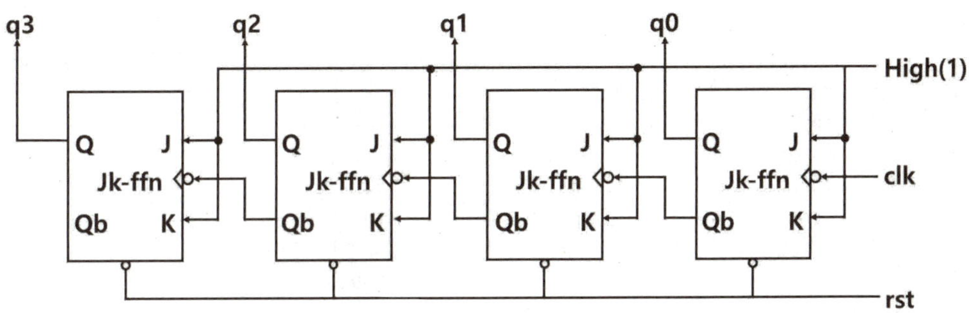

그림 5-23. 비동기식 4비트 2진 감소 카운터

[그림 5-23]은 하강에지에서 동작하는 4개의 JK-FF(jk_ffn)으로 구성된 4비트 감소 카운터의 회로도이다. [그림 5-22]의 감소 카운터는 증가 카운터와 마찬가지로 LSB에 해당하는 플립플롭에 카운터 클록이 연결되지만 [그림 5-20]의 증가 카운터와 달리 각 플립플롭의 출력 Qb는 다음 플립플롭의 클록으로 사용된다. 하위 모듈인 JK-FF(jk_ffn)은 증가 카운터에서 사용한 jk_ffn.v를 사용하면 된다.

[모듈 5-19]를 설계하고 [테스트벤치 5-17]을 사용하여 시뮬레이션을 진행해보자.

모듈 5-19

```
/* 비동기식 4비트 2진 감소 카운터(Down Counter)의 Top 모듈 설계 */

module  ripple_4cnt_down  (
   clk,           // 클록
   rst,           // 리셋
   j,             // JK-FF의 입력 j
   k,             // JK-FF의 입력 k
   qout);         // JK-FF의 출력 q

   input             clk, rst;
   input             j, k;
   output    [3:0] qout;

   wire      [3:0] qout, qoutb;

   jk_ffn          jkff0 (
   /*  input          */ .clk          (clk),
   /*  input          */ .rst          (rst),
   /*  input          */ .j            (j),
   /*  input          */ .k            (k),
   /*  output         */ .q            (qout[0]),
   /*  output         */ .qb           (qoutb[0]));

   jk_ffn          jkff1 (
   /*  input          */ .clk          (qoutb[0]),
   /*  input          */ .rst          (rst),
   /*  input          */ .j            (j),
   /*  input          */ .k            (k),
   /*  output         */ .q            (qout[1]),
   /*  output         */ .qb           (qoutb[1]));

   jk_ffn          jkff2 (
   /*  input          */ .clk          (qoutb[1]),
   /*  input          */ .rst          (rst),
   /*  input          */ .j            (j),
   /*  input          */ .k            (k),
   /*  output         */ .q            (qout[2]),
   /*  output         */ .qb           (qoutb[2]));

   jk_ffn          jkff3 (
   /*  input          */ .clk          (qoutb[2]),
   /*  input          */ .rst          (rst),
   /*  input          */ .j            (j),
   /*  input          */ .k            (k),
   /*  output         */ .q            (qout[3]),
   /*  output         */ .qb           (qoutb[3]));
endmodule
```

시뮬레이션 결과

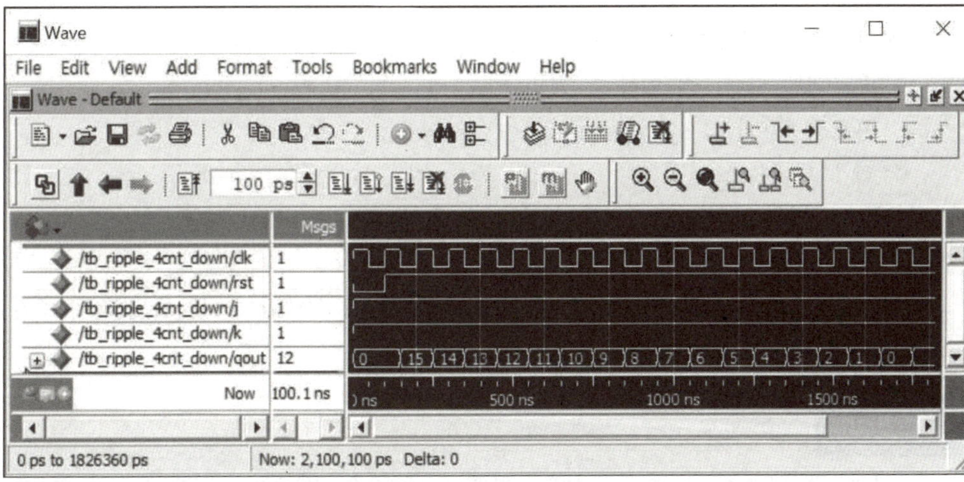

그림 5-24. 비동기식 4비트 2진 감소 카운터의 시뮬레이션 결과

[그림 5-24]의 시뮬레이션 결과에서 감소 카운트 결과는 비동기식으로 동작하므로 클록의 상승에지에 트리거 되지 않고 하강에지에 트리거 되어 출력됨을 확인할 수 있다.

5-3-4 동기식 4비트 2진 증가 카운터의 설계 및 시뮬레이션

[그림 5-22]는 직렬로 연결된 4개의 플립플롭으로 구성된 동기식 4비트 2진 카운터이다. 비동기식 카운터와 달리 동기식 카운터는 각 플립플롭이 모두 하나의 클록에 동기되어 있다. [모듈 5-20]은 데이터 플로우 모델링 방법을 사용하여 [그림 5-23]의 동기식 4비트 2진 증가 카운터를 설계한 모듈 코드이다.

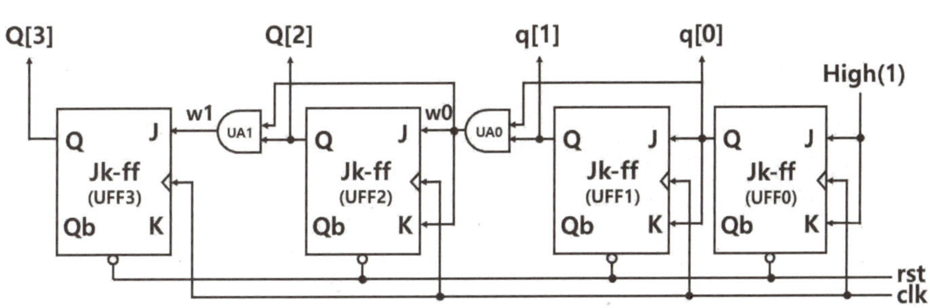

그림 5-25. 동기식 4비트 2진 증가 카운터

다음의 과정을 따라 [그림 5-25]의 동기식 4비트 2진 증가 카운터를 설계해 보자.

① 2장의 내용을 참고하여 프로젝트 생성
- 프로젝트 디렉토리 이름 : ../Quartus_Projects/CH5/sync_4cnt_up
- 프로젝트 이름 : sync_4cnt_up
- 타겟 디바이스 설정

② [모듈 5-20]을 작성하여 저장
- 모듈 코드 파일 이름 : sync_4cnt_up.v

③ 앞서 설계한 [모듈 5-9]의 jk_ff.v를 복사하여 새롭게 생성한 프로젝트 폴더에 추가

모듈 5-20

```
/* 동기식 4비트 2진 증가 카운터(Up Counter)의 Top 모듈 설계 */

module  sync_4cnt_up  (
   clk,          // 클록
   rst,          // 리셋
   j,            // JK-FF의 입력 j
   k,            // JK-FF의 입력 k
   q);           // JK-FF의 출력 q

   input            clk, rst;
   input            j, k;
   output    [3:0] q;

   wire             w0, w1;
   wire      [3:0] q;

   jk_ff             UFF0  (
   /*  input            */ .clk            (clk),
   /*  input            */ .rst            (rst),
   /*  input            */ .j              (j),
   /*  input            */ .k              (k),
   /*  input            */ .q              (q[0]));

   jk_ff             UFF1  (
   /*  input            */ .clk            (clk),
   /*  input            */ .rst            (rst),
   /*  input            */ .j              (q[0]),
   /*  input            */ .k              (q[0]),
   /*  input            */ .q              (q[1]));

```

```
    jk_ff           UFF2  (
    /*  input           */ .clk              (clk),
    /*  input           */ .rst              (rst),
    /*  input           */ .j                (w0),
    /*  input           */ .k                (w0),
    /*  input           */ .q                (q[2]));

    jk_ff           UFF3  (
    /*  input           */ .clk              (clk),
    /*  input           */ .rst              (rst),
    /*  input           */ .j                (w1),
    /*  input           */ .k                (w1),
    /*  input           */ .q                (q[3]));

    and UA0 (w1, q[2], w0);
    and UA1 (w0, q[0], q[1]);

endmodule
```

[모듈 5-20]의 동기식 4비트 2진 카운터를 시뮬레이션 해보자. 테스트벤치는 비동기식 4비트 2진 증가 카운터에서 사용한 [테스트벤치 5-17]을 이용하면 된다.

시뮬레이션 결과

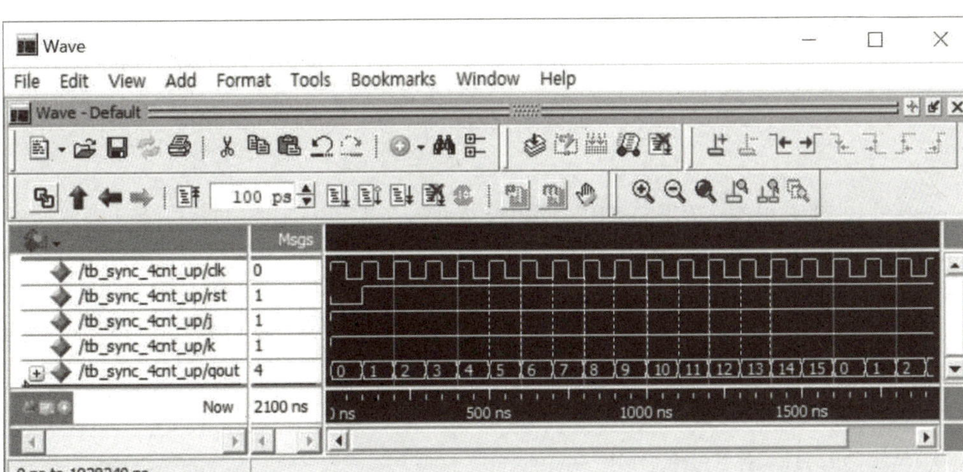

그림 5-26. 동기식 4비트 2진 증가 카운터의 시뮬레이션 결과 화면

[그림 5-26]의 시뮬레이션 결과는 [그림 5-22]와 [그림 5-24]의 비동기식 카운트 결과와 달리 동기식으로 동작하므로 클록의 상승에지에 트리거 되어 증가 카운터의 출력이 증가하는 것을 확인할 수 있다.

5-3-5 행위 수준 모델링 방법을 이용한 4비트 2진 증가/감소 카운터의 설계 및 시뮬레이션

우리는 앞에서 데이터플로우 수준 모델링 방법을 사용하여 비동기식/동기식 N비트 증가/감소 카운터를 설계해 보았다. 이러한 카운터 회로도를 사용하여 설계하는 것 보다 상태 천이도를 사용하여 행위 수준 모델링 방법을 사용하면 원하는 카운터를 보다 쉽게 설계할 수 있다.

[그림 5-27]은 4비트 증가/감소 카운터의 상태천이도이며, 제어입력에 따라 0부터 15까지 증가 또는 감소한다.

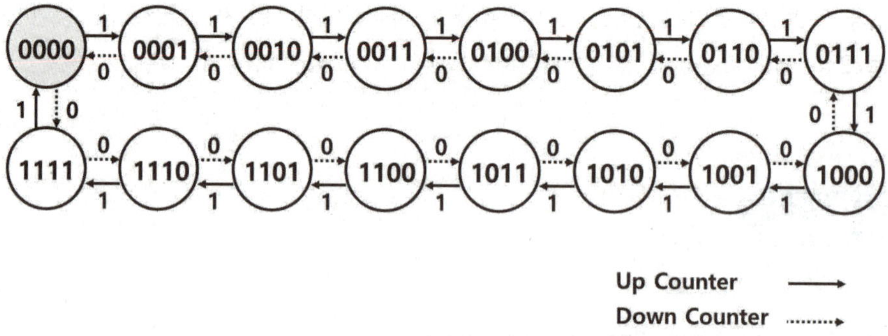

그림 5-27. 4비트 증가/감소 카운터의 상태천이도

다음의 과정을 따라 [그림 5-27]의 동기식 4비트 2진 증가/감소 카운터를 설계해 보자.

① 2장의 내용을 참고하여 프로젝트 생성
- 프로젝트 디렉토리 이름 : ../Quartus_Projects/CH5/sync_cnt4_updown
- 프로젝트 이름 : sync_cnt4_updown
- 타겟 디바이스 설정

② [모듈 5-21]을 작성하여 저장
- 모듈 코드 파일 이름 : sync_cnt4_updown.v

모듈 5-21

```
/* 동기식 4비트 2진 증가/감소 카운터(Up/Down Counter) 설계 */

module sync_4cnt_updown (
   clk,       // 클록
   rst,       // 리셋
   sel,       // 증가/감소 카운터 제어신호
   qout);     // 카운터 출력

   input         clk, rst;
   input         sel;      // sel = 0 : down counter, sel = 1 : up counter
   output  [3:0] qout;

   reg     [3:0] qout;

   always @(posedge clk or negedge rst)
      if (!rst)
         qout <= 4'b0000;
      else
         case(sel)
            0 : qout <= qout - 1'b1;   // down counter 동작
            1 : qout <= qout + 1'b1;   // up counter 동작
         endcase

endmodule
```

Quartus Prime의 인터페이스 메뉴에서 「Tools」→「Run Simulation Tool」→「RTL Simulation」을 선택하여 ModelSim-Altera를 실행하고 아래의 요약 과정을 순서대로 진행해보자.

① 「File」 → 「New」 → 「Source」 → 「Verilog」를 선택 후 다음의 테스트벤치 코드를 작성하고 파일이름을 「tb_sync_cnt4_updown.v」로 저장
② 「Compile」 → 「Compile...」를 클릭 후 테스트벤치 코드(tb_sync_cnt4_updown.v)를 선택하고 「Compile」 클릭
   - 컴파일 시 오류가 있으면 수정 후 반드시 파일을 저장하고 재 컴파일 실행
③ 「Simulate」 → 「Start Simulation...」 또는 를 선택하고 work 왼쪽의 ⊞를 누르고 작성한 테스트벤치 코드(tb_sync_cnt4_updown.v)를 선택 후 「OK」 클릭
④ Object 창의 입출력 포트 신호들을 선택 후 Wave 창에 드래그 또는 오른쪽 마우스 클릭하여 「Add Wave」를 선택하여 Wave 창에 추가
   - Wave 창이 보이지 않으면 인터페이스 메뉴의 「View」 → 「Wave」 선택
⑤ 「Simulate」 → 「Run」 → 「Run-All」 또는 를 클릭하여 시뮬레이션 실행

테스트벤치 5-21

```
/* 동기식 4비트 2진 증가/감소 카운터(Up/Down Counter)의 테스트벤치 */
`timescale  1ns/10ps

module  tb_sync_4cnt_updown;
   reg          clk, rst, sel;
   wire   [3:0] qout;

   sync_4cnt_updown U0 (
   /* input           */  .clk            (clk),
   /* input           */  .rst            (rst),
   /* input           */  .sel            (sel),
   /* output    [3:0] */  .qout           (qout));

   initial   clk = 1;

   initial    begin
      rst = 0; sel = 1; #80;     // rst
      rst = 1; sel = 1; #1000;  // up counter
      rst = 1; sel = 0; #1000;  // down counter
      $stop;
   end

   always    #50 clk = ~clk;

endmodule
```

시뮬레이션 결과

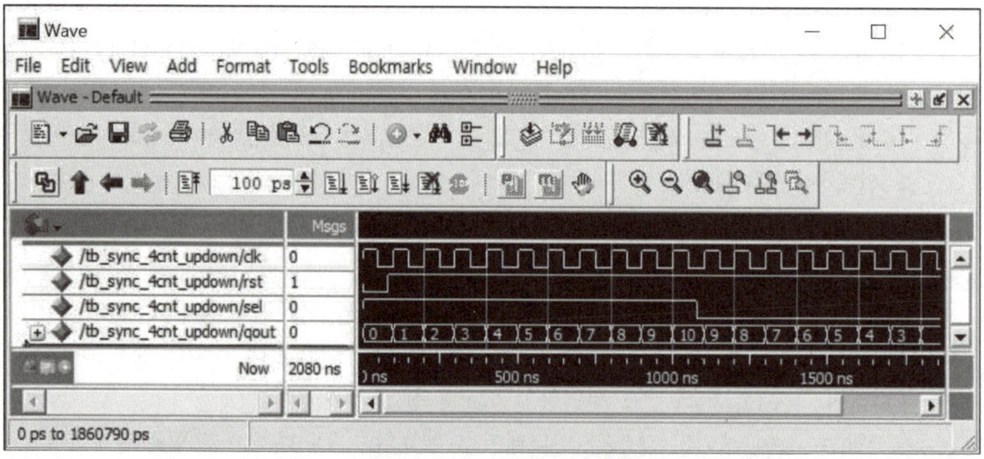

그림 5-28. 동기식 4비트 2진 증가/감소 카운터의 시뮬레이션 결과

[그림 5-28]의 시뮬레이션 결과에서 4비트 2진 카운터는 sel = 1일 때 증가 카운터, sel = 0일 때 감소 카운터로 동작하는 것을 알 수 있다. 또한 [그림 5-26]과 마찬가지로 동기식으로 동작하므로 클록의 상승에지에 트리거 되어 카운터의 출력이 증가 또는 감소하는 것을 확인할 수 있다.

5-3-6 행위 수준 모델링 방법을 이용한 BCD 카운터의 설계 및 시뮬레이션

BCD 카운터는 0 ~ 9까지 증가 또는 감소하는 10진수를 4비트 2진수로 표현하는 카운터이다. [표 5-7]은 비동기식 리셋 기능이 있는 BCD 증가/감소 카운터의 진리표이다.

표 5-7. BCD 카운터의 진리표

입력			출력			
clk	rst	sel	bcd[3]	bcd[2]	bcd[1]	bcd[0]
↑	0	x	0	0	0	0
↑	1	0	down count (9 → 0)			
↑	1	1	up count (0 → 9)			

↑ : positive edge trigger
x : unknown

다음의 과정을 따라 [표 5-7]의 진리표를 갖는 비동기식 리셋 기능의 BCD 증가/감소 카운터를 설계해 보자.

① 2장의 내용을 참고하여 프로젝트 생성
- 프로젝트 디렉토리 이름 : ../Quartus_Projects/CH5/bcdcnt
- 프로젝트 이름 : bcdcnt
- 타겟 디바이스 설정

② [모듈 5-22]를 작성하여 저장
- 모듈 코드 파일 이름 : bcdcnt.v

모듈 5-22

```
/* 비동기식 리셋 기능을 갖는 BCD 증가/감소 카운터 설계 */

module  bcdcnt  (
   clk,          // 클록
   rst,          // 리셋
   sel,          // 증가 또는 감소 카운터 선택을 위한 제어 신호
   bcd);         // BCD 증가/감소 카운터 출력

   input          clk, rst;
   input         sel;              // sel = 0 : down counter, sel = 1 : up counter
   output   [3:0] bcd;

   reg      [3:0] bcd;

   always @(posedge clk or negedge rst)
      if (!rst)
         bcd <= 4'b0000;
      else
         case(sel)
            0 :                          // down counter 동작
               if (bcd > 0)
                  bcd <= bcd - 1;
               else
                  bcd <= 9;
            1 :                          // up counter 동작
               if (bcd < 9)
                  bcd <= bcd + 1;
               else
                  bcd <= 0;
            default : bcd <= bcd;
         endcase

endmodule
```

Quartus Prime의 인터페이스 메뉴에서 「Tools」 → 「Run Simulation Tool」 → 「RTL Simulation」을 선택하여 ModelSim-Altera를 실행하고 아래의 요약 과정을 순서대로 진행해보자.

① 「File」 → 「New」 → 「Source」 → 「Verilog」를 선택 후 다음의 테스트벤치의 코드를 작성하고 파일이름을 「tb_bcdcnt.v」로 저장

② 「Compile」 → 「Compile...」를 클릭 후 테스트벤치 코드(tb_bcdcnt.v)를 선택하고 「Compile」 클릭

- 컴파일 시 오류가 있으면 수정 후 반드시 파일을 저장하고 재 컴파일 실행

③ 「Simulate」 → 「Start Simulation...」 또는 를 선택하고 work 왼쪽의 ⊞를 누르고 작성한 테스트벤치 코드(tb_bcdcnt.v)를 선택 후 「OK」 클릭

④ Object 창의 입출력 포트 신호들을 선택 후 Wave 창에 드래그 또는 오른쪽 마우스 클릭하여 「Add Wave」를 선택하여 Wave 창에 추가

- Wave 창이 보이지 않으면 인터페이스 메뉴의 「View」 → 「Wave」 선택

⑤ 「Simulate」 → 「Run」 → 「Run-All」 또는 를 클릭하여 시뮬레이션 실행

테스트벤치 5-22

```
/* 비동기식 리셋 기능을 갖는 BCD 증가/감소 카운터의 시뮬레이션을 위한 테스트벤치 */
`timescale  1ns/10ps

module  tb_bcdcnt;
   reg          clk, rst, sel;
   wire   [3:0] bcd;

   bcdcnt U0 (
   /* input              */  .clk             (clk),
   /* input              */  .rst             (rst),
   /* input              */  .sel             (sel),
   /* output    [3:0]    */  .bcd             (bcd));

   initial   clk = 1;

   initial    begin
      rst = 0; sel = 1; #80;     // rst
      rst = 1; sel = 1; #1000;  // up counter
      rst = 1; sel = 0; #1000;  // down counter
      $stop;
   end

   always    #50 clk = ~clk;

endmodule
```

시뮬레이션 결과

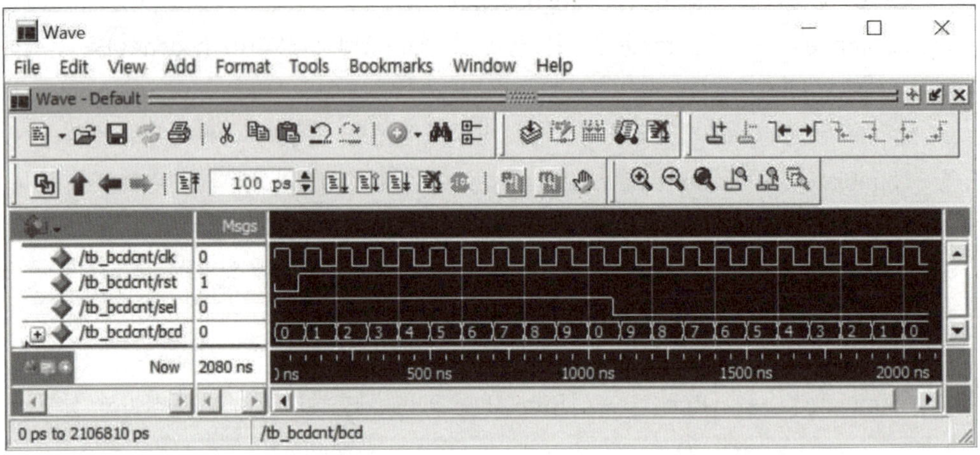

그림 5-29. 비동기식 리셋 기능을 갖는 BCD 증가/감소 카운터의 시뮬레이션 결과

[그림 5-29]의 시뮬레이션 결과로부터 BCD 카운터의 출력 bcd는 sel = 1일 때 0부터 9까지 증가하며, sel = 0일 때 9에서 0으로 감소하는 것을 알 수 있다. 이때 동기식으로 동작하므로 클록의 상승에지에 트리거 되어 카운터의 출력이 증가 또는 감소한다.

5-3-7 학습키트를 활용한 카운터의 동작 확인

우리는 앞에서 다양한 카운터를 설계하고 시뮬레이션으로 기능을 검증하였다. 여기서는 학습키트를 사용하여 설계한 카운터의 동작을 확인해보자.

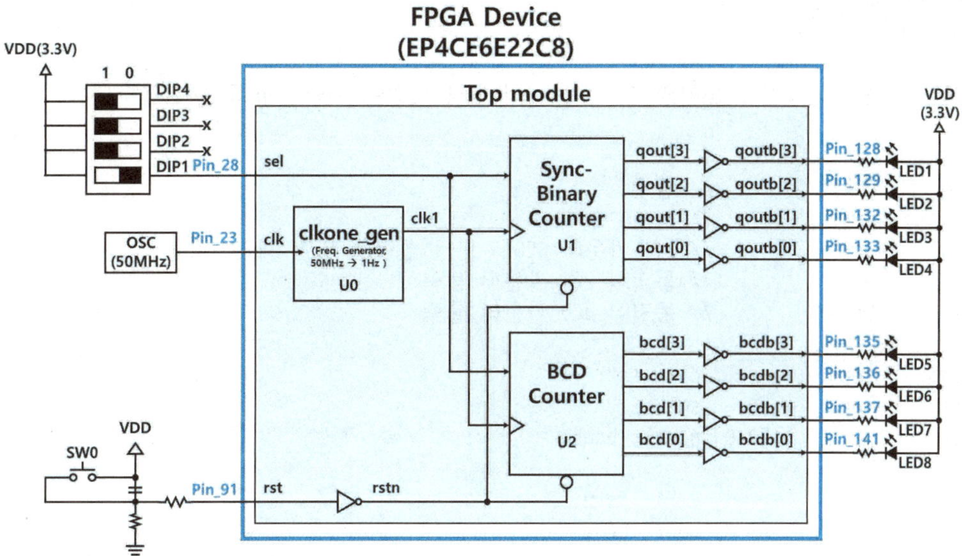

그림 5-30. 2진 카운터 및 BCD 카운터의 구현을 위한 학습키트의 핀 연결 정보

앞에서 설계한 동기식 2진 증가/감소 카운터와 BCD 증가/감소 카운터를 각각 하위 모듈로 하고, 새로운 최상위 모듈에서 인스턴스화 하여 각 카운터의 동작 확인을 해보자. 다음 과정에 따라 동기식 2진 카운터와 BCD 카운터를 통합하는 최상위 시스템을 설계해 보자.

① 2장의 내용을 참고하여 프로젝트 생성
- 프로젝트 디렉토리 이름 : ../Quartus_Projects/CH5/counter
- 프로젝트 이름 : counter(최상위 설계 엔터티 이름 : counter로 자동 설정됨)
- 타겟 디바이스 설정 (실습용 학습키트가 없으면 아무거나 설정해도 됨)

② 프로젝트 생성 후 sync_4cnt_updown.v와 bcdcnt.v를 복사해서 새로 생성된 프로젝트 폴더에 추가

③ 텍스트 에디터를 사용하여 최상위 모듈인 [모듈 5-23]을 작성 후 저장
- 모듈 코드 파일 이름 : counter.v

④ 1절에서 사용했던 1 Hz 클록 생성 모듈을 새로 생성된 프로젝트 폴더에 추가
- 모듈 코드 파일 이름 : clkone_gen.v

모듈 5-23

```
/* 동기식 2진 카운터와 BCD 카운터의 동작 확인을 위한 Top 모듈 설계 */

module  counter  (
   clk,          // 클록
   rst,          // 리셋
   sel,          // 2진 카운터/BCD 카운터 선택을 위한 제어신호
   qoutb,        // 동기식 2진 카운터 출력
   bcdb);        // 동기식 BCD 카운터 출력

   input          clk, rst;
   input          sel;
   output   [3:0] qoutb, bcdb;

   wire           clk1, rstn;
   wire     [3:0] qout, bcd;

   assign  rstn = ~rst; // Active High로 동작하는 SW0를 Active Low로 동작시키기 위해 반전

   clkone_gen         U0  (
   /*  input            */ .clk             (clk),
   /*  input            */ .rst             (rstn),
   /*  output           */ .clk1            (clk1)); // 1Hz clk

   sync_4cnt_updown   U1  (
   /*  input            */ .clk             (clk1),
   /*  input            */ .rst             (rstn),
   /*  input            */ .sel             (sel),
   /*  output     [3:0] */ .qout            (qout));

   bcdcnt             U2  (
   /*  input            */ .clk             (clk1),
   /*  input            */ .rst             (rstn),
   /*  input            */ .sel             (sel),
   /*  output     [3:0] */ .bcd             (bcd));

   assign   qoutb = ~qout;
   assign   bcdb = ~bcd;

endmodule
```

프로젝트 생성과 [모듈 5-23]의 최상위 모듈을 작성하고 오류없이 컴파일이 완료되었다면, [그림 5-30]의 최상위 모듈의 입출력 포트와 학습키트 주변 장치의 연결 정보를 참고하여 핀 할당 후 FPGA Programming을 진행하여 설계한 2종류의 카운터의 동작을 확인해보자. [그림 5-31]은 Pin Planner를 통한 핀 할당 결과이다.

① Quartus Prime의 Pin Planner에서 핀 할당 진행 후 다시 컴파일 실행
② Programmer에서 USB-Blaster를 사용하여 합성된 counter.sof 파일을 다운로드

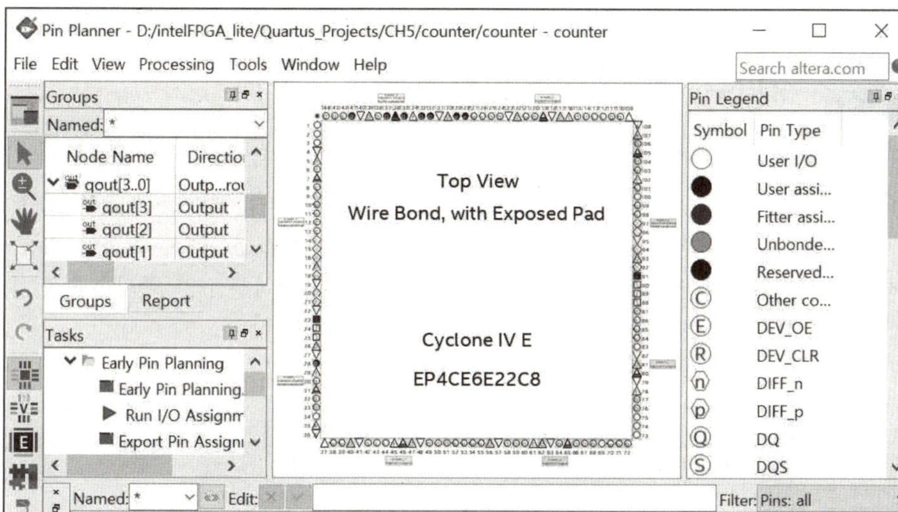

Node Name	Direction	Location	I/O Bank	/REF Group	/O Standard	Reserved	rrent Streng	Slew Rate
bcd[3]	Output	PIN_135	8	B8_N0	2.5 V...ault)		8mA ...ult)	2 (default)
bcd[2]	Output	PIN_136	8	B8_N0	2.5 V...ault)		8mA ...ult)	2 (default)
bcd[1]	Output	PIN_137	8	B8_N0	2.5 V...ault)		8mA ...ult)	2 (default)
bcd[0]	Output	PIN_141	8	B8_N0	2.5 V...ault)		8mA ...ult)	2 (default)
clk	Input	PIN_23	1	B1_N0	2.5 V...ault)		8mA ...ult)	
qout[3]	Output	PIN_128	8	B8_N0	2.5 V...ault)		8mA ...ult)	2 (default)
qout[2]	Output	PIN_129	8	B8_N0	2.5 V...ault)		8mA ...ult)	2 (default)
qout[1]	Output	PIN_132	8	B8_N0	2.5 V...ault)		8mA ...ult)	2 (default)
qout[0]	Output	PIN_133	8	B8_N0	2.5 V...ault)		8mA ...ult)	2 (default)
rst	Input	PIN_91	6	B6_N0	2.5 V...ault)		8mA ...ult)	
sel	Input	PIN_28	2	B2_N0	2.5 V...ault)		8mA ...ult)	
<<new node>>								

그림 5-31. 카운터의 입출력 포트의 핀 할당을 위한 Pin Planner

표 5-8. 동기식 2진 카운터와 BCD 카운터의 동작

입력			출력							
clk1	rst	sel	동기식 4비트 2진 카운터				BCD 카운터			
			LED1	LED2	LED3	LED4	LED5	LED6	LED7	LED8
x	0	x	OFF	OFF	OFF	OFF	OFF	OFF	OFF	OFF
↑	1	0	down count (15 → 0)				down count (9 → 0)			
↑	1	1	up count (0 → 15)				up count (0 → 9)			

↑ : positive edge trigger

5-4 주파수 분주기(Frequency Divider)

외부 OSC(oscillator)에서 발생하는 고주파 클록 펄스로부터 원하는 저주파 클록 신호를 생성하는 것을 주파수 분주기(frequency divider)라 한다. 3절에서 설계한 리플 카운터에서 n번째 비트의 카운트 상태 반복 주기를 사용하여 원하는 $f/2^n$ 주파수를 만든다.

5-4-1 주파수 분주기의 설계

[그림 5-32]는 1개의 D-FF을 사용한 f/2 분주기이다.

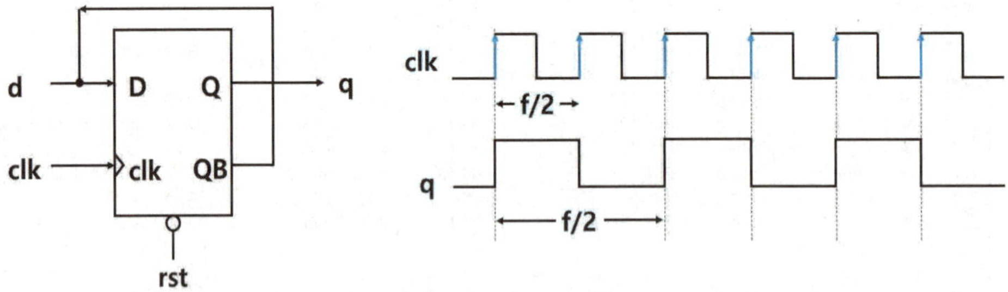

그림 5-32. f/2 분주기

클록의 주파수가 16 MHz라면 q의 주파수는 16/2 MHz, 즉 8 MHz이다. [그림 5-32]의 f/2 분주기를 리플 카운터처럼 직렬로 연결하고 출력 q를 다음 단의 f/2 분주기 클록으로 사용할 경우, [그림 5-33]의 f/4 분주기를 설계할 수 있다. 이와 같은 방법으로 원하는 $f/2^n$ 주파수를 갖는 분주기의 설계가 가능하다.

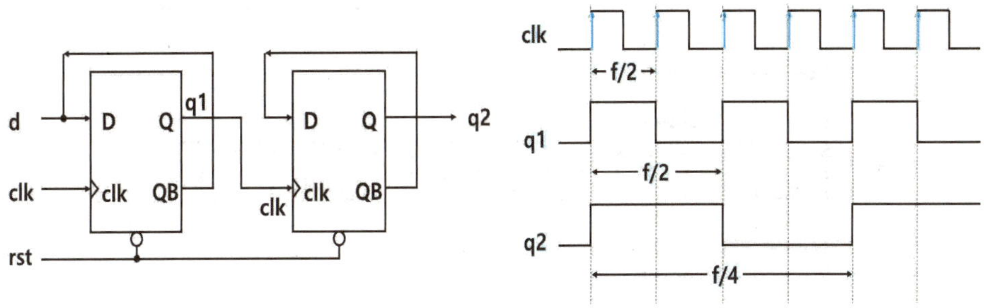

그림 5-33. f/4 분주기

[그림 5-34]와 같이 서로 다른 비트의 산술 연산을 통하여 $f/2^n$ 이외의 주파수도 만들 수 있다. 여기서 'Mod3 counter'는 modulo 3 counter로 00 → 01 → 10 → 00과 같이 3개의 상태를 갖는 2진 카운터이다.

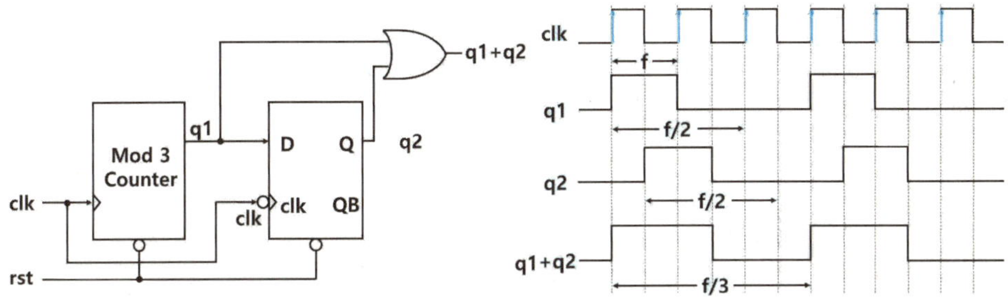

그림 5-34. 50% duty cycle을 이용한 f/3 분주기

행위 수준 모델링을 사용하여 외부 오실레이터(OSC)의 기준 클록으로부터 원하는 주파수의 클록 신호를 출력하는 분주기를 쉽게 설계할 수 있다. 1 MHz의 기준 클록으로부터 1 Hz 주파수 클록을 발생시키는 분주기를 설계해 보자.

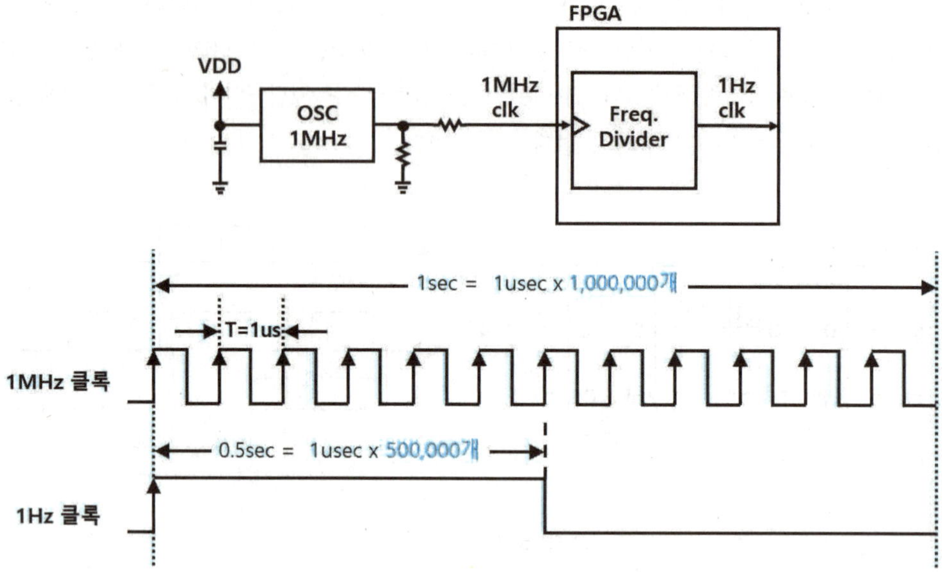

그림 5-35. 1MHz 클록과 1Hz 클록

[그림 5-35]에서 1 MHz의 기준 클록의 주기는 T = 1/1,000,000 sec, 즉 1 ㎲ 이므로 1초 동안 10^6개의 클록 펄스가 반복된다. 따라서 1 MHz의 상승에지에 동작하는 카운터 계수 값이 $10^6/2$ = 500,000이 카운트 될 동안 High(1)를 유지하고 다음 500,000이 카운트 될 동안 Low(0)를 유지하게 함으로써 1 Hz 클록을 생성할 수 있다.

다음의 과정을 따라 1 MHz 기준 클록으로부터 1 Hz 클록을 생성하는 주파수 분주기를 설계해 보자.

① 2장의 내용을 참고하여 프로젝트 생성
- 프로젝트 디렉토리 이름 : ../Quartus_Projects/CH5/clkone
- 프로젝트 이름 : clkone
- 타겟 디바이스 설정

② [모듈 5-24]를 작성하여 저장
- 모듈 코드 파일 이름 : clkone.v

모듈 5-24

```
/* 1 MHz 클록을 입력받아 1 Hz 클록을 생성하는 주파수 분주기 */

module  clkone  (
   clk,              // 클록
   rst,              // 리셋
   clk1);            // 1Hz 클록

   input           clk, rst;
   output          clk1;

   reg      [18:0] cnt_clk1;
   reg             clk1;

   always @ (posedge clk or negedge rst)  begin
      if (!rst) begin
         cnt_clk1  <=  0;
         clk1      <=  0;
      end
      else if (cnt_clk1 == 19'd499999)  begin
         cnt_clk1  <=  0;
         clk1      <=  ~clk1;
      end
      else
         cnt_clk1  <=  cnt_clk1 + 1'b1;
   end

endmodule
```

5-4-2 주파수 분주기의 시뮬레이션

Quartus Prime의 인터페이스 메뉴에서 「Tools」 → 「Run Simulation Tool」 → 「RTL Simulation」을 선택하여 ModelSim-Altera를 실행하고 아래의 요약 과정을 순서대로 진행해보자.

① 「File」 → 「New」 → 「Source」 → 「Verilog」를 선택 후 다음의 테스트벤치 코드를 작성하고 파일이름을 「tb_clkone.v」로 저장
② 「Compile」 → 「Compile...」를 클릭 후 테스트벤치 코드(tb_clkone.v)를 선택하고 「Compile」 클릭
  • 컴파일 시 오류가 있으면 수정 후 반드시 파일을 저장하고 재 컴파일 실행
③ 「Simulate」 → 「Start Simulation...」 또는 를 선택하고 work 왼쪽의 ⊞를 누르고 작성한 테스트벤치 코드(tb_clkone.v)를 선택 후 「OK」 클릭
④ Object 창의 입출력 포트 신호들을 선택 후 Wave 창에 드래그 또는 오른쪽 마우스 클릭하여 「Add Wave」를 선택하여 Wave 창에 추가
  • Wave 창이 보이지 않으면 인터페이스 메뉴의 「View」 → 「Wave」 선택
⑤ 「Simulate」 → 「Run」 → 「Run-All」 또는 를 클릭하여 시뮬레이션 실행

테스트벤치 5-24

```
/* 1MHz 클록 → 1Hz 클록을 생성하는 주파수 분주기의 시뮬레이션을 위한 테스트벤치 */
`timescale  1ns/10ps

module  tb_clkone;

   parameter  STEP = 1000;           // STEP = 1000 * 1ns = 1us

   reg        clk, rst;
   wire       clk1;

   clkone               U0 (
   /* input             */  .clk            (clk),
   /* input             */  .rst            (rst),
   /* output            */  .clk1           (clk1));

   initial   begin
      clk = 1; rst = 1; #50;
      rst = 0; #30; // rst
      rst = 1; #(STEP*2000000); // 1us * 2000000 = 2 sec
      $stop;
   end

   always    #(STEP/2)  clk = ~clk; // STEP/2 = 500 * 1ns = 0.5us에서 반전

endmodule
```

[모듈 5-24]의 코드를 살펴보자.

- 02줄 : 테스트벤치에서 사용할 참고시간 단위는 1 ns, 시간정밀도는 10 ps로 지정하였다.
- 06줄 : parameter를 사용하여 STEP = 1000으로 선언함에 따라 STEP = 1us가 된다.
- 17줄 : clk과 rst의 초기값을 1로 하여 50 ns 동안 유지한다.
- 18줄 : 비동기 하강에지 트리거 rst 신호를 rst = 1 → 0으로 변경하여 1 Hz 클록 분주기를 리셋 한다.
- 19줄 : rst = 1로 하고 STEP × 2,000,000 = 2 sec 동안 유지한다.
- 20줄 : 20줄의 always문이 계속해서 클록을 생성하므로 19줄의 2초 시간 후에 시뮬레이션을 중지하라는 명령이다.
- 20줄 : STEP/2 = 0.5 us 마다 클록을 반전시켜 외부 클록인 clk으로부터 1 MHz 클록을 발생시킨다.

시뮬레이션 결과

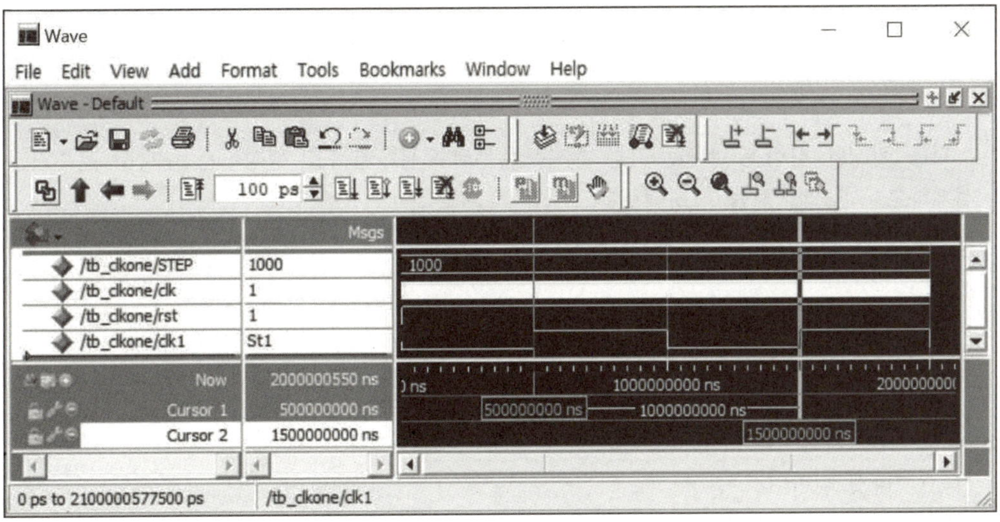

그림 5-36. 1 MHz 기준 클록으로부터 1 Hz 클록을 생성하는 주파수 분주기의 시뮬레이션 결과

5-4-3 50 MHz-to-1 Hz 주파수 분주기의 설계 및 시뮬레이션

1 MHz로부터 1 Hz 클록을 생성하는 [모듈 5-24]의 분주기를 참고하여 50 MHz의 기준 클록으로부터 1 Hz 클록을 생성하는 분주기를 설계해 보자.

[그림 5-37]에서 50 MHz 클록의 주기는 T = 1/50,000,000 sec, 즉 20 ns이므로 1초 동안 50×10^6개의 클록 펄스가 반복된다. 따라서 기준 클록의 상승에지에 동작하는 카운터 계수값이 25×10^6 = 25,000,000이 될 때까지 High(1)를 유지하고, 50,000,000이 될 때까지 Low(0)를 유지하게 함으로써 1 Hz 클록을 생성할 수 있다.

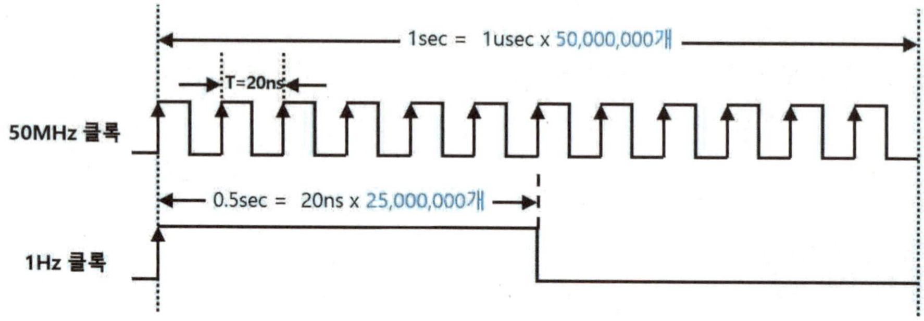

그림 5-37. 50 MHz 클록과 1 Hz 클록

다음 과정에 따라 50 MHz 기준 클록으로부터 1 Hz 클록을 생성하는 주파수 분주기를 설계하고, 시뮬레이션을 진행해보자.

① 2장의 내용을 참고하여 프로젝트 생성
- 프로젝트 디렉토리 이름 : ../Quartus_Projects/CH5/clkone_gen
- 프로젝트 이름 : clkone_gen
- 타겟 디바이스 설정

② [모듈 5-25]를 작성하여 저장
- 모듈 코드 파일 이름 : clkone_gen.v

모듈 5-25

```
/* 50 MHz 클록을 입력받아 1 Hz 클록을 생성하는 주파수 분주기 */

module  clkone_gen  (
   clk,           // 클록
   rst,           // 리셋
   clk1);           // 1Hz 클록

   input           clk, rst;
   output          clk1;

   reg        [24:0] cnt_clk1; // 0부터 24,999,999까지 카운트하기 위해 최소 25비트 선언
   reg             clk1;

   always @ (posedge clk or negedge rst)  begin
      if (!rst) begin
         cnt_clk1  <= 0;
         clk1      <= 0;
      end
      else if (cnt_clk1 == 25'd24999999)  begin
         cnt_clk1  <=  0;
         clk1      <=  ~clk1;
         end
      else
         cnt_clk1  <=  cnt_clk1 + 1'b1;
   end

endmodule
```

Quartus Prime의 인터페이스 메뉴에서 「Tools」 → 「Run Simulation Tool」 → 「RTL Simulation」을 선택하여 ModelSim-Altera를 실행하고 아래의 요약 과정을 순서대로 진행하자.

① 「File」 → 「New」 → 「Source」 → 「Verilog」를 선택 후 다음의 테스트벤치 코드를 작성하고 파일이름을 「tb_clkone_gen.v」로 저장

② 「Compile」 → 「Compile...」를 클릭 후 테스트벤치 코드(tb_clkone_gen.v)를 선택하고 「Compile」 클릭

- 컴파일 시 오류가 있으면 수정 후 반드시 파일을 저장하고 재 컴파일 실행

③ 「Simulate」 → 「Start Simulation...」 또는 를 선택하고 work 왼쪽의 ⊞를 누르고 작성한 테스트벤치 코드(tb_clkone_genv)를 선택 후 「OK」 클릭

④ Object 창의 입출력 포트 신호들을 선택 후 Wave 창에 드래그 또는 오른쪽 마우스 클릭하여 「Add Wave」를 선택하여 Wave 창에 추가

- Wave 창이 보이지 않으면 인터페이스 메뉴의 「View」 → 「Wave」 선택

⑤ 「Simulate」 → 「Run」 → 「Run-All」 또는 를 클릭하여 시뮬레이션 실행

테스트벤치 5-25

```
/* 50 MHz 클록 → 1 Hz 클록을 생성하는 주파수 분주기의 시뮬레이션을 위한 테스트벤치 */
`timescale 1ns/10ps

module tb_clkone_gen;
   parameter STEP = 20; // STEP = 20 * 1ns = 20ns

   reg      clk, rst;
   wire     clk1;

   clkone_gen         U0 (
   /* input           */  .clk           (clk),
   /* input           */  .rst           (rst),
   /* output          */  .clk1          (clk1));

   initial  begin
      clk = 1; rst = 1; #50;
      rst = 0; #30; // rst
      rst = 1; #(STEP*100000000); // 20ns * 100,000,000 = 2 sec
      $stop;
   end

   always   #(STEP/2)  clk = ~clk; // STEP/2 = 10 * 1ns = 10ns에서 반전

endmodule
```

시뮬레이션 결과

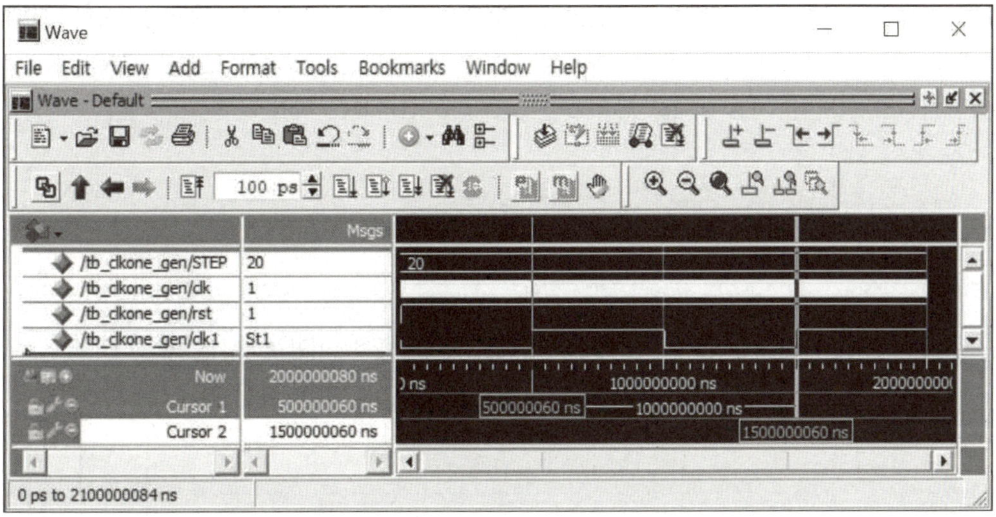

그림 5-38. 50 MHz 기준 클록으로부터 1 Hz 클록을 생성하는 주파수 분주기의 시뮬레이션 결과

5-4-4 학습키트를 활용한 주파수 분주기의 동작 확인

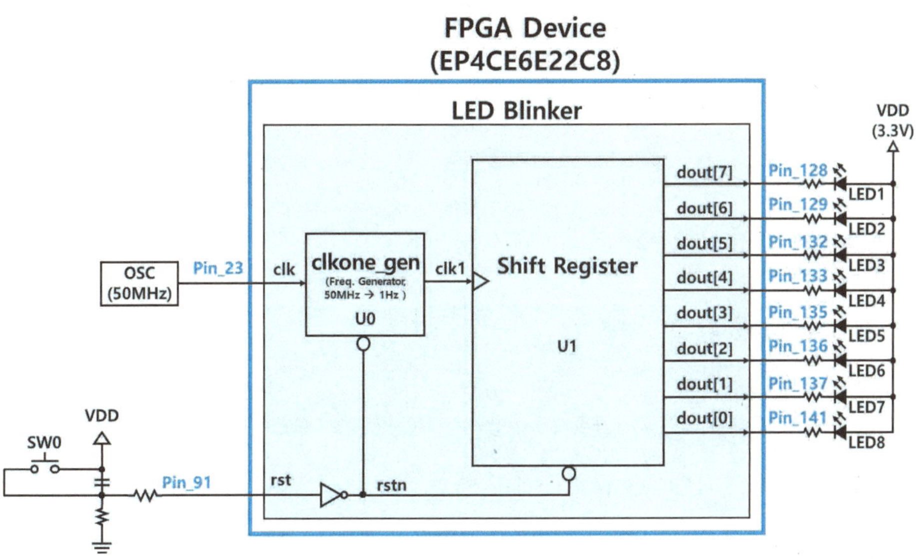

그림 5-39. 1 Hz 클록 분주기 동작 확인을 위한 학습키트의 핀 연결 정보

OSC에서 생성된 외부 기준 클록(50 MHz)을 입력받아 1 Hz 클록을 출력하는 주파수 분주기 출력에 동기되어 1초마다 LED를 차례로 켜는 'LED Blinker'를 설계해 보자. [그림 5-39]는 학습키트의 주변 장치(OSC, SW, LED)와의 연결정보를 나타내고 있다. LED Blinker는 1초마다 8개의 LED를 차례로 ON 상태를 만들고 8개의 LED가 모두 ON 상태가 되면 하나씩 OFF 상태로 만드는 시스템으로 진리표는 다음과 같다.

표 5-9. LED Blinker의 진리표

입력		출력							
clk1	rst	dout[7]	dout[6]	dout[5]	dout[4]	dout[3]	dout[2]	dout[1]	dout[0]
x	0	1	1	1	1	1	1	1	1
↑	1	1	1	1	1	1	1	1	0
↑	1	1	1	1	1	1	1	0	0
↑	1	1	1	1	1	1	0	0	0
↑	1	1	1	1	1	0	0	0	0
↑	1	1	1	1	0	0	0	0	0
↑	1	1	1	0	0	0	0	0	0
↑	1	1	0	0	0	0	0	0	0
↑	1	0	0	0	0	0	0	0	0

↑ : positive edge trigger

[표 5-9]의 LED Blinker는 [모듈 5-26]과 같이 설계할 수 있다.

모듈 5-26

```
/* LED Blinker */

module  led_blinker  (
   clk,             // 클록
   rst,             // 리셋
   dout);           // led blinker 출력

   input           clk, rst;
   output    [7:0] dout;

```

```
    reg       [7:0] dout;
    reg       [3:0] cnt;
    wire            clk1, rstn;

    assign  rstn = ~rst; // 학습키트의 푸시 스위치가 Active Low로 동작하도록 반전시킴

    clkone_gen          U0  (
    /*  input            */ .clk          (clk),
    /*  input            */ .rst          (rstn),
    /*  output           */ .clk1         (clk1)); // 1Hz clk

    // shift register (U1)
    always @ (posedge clk1 or negedge rstn)  begin
       if (!rstn) begin
          dout    <=  8'b1111_1111;
          cnt     <=  3'b000;
       end
       else if (cnt < 8) begin
          dout    <=  dout << 1;
          cnt     <=  cnt + 1;
       end
       else if (cnt < 15) begin
          dout    <=  dout >> 1;
          dout[7] <=  1;
          cnt     <=  cnt + 1;
       end
       else begin
          dout    <=  8'b1111_1111;
          cnt     <=  3'b000;
       end
    end

endmodule
```

다음 과정을 통해 학습키트에서 주파수 분주기의 동작을 확인해보자.

① 2장의 내용을 참고하여 프로젝트 생성
- 프로젝트 디렉토리 이름 : ../Quartus_Projects/CH5/led_blinker
- 프로젝트 이름 : led_blinker (최상위 설계 엔터티 이름은 자동으로 설정됨)
- 타겟 디바이스 설정 (실습용 학습키트가 없으면 아무거나 설정해도 됨)

② 텍스트 에디터를 사용하여 최상위 모듈인 [모듈 5-26]을 작성 후 저장
- 모듈 코드 파일 이름 : led_blinker.v

③ 1절에서 사용했던 1 Hz 클록 생성 모듈을 새로 생성된 프로젝트 폴더에 추가
- 모듈 코드 파일 이름 : clkone_gen.v

프로젝트 생성 후 led_blinker의 설계가 완료되었다면 컴파일을 진행해보자. 오류가 없다면 [그림 5-39]에 보인 led_blinker의 입출력 포트와 학습키트 주변 장치의 연결 정보를 참고하여 핀 할당 후 FPGA Programming을 진행해보자.

① Quartus Prime의 Pin Planner에서 핀 할당 진행 후 다시 컴파일 실행
② Programmer에서 USB-Blaster를 사용하여 합성된 led_blinker.sof 파일을 다운로드

[그림 5-40]의 핀 할당과 FPGA Programming까지 완료하였다면 설계한 주파수 분주기의 동작 상태를 확인해보자.

비동기 rst 기능을 가지므로 SW0(rst)을 누르는 즉시 8개의 LED는 모두 OFF의 상태가 되고, 1초 이내에 주파수 분주기 출력 1 Hz 클록의 상승에지에서 LED8을 시작으로 LED1까지 1초마다 하나씩 ON 상태가 된다. 모든 LED가 ON 상태가 되면 반대로 LED1를 시작으로 LED8까지 차례로 OFF 상태가 되며 이러한 동작은 반복된다.

rst은 하강에지 트리거(negative edge triggered) 동작을 위해 반전(스위치를 눌렀을 때 하강에지 트리거 됨)시켜 '1 → 0'이 입력됨을 주의하자.

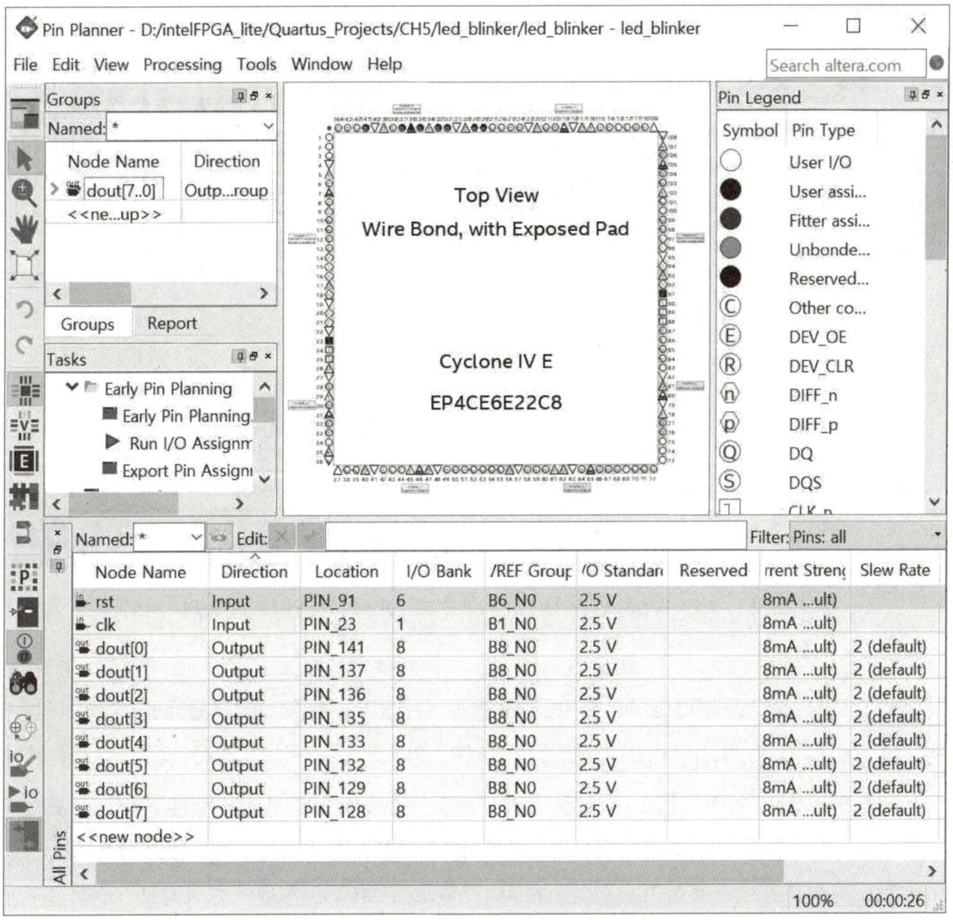

그림 5-40. 주파수 분주기의 입출력 포트의 핀 할당을 위한 Pin Planner

5-5 7세그먼트 동적 디스플레이(7-Segment Dynamic Display)

우리는 이미 4장 조합회로의 7절에서 7세그먼트 표시장치(7segment or FND)의 기본적인 구조를 살펴보고, 7세그먼트 디코더를 설계해 보았다. 7세그먼트 표시장치는 한 개만 사용하기도 하지만 일반적으로 4개 또는 8개가 1조로 이루어져 있다. [그림 5-41]은 공통 음극 방식의 4자리 7세그먼트 표시장치의 회로도와 타이밍도이다. 각 자릿수의 7세그먼트 표시장치의 음극(cathode)은 공통 단자로 연결되어 있으므로 'COM1 ~ COM4'에 '0(Low)'와 제어신호(a, b, c, d, e, f, g, dp)에 '1(High)'이 입력되면 다이오드로 구성된

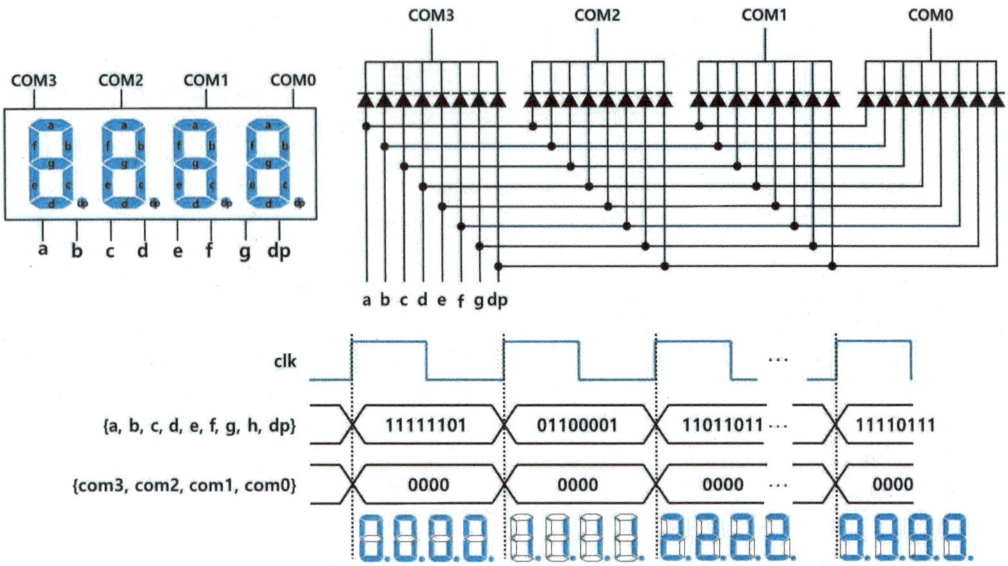

그림 5-41. CC type의 4자리 7세그먼트 표시장치의 회로도와 타이밍

해당 세그먼트는 발광함으로써 숫자를 표현할 수 있다. 이때 각 7세그먼트 장치의 제어 신호(a, b, c, d, e, f, g, dp)는 서로 연결되어 있으므로 동시에 같은 숫자가 표현된다.

[그림 5-42]는 여러 개로 구성된 7세그먼트 표시장치에 서로 다른 숫자를 표현하기 위한 타이밍도이다. 120 Hz 이상의 클록(설계 시 clk_fnd는 200 Hz 사용)에 동기된 'sel_fnd' 신호를 사용하여 천의 자리 7세그먼트(COM3)를 선택하고 원하는 숫자(data_fnd)를 표현한다. 'sel_fnd'에 의해 백의 자리, 십의 자리, ... 등 차례로 각 자릿수의 7세그먼트를 선택하여 원하는 숫자를 표현하는 과정을 반복하면 잔상효과에 의해 각 자릿수에 서로 다른 숫자가 동시에 표현되는 것처럼 보인다. 이러한 잔상효과를 얻기 위해서 각 자릿수는 1초에 30번 이상 반복해서 표시되어야 한다. 따라서 4자리 7세그먼트의 각 자릿수를 선택하는데 사용하는 클록(clk_fnd)의 주기는 $1/(30\times4) \approx 0.0083$초보다 작아야 한다. [그림 5-42]에서 4자리 7세그먼트 표시장치에 '0123'이라는 숫자를 표시하기 위해서 clk_fnd의 주기를 0.005초(주파수는 200 Hz)로 설정하였다.

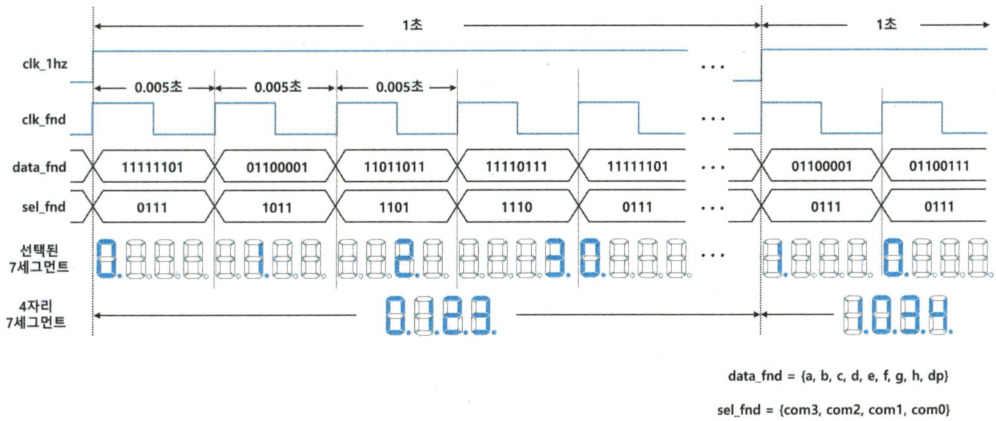

그림 5-42. 4자리 7세그먼트 표시장치의 동적 표현

5-5-1 7세그먼트를 이용한 4자리 BCD 증가 카운터의 설계

4자리 7세그먼트(FND) 표시장치에 1초마다 0000 ~ 9999까지 1씩 증가하는 값을 표현하는 카운터를 설계해 보자. [그림 5-43]은 구조적 모델링 방법으로 4자리 카운터를 설계할 때 세부 요소 기능의 하위 모듈의 구성과 입출력 신호를 나타내고 있다.

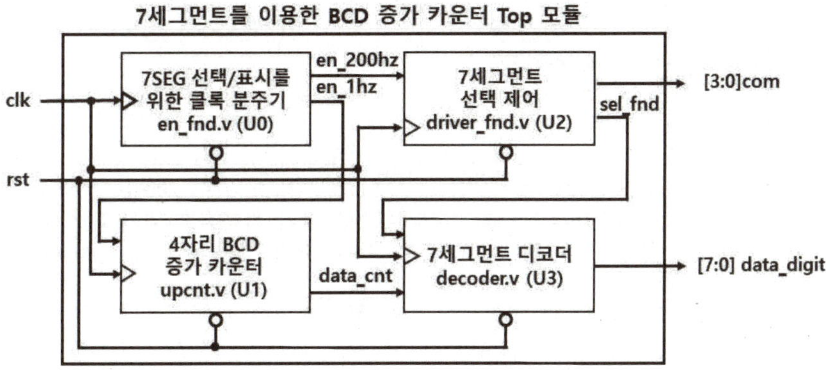

그림 5-43. 7세그먼트를 이용한 4자리 BCD 증가 카운터

[모듈 5-27] ~ [모듈 5-31]은 [그림 5-43]의 4자리 증가 카운터의 Top 모듈과 하위 모듈이다. 각 모듈의 소스코드에 대한 설명은 주석 내용을 참고하기 바란다.

다음의 과정을 따라 7세그먼트를 이용한 4자리 증가 카운터를 설계하고 시뮬레이션을 해보자.

① 2장의 내용을 참고하여 프로젝트 생성

- 프로젝트 디렉토리 이름 : ../Quartus_Projects/CH5/counter_4digit
- 프로젝트 이름 : counter_4digit
- 타겟 디바이스 설정

② [모듈 5-27] ~ [모듈 5-31]을 작성하여 저장

- Top 모듈 코드(모듈 5-27) 파일 이름 : counter_4digit.v
- 모듈 코드(모듈 5-28) 파일 이름 : en_fnd.v
- 모듈 코드(모듈 5-29) 파일 이름 : upcnt.v
- 모듈 코드(모듈 5-30) 파일 이름 : driver_fnd.v
- 모듈 코드(모듈 5-31) 파일 이름 : decoder.v

모듈 5-27

```
/* 7세그먼트(FND)를 이용한 4자리 BCD 카운터의 Top 모듈 */

module  counter_4digit (
    clk,                // OSC의 50 MHZ 클록 입력신호
    rst,                // 스위치를 통한 rst 입력신호
    data_digit,         // FND 표시를 위한 8비트 제어신호(1, b, c, ,,, dp)
    com);               // FND 자릿수 선택을 위한 4비트 출력신호

    input               clk, rst;
    output     [7:0]    data_digit;          // FND 표시를 위한 제어신호(a ~ dp) 데이터
    output     [3:0]    com;

    wire                en_200hz;            // FND 선택을 위한 200 Hz enable 신호
    wire                en_1hz;              // BCD 증가 카운터를 위한 1 Hz enable 신호
    wire       [15:0]   data_cnt;            // BCD 증가 카운터의 계수(counting) 값
    wire       [3:0]    com;
    wire       [1:0]    sel_fnd;             // FND 자릿수 선택을 위한 카운터 값

    en_fnd              U0 (
    /*  input           */  .clk             (clk),
    /*  input           */  .rst             (rst),
    /*  output          */  .en_200hz        (en_200hz),
    /*  output          */  .en_1hz          (en_1hz));

    upcnt               U1 (
    /*  input           */  .clk             (clk),
    /*  input           */  .rst             (rst),
```

```
28      /*  input          */  .en_1hz             (en_1hz),
29      /*  output  [15:0] */  .data_cnt           (data_cnt));
30
31      driver_fnd         U2 (
32      /*  input          */  .clk                (clk),
33      /*  input          */  .rst                (rst),
34      /*  input          */  .en_200hz           (en_200hz),
35      /*  output   [1:0] */  .sel_fnd            (sel_fnd),
36      /*  output   [3:0] */  .com                (com));
37
38      decoder_fnd        U3 (
39      /*  input          */  .clk                (clk),
40      /*  input          */  .rst                (rst),
41      /*  input    [1:0] */  .sel_fnd            (sel_fnd),
42      /*  input   [15:0] */  .data_cnt           (data_cnt),
43      /*  output   [7:0] */  .data_digit         (data_digit));
44
45      /* 아래(46 ~ 64줄)는 시뮬레이션 시 상태 확인을 위한 부분으로 합성 안됨 */
46      // sysnopsys translate_off
47      reg    [2*8-1:0]  DATA_DIGIT;
48
49      always @(*) begin
50         case(data_digit)
51            8'b1111_1100    : DATA_DIGIT <= "0";
52            8'b0110_0000    : DATA_DIGIT <= "1";
53            8'b1101_1010    : DATA_DIGIT <= "2";
54            8'b1111_0010    : DATA_DIGIT <= "3";
55            8'b0110_0110    : DATA_DIGIT <= "4";
56            8'b1011_0110    : DATA_DIGIT <= "5";
57            8'b1011_1110    : DATA_DIGIT <= "6";
58            8'b1110_0100    : DATA_DIGIT <= "7";
59            8'b1111_1110    : DATA_DIGIT <= "8";
60            8'b1110_0110    : DATA_DIGIT <= "9";
61            default         : DATA_DIGIT <= "8.";
62         endcase
63      end
64      // synopsys translate_on
65   endmodule
```

모듈 5-28

```
/* 7세그먼트(FND)의 선택 및 표시를 위한 클록 분주기 */

module en_fnd (
   clk,                 // OSC의 50 MHZ 클록 입력신호
```

```
    rst,                // 스위치를 통한 rst 입력신호
    en_200hz,           // 200Hz enable 출력신호
    en_1hz);            // 1Hz enable 출력신호

    input          clk, rst;
    output         en_200hz;
    output         en_1hz;

    reg    [17:0]  cnt_en_200hz; // 200Hz enable 신호 생성을 위한 18비트 reg형 카운터
    reg    [25:0]  cnt_en_1hz;   // 1hz enable 신호 생성을 위한 26비트 reg형 카운터
    reg            en_200hz;     // 200Hz enable 신호
    reg            en_1hz;       // 1Hz enable 신호

    // Frequency divider (50MHz → 200Hz) : FND의 com 선택을 위한 enable signal
    always @ (posedge clk or negedge rst)  begin
       if (!rst)  begin                              // 비동기 리셋
          cnt_en_200hz  <= 0;
          en_200hz      <= 0;
       end
       else if (cnt_en_200hz == 18'd249999) begin // 20ns * 250000 = 0.005sec
          cnt_en_200hz  <=  0;                    // 0.005초마다 cnt_en_200hz 리셋(0)
          en_200hz      <=  1;                    // 0.005초마다 en_200hz 20ns동안 셋(1)
       end
       else begin
          cnt_en_200hz  <=  cnt_en_200hz + 1'b1;// clk 상승에지에서 cnt_en_200hz 증가
          en_200hz      <=  0;                    // en_200hz 신호 0값 유지
       end
    end

    // Frequency divider (50MHz → 1Hz) : BCD 카운터의 counting을 위한 enable signal
    always @ (posedge clk or negedge rst)  begin
       if (!rst)  begin                              // 비동기 리셋
          cnt_en_1hz    <= 0;
          en_1hz        <= 0;
       end
       else if (cnt_en_1hz == 26'd49999999)  begin  // 20ns * 50000000 = 1sec
          cnt_en_1hz    <= 0;                        // 1초마다 cnt_fnd 리셋(0)
          en_1hz        <= 1;                        // 1초마다 en_1hz 20ns 동안 셋(1)
       end
       else begin
          cnt_en_1hz    <= cnt_en_1hz + 1'b1;    // clk 상승에지에서 cnt_en_1hz 증가
          en_1hz        <= 0;                    // en_1hz 신호 0값 유지
       end
    end

endmodule
```

모듈 5-29

```
/* 4자릿수 BCD 증가 카운터 */

module upcnt (
   clk,                 // OSC의 50 MHZ 클록 입력신호
   rst,                 // 스위치를 통한 rst 입력신호
   en_1hz,              // 1Hz enable 입력신호
   data_cnt);           // 4자릿수 BCD 증가 카운터의 계수 값 출력(16비트)

   input          clk, rst;
   input          en_1hz;
   output  [15:0] data_cnt;

   reg      [3:0] digit [3:0]; // 4비트 벡터 4개로 구성된 4x4 배열

   always @ (posedge clk or negedge rst)  begin
      if (!rst) begin           // 비동기식 4자릿수 BCD 카운터값 리셋
         digit[0] <= 0;         // 일의 자리 BCD 카운터 값
         digit[1] <= 0;         // 십의 자리 BCD 카운터 값
         digit[2] <= 0;         // 백의 자리 BCD 카운터 값
         digit[3] <= 0;         // 천의 자리 BCD 카운터 값
         end
      else if (en_1hz == 1)      // clk에 동기된 1 Hz enable 신호로 BCD 카운터값 증가
         casex({digit[3], digit[2], digit[1], digit[0]})
            {4'h9, 4'h9, 4'h9, 4'h9} :  begin           // 4자릿수 카운터값 = 9999
                                          digit[3] <= 0;
                                          digit[2] <= 0;
                                          digit[1] <= 0;
                                          digit[0] <= 0;
                                       end
            {4'hx, 4'h9, 4'h9, 4'h9} :  begin           // 4자릿수 카운터값 = x999
                                          digit[3] <= digit[3] + 4'h1;
                                          digit[2] <= 0;
                                          digit[1] <= 0;
                                          digit[0] <= 0;
                                       end
            {4'hx, 4'hx, 4'h9, 4'h9} :  begin           // 4자릿수 카운터값 = xx99
                                          digit[3] <= digit[3];
                                          digit[2] <= digit[2] + 4'h1;
                                          digit[1] <= 0;
                                          digit[0] <= 0;
                                       end
            {4'hx, 4'hx, 4'hx, 4'h9} :  begin           // 4자릿수 카운터값 = xxx9
                                          digit[3] <= digit[3];
                                          digit[2] <= digit[2];
```

```
                                      digit[1] <= digit[1] + 4'h1;
                                      digit[0] <= 0;
                                   end
            default                : begin
                                      digit[3] <= digit[3];
                                      digit[2] <= digit[2];
                                      digit[1] <= digit[1];
                                      digit[0] <= digit[0] + 4'h1;
                                   end
         endcase
      else begin
         digit[3] <= digit[3];
         digit[2] <= digit[2];
         digit[1] <= digit[1];
         digit[0] <= digit[0];
      end
   end

   // FND에 표시할 BCD 카운트 값: 천의 자리, 백의 자리, 십의 자리, 일의 자리
   assign   data_cnt = {digit[3], digit[2], digit[1], digit[0]};

endmodule
```

모듈 5-30

```
/* 7세그먼트(FND) 선택 제어 */

module driver_fnd (
   clk,           // OSC의 50 MHZ 클록 입력신호
   rst,           // 스위치를 통한 rst 입력신호
   en_200 hz,     // 200 Hz enable 입력신호
   sel_fnd,       // 4자릿수 FND를 선택하기 위한 카운터 출력신호
   com);          // 4자릿수 FND를 선택하는 출력신호

   input         clk, rst;
   input         en_200 hz;

   output  [1:0] sel_fnd;
   output  [3:0] com;

   reg     [1:0] sel_fnd;
   reg     [3:0] com;           // CC-type FND의 선택을 위한 4비트 신호

   always @ (posedge clk or negedge rst)  begin
```

```
        if (!rst)                // 비동기식 리셋
            sel_fnd <= 2'b00;
        else if (en_200hz == 1)  // 200Hz enable 신호에 동기되어 카운터(sel_fnd) 증가
            sel_fnd <= sel_fnd + 2'b01;
        else
            sel_fnd <= sel_fnd;
    end

    always @ (posedge clk or negedge rst)  begin
        if(!rst)                         // 비동기식 리셋
            com <= 4'b0000;
        else
            case(sel_fnd)                // FND 선택을 위한 카운터 값에 따라 com 할당
                2'd0 : com <= 4'b1110;  // 일의 자리 FND 선택(CC-Type FND를 0로 선택)
                2'd1 : com <= 4'b1101; // 십의 자리 FND 선택
                2'd2 : com <= 4'b1011; // 백의 자리 FND 선택
                2'd3 : com <= 4'b0111; // 천의 자리 FND 선택
            endcase
    end

endmodule
```

모듈 5-31

```
/* 7세그먼트 디코더 */

module decoder_fnd (
    clk,          // OSC의 50MHZ 클록 입력신호
    rst,          // 스위치를 통한 rst 입력신호
    sel_fnd,      // 4자릿수 FND를 선택하기 위한 카운터 값(입력신호)
    data_cnt,     // 4자릿수 FND에 표시할 16비트 BCD 카운트 값
    data_digit);  // 선택된 FND에 표시할 8비트 제어신호 값(a ~ dp)

    input           clk, rst;
    input   [1:0]   sel_fnd;
    input   [15:0]  data_cnt;

    output  [7:0]   data_digit;

    reg     [7:0]   data_digit;
    reg     [3:0]   fdata;

    always @(posedge clk or negedge rst) begin
```

```
        if (!rst)
            fdata <= 4'b0000;
        else
            case(sel_fnd)
                2'd0  :  fdata <= data_cnt[3:0];  // 일의 자리 FND에 표시할 카운트 값
                2'd1  :  fdata <= data_cnt[7:4];  // 십의 자리 FND에 표시할 카운트 값
                2'd2  :  fdata <= data_cnt[11:8]; // 백의 자리 FND에 표시할 카운트 값
                2'd3  :  fdata <= data_cnt[15:12];// 천의 자리 FND에 표시할 카운트 값
            endcase
    end

    always @(posedge clk, negedge rst) begin
        if (!rst)
            data_digit <= 8'b 1111_1111;
        else
            case(fdata)
            // 선택된 FND에 표시할 제어신호 값 : abcd_efgdp, 0에 해당하는 세그먼트 ON
                4'd0     :    data_digit    <=  8'b1111_1100;
                4'd1     :    data_digit    <=  8'b0110_0000;
                4'd2     :    data_digit    <=  8'b1101_1010;
                4'd3     :    data_digit    <=  8'b1111_0010;
                4'd4     :    data_digit    <=  8'b0110_0110;
                4'd5     :    data_digit    <=  8'b1011_0110;
                4'd6     :    data_digit    <=  8'b1011_1110;
                4'd7     :    data_digit    <=  8'b1110_0100;
                4'd8     :    data_digit    <=  8'b1111_1110;
                4'd9     :    data_digit    <=  8'b1110_0110;
                default  :    data_digit    <=  8'b 1111_1111;
            endcase
    end

endmodule
```

5-5-2 7세그먼트를 이용한 4자리 BCD 증가 카운터의 시뮬레이션

Quartus Prime의 인터페이스 메뉴에서 「Tools」 → 「Run Simulation Tool」 → 「RTL Simulation」을 선택하여 ModelSim-Altera를 실행하고 아래의 요약 과정을 순서대로 진행하자.

① 「File」 → 「New」 → 「Source」 → 「Verilog」를 선택 후 다음의 테스트벤치 코드를 작성하고 파일이름을 「tb_counter_4digit.v」로 저장

② 「Compile」 → 「Compile...」를 클릭 후 테스트벤치 코드(tb_counter_4digit.v)를 선택하고 「Compile」 클릭

- 컴파일 시 오류가 있으면 수정 후 반드시 파일을 저장하고 재 컴파일 실행

③ 「Simulate」 → 「Start Simulation...」 또는 를 선택하고 work 왼쪽의 ⊞를 누르고 작성한 테스트벤치 코드(tb_counter_4digit.v)를 선택 후 「OK」 클릭

④ Object 창의 입출력 포트 신호들을 선택 후 Wave 창에 드래그 또는 오른쪽 마우스 클릭하여 「Add Wave」를 선택하여 Wave 창에 추가

- Wave 창이 보이지 않으면 인터페이스 메뉴의 「View」 → 「Wave」 선택

⑤ 「Simulate」 → 「Run」 → 「Run-All」 또는 를 클릭하여 시뮬레이션 실행

테스트벤치 5-27

```
/* 7세그먼트(FND)를 이용한 4자리 BCD 카운터의 시뮬레이션을 위한 테스트벤치 */
`timescale 1ns/10ps

module tb_counter_4digit;
  parameter STEP = 20; // STEP = 20 * 1ns = 20ns

  reg               clk, rst;
  wire      [7:0] data_digit;
  wire      [3:0] com;

  counter_4digit      TOP (
  /* input            */  .clk        (clk),
  /* input            */  .rst        (rst),
  /* output    [7:0]  */  .data_digit (data_digit),
  /* output    [3:0]  */  .com        (com));

  initial  begin
    clk = 1; rst = 1; #50;
    rst = 0; #30; // rst
    rst = 1; #(STEP*200000000); // 20ns * 200000000 = 4 sec
    $stop;
  end

  always   #(STEP/2)  clk = ~clk; // STEP/2 = 10 * 1ns * 10ns에서 반전

endmodule
```

위의 시뮬레이션 과정의 ④단계(Object창으로부터 Wave창으로 신호 추가)에서 Object창에 나타나는 신호들은 테스트벤치에서 reg형으로 정의한 입력신호와 wire형으로 정의한 출력신호이다. Object창에 나타나지 않지만 파형 확인이 필요한 신호를 Wave 창에 추가할 수 있다. sim창에서 인스턴스화 한 하위 모듈을 선택하면 해당 하위 모듈의 I/O 및 내부 레지스터 신호가 Objects창에 나타나므로 확인하고자 하는 신호를 Wave 창에 포함시키면 된다.

[그림 5-44]와 같이 Object창에 보이는 테스트벤치의 입출력 신호를 Wave창에 포함시키고, sim창에서 인스턴스화 한 최상위 Entity(TOP)를 선택하여 'DATA_DIGIT'를 Wave창에 추가로 포함시킨 후 시뮬레이션을 실행해보자.

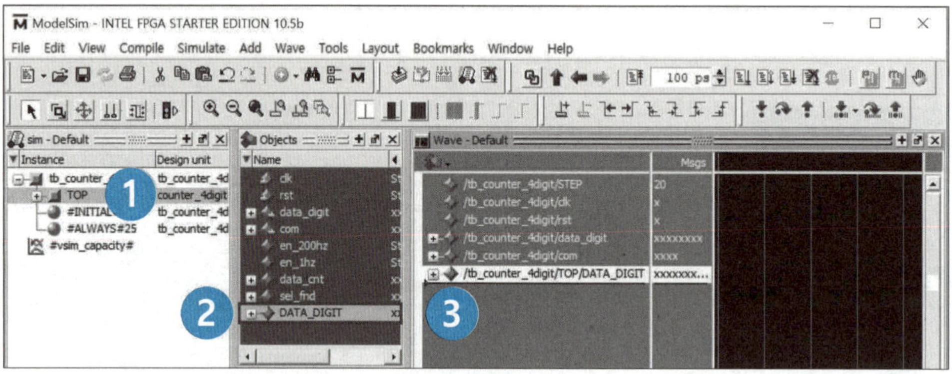

그림 5-44. 테스트벤치에서 정의하지 않은 신호의 시뮬레이션 파형 추가

시뮬레이션이 종료되면 시뮬레이션 결과를 쉽게 확인하기 위해 앞에서 추가한 'DATA_DIGIT'를 선택한 후 우측 마우스를 클릭하여 Radix 메뉴를 통해 신호의 Radix를 ASCII로 설정하자.

시뮬레이션 결과

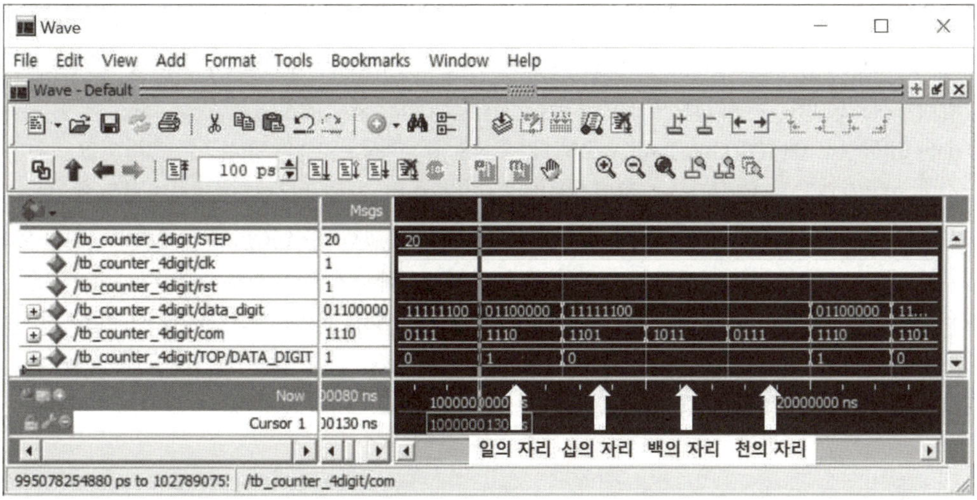

(a) 1초 근처 구간의 결과

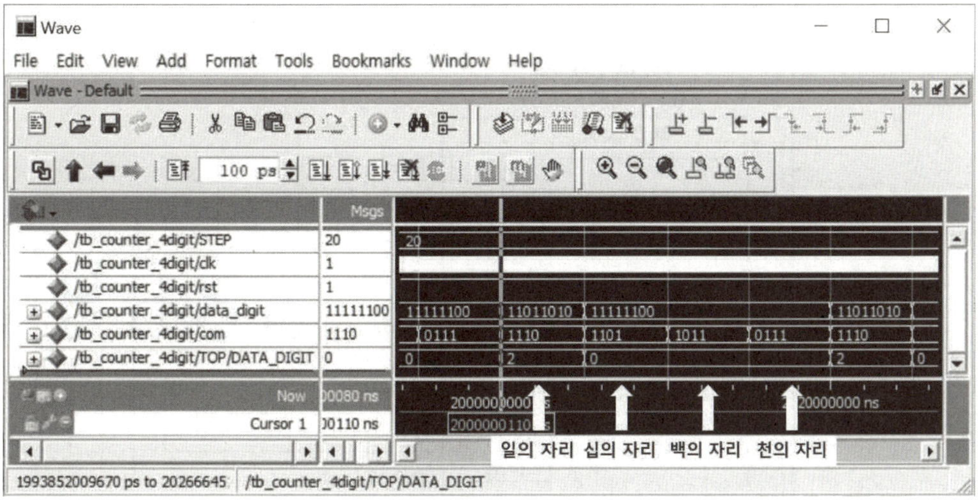

(b) 2초 근처 구간의 결과

그림 5-45. 7세그먼트(FND)를 이용한 4자리 BCD 카운터의 시뮬레이션 결과

4개의 7세그먼트 표시장치는 [그림 5-43]의 en_200 Hz에 의해 생성되는 4비트 com 출력에 의해 순서대로 선택된다. [그림 5-45(a)]에서 0 ~ 1초까지는 4자리 7세그먼트 표시장치는 모두 0을 표시하므로 a부터 dp까지 8비트 제어신호(data_digit)의 출력은 1111_1100(DATA_DIGIT는 ASCII 형식으로 0 표시)임을 확인할 수 있다. 1초가 되면 일의 자리(com = 1110)에 해당하는 7세그먼트 표시장치에 '1'을 표시하기 위해 data_digit = 0110_0000(DATA_DIGIT는 ASCII 형식으로 1 표시)이 출력되고 나머지 십의 자리(com = 1101)부터 천의 자리(com = 0111)의 7세그먼트 표시장치들에 0을 표시하기 위해 data_digit = 1111_1100을 출력한다. [그림 5-45(b)]에서 2초가 되면 일의 자리(com = 1110)에 해당하는 7세그먼트 표시장치에 '2'를 표시하기 위해 data_digit = 1101_1010(DATA_DIGIT는 ASCII 형식으로 2 표시)이 출력되고 나머지 자릿수는 모두 0을 표시하기 위해 data_digit는 1111_1100을 출력한다. 나머지 시간에 대해서는 커서(cursor)를 움직여가며 시뮬레이션 결과를 살펴보자.

5-5-3 학습키트를 활용한 4자리 BCD 카운터의 동작 확인

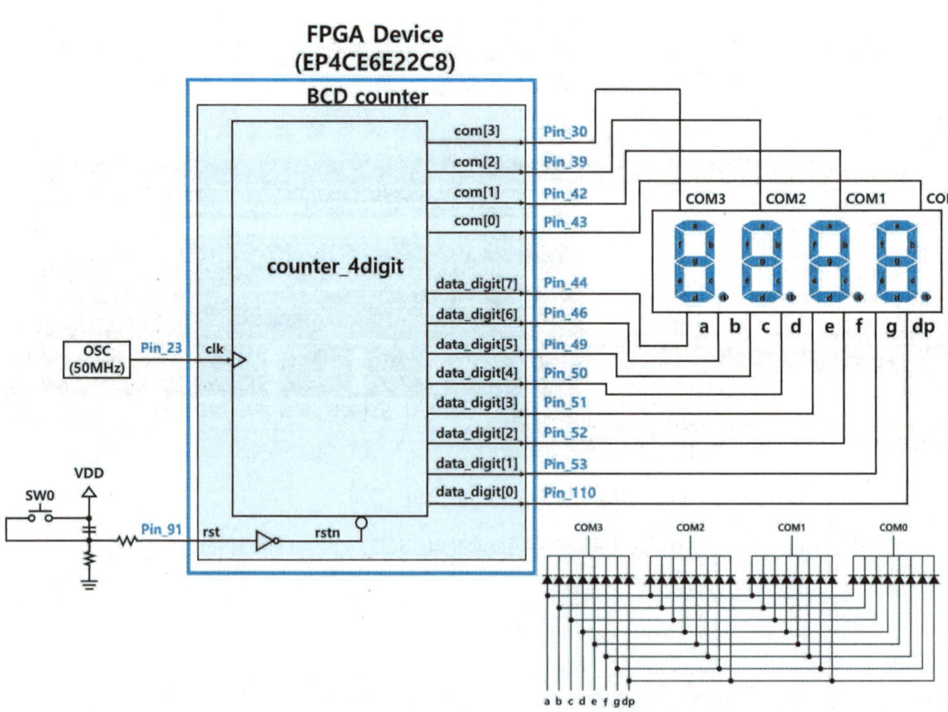

그림 5-46. FND를 이용한 4자리 BCD 카운터의 동작 확인을 위한 학습키트의 핀 연결 정보

[그림 5-46]은 앞서 설계한 4개의 7세그먼트를 사용하여 0000 ~ 9999까지 표시할 수 있는 4자리 BCD 증가 카운터를 학습키트에 구현할 때 핀 할당을 위한 주변 장치와의 연결 정보를 나타내고 있다.

[그림 5-46]에서 리셋(rst) 입력은 Active High(스위치가 눌렸을 때 High(1)가 입력)로 동작하는 푸시 스위치(Pin_91)에 핀 할당되어 있다. 하강에지에서 리셋이 동작하도록 [모듈 5-27]을 아래와 같이 수정하고 컴파일을 다시 하자. 사용하는 학습키트의 푸시 스위치가 Active Low로 동작할 경우는 수정이 필요 없다.

모듈 5-32

```
/* 7세그먼트(FND)를 이용한 4자리 BCD 카운터의 Top 모듈 */

module  counter_4digit (
   clk,             // OSC의 50 MHZ 클록 입력신호
   rst,             // 스위치를 통한 rst 입력신호
   data_digit,      // FND 표시를 위한 8비트 제어신호(1, b, c, ,,, dp)
   com);            // FND 자릿수 선택을 위한 4비트 출력신호

   input            clk, rst;
   output   [7:0]   data_digit;          // FND 표시를 위한 제어신호(a ~ dp) 데이터
   output   [3:0]   com;

   wire             en_200 hz;           // FND 선택을 위한 200 Hz enable 신호
   wire             en_1 hz;             // BCD 증가 카운터를 위한 1 Hz enable 신호
   wire     [15:0]  data_cnt;            // BCD 증가 카운터의 계수(counting) 값
   wire     [3:0]   com;
   wire     [1:0]   sel_fnd;             // FND 자릿수 선택을 위한 카운터 값

   assign  rstn  = ~rst; // 학습키트의 푸시 스위치가 Active Low로 동작하도록 반전시킴

   en_fnd               U0 (
   /*  input            */  .clk            (clk),
   /*  input            */  .rst            (rstn), // 반전된 rstn 사용, ~rst도 가능
   /*  output           */  .en_200 hz      (en_200 hz),
   /*  output           */  .en_1 hz        (en_1 hz));

   upcnt                U1 (
   /*  input            */  .clk            (clk),
   /*  input            */  .rst            (rstn), // 반전된 rstn 사용, ~rst도 가능
   /*  input            */  .en_1 hz        (en_1 hz),
   /*  output  [15:0]   */  .data_cnt       (data_cnt));

```

```
33      driver_fnd          U2 (
34      /*  input           */  .clk                (clk),
35      /*  input           */  .rst                (rstn), // 반전된 rstn 사용, ~rst도 가능
36      /*  input           */  .en_200hz           (en_200hz),
37      /*  output   [1:0]  */  .sel_fnd            (sel_fnd),
38      /*  output   [3:0]  */  .com                (com));
39
40      decoder_fnd         U3 (
41      /*  input           */  .clk                (clk),
42      /*  input           */  .rst                (rstn), // 반전된 rstn 사용, ~rst도 가능
43      /*  input    [1:0]  */  .sel_fnd            (sel_fnd),
44      /*  input   [15:0]  */  .data_cnt           (data_cnt),
45      /*  output   [7:0]  */  .data_digit         (data_digit));
46
47      /* 아래(46 ~ 64줄)는 시뮬레이션 시 상태 확인을 위한 부분으로 합성 안됨 */
48      // sysnopsys translate_off
49      reg    [2*8-1:0]  DATA_DIGIT;
50
51      always @(*) begin
52         case(data_digit)
53            8'b1111_1100    : DATA_DIGIT <= "0";
54            8'b0110_0000    : DATA_DIGIT <= "1";
55            8'b1101_1010    : DATA_DIGIT <= "2";
56            8'b1111_0010    : DATA_DIGIT <= "3";
57            8'b0110_0110    : DATA_DIGIT <= "4";
58            8'b1011_0110    : DATA_DIGIT <= "5";
59            8'b1011_1110    : DATA_DIGIT <= "6";
60            8'b1110_0100    : DATA_DIGIT <= "7";
61            8'b1111_1110    : DATA_DIGIT <= "8";
62            8'b1110_0110    : DATA_DIGIT <= "9";
63            default         : DATA_DIGIT <= "8.";
64         endcase
65      end
66      // synopsys translate_on
67   endmodule
```

[모듈 5-32]의 모듈 코드를 살펴보자.

- 19줄의 「assign rstn = ~rst;」는 Active High(1)로 동작하는 푸시 스위치의 입력값인 rst를 Active Low(0)로 동작하도록 rst의 비트 반전 결과를 연속 할당문(assign문)을 사용하여 rstn에 할당한 것이다. 19줄을 생략하고 23줄, 29줄, 35줄, 42줄의 「.rst(rst)」 대신 「.rst(~rst)」를 사용해도 된다.

[그림 5-47]의 핀 할당 정보를 참고하여 FPGA Programming을 진행해보자.

① Quartus Prime의 Pin Planner에서 핀 할당 진행 후 다시 컴파일 실행
② Programmer에서 USB-Blaster를 사용하여 합성된 counter_4digit.sof 파일을 다운로드

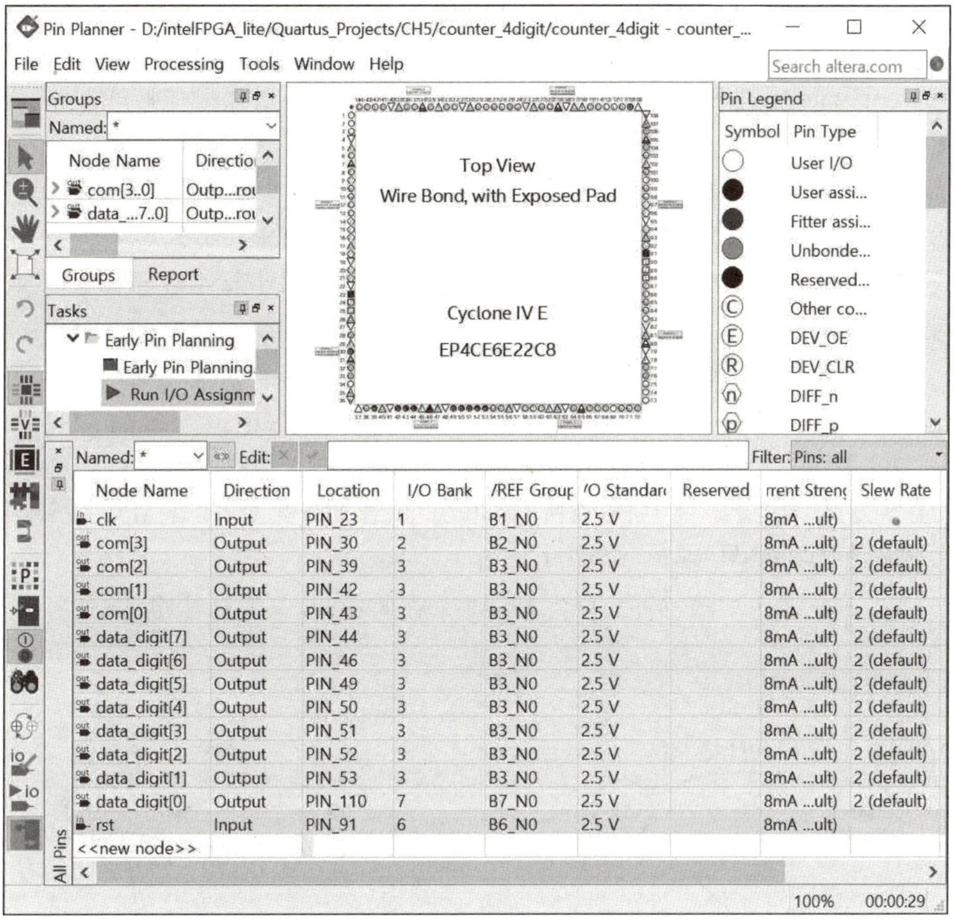

그림 5-47. 4자리 BCD 카운터의 입출력 포트의 핀 할당을 위한 Pin Planner

[그림 5-47]의 핀 할당과 FPGA Programming까지 완료하였다면 설계한 주파수 분주기의 동작 상태를 확인해보자.

비동기 리셋 기능을 가지므로 SW0(rst)을 누르는 즉시 4개의 7세그먼트 표시장치에 '8.8.8.8.'을 표시하고, '0000'부터 '9999'까지 1초마다 1씩 증가하는 수를 표시한다.

5-6 유한상태머신(FSM) 회로

순차논리회로는 보통 레지스터, 논리 게이트, 외부 입력, 외부 출력으로 구성된다. 정해진 수의 상태를 가지고 있어서 클록의 이벤트에 따라 상태 변화와 해당 상태의 출력을 생성하는 회로를 유한상태기계(FSM; Finite State Machine)라 한다. FSM은 동작 방식에 따라 Mealy 모델과 Moore 모델로 나누어진다. Mealy 모델은 출력이 입력과 현재 상태(present state)에 의해 결정되며 Moore 모델은 출력이 오직 현재 상태에 의해서만 결정된다.

디지털시스템에서 많은 동작들이 클록 펄스에 의해 미리 정해진 순서를 따라간다. 이러한 동작은 단일 클록 입력에 의해 구동되며 각 클록 입력마다 특정 순서로 반응하는 출력이 갖게 되는데 이러한 특정 순서의 출력을 요구하는 디지털시스템의 구현에서 FSM이 사용된다.

FSM을 설계하기 위해서는 입력과 플립플롭의 상태에 따라 현재 상태가 다음 상태(next state)로 변하는 모습과 출력을 그림으로 나타낸 상태도(state diagram)가 주어지는 것이 보통이다. 상태도가 주어지면 그것을 분석하여 입력, 현재 상태, 다음 상태, 플립플롭 입력, 출력들을 나타내는 상태표(state table)를 만들어 플립플롭 입력함수와 출력함수를 구하고 디지털회로를 구현한다.

[그림 5-48]과 [그림 5-49]는 각각 Moore 모델과 Mealy 모델 예의 상태도이다.

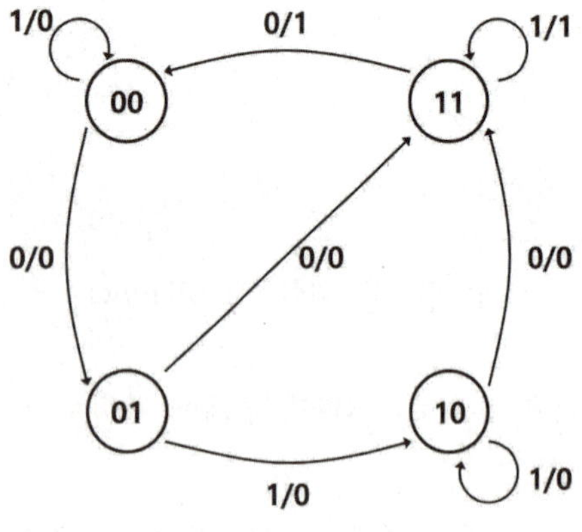

그림 5-48. Moore 모델의 상태도

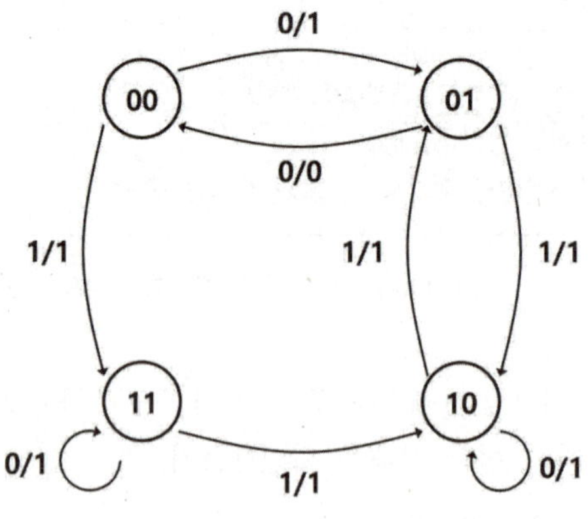

그림 5-49. Mealy 모델의 상태도

상태도에서 현재 상태를 원 내부에 표시되고, 현재 상태에서 다음 상태로의 상태 변화는 화살표로 표시한다. 화살표에는 슬래쉬(/)로 분리되는 2진수 2개가 표시된다. 슬래쉬 앞에 표시된 2진수는 현재 상태에서의 입력값을 나타내며 뒤에 나타낸 2진수는 현재 상태 동안의 출력값을 나타낸다.

[그림 5-48]의 Moore 모델을 플립플롭을 사용하여 구현할 경우, 외부 입력을 x, 외부 출력을 z, 플립플롭의 출력을 각각 A, B라 하면 논리회로의 입력함수는 아래와 같다.

$$J_A = B, \quad K_A = \overline{x}B$$

$$J_B = \overline{x}, \quad K_B = A \oplus B$$

$$z = AB$$

[그림 5-49]의 Mealy 모델에 대한 논리회로의 입력함수는 아래와 같다.

$$J_A = x, \quad K_A = x\overline{B}$$

$$J_B = K_B = x + \overline{A}$$

$$z = xAB$$

Moore 모델은 외부 출력이 현재 상태에 의존하므로 외부 출력도 동기적이다. 그러나 Mealy 모델은 외부 입력이 바뀔 때 외부 출력이 바뀌게 된다. 많은 디지털시스템에서 신호들은 동기적이어야 하고 클록의 이벤트에 외부 출력이 바뀌게 할 필요가 있다. Mealy 모델을 동기적으로 만들기 위해서는 출력도 플립플롭에 저장되어 클록에 동기가 맞추어져서 외부로 나가야 안정된 동작을 기대할 수 있다.

FSM을 설계할 때 [그림 5-50]의 3가지 구조 중 하나를 선택할 수 있다. 조합회로로 구성되는 다음 상태 논리 (Next State Logic) 블록과 순차회로로 구성되는 현재 상태 레지스터(Current State Register) 블록, 그리고 선택적으로 사용되는 조합회로로 구성되는 출력 논리(Output Logic) 블록으로 구성된다. 출력신호가 상태 레지스터 블록의 플립플롭으로부터 직접 나온다면 출력 논리 블록은 필요하지 않다. 다음 상태 논리 블록과 현재 상태 레지스터 블록을 하나의 순차회로로 설계하는 것은 합성 시 여러 개의 불필요한 플립플롭을 생성하므로 피하는 것이 좋다.

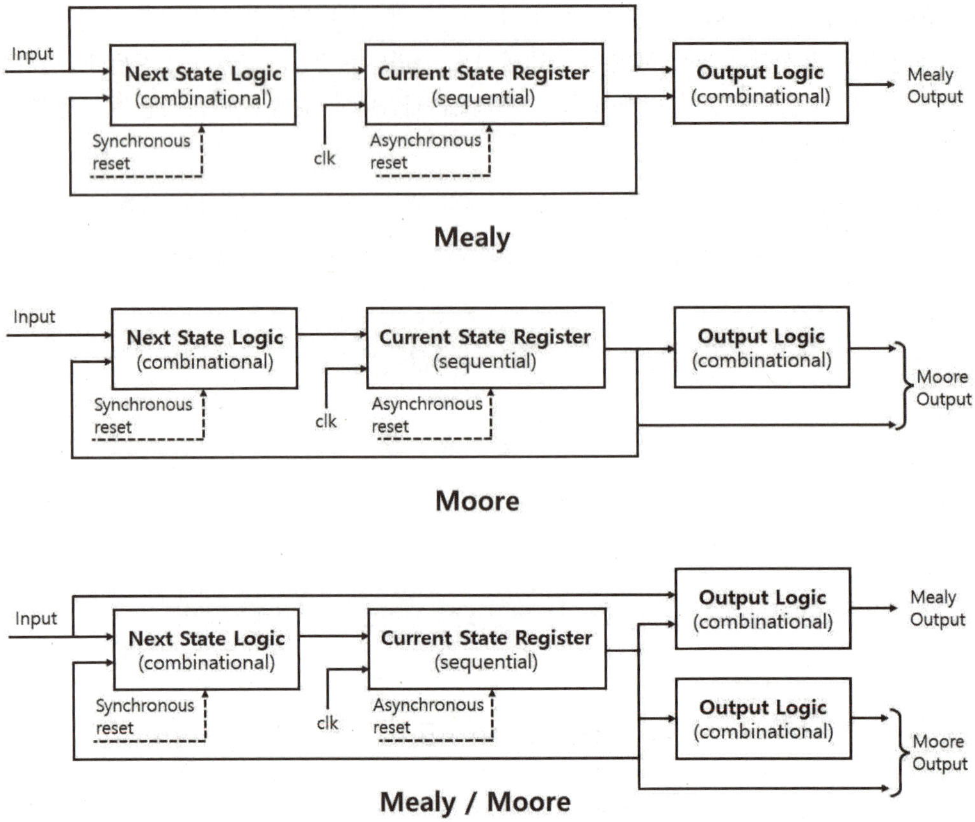

그림 5-50. 3가지 유형의 FSM 구조 (Mealy 모델, Moore 모델, Mealy/Moore 조합 모델)

5-6-1 Moore FSM의 설계 및 시뮬레이션

[그림 5-48]의 Moore 모델의 유한상태기계(FSM)를 설계해 보자. [그림 5-49]의 Mealy 모델과 달리 입력의 잡음이 출력에 전달되지 않으므로 조금 더 안정적인 형태이며, always문과 case문을 이용하면 간단히 설계할 수 있다. [모듈 5-33]은 4개의 상태를 갖는 Moore FSM을 설계한 예이다.

다음의 과정을 따라 4개의 상태를 갖는 Moore FSM을 설계하고 시뮬레이션을 수행해보자.

① 2장의 내용을 참고하여 프로젝트 생성

- 프로젝트 디렉토리 이름 : ../Quartus_Projects/CH5/moore_fsm
- 프로젝트 이름 : moore_fsm
- 타겟 디바이스 설정

② [모듈 5-33]을 작성하여 저장

- 모듈 코드 파일 이름 : moore_fsm.v

모듈 5-33

```
/* 4가지 상태를 갖는 Moore FSM 설계 */

module  moore_fsm  (
   clk,           // 클록
   rst,           // 리셋
   in,            // 외부 입력
   out,           // 외부 입력에 대한 출력
   state);        // Moore FSM의 현재 상태

   parameter      IDLE  = 2'b00, READ = 2'b01,
                  DELAY = 2'b10, DONE = 2'b11;

   input          rst, clk, in;
   output         out;
   output   [1:0] state;

   reg             out;
   reg       [1:0] state, next;

   always @(posedge clk or negedge rst)
      if (!rst)
         state <= IDLE;
      else
         state <= next;

   always @(state or in) begin
      case(state)
         IDLE  :    if (in) begin
                       next <= IDLE;
                       out <= 0; end
                    else begin
                       next <= READ;
                       out <= 0; end
         READ  :    if (in) begin
                       next <= DELAY;
```

```
36                      out <= 0; end
37                   else begin
38                      next <= DONE;
39                      out <= 0; end
40         DELAY :  if (in) begin
41                      next <= DELAY;
42                      out <= 0; end
43                   else begin
44                      next <= DONE;
45                      out <= 0; end
46         DONE  :  if (in) begin
47                      next <= DONE;
48                      out <= 1; end
49                   else begin
50                      next <= IDLE;
51                      out <= 1; end
52       endcase
53    end
54
55  endmodule
```

[모듈 5-33]의 모듈 코드를 살펴보자.

- 10 ~ 11줄 : 4개의 상태에 대해 상태이름/상태변수를 IDLE/00, READ/01, DELAY/10, DONE/11와 같이 파라미터로 선언 하였다.
- 20 ~ 24줄 : always문 내의 if ~ else문을 사용하여 비동기 리셋 기능을 구현하였다.
- 26 ~ 53줄 : case문과 if ~ else문을 사용하여 입력신호에 대한 상태 천이 및 출력 신호를 할당하였다. Moore FSM에서 출력 out은 always 블록문에서 다음 상태변수 'next'가 변할 때 할당된다. 즉, 출력은 내부 레지스터를 통해 생성된다. 일반적으로 레지스터를 통한 출력은 글리치(glitch; 노이즈 펄스로 인해 일어나는 오류)를 갖지 않으므로 권장되는 코딩 방식이다.

작성된 [모듈 5-33]을 컴파일하여 작성 시 오류(오타 또는 문법적 오류)가 있는지 확인해보자. 오류 없이 컴파일이 완료되었다면 테스트벤치를 사용한 시뮬레이션을 통해 설계한 Moore FSM의 기능 검증을 해보자.

Quartus Prime의 인터페이스 메뉴에서 「Tools」 → 「Run Simulation Tool」 → 「RTL Simulation」을 선택하여 ModelSim-Altera를 실행하고 아래의 요약 과정을 순서대로 진행하자.

① 「File」 → 「New」 → 「Source」 → 「Verilog」를 선택 후 다음의 테스트벤치 코드를 작성하고 파일이름을 「tb_moore_fsm.v」로 저장

② 「Compile」 → 「Compile...」를 클릭 후 테스트벤치 코드(tb_moore_fsm.v)를 선택하고 「Compile」 클릭

- 컴파일 시 오류가 있으면 수정 후 반드시 파일을 저장하고 재 컴파일 실행

③ 「Simulate」 → 「Start Simulation...」 또는 를 선택하고 work 왼쪽의 ⊞를 누르고 작성한 테스트벤치 코드(tb_moore_fsm.v)를 선택 후 「OK」 클릭

④ Object 창의 입출력 포트 신호들을 선택 후 Wave 창에 드래그 또는 오른쪽 마우스 클릭하여 「Add Wave」를 선택하여 Wave 창에 추가

- Wave 창이 보이지 않으면 인터페이스 메뉴의 「View」 → 「Wave」 선택

⑤ 「Simulate」 → 「Run」 → 「Run-All」 또는 를 클릭하여 시뮬레이션 실행

테스트벤치 5-33

```
/* 4개의 상태를 갖는 Moore FSM의 시뮬레이션을 위한 테스트벤치 */
`timescale  1ns/10ps

module tb_moore_fsm;
   reg              clk, rst;
   reg              in;
   wire             out;
   wire       [1:0] state;

   parameter       STEP = 60;

   moore_fsm            U0 (
   /* input             */  .clk            (clk),
   /* input             */  .rst            (rst),
   /* input             */  .in             (in),
   /* output            */  .out            (out),
   /* output    [1:0]   */  .state          (state));

   initial   begin
      clk = 0; rst = 1; #(STEP/2);
      rst = 0; #30;               // rst
      rst = 1; in = 0; #(STEP*20);
      $stop;
   end
```

```
    always    #(STEP/2)  clk = ~clk;

    always    #(STEP)  in = ~in;

endmodule
```

시뮬레이션 결과

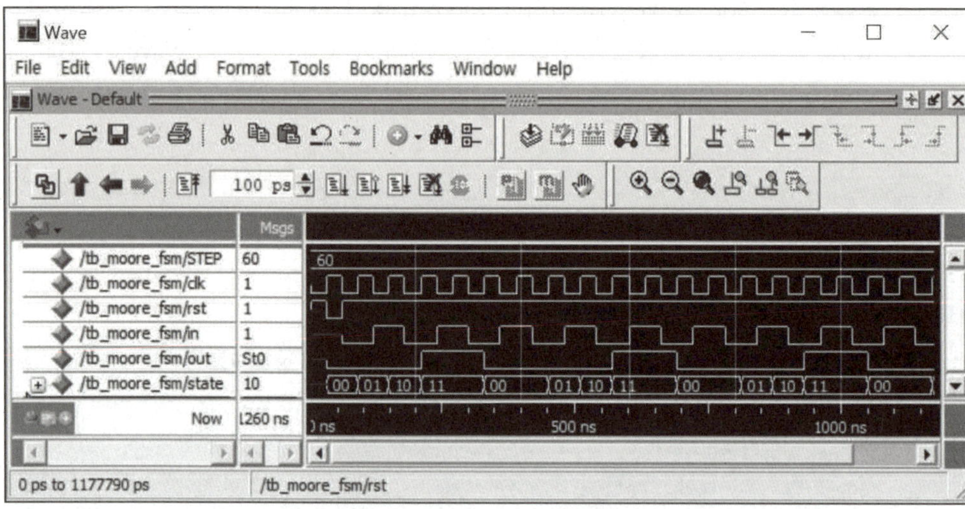

그림 5-51. 4가지 상태를 갖는 Moore FSM의 시뮬레이션 결과

[그림 5-51]의 시뮬레이션 결과로부터 임의의 상태변수에서 입력 'in'의 값이 변화하더라도 출력 'out'은 비동기적으로 변화하지 않고 클록에 동기되어 변화하는 것을 확인할 수 있다. 이러한 결과는 다음에 설명할 Mealy FSM의 결과와 비교할 필요가 있다.

5-6-2 Mealy FSM의 설계 및 시뮬레이션

[그림 5-49]의 Mealy FSM을 설계해 보자. [그림 5-48]의 Moore FSM과 달리 Mealy FSM의 출력은 상태변수와 입력신호에 대한 조합회로의 결과로 생성된다. 따라서 FSM의 출력은 조합회로의 입력에 의해서 클록과 상관없이 변하기 때문에 비동기적으로 변할 수 있다. 즉, Mealy FSM은 입력에 발생한 노이즈가 그대로 출력에 반영된다. 그러나 Mealy FSM은 Moore FSM에 비해 자유도가 높은 장점이 있다.

다음의 과정을 따라 4개의 상태를 갖는 [모듈 5-34]의 Mealy FSM을 설계하고 시뮬레이션을 수행해보자.

① 2장의 내용을 참고하여 프로젝트 생성
- 프로젝트 디렉토리 이름 : ../Quartus_Projects/CH5/mealy_fsm
- 프로젝트 이름 : mealy_fsm
- 타겟 디바이스 설정

② [모듈 5-34]를 작성하여 저장
- 모듈 코드 파일 이름 : mealy_fsm.v

모듈 5-34

```
/* 4가지 상태를 갖는 Mealy FSM 설계 */

module  mealy_fsm  (
    clk,            // 클록
    rst,            // 리셋
    in,             // 외부 입력
    out,            // 외부 입력에 대한 출력
    state);         // Mealy FSM의 현재 상태

    parameter       IDLE  = 2'b00, READ = 2'b01,
                    DELAY = 2'b10, DONE = 2'b11;

    input           rst, clk, in;
    output          out;
    output   [1:0]  state;

    reg             out;
    reg      [1:0]  state, next;

    always @(posedge clk or negedge rst)
       if (!rst)
          state <= IDLE;
       else
          state <= next;

    always @(state or in) begin
       case(state)
          IDLE  :   if (in) begin
                         next <= DONE;
                         out  <= 1; end
```

```
                      else begin
                         next <= READ;
                         out <= 1; end
            READ  :   if (in) begin
                         next <= DELAY;
                         out <= 1; end
                      else begin
                         next <= IDLE;
                         out <= 0; end
            DELAY :  if (in) begin
                         next <= READ;
                         out <= 1; end
                      else begin
                         next <= DELAY;
                         out <= 1; end
            DONE  :  if (in) begin
                         next <= DELAY;
                         out <= 1; end
                      else begin
                         next <= DONE;
                         out <= 1; end
         endcase
     end

  endmodule
```

작성한 [모듈 5-34]를 컴파일하여 작성 시 오류(오타 또는 문법적 오류)가 있는지 확인해보자. 오류 없이 컴파일이 완료되었다면 테스트벤치를 사용한 시뮬레이션을 통해 설계한 Mealy FSM의 기능 검증을 해보자.

Quartus Prime의 인터페이스 메뉴에서 「Tools」 → 「Run Simulation Tool」 → 「RTL Simulation」을 선택하여 ModelSim-Altera를 실행하고 아래의 요약 과정을 순서대로 진행하자.

① 「File」 → 「New」 → 「Source」 → 「Verilog」를 선택 후 다음의 테스트벤치 코드를 작성하고 파일이름을 「tb_mealy_fsm.v」로 저장

② 「Compile」 → 「Compile...」를 클릭 후 테스트벤치 코드(tb_mealy_fsm.v)를 선택하고 「Compile」 클릭

- 컴파일 시 오류가 있으면 수정 후 반드시 파일을 저장하고 재 컴파일 실행

③ 「Simulate」 → 「Start Simulation...」 또는 를 선택하고 work 왼쪽의 ⊞를 누르고 작성한 테스트벤치 코드(tb_mealy_fsm.v)를 선택 후 「OK」 클릭

④ Object 창의 입출력 포트 신호들을 선택 후 Wave 창에 드래그 또는 오른쪽 마우스 클릭하여 「Add Wave」를 선택하여 Wave 창에 추가

- Wave 창이 보이지 않으면 인터페이스 메뉴의 「View」 → 「Wave」 선택

⑤ 「Simulate」 → 「Run」 → 「Run-All」 또는 를 클릭하여 시뮬레이션 실행

테스트벤치 5-34

```
/* 4개의 상태를 갖는 Mealy FSM의 시뮬레이션을 위한 테스트벤치 */
`timescale  1ns/10ps

module tb_mealy_fsm;
   reg            clk, rst;
   reg            in;
   wire           out;
   wire     [1:0] state;

   parameter      STEP = 60;

   mealy_fsm           U0 (
   /* input            */  .clk            (clk),
   /* input            */  .rst            (rst),
   /* input            */  .in             (in),
   /* output           */  .out            (out),
   /* output    [1:0]  */  .state          (state));

   initial   begin
      clk = 0; rst = 1; #(STEP/2);
      rst = 0; #30;                // rst
      rst = 1; in = 0; #(STEP*20);
      $stop;
   end

   always    #(STEP/2)  clk = ~clk;

   always    #(STEP)  in = ~in;

endmodule
```

시뮬레이션 결과

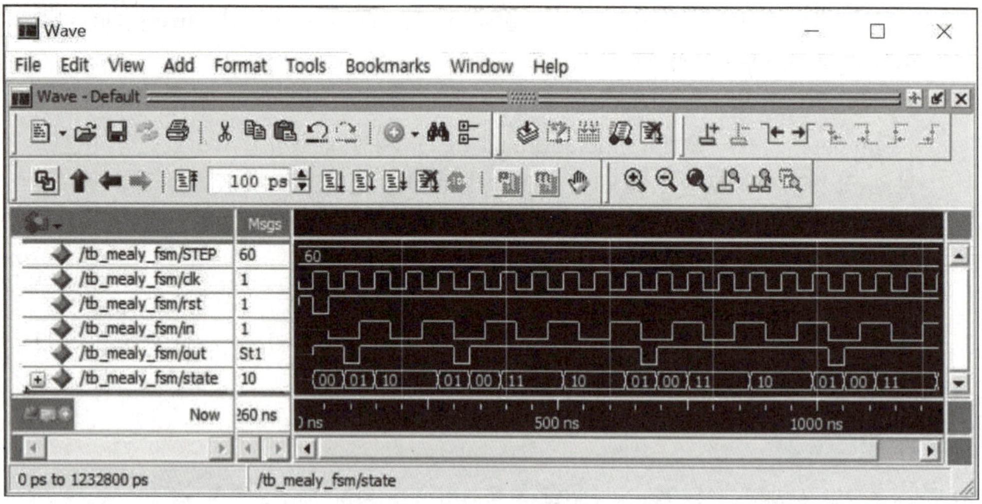

그림 5-52. 4가지 상태를 갖는 Mealy FSM의 시뮬레이션 결과

[그림 5-52]는 Mealy FSM의 시뮬레이션 결과이다. Moore FSM의 결과와 비교해 보면, 상태변수 state = 01에서 입력 'in'의 값의 변할 때 클록에 동기되지 않고 비동기적으로 출력 'out'이 함께 변하는 것을 확인할 수 있다.

5-6-3 학습키트를 활용한 4가지 상태를 갖는 Moore/Mealy FSM의 동작 확인

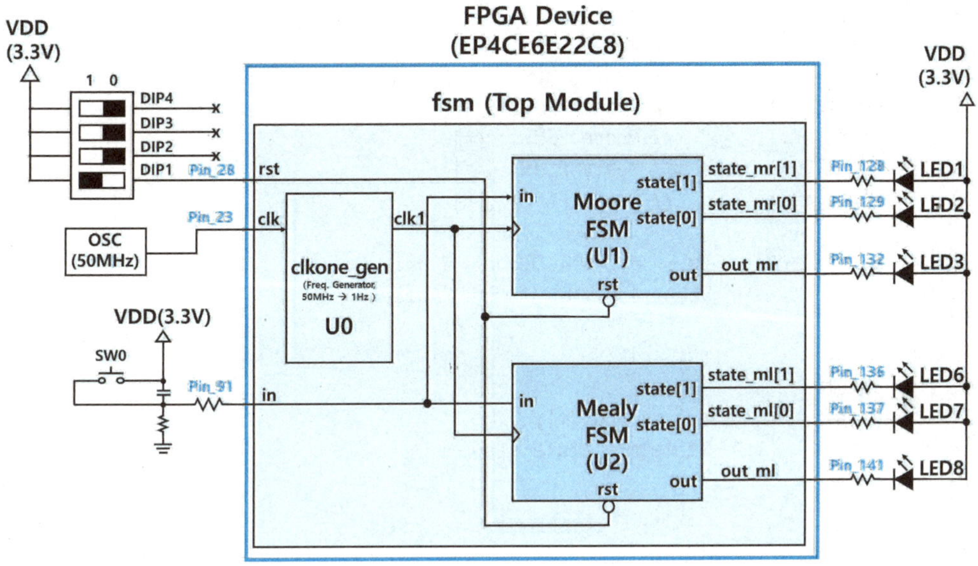

그림 5-53. Moore/Mealy FSM의 동작 확인을 위한 학습키트의 핀 연결 정보

[그림 5-53]은 앞서 설계한 Moore FSM과 Mealy FSM을 학습키트에 구현할 때 핀 할당을 위한 주변 장치와의 연결 정보를 나타내고 있다.

다음의 과정을 따라 구조적 모델링 방법을 사용하여 Moore FSM과 Mealy FSM을 통합하는 새로운 프로젝트를 생성하고 최상위 모듈(Top module)을 설계하자.

① 2장의 내용을 참고하여 프로젝트 생성
- 프로젝트 디렉토리 이름 : ../Quartus_Projects/CH5/fsm
- 프로젝트 이름 : fsm
- 타겟 디바이스 설정 (실습용 학습키트가 없으면 아무거나 설정해도 됨)

② 프로젝트 생성 후 clkone_gen.v과 moore_fsm.v, mealy_fsm.v를 복사해서 새로 생성된 프로젝트 폴더에 추가

③ 텍스트 에디터를 사용하여 최상위 모듈인 [모듈 5-35]를 작성 후 저장
- 모듈 코드 파일 이름 : fsm.v

모듈 5-35

```
/* 4가지 상태를 갖는 Moore/Mealy FSM의 통합 최상위 모듈 */

module  fsm  (
   clk,                // 클록
   rst,                // 리셋
   in,                 // 스위치 입력
   out_mr,             // Moore FSM의 출력
   state_mr,           // Moore FSM의 상태
   out_ml,             // Mealy FSM의 출력
   state_ml);          // Mealy FSM의 상태

   parameter      IDLE  = 2'b00, READ = 2'b01,
                  DELAY = 2'b10, DONE = 2'b11;

   input          rst, clk;
   input          in;
   output         out_mr, out_ml;
   output   [1:0] state_mr, state_ml;

   wire           clk1;

   clkone_gen          U0 (
   /* input            */  .clk             (clk),
   /* input            */  .rst             (rst),
   /* output           */  .clk1            (clk1)); // 1Hz

   moore_fsm           U1 (
   /* input            */  .clk             (clk1),
   /* input            */  .rst             (rst),
   /* input            */  .in              (in),
   /* output           */  .out             (out_mr),
   /* output     [1:0] */  .state           (state_mr));

   mealy_fsm           U2 (
   /* input            */  .clk             (clk1),
   /* input            */  .rst             (rst),
   /* input            */  .in              (in),
   /* output           */  .out             (out_ml),
   /* output     [1:0] */  .state           (state_ml));

endmodule
```

프로젝트 생성 후 두 FSM을 통합하는 최상위 모듈(fsm)의 설계가 완료되었다면 컴파일을 진행해보자. 오류가 없다면 [그림 5-53]에 보인 두 FSM의 입출력 포트와 학습키트 주변 장치의 연결 정보를 참고하여 [그림 5-54]와 같이 핀 할당 후 FPGA Programming을 진행해보자.

① Quartus Prime의 Pin Planner에서 핀 할당 진행 후 다시 컴파일 실행
② Programmer에서 USB-Blaster를 사용하여 합성된 fsm.sof 파일을 다운로드

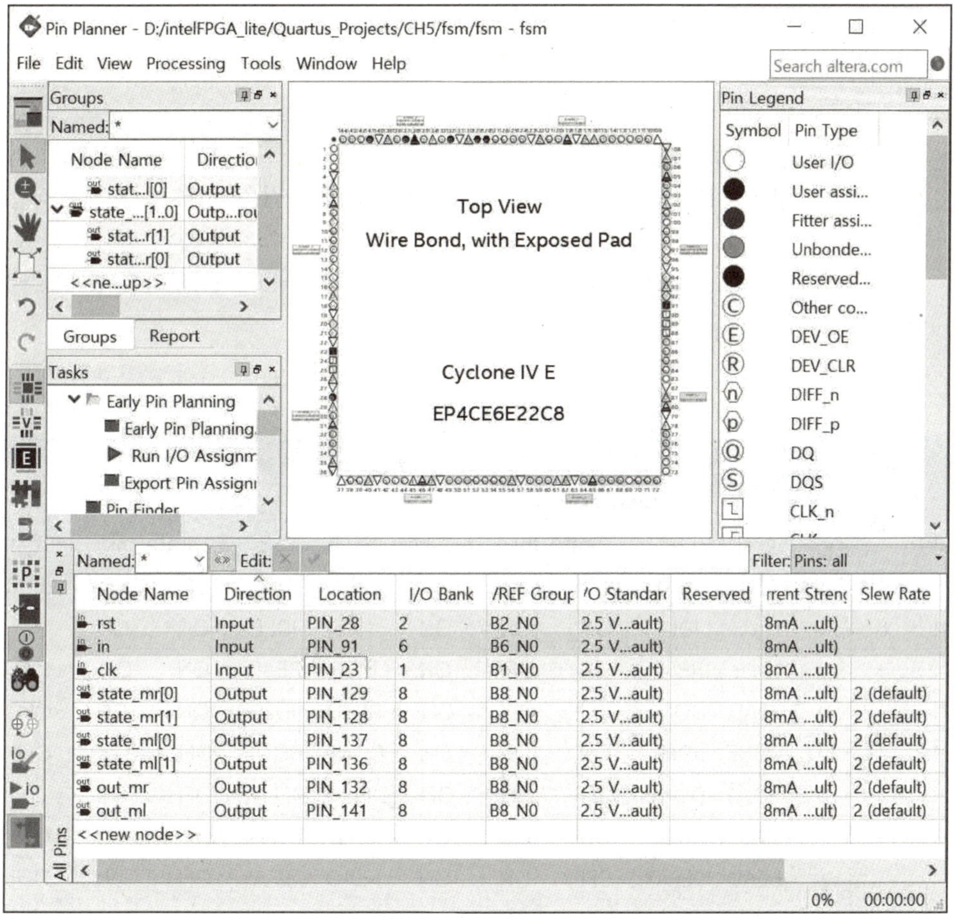

그림 5-54. Moore/Mealy FSM 통합 모듈의 핀 할당을 위한 Pin Planner

핀 할당과 FPGA Programming까지 완료하였다면 [그림 5-53]과 같이 DIP 스위치가 DIP4 = LOW(0)로 설정되어 있는지 확인 후 [모듈 5-35]의 동작 상태를 확인해보자. 각 FSM의 클록(clk)으로 주기가 1초인 분주기 클록(clk1)을 사용하므로 외부 입력 'in'은 SW0를 1초간 눌렀을 때 'High(1)'가 입력된다.

- Reset : DIP4 = Low(0)로 설정하면 각 FMS의 상태 state_mr과 state_ml은 IDLE(00)가 되며, out_mr = 0, out_ml = 1을 지속적으로 출력한다. 각 FSM의 상태와 출력을 표현하는 LED는 다음과 같다.
  LED1(stste_mr[1]) = ON
  LED2(stste_mr[0]) = ON
  LED3(out_mr) = ON
  LED6(stste_ml[1]) = ON
  LED7(stste_ml[0]) = ON
  LED8(out_ml) = OFF
- 동작 : DIP4 = High(1)로 설정하면 각 FMS의 상태 및 출력은 상태도에 따라 동작한다.

[표 5-10]에 Moore/Mealy FSM의 입력에 따른 출력과 LED의 ON/OFF 상태를 정리하였다.

표 5-10. 입력에 따른 Moore/Mealy FSM의 출력과 LED의 표시

입력			출력									
clk1	rst	in	Moore FSM					Mealy FSM				
			현재 상태	다음 상태	state_mr		out_mr	현재 상태	다음 상태	state_ml		out_ml
	DIP4	SW0			LED1	LED2	LED3			LED6	LED7	LED8
↑	0	x	x	IDLE	ON	ON	ON	x	IDLE	ON	ON	OFF
↑	1	0	IDLE	READ	ON	OFF	ON	IDLE	READ	ON	OFF	ON
↑	1	0	READ	DONE	OFF	OFF	OFF	READ	IDLE	ON	ON	OFF
↑	1	0	DONE	IDLE	ON	ON	ON	DONE	DONE	OFF	OFF	OFF
↑	1	0	DELAY	DONE	OFF	OFF	OFF	DELAY	DELAY	OFF	ON	ON
↑	1	1	IDLE	IDLE	ON	ON	ON	IDLE	DONE	OFF	OFF	OFF
↑	1	1	READ	DELAY	OFF	ON	ON	READ	DELAY	OFF	ON	OFF
↑	1	1	DELAY	DELAY	OFF	ON	ON	DELAY	READ	ON	OFF	OFF
↑	1	1	DONE	DONE	OFF	OFF	OFF	DONE	DELAY	OFF	ON	OFF

외부 입력 'in'은 SW0(Active High로 동작하는 푸시 스위치)를 1초간 눌렀을 때 High(1)가 입력됨에 주의하자.

5-7 연습문제

Ex. 5.1 f/4 분주기의 회로와 타이밍도이다. 이를 참고하여 원하는 f/8 주파수를 갖는 분주기를 설계하라.

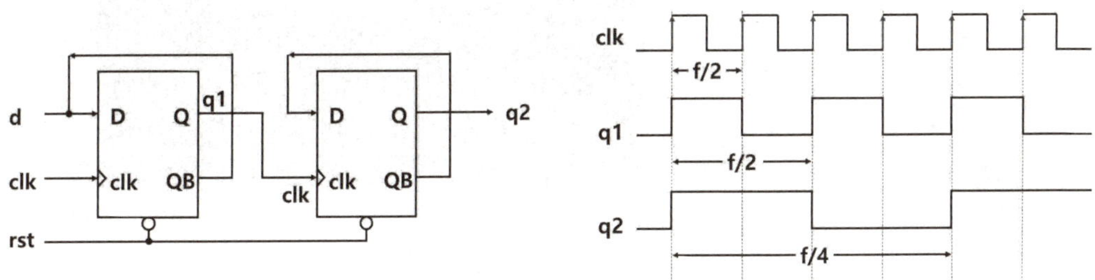

그림 5-55. f/4 분주기와 타이밍도

Ex. 5.2 [그림 5-56]과 같은 상태도와 ASM(Algorithmic State Machine) chart를 갖는 FSM의 입력이 clk, rst, a, b이고, 출력이 y0와 y1이다. 이 FSM을 설계하고 [그림 5-57]의 결과가 나오도록 테스트벤치를 작성해서 시뮬레이션하라.

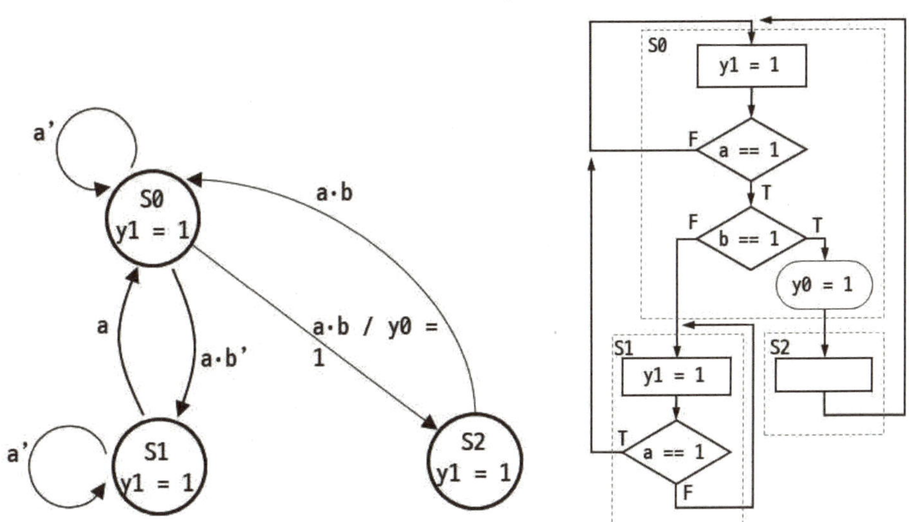

(a) 상태도 (b) ASM chart

그림 5-56. FSM의 상태도와 ASM

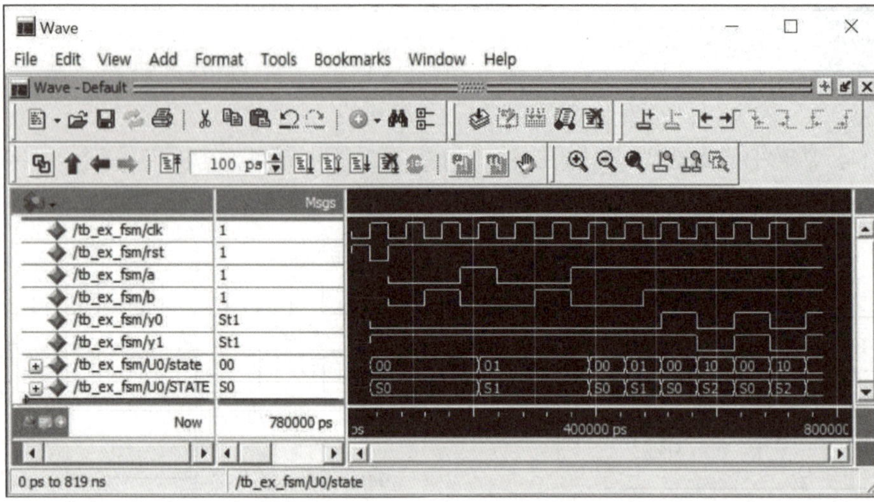

그림 5-57. FSM의 시뮬레이션 결과

Ex. 5.3 (심화 문제) [그림 5-58]과 같은 FSMD(Finite State Machine with Data path)에서 입력신호는 clk, rst, start, [3:0] i이고, 출력신호는 ready, done_tick, f = t1이다. 이 FSMD를 설계하고 [그림 5-59]의 결과가 나오도록 테스트벤치를 작성해서 시뮬레이션 하라.

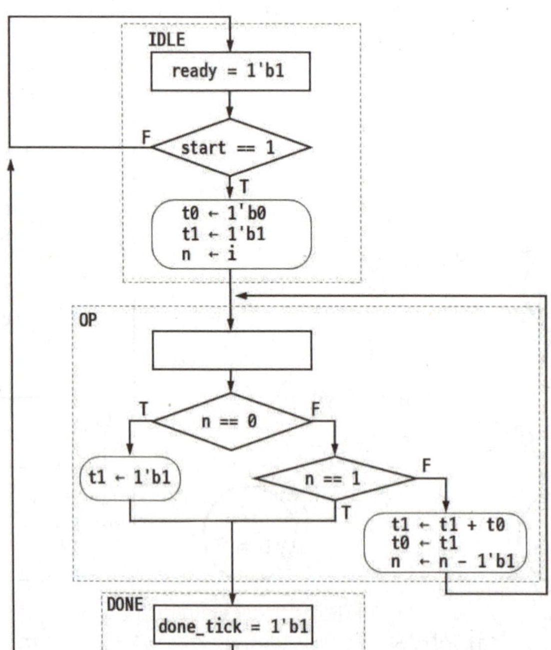

그림 5-58. FSMD의 ASM chart

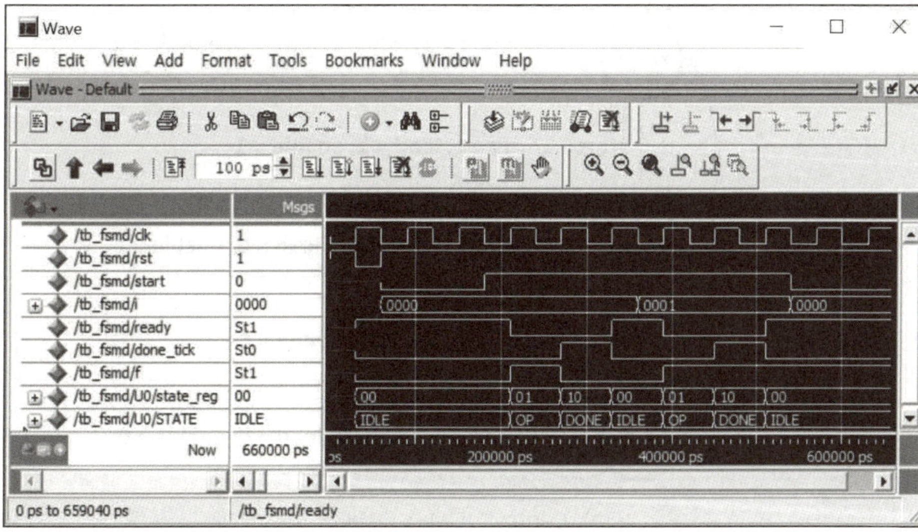

그림 5-59. FSMD의 시뮬레이션 결과

Ex. 5.4 (심화 문제) [그림 5-60]은 시프트 레지스터(shift register), 1비트 전가산기(full adder), D-FF, Control FSM으로 구성된 직렬 가산기(serial adder)의 회로와 Control FSM의 상태도이다. 구조적 모델링 방법으로 직렬 가산기를 설계하고 시뮬레이션하라.

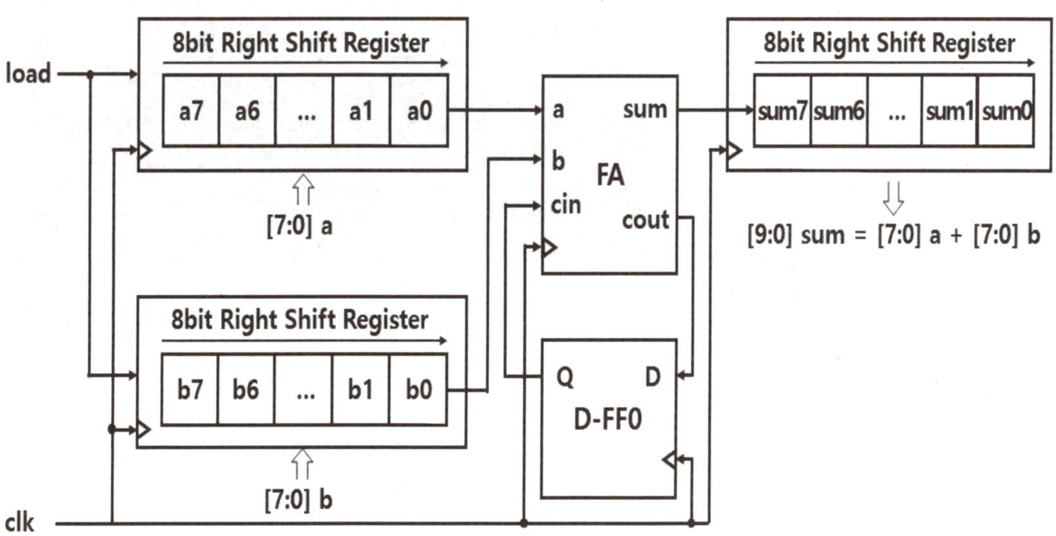

(a) 직렬 가산기 회로

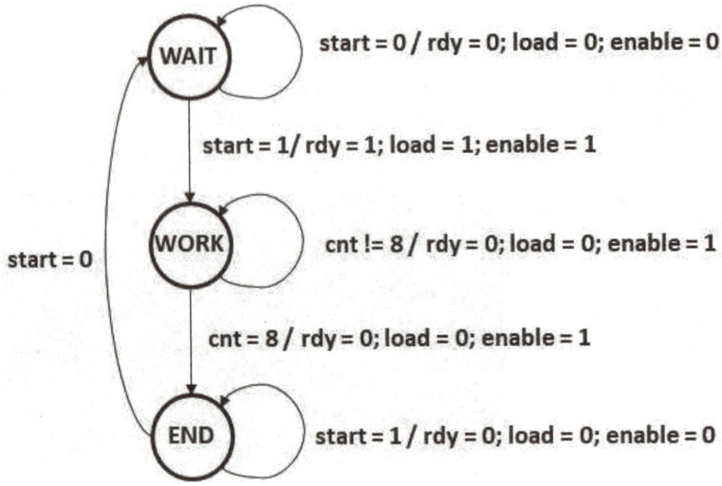

(b) Control FSM의 상태도

그림 5-60. 직렬 가산기 회로와 control FSM의 상태도

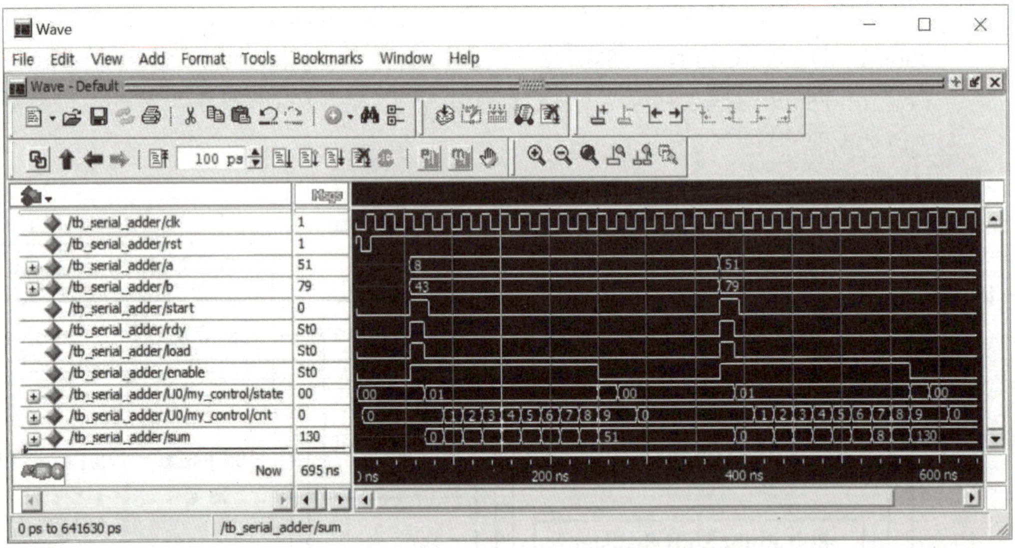

그림 5-61. 직렬 가산기의 시뮬레이션 결과

Chapter 6

응용 시스템 설계

이 장에서는 푸시 스위치 입력을 이용한 시스템의 초기값 설정, Text LCD에 원하는 정보의 표현, UART를 이용한 원거리 데이터 전송, 메모리 읽고 쓰기 등 실제 디지털시스템을 설계할 때 사용될 수 있는 다양한 단위 기능의 응용 회로에 대한 설계방법을 다룬다. 주제별 설계한 단위 회로들은 다음 단계의 학습과 원하는 기능의 새로운 시스템을 설계할 때 재사용할 수 있으므로 차근차근 이해하고 다음 내용을 학습하기 바란다.

이 장에서 다루는 주제들의 설계를 위해서는 해당 하드웨어 장치(device)의 사용자 매뉴얼에 해당하는 데이터 시트(data sheet) 등 관련 자료의 이해가 필요하다. 이 책을 학습하는 비전공자나 초심자를 위해 각 절에서 주제별 주요 내용의 설명과 설계에 필요한 자료를 제시하고 있으므로 학습에 어려움은 없을 것이다. 그러나 이 책에서 다루는 범위 밖의 추가적인 기능을 설계하거나 보다 정교하고 안정적인 시스템을 설계하기 위해서는 해당 장치의 관련 자료를 참고하기 바란다.

6-1 푸시 스위치에 의한 입력

[그림 6-1 (a)]는 일반적인 풀업 푸시 스위치(pull-up push switch) 회로이다. 스위치(SW)가 눌리지 않았을 때 FPGA의 I/O에는 [그림 6-1 (b)]와 같이 High(VDD[V])가 입력된다. 스위치를 누르면 FPGA의 I/O에 인가되는 신호는 Low(0[V])가 바로 입력되지 않고 High와 Low가 짧은 시간 반복되다가 Low가 입력된다. 이처럼 스위치의 접촉면 진동으로 High ↔ Low가 반복되는 현상을 바운싱(bouncing)이라 한다.

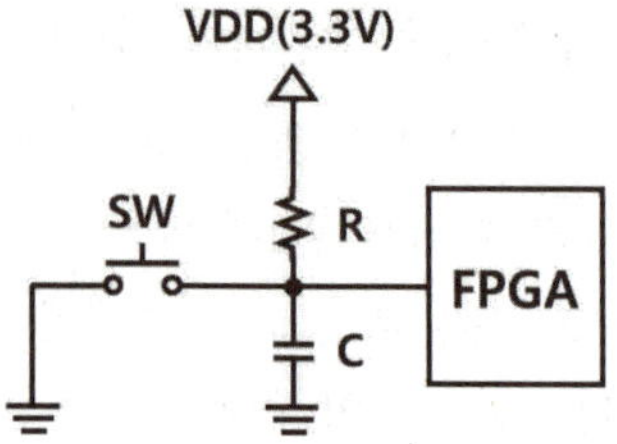

(a) 풀업 스위치 회로

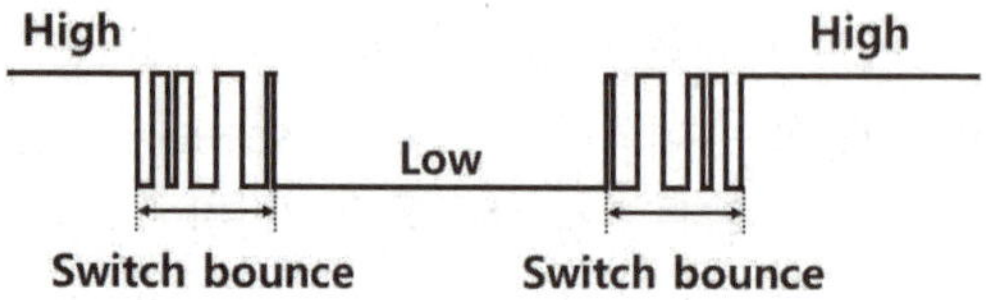

(b) 바운싱 잡음

그림 6-1. 푸시 스위치 회로와 바운싱 잡음

바운싱은 높은 주파수에 해당하는 고주파 잡음으로 이러한 바운싱 잡음(bouncing noise)을 제거하는 것을 디바운싱(debouncing)이라 한다. 일반적으로 스위치 회로에 아날로그 소자인 저항(resistor)과 커패시터(capacitor)로 구성되는 LPF(Low Pass Filter)를 추가함으로써 기본적인 디바운싱을 구현할 수 있지만 보다 확실한 디바운싱을 위해 슈미트 트리거(Schmitt trigger) 회로를 추가하기도 한다. 아날로그 소자로 구성되는 디바운스 회로를 [그림 6-2]와 같이 플립플롭을 사용하여 FPGA 내부에 구현할 수 있다.

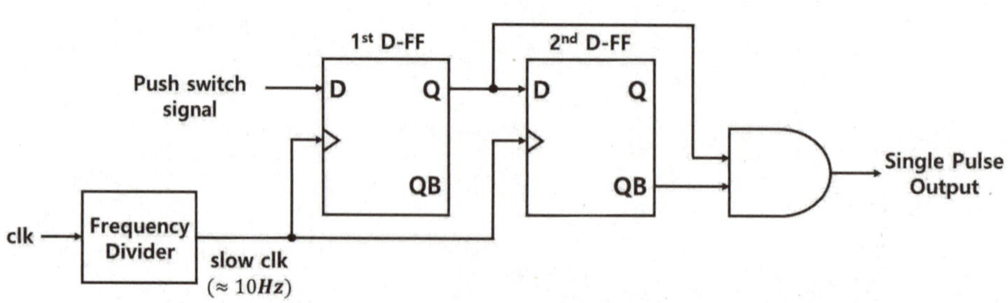

그림 6-2. 푸시 스위치 입력신호에 대해 단일 펄스 신호를 출력하는 디바운스 회로

[그림 6-3]은 [그림 6-2]의 디바운스 회로의 타이밍도이다. 2개의 D-FF으로 구성된 디바운스 회로는 푸시 스위치 입력에 대해 바운싱 잡음이 제거된 0.1s인 펄스 폭의 출력을 내보낸다.

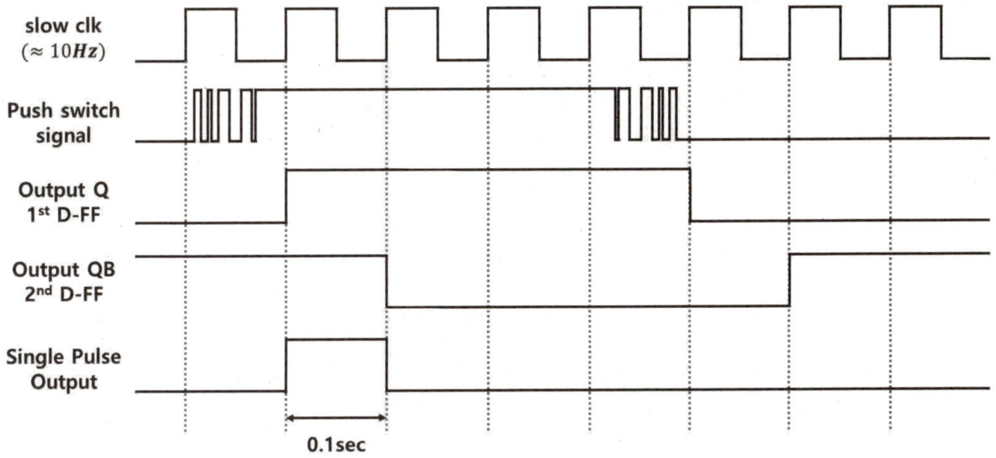

그림 6-3. 디바운스 회로의 타이밍도

6-1-1 디바운스 회로의 설계 및 시뮬레이션

[그림 6-2]의 디바운스 회로를 설계하고 시뮬레이션을 수행해보자.

① 2장의 내용을 참고하여 프로젝트 생성
- 프로젝트 디렉토리 이름 : ../Quartus_Projects/CH6/debouncer
- 프로젝트 이름 : debouncer
- 타겟 디바이스 설정

② 프로젝트 생성 후 5장 1절의 d_ff.v를 복사해서 새로 생성한 프로젝트 폴더에 추가

③ 텍스트 에디터를 사용하여 최상위 모듈인 [모듈 6-1]을 작성 후 저장
- 모듈 코드 파일 이름 : debouncer.v

④ 텍스트 에디터를 사용하여 [모듈 6-2]의 10Hz 주파수 분주기를 작성 후 저장
- 모듈 코드 파일 이름 : clk_div.v

모듈 6-1

```
/* Push SW 입력에 대해 단일 펄스 출력을 발생하는 Debounce 회로의 Top 모듈 설계 */

module  debouncer (
    clk,          // 클록
    rst,          // 리셋
    in,           // 푸시 스위치 입력
    out,          // Debounced single pulse output
    myclk);       // 10 Hz 클록 확인용 출력

    input      clk;          // 클록
    input      rst;          // 리셋
    input      in;           // 푸시 스위치 입력
    output     out;          // Debounced single pulse output
    output     myclk;        // 10 Hz 클록 확인용 출력

    clk_div            U0 (                        // 주파수 분주기 인스턴스화
    /* input           */  .clk          (clk),
    /* input           */  .rst          (rst),
    /* output          */  .myclk        (myclk)); // 10Hz clk

    d_ff               U1 (                          // 1st D-FF 인스턴스화
    /* input           */  .clk          (myclk),
    /* input           */  .rst          (rst),
    /* input           */  .set          (1'b1),   // D-FF의 set (하강에지 동작)
    /* input           */  .d            (in),
    /* output          */  .q            (q));

    d_ff               U2 (                          // 2nd D-FF 인스턴스화
    /* input           */  .clk          (myclk),
    /* input           */  .rst          (rst),
    /* input           */  .set          (1'b1),   // D-FF의 set (하강에지 동작)
    /* input           */  .d            (q),
    /* output          */  .qb           (qb));

    assign  out = q & qb;

endmodule
```

모듈 6-2

```
/* 50 Mhz 클록을 입력받아 10 Hz 클록을 생성하는 주파수 분주기 */

module  clk_div (
   clk,                    // clock(50 MHz)
   rst,                    // 리셋
   myclk);                 // 10 Hz 클록 출력

   input       clk;
   input       rst;
   output      myclk;

   reg   [21:0] cnt_myclk;
   reg          myclk;

   // Frequency divider (50 MHz → 10 Hz)
   always @ (posedge clk or negedge rst)  begin
      if (!rst) begin
         cnt_myclk    <=  0;
         myclk        <=  0;
      end
      else if (cnt_myclk == 22'd2499999)  begin
         cnt_myclk    <=  0;
         myclk        <=  ~myclk;
      end
      else
         cnt_myclk    <=  cnt_myclk + 1'b1;
   end

endmodule
```

작성된 debounce 회로를 컴파일하여 작성 시 오류(오타 또는 문법적 오류)가 있는지 확인해보자. 오류 없이 컴파일이 완료되었다면 테스트벤치를 사용한 시뮬레이션을 통해 설계한 debounce 회로의 기능 검증을 해보자.

Quartus Prime의 인터페이스 메뉴에서 「Tools」 → 「Run Simulation Tool」 → 「RTL Simulation」을 선택하여 ModelSim-Altera를 실행하고 아래의 요약 과정을 순서대로 진행하자.

① 「File」 → 「New」 → 「Source」 → 「Verilog」를 선택 후 다음의 테스트벤치 코드를 작성하고 파일이름을 「tb_debouncer.v」로 저장

② 「Compile」 → 「Compile...」를 클릭 후 테스트벤치 코드(tb_debouncer.v)를 선택하고 「Compile」 클릭

- 컴파일 시 오류가 있으면 수정 후 반드시 파일을 저장하고 재 컴파일 실행

③ 「Simulate」 → 「Start Simulation...」 또는 를 선택하고 work 왼쪽의 ⊞를 누르고 작성한 테스트벤치 코드(tb_debouncer.v)를 선택 후 「OK」 클릭

④ Object 창의 입출력 포트 신호들을 선택 후 Wave 창에 드래그 또는 오른쪽 마우스 클릭하여 「Add Wave」를 선택하여 Wave 창에 추가

- Wave 창이 보이지 않으면 인터페이스 메뉴의 「View」 → 「Wave」 선택

⑤ 「Simulate」 → 「Run」 → 「Run-All」 또는 를 클릭하여 시뮬레이션 실행

테스트벤치 6-1

```
/* 푸시 스위치 입력-단일 펄스 출력 Debounce 회로의 시뮬레이션을 위한 테스트벤치 */
`timescale  1ns/10ps

module tb_debouncer;

   parameter  STEP = 20;                          // STEP = 20 * 1ns = 20ns

   reg       clk, rst;
   reg       in;
   wire      out;
   wire      myclk;

   debouncer          U0 (
   /* input           */  .clk              (clk),
   /* input           */  .rst              (rst),
   /* input           */  .in               (in),
   /* output          */  .out              (out),
   /* output          */  .myclk            (myclk));   // 10Hz 클록 확인용 출력

   initial   begin
      clk = 0; rst = 1; #(STEP/2);
      rst = 0; #30;                               // 리셋
      rst = 1; in = 0;
      #(STEP*150000000);                          // 20ns * (15*10^7) = 3 sec
```

```
25          $stop;
26      end
27
28      always    #(STEP/2)  clk = ~clk;          // STEP/2 = 10 * 1ns * 10ns에서 반전
29
30      always    #(STEP*30000000)  in = ~in;   // 20ns * (30*10^6) = 0.6 sec마다 입력 반전
31
32  endmodule
```

- 시뮬레이션에 시간이 오래 걸리므로 24줄을 '#(STEP*70000000);'로 수정해도 결과 확인은 가능하다.

시뮬레이션 결과

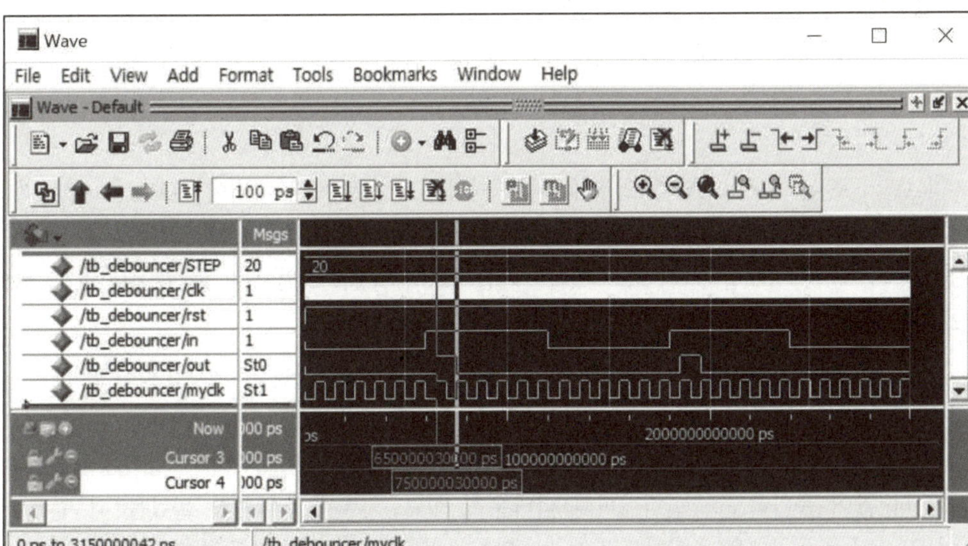

그림 6-4. 푸시 스위치 입력-단일 펄스 출력 Debounce 회로의 시뮬레이션 결과

[그림 6-4]의 시뮬레이션 결과에서 myclk은 10 Hz(주기 = 0.1 s)인 클록이다. 설계한 디바운스 회로는 0.6s 동안의 푸시 스위치 입력(in)에 대해 10 Hz 클록의 한 주기인 0.1 s의 펄스 폭을 갖는 단일 펄스를 출력(out)하는 것을 알 수 있다.

6-1-2 학습키트를 활용한 디바운스 회로의 동작 확인

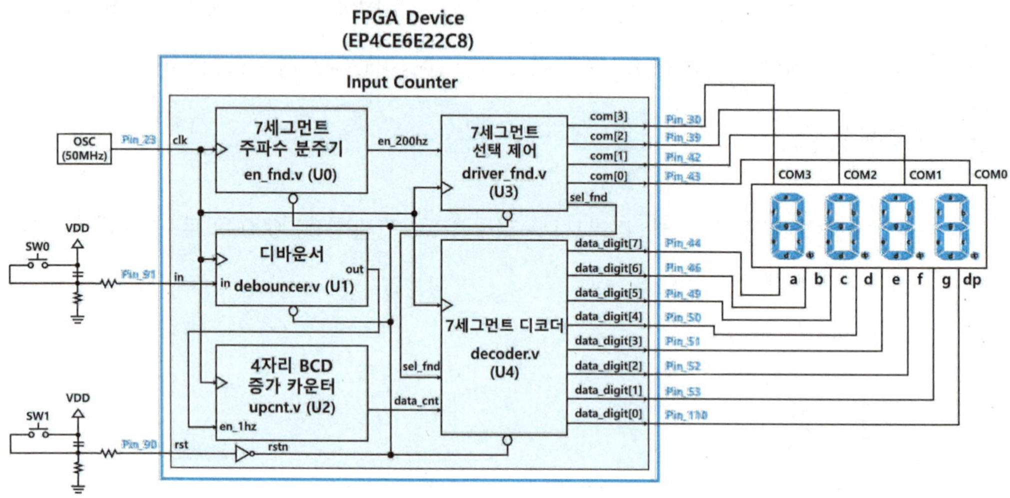

그림 6-5. 디바운스 회로의 동작 확인을 위한 학습키트의 핀 연결 정보

[그림 6-5]는 푸시 스위치 입력에 대한 디바운스 출력에 동기되어 0000 ~ 9999까지 증가하는 4자리 BCD 증가 카운터 회로와 학습키트에 구현할 때 핀 할당을 위한 주변 장치와의 연결 정보를 나타내고 있다. 학습키트의 푸시 스위치는 풀 다운(Pull-Down) 스위치이다.

5장 5절에서 설계했던 'upcnt'에서는 4자리 BCD 증가 카운터 계수값을 1초마다 1씩 증가시키기 위해 주기가 1초인 en_1 hz를 입력으로 사용했었다. 여기에서는 en_1 hz 대신 디바운스 회로의 출력(out)을 입력신호로 사용하여 푸시 스위치의 입력에 동기되어 카운터 값이 증가하도록 한다. 이때 디바운스 회로는 푸시 스위치가 눌렸을 때 펄스 폭이 0.1 s인 out = 1을 출력하므로 upcnt의 en_1 hz 입력신호 대신 디바운스 회로의 out 신호를 사용할 경우 20 ns의 주기를 갖는 클록(clk)의 상승에지마다 카운트 값이 증가하는 문제가 생긴다. 따라서 en_1 hz 신호 대신 out 신호를 사용하기 위해 out 신호의 펄스 폭을 clk의 1주기인 20 ns로 만들 필요가 있다.

[그림 6-2]의 회로를 [그림 6-6]과 같이 수정하면 디바운스 잡음을 제거하고 푸시 스위치가 눌리는 시간과 상관없이 20 ns 펄스 폭을 갖는 출력을 생성할 수 있다.

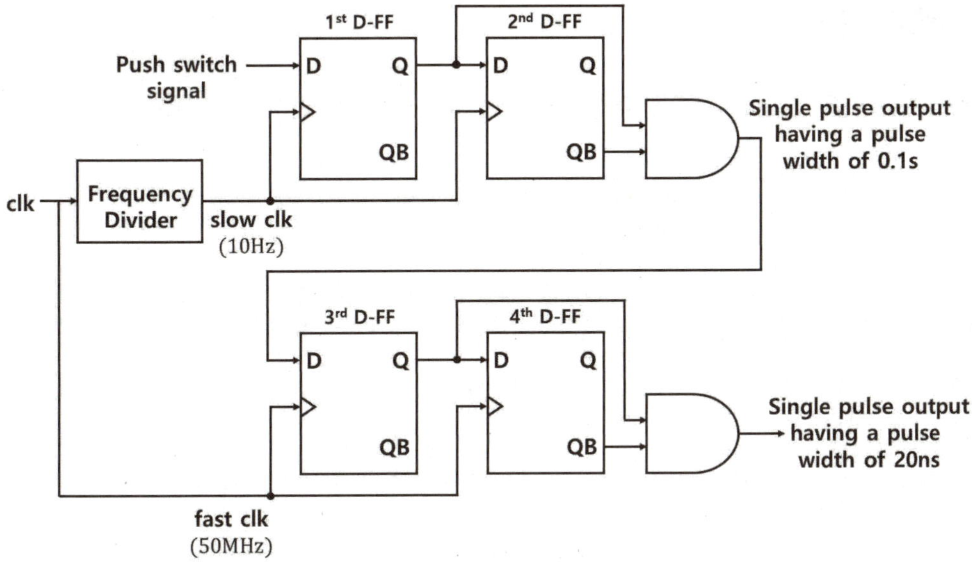

그림 6-6. 푸시 스위치 입력신호에 대해 외부 clk 주기의 단일 펄스 신호를 출력하는 디바운스 회로

다음의 과정을 따라 [그림 6-6]의 회로를 설계해 보자.

① 2장의 내용을 참고하여 프로젝트 생성
- 프로젝트 디렉토리 이름 : ../Quartus_Projects/CH6/input_counter
- 프로젝트 이름 : input_counter
- 타겟 디바이스 설정

② 프로젝트 생성 후 위에서 설계한 clk_div.v, d_ff.v를 복사해서 새로 생성된 프로젝트 폴더에 추가

③ 프로젝트 생성 후 5장 5절의 en_fnd.v, upcnt.v, driver_fnd.v, decoder_fnd.v를 복사해서 새로 생성된 폴더에 추가

④ 텍스트 에디터를 사용하여 최상위 모듈인 [모듈 6-3]을 작성 후 저장
- 모듈 코드 파일 이름 : input_counter.v

⑤ [그림 6-6]과 같이 수정된 디바운스 회로의 [모듈 6-4]를 작성 후 저장
- 모듈 코드 파일 이름 : debouncer_clk.v

모듈 6-3

```
/* 디바운스 회로가 적용된 푸시 스위치 입력을 계수하는 BCD 카운터의 Top 모듈 설계 */

module  input_counter (
   clk,              // 클록
   rst,              // 리셋
   in,               // 푸시 스위치 입력
   data_digit,       // FND 표시를 위한 8비트 데이터 출력 데이터
   com);             // FND 자릿수 선택을 위한 4비트 출력신호

   input          clk;            // 클록
   input          rst;            // 리셋
   input          in;             // 푸시 스위치 입력
   output  [7:0]  data_digit;     // FND 표시를 위한 8비트 데이터 출력 데이터
   output  [3:0]  com;            // FND 자릿수 선택을 위한 4비트 출력신호

   wire           rstn;           // 학습키트의 SW1 입력의 반전 신호
   wire           en_200hz;       // FND 선택을 위한 200Hz enable 신호
   wire           myclk;          // 디바운스 회로의 10Hz 클록
   wire           out;            // 디바운스 회로의 출력신호
   wire    [1:0]  sel_fnd;        // FND 자릿수 선택을 위한 카운터 값
   wire    [15:0] data_cnt;       // BCD 증가 카운터의 계수(counting) 값

   assign rstn  = ~rst; // Active High로 동작하는 SW를 Active Low로 동작시키기 위해 반전

   en_fnd               U0 (
   /*  input            */  .clk          (clk),
   /*  input            */  .rst          (rstn),// Active Low로 동작하도록 rstn 사용
   /*  output           */  .en_200hz     (en_200hz));

   debouncer_clk         U1 (
   /* input             */  .clk          (clk),
   /* input             */  .rst          (rstn),// Active Low로 동작하도록 rstn 사용
   /* input             */  .in           (in),  // Pull-Down Switch 입력신호
   /* output            */  .out          (out));// clk 주기의 펄스 폭 디바운스 출력

   upcnt                U2 (
   /*  input            */  .clk          (clk),
   /*  input            */  .rst          (rstn),// Active Low로 동작하도록 rstn 사용
   /*  input            */  .en_1hz       (out), // 1Hz enable 신호 대신 out 사용
   /*  output  [15:0]   */  .data_cnt     (data_cnt));

   driver_fnd           U3 (
   /*  input            */  .clk          (clk),
   /*  input            */  .rst          (rstn),// Active Low로 동작하도록 rstn 사용
   /*  input            */  .en_200hz     (en_200hz),
```

```
    /*  output  [1:0]   */  .sel_fnd        (sel_fnd),
    /*  output  [3:0]   */  .com            (com));

    decoder_fnd         U4 (
    /*  input           */  .clk            (clk),
    /*  input           */  .rst            (rstn),// Active Low로 동작하도록 rstn 사용
    /*  input   [1:0]   */  .sel_fnd        (sel_fnd),
    /*  input   [15:0]  */  .data_cnt       (data_cnt),
    /*  output  [7:0]   */  .data_digit     (data_digit));

endmodule
```

모듈 6-4

```
/* Push SW 입력에 대해 클록 주기의 단일 펄스 출력을 발생하는 Debounce 회로 설계 */

module  debouncer_clk  (
    clk,                // 클록
    rst,                // 리셋
    in,                 // 푸시 스위치 입력
    out);               // Debounced single pulse output

    input       clk;
    input       rst;
    input       in;
    output      out;

    wire        myclk;      // 10 Hz clk
    wire        q, q3, qb2, qb4;
    wire        out2;

    clk_div             U0 (                        // 주파수 분주기 인스턴스화
    /* input            */  .clk            (clk),
    /* input            */  .rst            (rst),
    /* output           */  .myclk          (myclk)); // 10 Hz clk

    d_ff                U1 (                        // 1st D-FF 인스턴스화
    /* input            */  .clk            (myclk),
    /* input            */  .rst            (rst),
    /* input            */  .set            (1'b1),
    /* input            */  .d              (in),
    /* output           */  .q              (q));

    d_ff                U2 (                        // 2nd D-FF 인스턴스화
```

```
    /* input           */  .clk           (myclk),
    /* input           */  .rst           (rst),
    /* input           */  .set           (1'b1),
    /* input           */  .d             (q),
    /* output          */  .qb            (qb2));

    d_ff              U3 (                           // 3rd D-FF 인스턴스화
    /* input           */  .clk           (clk),
    /* input           */  .rst           (rst),
    /* input           */  .set           (1'b1),
    /* input           */  .d             (out2),
    /* output          */  .q             (q3));

    d_ff              U4 (                           // 4th D-FF 인스턴스화
    /* input           */  .clk           (clk),
    /* input           */  .rst           (rst),
    /* input           */  .set           (1'b1),
    /* input           */  .d             (q3),
    /* output          */  .qb            (qb4));

    assign  out2 = q & qb2;
    assign  out = q3 & qb4;

endmodule
```

[그림 6-5]에 보인 4자리 BCD 증가 카운터의 입출력 포트와 학습키트 주변 장치의 연결 정보를 참고하여 핀 할당 후 FPGA Programming을 진행해보자.

① Quartus Prime의 Pin Planner에서 핀 할당 진행 후 다시 컴파일 실행
② Programmer에서 USB-Blaster를 사용하여 합성된 input_counter.sof 파일을 다운로드

[그림 6-7]의 핀 할당과 FPGA Programming까지 완료하였다면 설계한 디바운스 회로가 적용된 푸시 스위치 입력을 카운트하는 BCD 카운터의 동작을 확인해보자.

비동기 리셋 기능을 가지므로 SW1(rst)을 누르는 즉시 4개의 7세그먼트 표시장치에 '8.8.8.8.'을 표시하고, SW0(in)을 누를 때마다 '0000'부터 '9999'까지 1씩 증가하는 카운트 값을 표시한다.

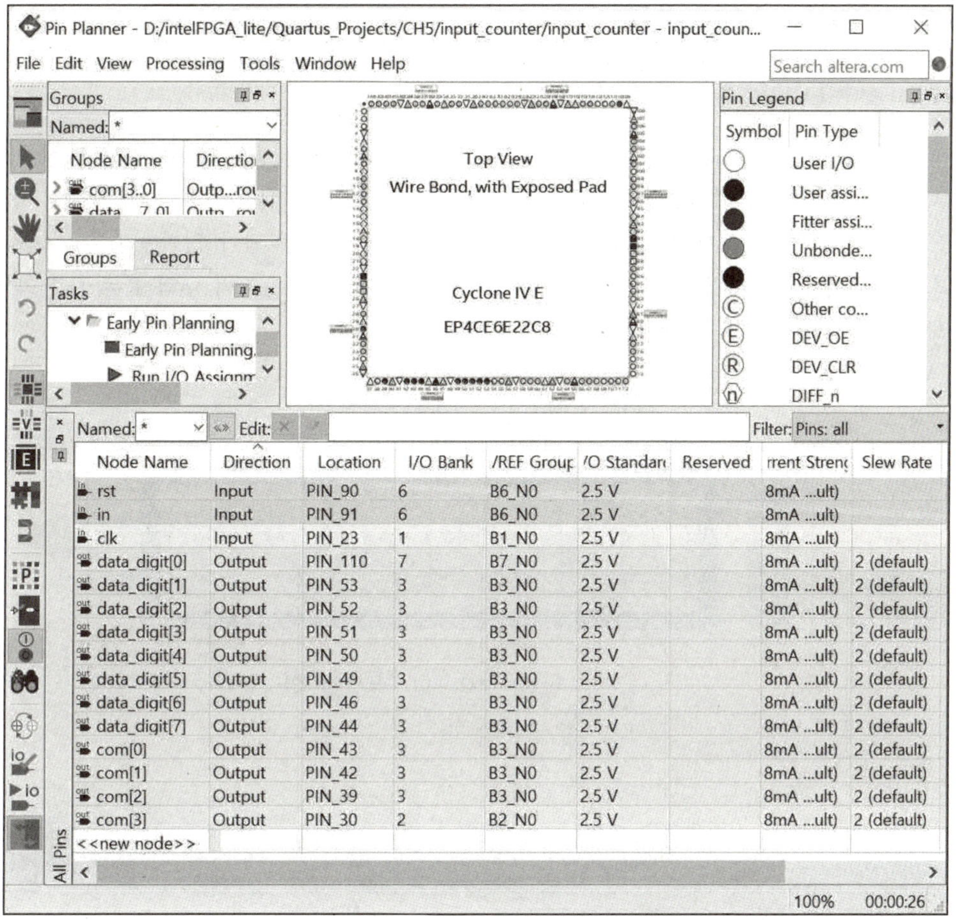

그림 6-7. 디바운스 회로가 적용된 푸시 스위치 입력을 세는 BCD 카운터의 핀 할당

6-2 Text LCD 디스플레이

Text LCD는 VFD(Vacuum Fluorescent Display)라고도 하며 방출 전자를 형광체에 충돌시켜 자체 발광하는 액정(liquid crystal) 소자이다. 고정된 위치에 영문자 또는 숫자 등을 문자 단위로 표시할 수 있어 간단한 메시지를 출력하는 가전제품의 표시장치로 널리 사용된다. 시야각이 넓고 선명한 표시가 가능하며 넓은 온도 범위(-40℃ ~ 85℃)에서 동작이 가능한 특징이 있다.

6-2-1 Text LCD 모듈

(1) Text LCD의 인터페이스

[그림 6-8]은 Text LCD 모듈의 외형으로 16문자씩 2줄을 표시할 수 있는 액정 표시부와 [표 6-1]과 같이 16핀으로 구성된 인터페이스를 갖는다. 이 중 3개의 제어 신호(RS, R/W, E) 핀과 8개의 데이터 신호(DB0 ~DB7) 핀이 포함되어 있다. V0는 가변저항과 연결되어 LCD의 명암 대비(contrast)를 조절하기 위해 사용하며, A와 K는 LCD의 백라이트를 켜거나 끄기 위해 사용된다.

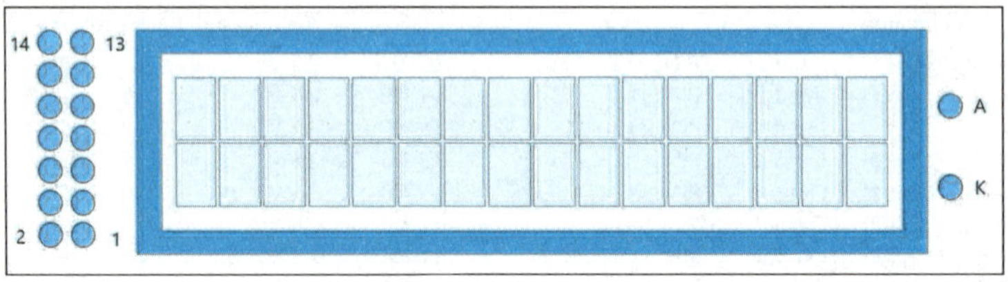

그림 6-8. Text LCD 모듈 외형

표 6-1. Text LCD 인터페이스 기능

Pin No	Symbol	Function
1	VSS	GND (0V)
2	VDD	Power supply for Logic (+5 V)
3	V0	Power supply for LCD drive(가변저항 출력)
4	RS	Register selection (0 : Instruction register, 1 : Data register)
5	R/W	Read/Write selection (0 : Write, 1 : Read)
6	E	Enable signal for Read/Write LCD
7 ~ 14	DB0 ~ DB7	Data Bus Lines
15	A	Power supply for Backlight ON (+5 V)
16	K	Power supply for Backlight OFF (0 V)

FPGA를 사용하여 3개의 제어 신호(RS, R/W, E)와 8비트 데이터 신호를 제어함으로써 원하는 문자를 Text LCD에 표시할 수 있다.

(2) Text LCD의 내부 메모리

Text LCD 모듈은 내부 메모리로 DD-RAM(Display Data RAM), CG-ROM(Character Generator ROM), CG-RAM(Character Generator RAM)을 내장하고 있다.

DD-RAM은 80×8비트 용량의 휘발성 메모리로 [그림 6-9]와 같이 80개의 8비트 ASCII 코드를 저장할 수 있다. 표시하고자 하는 문자의 ASCII 코드 즉, CG-ROM에 저장되어 있는 문자의 주소값(해당 문자의 ASCII 코드와 일치)을 읽어와 저장한다. 80개의 주소값 중 00(hex) ~ 0F(hex)는 LCD 첫째 줄의 16개 문자 위치에 해당하는 고유 주소값으로 사용되며, 40(hex) ~ 4F(hex)는 둘째 줄의 16개 문자 위치에 해당하는 고유 주소값이다. 이때 주소값이 연속되지 않음에 주의해야 한다.

First Line Address : 00 ~ 27 hex

제1행	00	01	02	03	04	05	06	07	08	09	0A	0B	0C	0D	0E	0F	10	11	12	13	14	15	16	17	18	19	1A	1B	1C	1D	1E	1F	20	21	22	23	24	25	26	27
제2행	40	41	42	43	44	45	46	47	48	49	4A	4B	4C	4D	4E	4F	50	51	52	53	54	55	56	57	58	59	5A	5B	5C	5D	5E	5F	60	61	62	63	64	65	66	67

LCD Display

Second Line Address : 40 ~ 67 hex

그림 6-9. Text LCD의 문자 위치에 대한 DD-RAM 주소값

CG-RAM은 ASCII 이외의 문자를 출력하고자 할 때 사용자가 만든 문자를 다운로드하여 저장하는 휘발성 메모리로서 00(hex) ~ 0F(hex)의 영역에 최대 8개의 사용자 정의 문자를 설정하여 사용할 수 있다. 사용자 정의 문자를 사용할 때는 전원이 인가된 후에 정의하여야 하며, 전원이 꺼지면 정의된 내용은 지워진다.

CG-ROM은 ASCII 도형 문자들의 정보를 저장하고 있는 비휘발성 메모리로서 일반적으로 영문자, 숫자, 특수문자, 일본어 가타카나 문자 등 240개의 도형 문자들을 저장하고 있다. [그림 6-10]은 CG-ROM에 저장되어 있는 ASCII 도형문자와 CG-ROM 주소값이다.

그림 6-10 CG-ROM에 저장되어 있는 문자 및 주소값

(3) Text LCD의 동작 타이밍

FPGA를 사용하여 Text LCD 모듈을 구동하기 위해서는 [그림 6-11] 및 [그림 6-12]와 같이 각 제어 신호의 설정이 필요하며, 데이터도 타이밍을 고려하여 전달하는 것이 필요하다. 이때 각 제어신호는 지정된 소요시간이 필요하다. 따라서 FPGA는 제어 명령을 보내기 전이나 후에 충분한 시간 동안 대기하거나 유지해야 한다. 각 제어신호의 setup time, hold time, delay time 등을 [표 6-2]에 정리하였다.

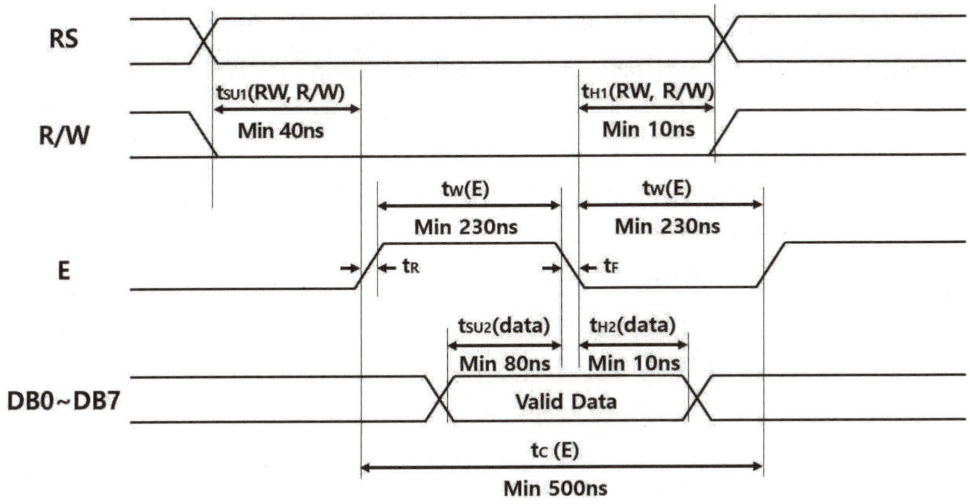

그림 6-11 Write Timing (Write from FPGA to LCD)

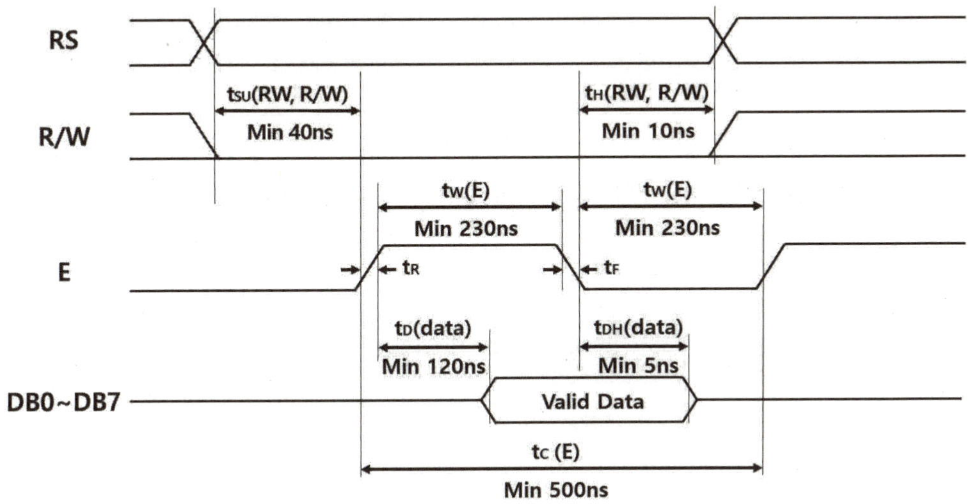

그림 6-12. Read Timing (Read from LCD to FPGA)

표 6-2. Text LCD 모듈의 동작 타이밍(VDD = 4.5 V ~ 5.5 V, LCD driver : ST7065C)

Mode	Characteristics	Symbol	Min	Typ	Max	Unit
Write Mode (그림 6-11)	E Cycle Time	tC	500	-	-	ns
	E Rise / Fall Time	tR, tF	-	-	20	
	E Pulse Width (High, Low)	tW	230	-	-	
	R/W and RS Setup Time	tSU1	40	-	-	
	R/W and RS Hold Time	tH1	10	-	-	
	Data Setup Time	tSU2	80	-	-	
	Data Hold Time	tH2	10	-	-	
Read Mode (그림 6-12)	E Cycle Time	tC	500	-	-	ns
	E Rise / Fall Time	tR, tF	-	-	20	
	E Pulse Width (High, Low)	tW	230	-	-	
	R/W and RS Setup Time	tSU	40	-	-	
	R/W and RS Hold Time	tH2	10	-	-	
	Data Output Delay Time	tD	-	-	120	
	Data Hold Time	tDH	5	-	-	

(4) Text LCD의 제어명령

FPGA를 사용하여 Text LCD 모듈을 동작시키기 위한 제어명령어는 [표 6-3]과 같다. 이들 제어명령은 R/W, RS, E와 데이터 버스 DB0 ~DB7을 통해 전송된다.

표 6-3. Text LCD 모듈의 제어명령

Instruction	Instruction Code										동작 설명	소요시간
	RS	R/W	DB7	DB6	DB5	DB4	DB3	DB2	DB1	DB0		
Clear Display	0	0	0	0	0	0	0	0	0	1	모든 Diplay 클리어, Address Counter를 DD-RAM 0번지로 초기화, 커서는 홈	1.53 ms
Cursor Home	0	0	0	0	0	0	0	0	1	-	DD-RAM 내용 변경 없이 커서만 홈으로	1.53 ms
Entry Mode Set	0	0	0	0	0	0	0	1	I/D	S	커서의 진행방향과 이동여부 설정	39 μs
Display On/OFF Control	0	0	0	0	0	0	1	D	C	B	D : Display의 ON/OFF 설정 C : 커서의 ON/OFF 설정 B : 커서 위치 문자의 깜박임 설정	39 μs
Cursor/Display Shift	0	0	0	0	0	1	S/C	R/L	-	-	S/C : 커서의 이동 설정 R/L : Display shift 동작 설정	39 μs

표 6-3. Text LCD 모듈의 제어명령(계속)

Instruction	Instruction Code										동작 설명	소요시간
	RS	R/W	DB7	DB6	DB5	DB4	DB3	DB2	DB1	DB0		
Function Set	0	0	0	0	1	IF	N	-	BR 1	BR 0	IF : 데이터 길이 설정 N : 표시 행 수 설정 BR1, BR0 : 화면 밝기 설정 ※ 전원 투입 후 최초 이 명령을 보내며 4비트로 인터페이스 할 때 DB4 ~ DB7을 사용, 8비트 인터페이스일 경우 상위 4비트 전송 후 하위 4비트 전송	39 μs
CG-RAM Address Setting	0	0	0	1	Address						CG-RAM의 Address 지정, 이후 송수신하는 데이터는 CG-RAM 데이터	39 μs
DD-RAM Address Setting	0	0	1	Address							DD-RAM의 Address 지정, 이후 송수신하는 데이터는 DD-RAM 데이터	39 μs
Busy Flag & Address Reading	0	1	BF	Address Count							Text LCD 모듈이 내부 동작중임을 나타내는 BF 및 Address Counter의 내용 읽기, BF = 1이면 대기, BF = 0이면 다음 제어명령 전송	0 μs
Write Data to CG/DD-RAM	1	0	Write Data								RAM에 Data 쓰기	43 μs
Read Data from CG/DD-RAM	1	1	Read Data								RAM에 Data 읽기	43 μs

I/D	1 : Increment	0 : Decrement	
S	1 : Display shift enabled	0 : Cursor shift enabled	
D	1 : Display ON	0 : Display OFF	
C	1 : Cursor ON	0 : Cursor OFF	
B	1 : Blink ON	0 : Blink OFF	
S/C	1 : Display shift	0 : Cursor move	
R/L	1 : Shift to the right	0 : Shift to the left	
IF	1 : 8bit	0 : 4bit	
N	1 : 2 lines display	0 : 1 line display	
BF	1 : Busy(Internally operation)	0 : Not busy (Instruction acceptable)	
BR1, BR0	00 : 100%, 01 : 75%, 10 : 50%, 11 : 25%		

- DD-RAM : Display Data RAM, CG-RAM : Character Generator RAM

자주 사용하는 제어명령은 다음과 같다.

표 6-4. 자주 사용하는 Text LCD 모듈의 제어명령

Instruction	Instruction Code	동작
Clear Display	8'b0000_0001(8'h01)	LCD 표시창을 클리어시키고 커서를 첫 줄 첫 칸에 위치
Cursor Home	8'b0000_0010(8'h02)	LCD의 표시 내용을 그대로 두고 커서만 홈으로 위치
Entry Mode Set	8'b0000_0110(8'h06)	LCD 표시 창에 문자를 표시하고 커서를 오른쪽으로 이동
Display On/OFF Control	8'b0000_1000(8'h08)	Display OFF, 커서 OFF
	8'b0000_1100(8'h0C)	Display ON, 커서 OFF
	8'b0000_1110(8'h0E)	Display ON, 커서 ON
	8'b0000_1111(8'h0F)	Display ON, 커서 ON, 문자 깜박임 ON
Cursor/Display Shift	8'b0001_1000(8'h18)	현재 LCD에 표시되어 있는 내용을 왼쪽으로 한 칸씩 이동
	8'b0001_1100(8'h1C)	현재 LCD에 표시되어 있는 내용을 오른쪽으로 한 칸씩 이동
Function Set	8'b0010_1000(8'h28)	4비트, 2줄 표시
	8'b0011_1000(8'h38)	8비트, 2줄 표시
CG-RAM Address Setting	8'b0100_0000(8'h40) ~ 8'b0111_1111(8'h7F)	CG-RAM의 주소값 설정
DD-RAM Address Setting	8'b1000_0000(8'h80) ~ 8'b1111_1111(8'hFF)	DD-RAM의 주소값 설정

Text LCD 모듈을 동작시키기 위해서는 초기화 과정이 필요하다. Text LCD 모듈은 제조사마다 차이는 있을 수 있으나 거의 비슷하다. 여기서는 일반적으로 가장 많이 사용하는 16×2 Text LCD 모듈(CD07001-01)을 기준으로 설명한다.

8비트 인터페이스 및 2줄 문자 표시를 위한 제어순서는 다음과 같다.

① 전원 투입

② Text LCD 모듈이 리셋되려면 약 50 ms가 소요되므로 이 시간 이상을 대기

③ Function Set 명령을 전송

④ Display ON/OFF control 명령을 전송

⑤ Entry mode set 명령을 전송

⑥ DD-RAM Address를 전송

⑦ 문자 데이터를 연속으로 전송

⑧ 필요에 따라 ⑥ ~ ⑦을 반복

[표 6-3]에서 Function Set과 Cursor Home 명령을 수행하기 위해서는 1.53 ms이상의 시간이 필요하므로 명령 및 문자 데이터 전송을 위한 enable 신호를 1.53 ms이상의 주기를 갖도록 설계해야 함을 주의하자.

6-2-2 Text LCD 구동회로의 설계

다음의 과정을 따라 Text LCD에 'Welcome to Verilog World!'를 표시하는 Text LCD 구동 회로를 설계하고 시뮬레이션을 수행해보자.

① 2장의 내용을 참고하여 프로젝트 생성
- 프로젝트 디렉토리 이름 : ../Quartus_Projects/CH6/lcd_disp_test
- 프로젝트 이름 : lcd_display_test
- 타겟 디바이스 설정

② 텍스트 에디터를 사용하여 최상위 모듈인 [모듈 6-5]를 작성 후 저장
- 모듈 코드 파일 이름 : lcd_display_test.v

③ 텍스트 에디터를 사용하여 [모듈 6-6] ~ [모듈 6-8]을 작성 후 저장
- [모듈 6-6]의 파일 이름 : en_clk_lcd.v
- [모듈 6-7]의 파일 이름 : lcd_display_string.v
- [모듈 6-8]의 파일 이름 : lcd_driver.v

모듈 6-5

```
/* Text LCD 구동 회로 */

module  lcd_display_test (
   clk,                 // 50Mhz 클록
   rst,                 // 리셋
   lcd_rs,              // lcd rs 신호(rs = 0 : 명령어, rs = 1 : 데이터)
   lcd_rw,              // lcd rw 신호(rw = 0 : 쓰기, rw = 1 : 읽기)
   lcd_e,               // lcd enable 신호
   lcd_data);           // lcd 명령어 및 문자 데이터

   input        clk;
   input        rst;
   output       lcd_rs;
   output       lcd_rw;
   output       lcd_e;
   output  [7:0] lcd_data;

   wire    [4:0] index_char;  // LCD 각 라인의 출력할 문자의 위치 지정 카운터 값
   wire    [7:0] data_char;  // 출력할 문자의 ASCII 코드 데이터
   wire         en_clk;

   en_clk_lcd         LCLK (
   /* input           */  .clk           (clk),
   /* input           */  .rst           (rst),
   /* output          */  .en_clk        (en_clk)); // en_clk: 2ms 주기 enable 신호

   lcd_display_string  STR (
   /* input           */  .clk           (clk),
   /* input           */  .rst           (rst),
   /* input     [4:0] */  .index         (index_char),
   /* output    [7:0] */  .out           (data_char));

   lcd_driver          DRV (
   /* input           */  .clk           (clk),
   /* input           */  .rst           (rst),
   /* input           */  .en_clk        (en_clk),
   /* input     [7:0] */  .data_char     (data_char),
   /* output    [4:0] */  .index_char    (index_char),
   /* output          */  .lcd_rs        (lcd_rs),
   /* output          */  .lcd_rw        (lcd_rw),
   /* output          */  .lcd_e         (lcd_e),
   /* output    [7:0] */  .lcd_data      (lcd_data));

endmodule
```

모듈 6-6

```
/*  LCD display를 위한 500 Hz enable 신호 */

module en_clk_lcd (
   clk,                    // OSC 클록(50 MHz) 신호
   rst,                    // rst 신호
   en_clk);                // 500 Hz enable 신호

   input          clk;
   input          rst;
   output         en_clk;

   reg     [16:0] cnt_en;             // 500 Hz enable 신호 생성을 위한 카운터 17비트
   reg            en_clk;

   // Frequency divider (50 MHz → 500 Hz) : LCD 제어 클록
   always @ (posedge clk or negedge rst) begin
      if (!rst) begin
         cnt_en      <=  0;
         en_clk      <=  0;
      end
      else begin
         if (cnt_en == 99999) begin   // 20ns * 100000 = 2msec
            cnt_en   <=  0;           // 2ms마다 cnt_en 리셋(0)
            en_clk   <=  1'b1;// en_clk 신호 : 2ms마다 clk의 한 주기(20ns) 동안 셋(1)
         end
         else begin
            cnt_en   <=  cnt_en + 1'b1;
            en_clk   <=  0;           // en_clk 신호 : 0값 유지
         end
      end
   end

endmodule
```

모듈 6-7

```
/*  LCD에 표시할 문자 데이터 */

module lcd_display_string (
   clk,                   // OSC 클록(50 MHz) 신호
   rst,                   // rst 신호
```

```
    index,              // 문자 출력을 위한 카운터 값(문자 위치)
    out);               // 출력할 문자의 ASCII값(address)

    input          clk;
    input          rst;
    input    [4:0] index;
    output   [7:0] out;

    wire     [4:0] index;
    reg      [7:0] out;

/* ------------------------------------------------------------------------
--                             ASCII HEX TABLE
--  Hex                         Low Hex Digit
--  Value  0   1   2   3   4   5   6   7   8   9   A   B   C   D   E   F
---------------------------------------------------------------------------
--     2 ¦ SP  !   "   #   $   %   &   '   (   )   *   +   ,   -   .   /
-- H   3 ¦ 0   1   2   3   4   5   6   7   8   9   :   ;   <   =   >   ?
-- i   4 ¦ @   A   B   C   D   E   F   G   H   I   J   K   L   M   N   O
-- g   5 ¦ P   Q   R   S   T   U   V   W   X   Y   Z   [   \   ]   ^   _
-- h   6 ¦ `   a   b   c   d   e   f   g   h   i   j   k   l   m   n   o
--     7 ¦ p   q   r   s   t   u   v   w   x   y   z   {   ¦   }   ~ DEL
-------------------------------------------------------------------------
-- 예) 위에서 "A"는 4번째 행 1번째 열에 해당하므로 hex value는 8'h41
-- 다른 도형 문자를 사용하려면 사용하는 LCD 모듈의 Datasheet를 참고
*/

/* 아래 코드는 LCD에 다음과 같이 표현됨
    ┌-0123456789abcdef-┐
    | Welcome to       |
    | Verilog World!   |
    └------------------┘ */

    always @ (posedge clk or negedge rst) begin
       if (!rst)
          out <= 8'h00;  // NULL
       else
          case (index)
             00 :  out   <=  8'h57; // W
             01 :  out   <=  8'h65; // e
             02 :  out   <=  8'h6C; // l
             03 :  out   <=  8'h63; // c
             04 :  out   <=  8'h6F; // o
             05 :  out   <=  8'h6D; // m
             06 :  out   <=  8'h65; // e
             07 :  out   <=  8'h20; // SP : white space
             08 :  out   <=  8'h74; // t
```

```
                09 :   out   <=  8'h6F; // o
                10 :   out   <=  8'h20; // SP : white space
                11 :   out   <=  8'h20; // SP : white space
                12 :   out   <=  8'h20; // SP : white space
                13 :   out   <=  8'h20; // SP : white space
                14 :   out   <=  8'h20; // SP : white space
                15 :   out   <=  8'h20; // SP : white space

                // Line 2
                16 :   out   <=  8'h56; // V
                17 :   out   <=  8'h65; // e
                18 :   out   <=  8'h72; // r
                19 :   out   <=  8'h69; // i
                20 :   out   <=  8'h6C; // l
                21 :   out   <=  8'h6F; // o
                22 :   out   <=  8'h67; // g
                23 :   out   <=  8'h20; // SP : white space
                24 :   out   <=  8'h57; // W
                25 :   out   <=  8'h6F; // o
                26 :   out   <=  8'h72; // r
                27 :   out   <=  8'h6C; // l
                28 :   out   <=  8'h64; // d
                29 :   out   <=  8'h21; // !
                30 :   out   <=  8'h20; // SP : white space
                31 :   out   <=  8'h20; // SP : white space
                default: out <= 8'h00;  // NULL
            endcase
        end
    end
endmodule
```

모듈 6-8

```
/* LCD 제어명령 및 데이터 신호 생성을 위한 FSM */

module  lcd_driver (
    clk,                    // OSC 클록(50 MHz) 신호
    rst,                    // rst 신호
    en_clk,                 // 500 Hz enable 출력신호
    data_char,              // cnt_char에 해당하는 문자의 ASCII 코드 데이터
    index_char,             // 문자 출력 위치
    lcd_rs,                 // lcd rs 신호(rs = 0 : 명령어, rs = 1 : 데이터)
    lcd_rw,                 // lcd rw 신호 (rw = 0 : 쓰기, rw = 1 : 읽기)
```

```
    lcd_e,                  // lcd enable 신호
    lcd_data);              // lcd 명령어 및 문자 데이터

    input           clk;
    input           rst;
    input           en_clk;
    input   [7:0] data_char;
    output  [4:0] index_char;
    output          lcd_rs;
    output          lcd_rw;
    output          lcd_e;
    output  [7:0] lcd_data;

    // Define the state of FSM
    parameter    IDLE          = 4'h0;
    parameter    FUNC_SET      = 4'h1;
    parameter    DISP_OFF      = 4'h2;
    parameter    DISP_CLEAR    = 4'h3;
    parameter    DISP_ON       = 4'h4;
    parameter    MODE_SET      = 4'h5;
    parameter    PRINT_STRING  = 4'h6;
    parameter    LINE2         = 4'h7;
    parameter    RETURN_HOME   = 4'h8;

    parameter    T_PW          = 2499999; // LCD 모듈에 전원 투입 후 대기 시간(50ms)

    wire    [7:0]  data_char;
    reg     [4:0]  index_char;
    reg            lcd_rs;
    reg            lcd_rw;
    reg            lcd_e;
    wire    [7:0]  lcd_data;
    reg     [3:0]  state;
    reg     [3:0]  next_state;
    reg     [7:0]  data_bus;
    reg     [21:0] cnt_init;
    reg            dly_en_clk;
    reg     [9:0]  cnt_en_clk; // lce_e 신호의 펄스 폭 제어를 위한 카운터

    assign   lcd_data = (lcd_rw ? 8'b0000_0000 : data_bus);

    // LCD 모듈에 전원 투입 후 50ms 대기를 위한 카운터
    always @ (posedge clk or negedge rst) begin
       if (!rst)
          cnt_init           <=  0;
       else begin
          if (cnt_init >= T_PW)
```

```
            cnt_init        <=  T_PW;      // 50ms 이후 cnt_init는 T_PW로 고정
        else
            cnt_init        <=  cnt_init + 1'b1;
    end
end

// FSM for LCD : Sequential State Logic
always @ (posedge clk or negedge rst) begin
    if (!rst)
        state               <=   IDLE;
    else if(en_clk)
        state               <= next_state; // en_clk(2ms)마다 state -> next_state
    else
        state               <= state;
end

// FSM for LCD : Combinational State Logic
always @(*) begin
    case (state)
        IDLE           :   if (cnt_init >= T_PW)
                               next_state   <=  FUNC_SET;
                           else
                               next_state   <=  IDLE;
        FUNC_SET       :       next_state   <=  DISP_OFF;
        DISP_OFF       :       next_state   <=  DISP_CLEAR;
        DISP_CLEAR     :       next_state   <=  DISP_ON;
        DISP_ON        :       next_state   <=  MODE_SET;
        MODE_SET       :       next_state   <=  PRINT_STRING;
        PRINT_STRING   :   if (index_char == 15)
                               next_state   <=  LINE2;
                           else if (index_char == 31)
                               next_state   <=  RETURN_HOME;
                           else
                               next_state   <=  PRINT_STRING;
        LINE2          :       next_state   <=  PRINT_STRING;
        RETURN_HOME    :       next_state   <=  PRINT_STRING;
        default        :       next_state   <=  IDLE;
    endcase
end

// lcd_e 신호의 펄스 폭 제어를 위한 카운터
always @(posedge clk or negedge rst) begin
    if(!rst)
        cnt_en_clk          <= 0;
    else if(en_clk)
        cnt_en_clk          <= 0;
    else if(&cnt_en_clk) // cnt_en_clk의 모든 비트가 1일 때 &cnt_en_clk = 1
```

```
            cnt_en_clk          <= cnt_en_clk;
        else
            cnt_en_clk          <= cnt_en_clk + 1'b1;
    end

    // LCD에 출력할 32개 문자 위치의 지정을 위한 카운터
    always @ (posedge clk or negedge rst) begin
        if (!rst)
            index_char          <=   1'b0;
        else begin
            if (state == PRINT_STRING && en_clk == 1) begin
                if (index_char < 31)
                    index_char  <=   index_char + 1'b1;  // 문자 위치 1씩 증가
                else
                    index_char  <=   0; // 32개 문자 출력이 완료되면 문자 위치 리셋
             end
            else
                index_char      <=   index_char;
        end
    end

    // en_clk에 따라 state -> next_state로 변화하는 상태와 동기를 위한 지연 카운터
    always @(posedge clk or negedge rst) begin
        if(!rst)
            dly_en_clk          <= 0;
        else
            dly_en_clk          <= en_clk; // clk의 1주기 만큼 en_clk를 지연한 신호
    end

    // 명령/문자 데이터를 출력을 위한 enable 펄스 신호 생성
    /*  state가 next_state로 변화하면 lcd_e = 1(enable)      */
    /*  lcd_e = 1을 20.48μs 동안 유지 후 lcd_e = 0(disable)  */
    always @(posedge clk or negedge rst) begin
        if(!rst)
            lcd_e               <= 0;
        else if(state == IDLE)
            lcd_e               <= 0;
        else
            if(dly_en_clk)
                lcd_e           <= 1; // state 변화 시 lcd_e = 1
            else if(&cnt_en_clk)     // cnt_en_clk의 모든 비트가 1일 때 &cnt_en_clk = 1
                lcd_e           <= 0; // cnt_en_clk = 1023(20ns x 1024 = 20.48μs) 시 lcd_e = 0
            else
                lcd_e           <= lcd_e;
    end

    // LCD 구동을 위한 Instruction/Data를 위한 FSM 상태별 출력
```

```
always @ (posedge clk or negedge rst) begin
   if (!rst) begin
      lcd_rs           <=   1'b0;
      lcd_rw           <=   1'b0;
      data_bus         <=   8'h00;
   end
   else begin
      case(state)
         IDLE : begin
            lcd_rs       <=   1'b0;
            lcd_rw       <=   1'b0;
            data_bus     <=   8'h01; // Clear Display
         end

         FUNC_SET : begin
            lcd_rs       <=   1'b0;
            lcd_rw       <=   1'b0;
            data_bus     <=   8'h38; // 8비트 인터페이스, 2 lines 표시
         end

         DISP_OFF : begin
            lcd_rs       <=   1'b0;
            lcd_rw       <=   1'b0;
            data_bus     <=   8'h08;  // Display OFF
         end

         DISP_CLEAR : begin
            lcd_rs       <=   1'b0;
            lcd_rw       <=   1'b0;
            data_bus     <=   8'h01; // Clear Display
         end

         DISP_ON : begin
            lcd_rs       <=   1'b0;
            lcd_rw       <=   1'b0;
            data_bus     <=   8'h0C;  // Cursor OFF/ON : 8'h0C/8'h0E
            //data_bus   <=   8'h0F;  // Cursor ON & Char Blink : 8'h0F
         end

         MODE_SET : begin
            lcd_rs       <=   1'b0;
            lcd_rw       <=   1'b0;
            data_bus     <=   8'h06; // 문자 표시, 커서를 우측 이동
         end

         PRINT_STRING : begin
            lcd_rs       <=   1'b1;
```

```
            lcd_rw      <=   1'b0;
            data_bus    <= data_char; // 출력할 문자의 ASCII 코드 데이터
          end

          LINE2 : begin
            lcd_rs      <=   1'b0;
            lcd_rw      <=   1'b0;
            data_bus    <=  8'hC0; // DD-RAM Addr 설정 : 2nd line의 첫 문자 주소
          end

          RETURN_HOME : begin
            lcd_rs      <=   1'b0;
            lcd_rw      <=   1'b0;
            data_bus    <=  8'h80; // DD-RAM Addr 설정 : 1st line의 첫 문자 주소
          end

          default : begin
            lcd_rs      <=   1'b0;
            lcd_rw      <=   1'b0;
            data_bus    <=  8'h00; // DD-RAM Addr 설정 : 1st line의 첫 문자 주소
          end
        endcase
      end
    end

    /* 아래는 시뮬레이션 시 상태 확인을 위한 부분으로 합성 안됨 */
    // sysnopsys translate_off
    reg    [18*8-1:0]  STATE;

    always @(*) begin
      case(state)
        IDLE           : STATE <= "IDLE";
        FUNC_SET       : STATE <= "FUNC_SET";
        DISP_OFF       : STATE <= "DISP_OFF";
        DISP_CLEAR     : STATE <= "DISP_CLEAR";
        DISP_ON        : STATE <= "DISP_ON";
        MODE_SET       : STATE <= "MODE_SET";
        PRINT_STRING   : STATE <= "PRINT_STRING";
        LINE2          : STATE <= "LINE2";
        RETURN_HOME    : STATE <= "RETURN_HOME";
        default        : STATE <= "ERROR";
      endcase
    end
    // synopsys translate_on

endmodule
```

- [모듈 6-8]에서 224 ~ 242줄은 시뮬레이션 시 FSM의 상태를 쉽게 확인하기 위한 부분으로 「// sysnopsys translate_off」 ~ 「// synopsys translate_on」 사이에 작성된 내용은 합성이 되지 않는다. 시뮬레이션 결과에서 'STATE'의 radix를 ASCII 포맷으로 변경하면 FSM의 각 state를 binary가 아닌 'IDLE', 'FUNC_SET' 등과 같이 문자로 확인할 수 있다.

6-2-3 Text LCD 구동회로의 시뮬레이션

작성된 LCD 구동 회로를 컴파일하여 작성 시 오류(오타 또는 문법적 오류)가 있는지 확인해보자. 오류 없이 컴파일이 완료되었다면 시뮬레이션을 통해 설계한 LCD 구동 회로의 기능 검증을 해보자.

Quartus Prime의 인터페이스 메뉴에서 「Tools」 → 「Run Simulation Tool」 → 「RTL Simulation」 선택하여 ModelSim-Altera 실행하고 아래의 요약 과정을 순서대로 진행하자.

① 「File」 → 「New」 → 「Source」 → 「Verilog」를 선택 후 다음의 테스트벤치 코드를 작성하고 파일이름을 「tb_lcd_display_test.v」로 저장

② 「Compile」 → 「Compile...」를 클릭 후 테스트벤치 코드(tb_lcd_display_test.v)를 선택하고 「Compile」 클릭

- 컴파일 시 오류가 있으면 수정 후 반드시 파일을 저장하고 재 컴파일 실행

③ 「Simulate」 → 「Start Simulation...」 또는 를 선택하고 work 왼쪽의 ⊞를 누르고 작성한 테스트벤치 코드(tb_lcd_display_test.v)를 선택 후 「OK」 클릭

④ Object 창의 입출력 포트 신호들을 선택 후 Wave 창에 드래그 또는 오른쪽 마우스 클릭하여 「Add Wave」를 선택하여 Wave 창에 추가

- Wave 창이 보이지 않으면 인터페이스 메뉴의 「View」 → 「Wave」 선택

⑤ 「Simulate」 → 「Run」 → 「Run-All」 또는 를 클릭하여 시뮬레이션 실행

테스트벤치 6-5

```
/* LCD 구동 회로의 시뮬레이션을 위한 테스트벤치 */
`timescale  1ns/10ps

module tb_lcd_display_test;

   parameter  STEP = 20;                          // STEP = 20 * 1ns = 20ns

   reg          clk;
   reg          rst;
   wire         lcd_rs;
   wire         lcd_rw;
   wire         lcd_e;
   wire  [7:0] lcd_data;

   lcd_display_test     U0 (
   /* input             */  .clk              (clk),
   /* input             */  .rst              (rst),
   /* output            */  .lcd_rs           (lcd_rs),
   /* output            */  .lcd_rw           (lcd_rw),
   /* output            */  .lcd_e            (lcd_e),
   /* output     [7:0]  */  .lcd_data         (lcd_data));

   initial   begin
      clk = 0; rst = 1; #(STEP/2);
      rst = 0; #30;                            // reset
      rst = 1;
      #(STEP*10000000);                        // 20ns * (10*10^6) = 200ms
      $stop;
   end

   always   #(STEP/2)  clk = ~clk;         // STEP/2 = 10 * 1ns * 10ns

endmodule
```

위의 시뮬레이션 과정의 ④단계(Object창으로부터 Wave창으로 신호 추가)에서 Objec창에 나타나는 신호들은 테스트벤치에서 reg형으로 정의한 입력신호와 wire형으로 정의한 출력신호이다. 이때 Object창에 나타나지 않지만 파형 확인이 필요한 신호를 Wave창에 추가할 수 있다. sim창에서 인스턴스화 한 하위 모듈을 선택하면 해당 하위 모듈의 I/O 및 내부 레지스터 신호가 Objects창에 나타나므로 확인하고자 하는 신호를 Wave창에 포함시키면 된다.

[그림 6-13]과 같이 Object창에 보이는 테스트벤치의 입출력 신호를 Wave창에 포함시키고, sim창에서 인스턴스화 한 하위 모듈 DRV를 선택하여 필요한 신호들을 Wave창에 추가로 포함시킨 후 시뮬레이션을 실행해보자.

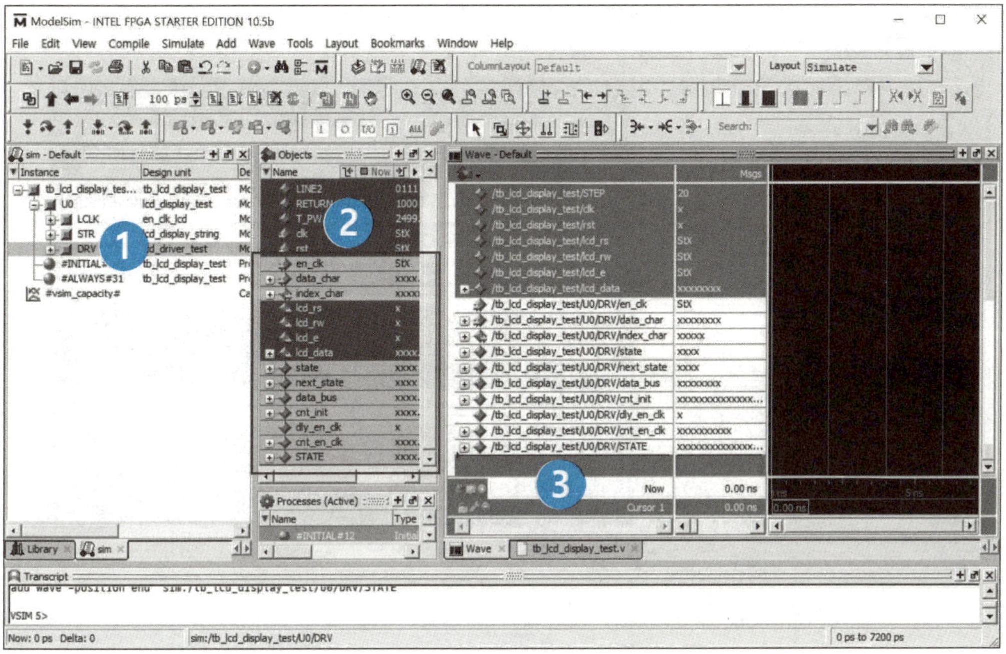

그림 6-13. LCD 구동 회로의 시뮬레이션을 위한 하위 모듈 신호 추가

표 6-5. Text LCD 구동 회로의 시뮬레이션 결과 확인을 위한 신호 radix 설정

Signals	radix	비고
lcd_data	Hexadecimal	제어명령/문자의 ASCII 데이터
data_char	ASCII	index_char에 해당하는 문자의 ASCII 데이터
index_char	Unsigned	문자 위치 카운터 값
state	Unsigned	FSM의 현재 상태 값
next_state	Unsigned	FSM의 다음 상태 값
data_bus	Hexadecimal	lcd_data와 동일
cnt_init	Unsigned	전원 투입 후 50ms 대기를 위한 카운터 값
cnt_en_clk	Unsigned	제어명령/문자 데이터 출력의 수행시간을 고려한 카운터
STATE	ASCII	FSM의 현재 상태를 문자로 표시하기 위한 내부 레지스터 값

시뮬레이션 결과 1

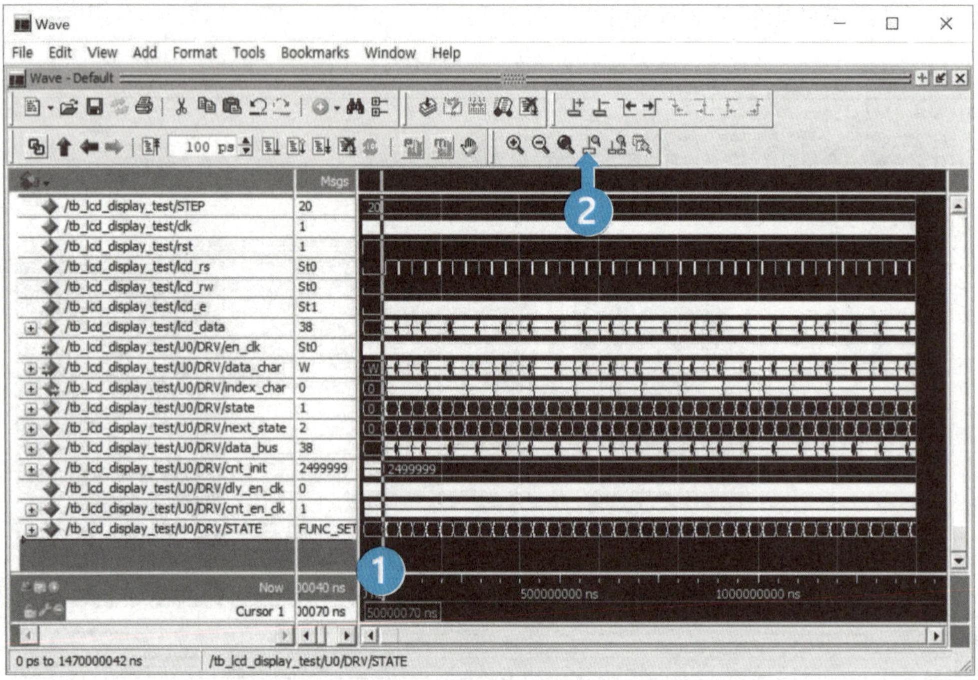

그림 6-14. LCD 구동회로의 시뮬레이션 종료 후 신호의 radix 변경 결과

[그림 6-14]는 LCD 구동회로의 시뮬레이션 결과이다. 파형이 조밀하게 표현되어 확인할 수 없으므로 분석하고자 하는 위치를 클릭 또는 Add 메뉴의 Cursor를 선택하여 ①과 같이 Active Cursor가 나타나도록 한 후 ②의 Active Cursor 확대 아이콘( )을 눌러 파형을 확대해보자.

시뮬레이션 결과 2

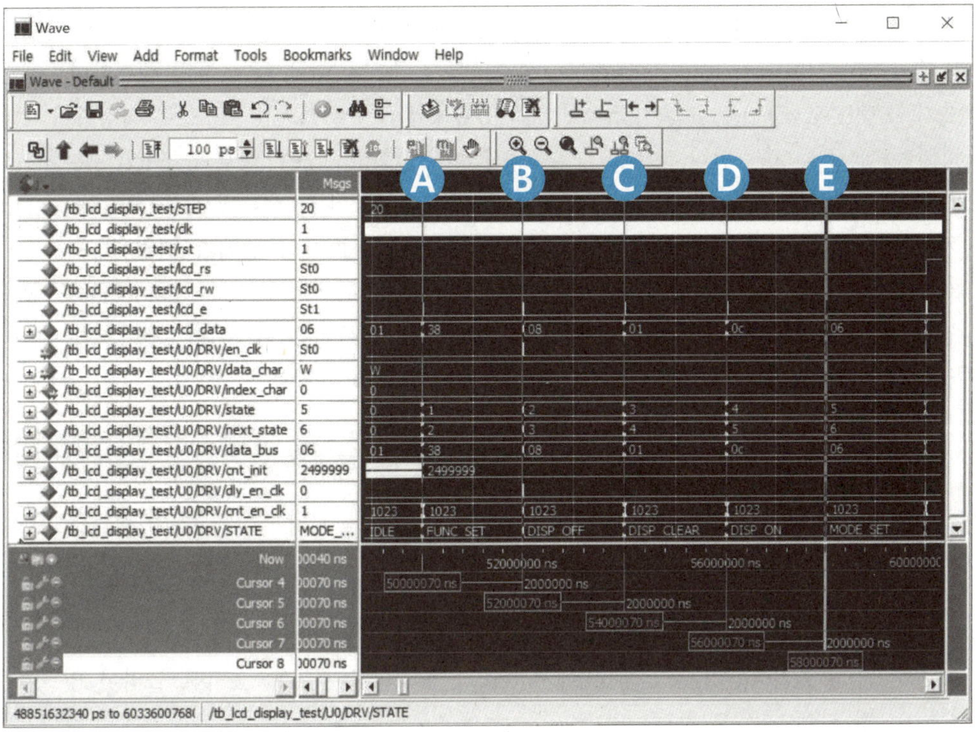

그림 6-15. LCD 동작 설정 단계에 대한 시뮬레이션 결과

[그림 6-15]는 Active Cursor 확대 아이콘을 이용하여 LCD 동작 설정 단계의 파형을 확대한 결과이다. LCD 동작 설정 단계에서는 화면의 ON 또는 OFF, 커서나 표시 내용의 진행 방향, 커서의 위치, 커서나 문자의 깜박임 등 LCD에 문자를 표시할 때 필요한 동작 환경을 설정한다. 이러한 설정은 LCD 구동회로(FPGA)가 [모듈 6-8] 내에 설계된 FSM의 각 상태에 따라 [표 6-3]과 [표 6-4]의 제어명령을 LCD 표시 장치에 전달함으로써 이루어진다.

전원 투입 후 FSM의 상태(state)는 IDLE(4'h0)에서 약 50 ms 지연 후 FUNC_SET(4'h1) → DISP_OFF(4'h2) → DISP_CLEAR(4'h3) → DISP_ON(4'h4) → MODE_SET(4'h5) → … 와 같이 en_clk이 enable(en_clk = 1)이 되는 2 ms마다 순차적으로 변경된다. 시뮬레이션 결과에서 FSM의 현재 상태인 state가 2 ms마다 변경될 때 next_state에 다음 상태도 동시에 할당됨을 확인할 수 있다.

LCD 모듈에 제어명령을 보내기 위한 LCD 구동회로(FPGA)의 출력신호로 RS(lcd_rs), R/W(lcd_rw), E(lcd_e), 그리고 [7:0]DB(lcd_data)가 사용된다.

제어명령을 전송하기 위해서 [표 6-1]의 레지스터 선택(register selection) 신호인 RS(lcd_rs)는 'Instruction register'로 설정되어야 하므로 lcd_rs = 0을 출력하며, 읽기/쓰기 선택(Read/Write selection) 신호인 R/W(lcd_rw)는 'Write 모드'로 설정하기 위해 lcd_rw = 0을 출력한다. 이때 LCD 동작의 활성화(enable) 신호인 E(lcd_e)는 [그림 6-11]과 [그림 6-12], 그리고 [표 6-3]의 소요시간(최소 1.53 ms 필요)을 고려하여 2 ms의 주기의 펄스 신호를 출력한다. 출력신호 E(lcd_e)는 FSM의 상태가 변경된 직후 일정시간([모듈 6-8]에서 0 ≤ cnt_en_clk ≤ 1023, 즉 20 ns × 1024 = 20.48 μs로 설계) 동안 lcd_e = 1(enable)을 유지한 후 lcd_e = 0(disable)으로 변경된다. 제어명령 데이터인 [7:0] DB(lcd_data)는 FSM의 상태별로 원하는 LCD 동작을 위해 출력신호 lcd_data를 사용하여 [표 6-3]의 'Instruction Code'를 출력한다.

FSM의 각 상태별 제어명령 출력인 lcd_data는 다음과 같다.

Ⓐ : FUNC_SET(state = 4'h1)에서 lcd_data = 8'h38(8비트 데이터 2줄 표시)

Ⓑ : DISP_OFF(state = 4'h2)에서 lcd_data = 8'h08(Display OFF)

Ⓒ : DISP_CLEAR(state = 4'h3)에서 lcd_data = 8'h01(LCD 표시창 클리어 및 첫 줄 첫 칸에 커서 위치)

Ⓓ : DISP_ON(state = 4'h4)에서 lcd_data = 8'h0C(Display ON, 커서 OFF)

Ⓔ : MODE_SET(state = 4'h5)에서 lcd_data = 8'h06(문자 표시 후 오른쪽으로 커서 이동)

시뮬레이션 결과 3

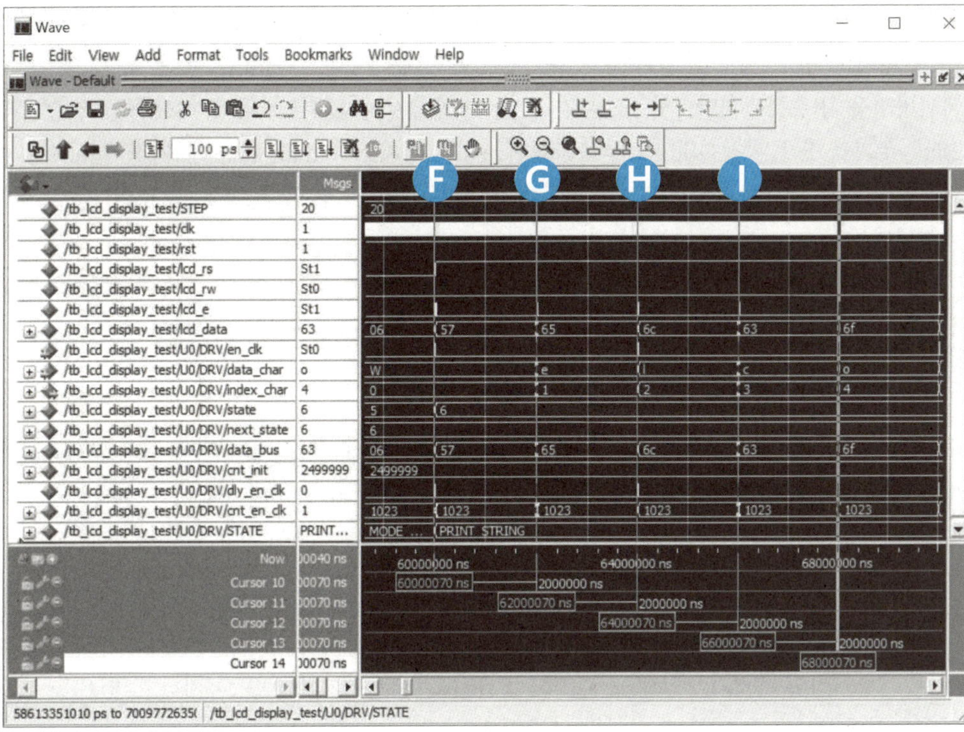

그림 6-16. 첫 줄 문자 표시 단계(1st line)에 대한 시뮬레이션 결과

[그림 6-16]은 LCD의 첫 줄에 문자를 표시하는 단계의 신호 파형이다. 첫 줄의 문자 표시 단계에서 FSM의 상태는 첫 줄에 나타낼 16개 문자를 모두 표시할 때까지 PRINT_STRING(state = 4'h6) 상태를 유지한다.

이 단계에서 LCD 구동 회로는 표시하고자 하는 문자의 ASCII 값을 LCD 모듈에 전송해야 한다. 위에서 설계한 LCD 구동 회로는 표시할 문자의 ASCII 값을 [모듈 6-7](lcd_display_string.v)에 미리 정의해 두고, 출력하고자 하는 문자의 위치를 지정하는 카운터(index_char) 값을 ASCII 데이터로 변환하여 LCD 모듈에 전달한다. ASCII 데이터로 변환하기 위해 카운터 값인 index_char는 [모듈 6-7]에 입력되고 ASCII 데이터로 변환된 후 [모듈 6-8] (lcd_driver.v)의 내부 레지스터인 data_char에 할당된다. 이때 문자 위치를 지정하는 카운터 값인 index_char는 제어명령을 보내는데 사용된 en_clk의 주기인 2 ms마다 0부터 15까지 1씩 증가하며 ASCII 코드로 변환된다.

첫 줄 문자 표시 단계에서 LCD 구동회로는 [표 6-3]의 'Write Data to CG/DD-RAM'에 해당하는 신호들을 출력해야 한다. 이를 위해 LCD 동작 설정 단계와 달리 RS와 R/W는 각각 lcd_rs = 1과 lcd_rw = 0이 출력되며, E(lcd_e)는 동작 설정 단계와 같이 2 ms 주기의 펄스 신호가 출력된다. 출력신호인 [7:0] DB(lcd_data)는 동작 설정 단계에서 제어명령을 전송하였지만, 첫 줄 문자 표시 단계에서는 8비트 ASCII 데이터를 전송한다. 2 ms 주기로 E가 활성화(lcd_e = 1) 되면, 내부 레지스터 data_char에 저장된 ASCII 데이터값(index_char에 해당)은 assign문에 의해 lcd_data에 할당([모듈 6-8]의 50줄)되어 출력된다.

E(lcd_e)가 활성화될 때마다 출력되는 lcd_data는 다음과 같다.

Ⓕ : lcd_data = 8'h57(index_char = 0에 해당하는 문자 'W'의 ASCII 코드값)

Ⓖ : lcd_data = 8'h65(index_char = 1에 해당하는 문자 'e'의 ASCII 코드값)

Ⓗ : lcd_data = 8'h6C(index_char = 2에 해당하는 문자 'l'의 ASCII 코드값)

Ⓘ : lcd_data = 8'h63(index_char = 3에 해당하는 문자 'c'의 ASCII 코드값)

시뮬레이션 결과에서 위의 과정은 문자 위치 카운터 값이 index_char = 15가 될 때까지 이루어지며, FSM의 상태가 PRINT_STRING(state = 4'h6)을 유지하고 있음을 확인할 수 있다.

시뮬레이션 결과 4

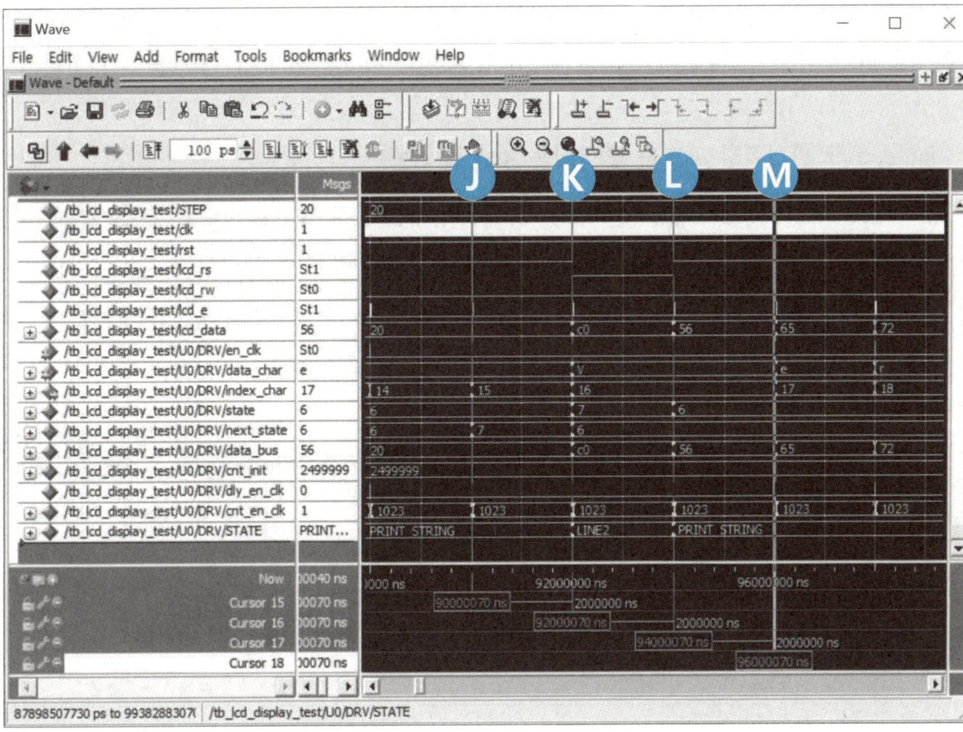

그림 6-17. 둘째 줄 문자 표시 단계(2nd line)에 대한 시뮬레이션 결과

[그림 6-17]은 LCD의 둘째 줄에 문자를 표시하는 단계의 신호 파형이다. 첫 줄의 문자 표시 단계에서 16개의 문자 출력이 완료되면 문자 위치 카운터 값은 index_char = 16이 되고 FSM의 상태는 PRINT_STRING(state = 4'h6)에서 LINE2(state = 4'h7)로 변경된다. LINE2 상태에서 LCD 구동회로는 둘째 줄의 첫 문자의 주소를 지정하는 제어명령을 LCD 모듈에 전송한다. 제어명령의 전송 후 FSM의 상태는 다시 PRINT_STRING(state = 4'h6)으로 변경되며, 둘째 줄의 16개 문자를 모두 표시할 때까지 PRINT_STRING 상태를 유지한다.

LINE2 상태에서 제어명령을 전송하기 위해 출력신호인 RS, R/W는 모두 0, 즉 lcd_rs = 0과 lcd_rw = 0이 출력되며, E(lcd_e)는 2 ms 주기의 펄스신호가 출력된다.

LCD 설정 단계와 마찬가지로 E(lcd_e)가 활성화될 때 lcd_data는 DD-RAM의 주소를 지정하는 제어명령으로 lcd_data = 8'hC0(둘째 줄 첫 문자를 지정하는 주소)를 출력한다.

둘째 줄 첫 문자 주소 지정을 위한 제어명령의 전송이 완료되면 FSM의 상태는 LINE2(state = 4'h7)에서 PRINT_STRING(state = 4'h6)으로 변경되고, LCD 구동 회로의 출력신호인 RS, R/W, E(lcd_e), 그리고 [7:0] DB는 각각 lcd_rs = 1, lcd_rw = 0, 2 ms 주기의 펄스 신호, 그리고 lcd_data = ASCII 데이터(index_char에 해당)를 출력한다.

E(lcd_e)가 활성화될 때마다 출력되는 lcd_data는 다음과 같다.

Ⓙ : lcd_data = 8'h20(index_char = 15에 해당하는 문자 'White space'의 ASCII 코드값)

Ⓚ : lcd_data = 8'hC0(둘째 줄 첫 문자를 지정하는 주소에 해당하는 제어명령)

Ⓛ : lcd_data = 8'h56(index_char = 16에 해당하는 문자 'V'의 ASCII 코드값)

Ⓜ : lcd_data = 8'h65(index_char = 17에 해당하는 문자 'e'의 ASCII 코드값)

시뮬레이션 결과에서 위의 과정은 문자 위치 카운터 값이 index_char = 31이 될 때까지 이루어지며, FSM의 상태는 PRINT_STRING(state = 4'h6)을 유지함을 확인할 수 있다.

시뮬레이션 결과 5

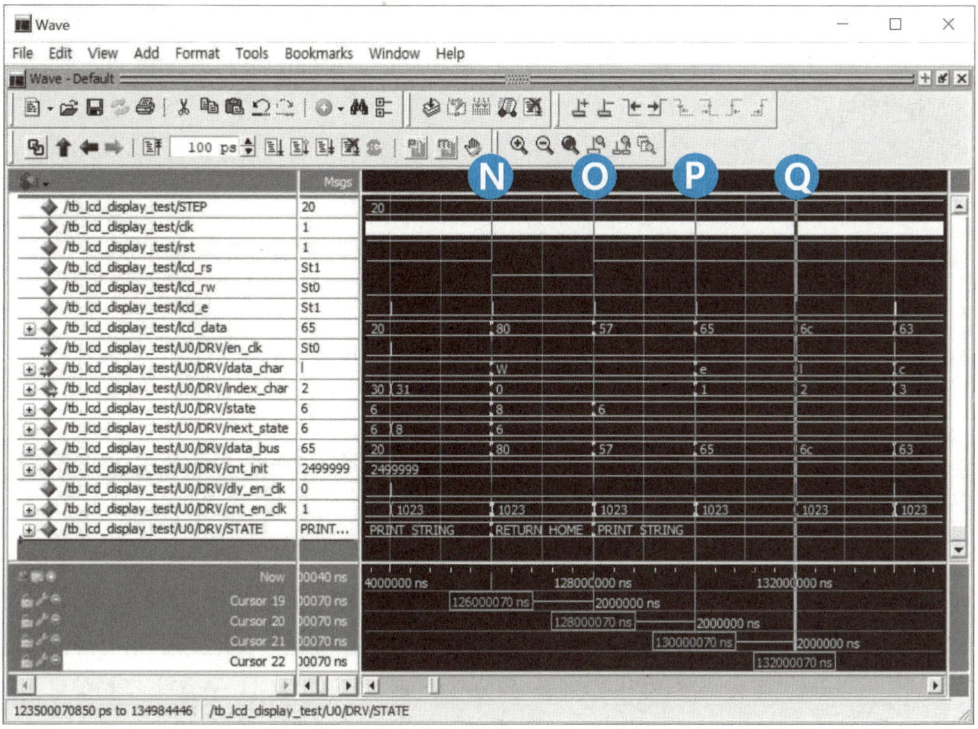

그림 6-18. 문자 표시 단계(반복)에 대한 시뮬레이션 결과

[그림 6-18]은 32개의 문자 출력이 완료된 이후의 시뮬레이션 결과이다. 32개의 문자 출력이 완료되면 문자 위치 카운터 값은 index_char = 0이 되고 FSM의 상태는 PRINT_STRING(state = 4'h6)에서 RETURN_HOME(state = 4'h8)으로 변경된다. RETURN_HOME 상태에서 LCD 구동회로는 첫 줄의 첫 문자의 주소를 지정하는 제어명령을 LCD 모듈에 전송한다. 제어명령의 전송 후 FSM의 상태는 다시 PRINT_STRING(state = 4'h6)으로 변경된다.

RETURN_HOME 상태에서 제어명령을 전송하기 위해 출력신호인 RS, R/W는 모두 0, 즉 lcd_rs = 0과 lcd_rw = 0이 출력되며, E(lcd_e)는 2 ms 주기의 펄스신호가 출력된다. LCD 설정 단계 및 LINE2와 마찬가지로 E(lcd_e)가 활성화될 때 출력신호 lcd_data는 DD-RAM의 주소를 지정하는 제어명령으로 lcd_data = 8'h80(첫 줄 첫 문자를 지정하는 주소)를 출력한다.

첫 줄 첫 문자 주소 지정을 위한 제어명령의 전송이 완료되면 FSM의 상태는 RETURN_HOME(state = 4'h8)에서 PRINT_STRING(state = 4'h6)으로 변경된다. LCD 구동 회로의 출력신호인 RS, R/W, E(lcd_e), 그리고 [7:0] DB는 각각 lcd_rs = 1, lcd_rw = 0, 2 ms 주기의 펄스 신호, 그리고 lcd_data = ASCII 데이터(index_char에 해당)를 출력한다.

E(lcd_e)가 활성화될 때마다 출력되는 lcd_data는 다음과 같다.

Ⓝ : lcd_data = 8'h80(첫 줄 첫 문자를 지정하는 주소에 해당하는 제어명령)

Ⓞ : lcd_data = 8'h57(index_char = 0에 해당하는 문자 'W'의 ASCII 코드값)

Ⓟ : lcd_data = 8'h65(index_char = 1에 해당하는 문자 'e'의 ASCII 코드값)

Ⓠ : lcd_data = 8'h6C(index_char = 2에 해당하는 문자 'l'의 ASCII 코드값)

이후 과정은 앞서 설명한 첫 줄과 둘째 줄의 문자 표시 단계를 반복한다.

위에서 시뮬레이션 단계별로 LCD 구동회로의 동작을 상세히 설명하려고 노력했다. 최근 FPGA 응용 분야에서 LCD 구동회로의 설계는 일반적이지 않지만, 대부분의 디지털시스템 설계에서 요구되는 FSM의 설계방법을 학습하기에 좋은 주제이다. 따라서 FSM을 이용하는 다양한 응용 시스템의 설계를 위해서 앞서 설명한 LCD 구동회로의 상세 동작을 이해하는 것이 필요하다. 확실히 학습한 후 다음 단계로 넘어가기 바란다.

6-2-4 학습키트를 활용한 LCD 구동 회로의 동작 확인

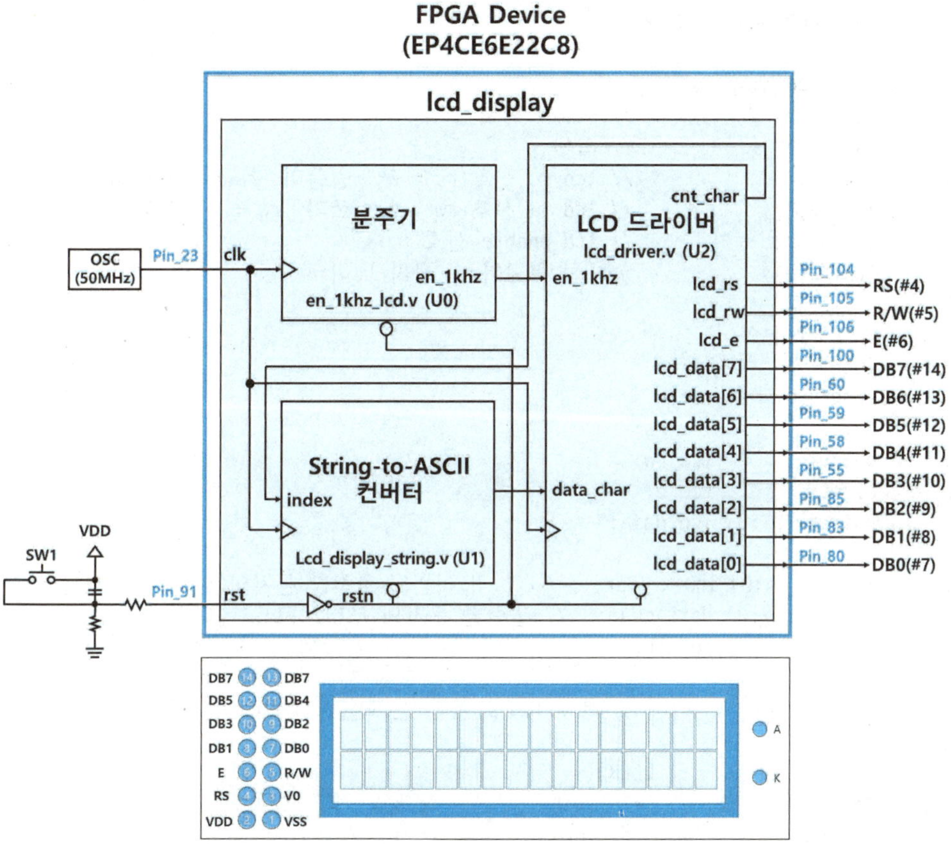

그림 6-19. LCD 구동 회로

[그림 6-19]는 앞에서 설계한 LCD 구동회로이다. 다음의 과정을 통해 학습키트에서 LCD 구동 회로의 동작을 확인해보자.

① 2장의 내용을 참고하여 프로젝트 생성
- 프로젝트 디렉토리 이름 : ../Quartus_Projects/CH6/lcd_display
- 프로젝트 이름 : lcd_display
- 타겟 디바이스 설정

② 프로젝트 생성 후 위에서 설계한 [모듈 6-6] ~ [모듈 6-8]을 복사해서 새로 생성한 프로젝트 폴더에 추가

③ [모듈 6-5]의 lcd_display_test.v를 [모듈 6-9]와 같이 수정(23줄 내용 추가) 후 아래 이름으로 저장
- [모듈 6-9]의 파일 이름 : lcd_display.v

모듈 6-9

```
/* Text LCD 구동 회로 */

module  lcd_display (
   clk,                    // 50 Mhz 클록
   rst,                    // 리셋
   lcd_rs,                 // lcd rs 신호(rs = 0 : 명령어, rs = 1 : 데이터)
   lcd_rw,                 // lcd rw 신호(rw = 0 : 쓰기, rw = 1 : 읽기)
   lcd_e,                  // lcd enable 신호
   lcd_data);              // lcd 명령어 및 문자 데이터

   // Port 선언
   input          clk;
   input          rst;
   output         lcd_rs;
   output         lcd_rw;
   output         lcd_e;
   output  [7:0]  lcd_data;

   wire    [4:0]  index_char;  // LCD 각 라인의 출력할 문자의 위치 지정 카운터 값
   wire    [7:0]  data_char;   // 출력할 문자의 ASCII 코드 데이터
   wire           en_clk;

   assign  rstn  =  ~rst; // Active High로 동작하는 SW를 Active Low로 동작시키기 위해 반전

   en_clk_lcd          LCLK (
   /* input             */  .clk          (clk),
   /* input             */  .rst          (rstn), // Active Low로 동작하도록 rstn 사용
   /* output            */  .en_clk       (en_clk)); // en_clk: 2ms 주기 enable 신호

   lcd_display_string  STR (
   /* input             */  .clk          (clk),
   /* input             */  .rst          (rstn), // Active Low로 동작하도록 rstn 사용
   /* input     [4:0]   */  .index        (index_char),
   /* output    [7:0]   */  .out          (data_char));

   lcd_driver          DRV (
   /* input             */  .clk          (clk),
   /* input             */  .rst          (rstn), // Active Low로 동작하도록 rstn 사용
   /* input             */  .en_clk       (en_clk),
   /* input     [7:0]   */  .data_char    (data_char),
   /* output    [4:0]   */  .index_char   (index_char),
   /* output            */  .lcd_rs       (lcd_rs),
   /* output            */  .lcd_rw       (lcd_rw),
   /* output            */  .lcd_e        (lcd_e),
   /* output    [7:0]   */  .lcd_data     (lcd_data));

endmodule
```

[그림 6-20]에 보인 LCD 구동 회로의 핀 연결 정보를 참고하여 핀 할당 후 FPGA Programming을 진행해보자.

① Quartus Prime의 Pin Planner에서 핀 할당 진행 후 다시 컴파일 실행
② Programmer에서 USB-Blaster를 사용하여 합성된 lcd_display.sof 파일을 다운로드

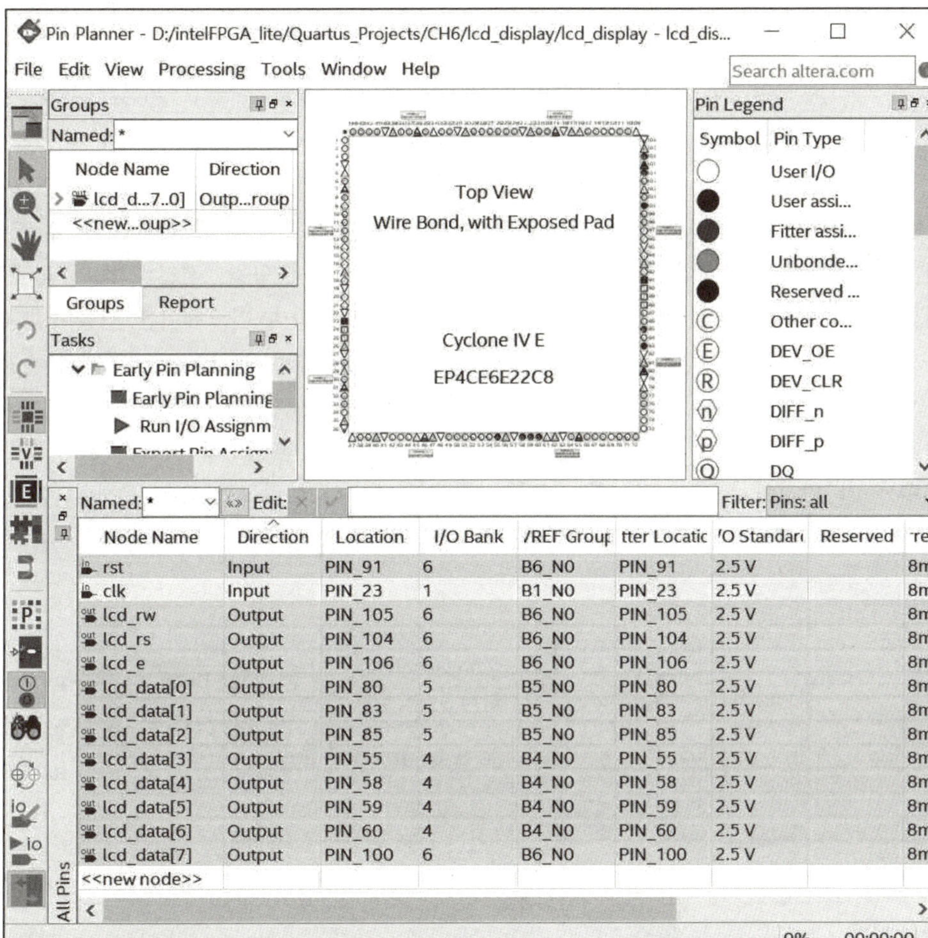

그림 6-20. LCD 구동 회로의 핀 연결 정보

6-3 UART 통신

UART는 Universal Asynchronous Receiver/Transmitter의 약어로 병렬 데이터를 직렬 데이터로 전환하여 별도의 클록을 사용하지 않고 데이터를 전송하는 범용 비동기식 송수신 회로이다. UART의 'U'는 범용을 의미하는데 이는 데이터의 형태나 전송 속도를 직접 구성할 수 있고, 실제 전기 신호 수준(논리 0과 1을 나타내는 전압의 범위)과 방식을 UART 외부의 드라이버 회로를 통해 변경할 수 있기 때문이다. 보통 RS-232C, RS-422, RS-485와 같은 표준 통신 방식과 함께 사용되므로 UART와 RS-232C를 동일한 것으로 생각하기도 하지만 정확히 UART는 통신을 위한 송수신 회로, RS-232C는 UART를 사용하는 표준 통신 규약을 말한다.

간단히 UART는 통신 방식에 대한 송수신 스펙을 정의해 놓은 것이고 RS-232C는 UART 통신 방식으로 데이터를 장거리로 보내기 위한 하드웨어 규격이라 할 수 있다. 즉, RS-232C의 하드웨어 규격은 데이터 라인 종류, 커넥터 규격, 전기 신호 규격 등을 정해서 표준화하여 통신장비 제조사들이 이 표준 규격에 따라 하드웨어를 만들어 UART 통신을 할 수 있도록 약속한 것이다. 일반적으로 RS-232C는 약 15 m 이내에서의 통신을 위해 ±12 V로 레벨 변환(max232라는 레벨 변환용 drive IC 사용)하여 논리 0과 1을 주고받을 수 있지만, 통신 속도(baud rate; 보레이트)가 빠를수록 거리가 짧아지고 느릴수록 먼 거리의 통신이 가능하다. 반면 레벨을 변환하지 않고 UART 통신할 경우 짧은 거리에서 TTL 레벨(0~5V)의 데이터를 주고받을 수 있다.

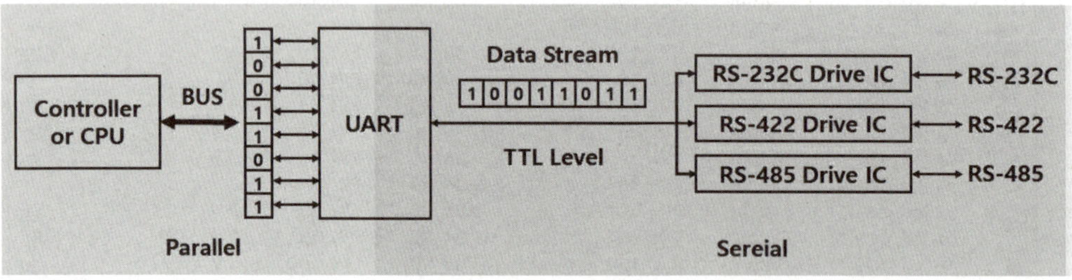

그림 6-21. UART와 RS-232C(RS-422/RS-485)

UART는 컴퓨터와의 통신뿐만 아니라 각종 주변 장치와 데이터를 주고받는 데 많이 사용하므로 과거에는 컴퓨터나 프린터 같은 PC 주변장치에 UART 통신을 위한 RS-232C 포트(9핀 시리얼 포트)가 기본적으로 제공되었다. 그러나 'Legacy Device 축소'라는 정책에 의해 요즈음의 컴퓨터나 주변장치에는 RS-232C 포트가 없는 경우가 대부분이다. 그럼에도 불구하고 UART의 편리성, 간편한 송수신 환경(3개의 신호선을 통한 양방향 통신) 때문인지 레벨 변환을 하지 않은 TTL 레벨의 UART 통신은 여전히 임베디드 시스템, 컴퓨터와 주변 장치간의 데이터 전송을 위해 많이 사용하고 있다.

6-3-1 UART 전송 방식

UART는 하나의 데이터 라인을 사용하여 n-비트로 구성되는 데이터를 순차적으로 1비트씩 전송하는 직렬(serial) 통신 방식을 사용하며, 하나의 장치에 송신기와 수신기를 함께 가지고 있어, 기본적으로 송신과 수신을 동시에 진행할 수 있는 전이중방식(Full Duplex) 통신이 가능하다. 데이터를 주고받기 위해서는 [그림 6-22]와 같이 송신기와 수신기가 Rx(데이터 수신), Tx(데이터 송신), GND(접지) 신호선으로 서로 연결되어야 한다.

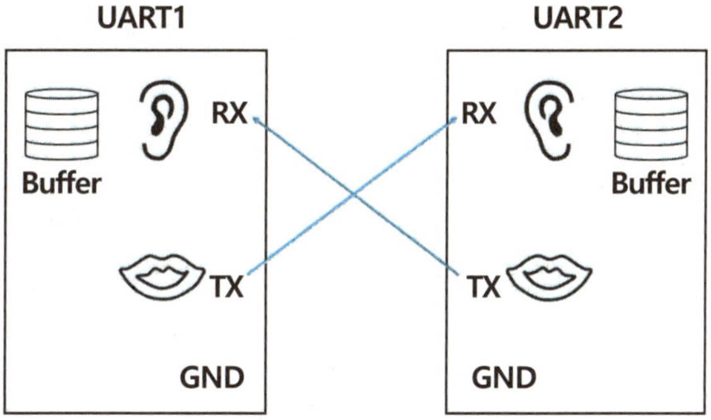

그림 6-22. UART Interface

UART를 사용하여 데이터를 전송할 때 송신기(transmitter, Tx)와 수신기(receiver, Rx)사이에 약속이 필요한데 이를 프로토콜(protocol)이라고 한다.

(1) 보레이트(Baud rate)

송신기에서 빠른 속도로 데이터를 보내고 있는데 수신기가 천천히 받고 있다면 데이터를 정확히 전달받을 수 없다. 따라서 송신기와 수신기는 데이터를 주고받는 속도에 대한 약속인 보레이트(baud rate)를 일치시켜야 한다.

보레이트는 데이터 통신에서 직렬 데이터의 심볼 속도(또는 변조 속도)를 나타내는 단위로 1초 동안 전송되는 단위 신호의 수(심볼 수)를 나타낸다. [그림 6-23]은 UART에서의 단위 신호인 이진 코드(0 또는 1) 신호의 주기와 보레이트의 관계를 나타내고 있다.

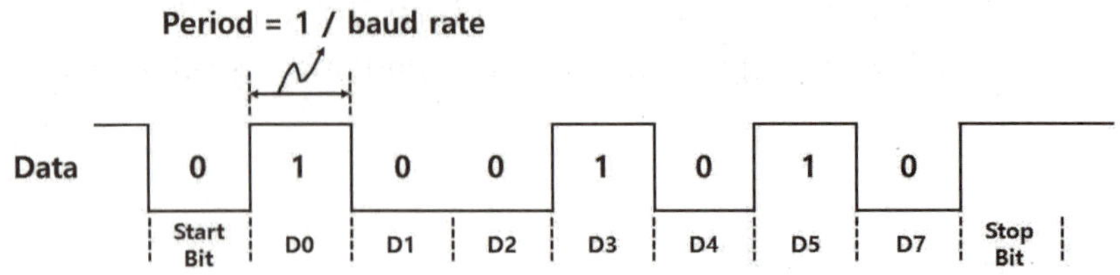

그림 6-23. Baud rate in UART

UART(또는 RS-232C)에서 변조 속도인 보레이트와 전송 속도인 bps(bit per second)가 일치하므로 자주 혼용하여 사용하지만, 보레이트와 전송 속도는 구별해야 한다. 초기의 데이터 통신(UART도 마찬가지)에서는 한 번 변하는 신호에 1비트의 데이터만 전송했으므로 보레이트가 곧 데이터 전송 속도로 동일하게 사용되었다. 그러나 통신 기술이 발달함에 따라 신호가 한 번 변할 때 여러 비트의 데이터 전송이 가능해졌으므로 보레이트와 전송 속도는 더 이상 같은 의미로 사용할 수 없게 되었다. 보레이트와 전송속도 사이의 관계는 다음과 같다.

bps = baud rate × number of bit per baud rate

baud rate = 1/T(T = 단위 신호의 주기)

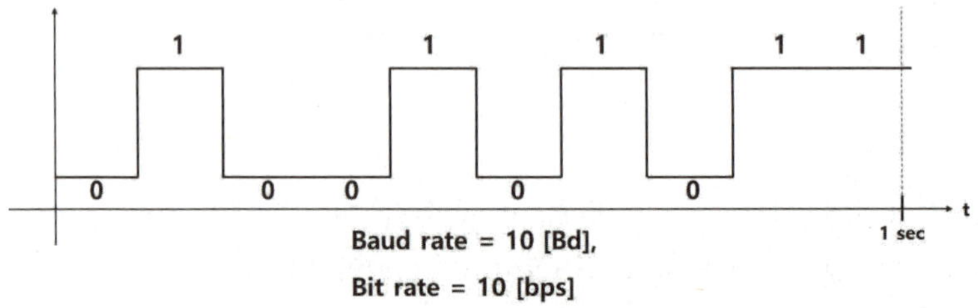

(a) 단위 신호로 2비트를 사용할 경우

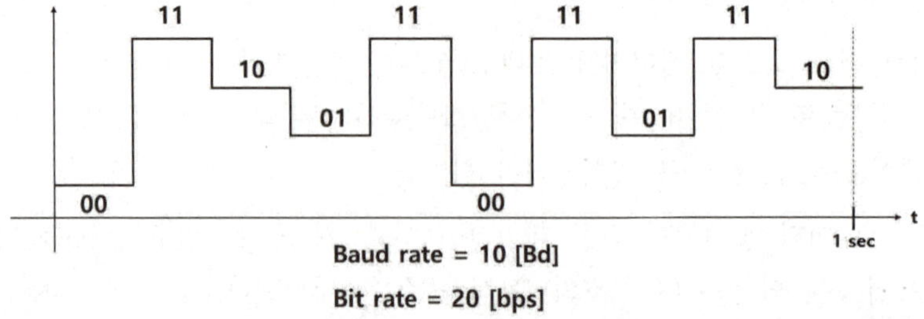

(b) 단위 신호로 2비트를 사용할 경우

그림 6-24. 단위 신호의 비트 수에 따른 보레이트와 전송 속도의 비교

예를 들어 [그림 6-24(a)]와 같이 단위 신호로 이진 코드(binary code)를 사용하여 초당 10개의 정보를 전송한다면, 보레이트는 10[Bd/s](보레이트는 1초 동안 전송되는 단위 신호의 수로 공식적인 단위로 [Bd]를 사용하지만 여기에서는 다음에 나오는 보레이트와 전송속도 환산을 위해 [Bd/s]로 표기)가 되며, 전송 속도는 10[Bd/s] * 1[bit/Bd] = 10[bps]가 된다. 반면 [그림 6-24(b)]와 같이 단위 신호로 2비트 코드를 사용하여 초당 10개의 정보를 전송한다면 보레이트는 10[Bd/s]가 되며, 전송 속도는 10[Bd/s] * 2[bit/Bd] = 20[bps]가 된다.

(2) 패킷 포맷(Packet format)

보레이트를 일치시켜 동일한 속도로 데이터를 주고받는다고 정확한 통신이 이루어지지는 않는다. 송신기는 항상 데이터를 보내는 것이 아니며 필요한 경우에만 데이터를 보낸다. 따라서 수신기는 언제 송신기가 데이터를 보내는지 그리고 어디서부터가 송신기에서 보내는 데이터의 시작과 끝인지 알아낼 수 있는 약속과 주고받는 데이터의 단위 즉, 데이터의 길이에 대한 약속이 필요하다. 이를 위해 송신기는 데이터를 보내는 시작 기준으로 start bit(0), 데이터의 끝을 stop bit(1)로 약속하고 바이트(Byte) 단위의 데이터를 수신기에게 전송한다.

[그림 6-25]는 설정된 보레이트로 parity bit를 사용하지 않고 8비트 데이터를 전송하는 8-N-1 UART 프로토콜을 나타내고 있다. 8-N-1에서 1은 stop bit로 1을 1개 사용하는 것을 의미한다. stop bit의 수는 일반적으로 1개를 사용하지만 1.5개나 2개를 선택하여 사용할 수도 있다.

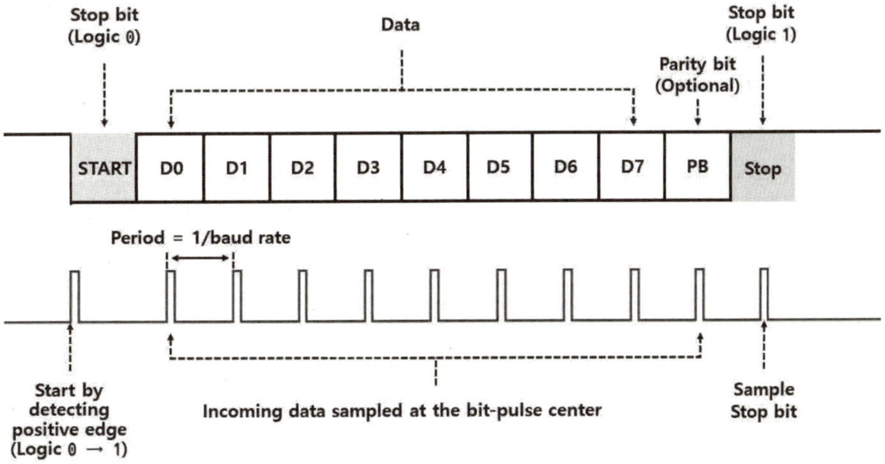

그림 6-25. 8bit data, No parity and 1 stop-bit UART Protocol(8-N-1)

일반적인 UART 통신에서 송신기는 다음과 같이 동작한다.

① 대기 상태(IDLE_TX) : 시리얼 통신 출력신호로 tx = 1을 수신기에 전송한다.
② 시작 상태(START_TX) : 송신기가 새로운 데이터를 전송할 준비(tx_enalble = 1)가 되면 송신기 외부로부터 전송할 데이터(din)를 입력받고 출력신호로 tx = 0을 수신기에 전송한다.
③ 송신 상태(DATA_TX) : 카운터(cnt_clk)가 사전에 설정된 보레이트(CLK_PER_BITS)에 동기 되어 활성화(enable)될 때마다 입력받은 데이터를 하위비트(lsb)부터 차례로 1비트씩 출력신호 tx를 수신기에게 보낸다. 이때 데이터 포맷이 7비트일 경우 8번째 비트는 전송 오류 확인(parity check)을 위한 parity bit로 사용되며, 데이터 포맷이 8비트일 경우는 parity check는 생략되어 parity bit인 8번째 비트는 데이터의 최상위 비트(msb)가 된다.
④ 정지 상태 (STOP_TX) : 데이터 송신이 완료되면 송신기는 초기 대기상태가 되며, 출력신호로 tx = 1을 수신기에 전송하고 카운터(cnt_clk)를 초기화한다.
⑤ 앞서 설명한 ① ~ ④의 과정을 반복한다.

수신기에서는 송신기와 별도로 다음과 같이 동작한다.

① 대기 상태(IDLE_RX) : 송신기로부터 전송된 시리얼 통신 입력신호 rx = 1을 수신하고 있다가 rx = 1 → 0으로 변경되는지 모니터링 한다.
② 시작 상태(START_RX) : 송신기로부터 전송된 시리얼 통신 입력신호의 하강에지를 감지 (rx = 1 → 0)하면 설정된 보레이트의 1/2(CLK_PER_CLKS/2)에서 카운터(cnt_clk)를 초기화 한다. 이러한 카운터의 초기화를 통해 수신된 데이터(펄스 신호)의 중앙에서 데이터를 수집할 수 있다.
③ 수신 상태(DATA_RX) : 카운터(cnt_clk)가 사전에 설정된 보레이트(CLK_PER_BITS)에 동기 되어 활성화(enable)될 때마다 송신기로부터 1비트씩 수신 받은 데이터를 하위비트(lsb)부터 차례로 수신 버퍼에 저장한다. 이때 설정된 데이터 포맷에 따라 최상위 비트를 수신 받는지 확인한다.
④ 정지 상태 (STOP_RX) : 최상위(msb) 비트까지 데이터 수신이 완료되면 수신기는 초기 대기상태가 되며, 수신 버퍼에 저장된 8비트 데이터를 외부에 병렬로 출력한다. 동시에 수신 완료 신호로 rx_done = 1을 출력한다.
⑤ 앞서 설명한 ① ~ ④의 과정을 반복한다.

6-3-2 UART 송수신기의 설계

앞서 설명한 UART(Universal Asynchronous Receiver Transmitter) 통신 프로토콜을 사용하여 데이터를 주고받는 송신기와 수신기 모듈을 설계해 보자.

① 2장의 내용을 참고하여 프로젝트 생성
- 프로젝트 디렉토리 이름 : ../Quartus_Projects/CH6/uart_test
- 프로젝트 이름 : uart_test
- 타겟 디바이스 설정

② [모듈 6-10] ~ [모듈 6-12]을 작성하여 아래 이름으로 저장
- [모듈 6-10]의 파일 이름 : uart_test.v
- [모듈 6-11]의 파일 이름 : uart_tx.v
- [모듈 6-12]의 파일 이름 : uart_rx.v

모듈 6-10

```
/* Top Module for UART Transceiver(Tx & Rx) Testing */

module uart_test (
   input    wire        clk,       // Tx/Rx : clock(50 MHz)
   input    wire        rst,       // Tx/Rx : reset
   input    wire        tx_en,     // Tx : 전송 시작 신호(외부 입력)
   input    wire [7:0]  din,       // Tx : 전송할 데이터(외부 입력)

   output   wire        tx_serial, // Tx : 전송할 데이터를 1비트씩 출력하는 직렬 신호
   output   wire        tx_busy,   // Tx : 송신 중임을 나타내는 신호
   output   wire [7:0]  data,      // Rx : 전송받은 8비트 데이터
   output   wire        rx_done);  // Rx : 수신 완료를 나타내는 신호

   /*
    * Set Parameter CLKS_PER_BIT as follows:
    * CLKS_PER_BIT = (Frequency of clk)/(Frequency of UART)
    * Example: 50 MHz Clock, 9600 baud UART
    * (50,000,000)/(9,600) = 5208.333 = 5208
    */

   parameter     CLKS_PER_BIT   = 5208; // 보레이트(9600)를 위한 비트당 osc 클록 수
   parameter     STOP_BIT       = 1;    // Stop Bit 설정(1 or 2)

   uart_tx #(.CLKS_PER_BIT(CLKS_PER_BIT), .STOP_BIT(STOP_BIT)) UTX ( // Transmitter
   /* input          */  .clk           (clk),          // 클록
   /* input          */  .rst           (rst),          // 리셋
   /* input          */  .tx_en         (tx_en),        // tx enable signal
   /* input   [7:0]  */  .din           (din),          // 전송할 8비트 데이터
```

```
29     /* output          */  .tx          (tx_serial),   // 1비트씩 전송할 데이터
30     /* output          */  .tx_busy     (tx_busy));    // 송신 중임을 나타내는 신호
31
32     uart_rx #(.CLKS_PER_BIT(CLKS_PER_BIT), .STOP_BIT(STOP_BIT)) URX ( // Receiver
33     /* input           */  .clk         (clk),         // 클록
34     /* input           */  .rst         (rst),         // 리셋
35     /* input           */  .rx          (tx_serial),   // 1비트씩 수신받은 데이터
36     /* output  [7:0]   */  .data        (data),        // 전송할 8비트 데이터
37     /* output          */  .rx_done     (rx_done));    // 수신 완료를 나타내는 신호
38
39   endmodule
```

- 24줄과 32줄의 #(.CLKS_PER_BIT(CLKS_PER_BIT), .STOP_BIT(STOP_BIT))은 상위 모듈(uart_test)에서 하위 모듈(uart_tx와 uart_rx)을 인스턴스화 할 때 모듈 매개 변수(module parameter)를 재 정의(새로운 매개 변수 값을 전달)하여 컴파일 시 적용하도록 한 것으로 여기서는 이름에 의한 맵핑 방법을 사용하였다.

※ 모듈 매개 변수 사용법

1. 이름에 의한 맵핑 방법 사용

```
module_name #(.parameter1(parameter1_value), .parameter2(parameter2_value),
             ..., .parameterN(parameterN_value)) instance_name ( [port
             list]);
```

2. 위치에 의한 맵핑 방법 사용

```
module_name #(parameter1_value, parameter2_value, ..., parameterN_value)
             instance_name ( [port list]);
```

모듈 6-11

```
/* UART Transmitter '8-N-1'(8 bit data, one stop bit, and no parity bit.*/
// Set Parameter CLKS_PER_BIT as follows:
// CLKS_PER_BIT = (Frequency of clk)/(Frequency of UART)
// Example: 50 MHz Clock, 9600 baud UART
// (50,000,000)/(9,600) = 5208.333 = 5208

module uart_tx
   #(parameter CLKS_PER_BIT, STOP_BIT)
   (
   clk,           // clock(50MHz)
```

```
    rst,            // reset
    tx_en,          // 전송 시작 신호(외부 입력)
    din,            // 전송할 데이터(외부 입력)
    tx,             // 전송할 데이터를 1비트씩 출력하는 직렬 신호
    tx_busy         // 송신 중임을 나타내는 신호
    );

    input           clk;
    input           rst;
    input           tx_en;
    input    [7:0]  din;
    output          tx;
    output          tx_busy;

    // Declation of the status of the FSM
    parameter       IDLE_TX   = 2'b00;    // IDLE 상태
    parameter       START_TX  = 2'b01;    // 시작 상태
    parameter       DATA_TX   = 2'b10;    // 송신 상태
    parameter       STOP_TX   = 2'b11;    // 정지 상태

    wire  [7:0]  din;                     // 전송할 데이터(외부 입력)
    reg          tx;                      // 전송할 데이터를 1비트씩 출력하는 직렬 신호
    reg   [15:0] cnt_clk;                 // 보레이트를 위한 클록 카운터
    reg   [2:0]  bit_index;               // 송신할 8비트 데이터의 position index
    reg   [7:0]  rdata;                   // 외부로부터 입력된 데이터를 저장하는 버퍼
    reg   [1:0]  state;                   // 송신기의 현재 상태
    reg   [1:0]  next_state;              // 송신기의 다음 상태
    reg          tx_rdy;                  // 송신 준비 확인 신호
    reg          tx_busy;                 // 송신 중 확인 신호

    initial begin
       tx = 1'b1;                         // 초기 IDLE 상태의 출력신호
    end

    // FSM for UART Transmitter
    always @(posedge clk or negedge rst) begin
       if (!rst)
          state          <= IDLE_TX;
       else
          state          <= next_state;
       end

    always @(*) begin
       case (state)
          IDLE_TX : begin                       // IDLE 상태(tx = 1)
             if (tx_en == 1'b1)                 // 송신기 enable 신호
                next_state       <= START_TX;
```

```
            else
               next_state       <= IDLE_TX;
            end

         START_TX : begin
            if (tx_rdy == 1) begin           // 송신 가능 체크 상태
               // Wait CLKS_PER_BIT-1 clock cycles for start bit to finish
               if (cnt_clk < CLKS_PER_BIT-1)
                  next_state    <= START_TX;
               else
                  next_state    <= DATA_TX;
               end
            else
               next_state       <= IDLE_TX;
            end

         DATA_TX : begin                     // 데이터 전송 상태
            if (cnt_clk < CLKS_PER_BIT-1)
               next_state       <= DATA_TX;
            else begin
               if (bit_index < 3'h7)
                  next_state    <= DATA_TX;
               else
                  next_state    <= STOP_TX;
            end
         end

         STOP_TX : begin                     // 데이터 전송 완료 상태
            if (cnt_clk < CLKS_PER_BIT-1)
               next_state       <= STOP_TX;
            else begin
               if (STOP_BIT == 2'd1)
                  next_state    <= START_TX;
               else
                  next_state    <= IDLE_TX;
            end
         end

         default : next_state   <= IDLE_TX;
      endcase
   end

   // Counters for FSM
   always @ (posedge clk or negedge rst) begin
      if (!rst) begin
         cnt_clk                <= 0;
         bit_index              <= 0;
```

```
         rdata                  <= 0;
      end
      else begin
         case(state)
            IDLE_TX : begin
               rdata            <= 0;
            end

            START_TX : begin
               rdata            <= din;         // 송신할 8비트 데이터 버퍼

               if (cnt_clk < CLKS_PER_BIT-1)    // Baud rate 확인
                  cnt_clk       <= cnt_clk + 1'b1;
               else
                  cnt_clk       <= 0;
            end

            DATA_TX : begin
               if (cnt_clk < CLKS_PER_BIT-1)    // Baud rate 확인
                  cnt_clk       <= cnt_clk + 1'b1;
               else begin
                  cnt_clk       <= 0;

                  if (bit_index < 3'h7)       // 데이터 버퍼의 전송할 데이터 index
                     bit_index  <= bit_index + 1'b1;
                  else
                     bit_index  <= 0;
               end
            end

            STOP_TX : begin
               if (cnt_clk < CLKS_PER_BIT-1)    // Baud rate 확인
                  cnt_clk       <= cnt_clk + 1'b1;
               else
                  cnt_clk       <= 0;
            end

            default : cnt_clk   <= cnt_clk;
         endcase
      end
   end

   // Outputs of UART Transmitter
   always @(posedge clk or negedge rst) begin
      if (!rst) begin
         tx                     <= 1'b1;
         tx_rdy                 <= 1'b1;
```

```
          tx_busy                <= 1'b0;
        end
        else begin
          case (state)
            IDLE_TX : begin
              tx                 <= 1'b1;  // IDLE 상태 시 tx = 1 출력

              if (tx_en == 1) begin
                tx_rdy          <= 1'b1;  // 송신 준비 완료
                tx_busy         <= 1'b0;
              end
              else begin
                tx_rdy          <= tx_rdy;
                tx_busy         <= 1'b0;
              end
            end

            START_TX : begin
              tx                <= 1'b0;  // 전송 시작 상태 시 tx = 0 출력

              if (tx_en == 1) begin      // Stop bit = 1 설정 시 송신기 enalble 확인
                tx_rdy          <= 1'b1;  // 송신 준비 완료
                tx_busy         <= 1'b1;  // 전송 중
              end
              else begin
                tx_rdy          <= tx_rdy;
                tx_busy         <= 1'b1;
              end
            end

            DATA_TX : begin
              tx                <= rdata[bit_index];  // 버퍼 내 데이터 송신
              tx_busy           <= 1'b1;
            end

            STOP_TX : begin
              tx                <= 1'b1;              // Stop bit tx = 1 전송
              tx_rdy            <= 1'b0;
              tx_busy           <= 1'b0;
            end

            default : tx        <= tx;
          endcase
        end
      end

    endmodule
```

모듈 6-12

```
/* UART receiver '8-N-1'(8 bit data, one stop bit, and no parity bit.*/
/*
 * Set Parameter CLKS_PER_BIT as follows:
 * CLKS_PER_BIT = (Frequency of clk)/(Frequency of UART)
 * Example: 50 MHz Clock, 9600 baud UART
 * (50,000,000)/(9,600) = 5208.333 = 5208
 */

module uart_rx #(parameter CLKS_PER_BIT, STOP_BIT) (
   clk,           // OSC clock (50MHz 클록)
   rst,           // reset
   rx,            // 1비트씩 수신받은 데이터
   data,          // 전송받은 8비트 데이터
   rx_done);      // 수신 완료를 나타내는 신호

   input         clk;
   input         rst;
   input         rx;
   output  [7:0] data;
   output        rx_done;

   // Declation of the status of the FSM
   parameter   IDLE_RX     = 2'b00;       // IDLE 상태
   parameter   START_RX    = 2'b01;       // 시작 상태
   parameter   DATA_RX     = 2'b10;       // 수신 상태
   parameter   STOP_RX     = 2'b11;       // 정지 상태

   reg   [7:0] data;                     // 전송받은 8비트 데이터
   reg         rx_done;                  // 수신 완료를 나타내는 신호
   reg   [15:0] cnt_clk;                 // 보레이트를 위한 클록 카운터
   reg   [2:0]  bit_index;               // 수신한 8비트 데이터의 bit position index
   reg   [7:0]  reg_data;                // 외부로부터 수신된 데이터를 저장하는 버퍼
   reg   [1:0]  state;                   // 수신기의 현재 상태
   reg   [1:0]  next_state;              // 수신기의 다음 상태

   initial begin
      rx_done = 1'b0;                       // 초기 IDLE 상태의 수신 완료 신호
   end

   // FSM for UART Receiver
   always @(posedge clk or negedge rst) begin
      if (!rst)
         state              <= IDLE_RX;
      else
         state              <= next_state;
```

```
      end

   always @ (*) begin
      case (state)
         IDLE_RX : begin                     // 수신기 IDLE 상태
            if (rx == 0)                     // Start bit detected (rx = tx)
               next_state     <= START_RX;
            else
               next_state     <= IDLE_RX;
         end

         // 시작 상태에서 Baud 클록 주기의 중앙에서 수신 상태로 변경 여부 확인
         START_RX : begin                    // 수신기 시작 상태
            if (cnt_clk == (CLKS_PER_BIT-1)/2) begin
               if (rx == 0)
                  next_state  <= DATA_RX;
               else
                  next_state  <= IDLE_RX;
            end
            else
               next_state     <= START_RX;
         end

         DATA_RX : begin                  // 수신기 수신 상태
            if (cnt_clk < CLKS_PER_BIT-1)
               next_state     <= DATA_RX;
            else begin
               if (bit_index < 3'h7)    // 수신 데이터 버퍼 내 데이터 저장 완료 확인
                  next_state  <= DATA_RX;
               else
                  next_state  <= STOP_RX;
            end
         end

         STOP_RX : begin                  // 수신기 정지 상태
            if (cnt_clk < CLKS_PER_BIT-1)
               next_state     <= STOP_RX;
            else
               next_state     <= IDLE_RX;
         end

         default : next_state <= IDLE_RX;
      endcase
   end

   // Counters for FSM
   always @ (posedge clk or negedge rst) begin
```

```
    if (!rst) begin
      cnt_clk             <= 0;
      bit_index           <= 0;
      reg_data            <= 0;
    end
    else begin
      case(state)
        IDLE_RX : begin            // 수신기 IDLE 상태
          cnt_clk   <= 0;          // 수신기 Baud rate 카운터 리셋
          bit_index <= 0;          // 수신 데이터 버퍼의 데이터 저장 위치 리셋
        end

       // 시작 상태에서 Baud 클록 주기의 중앙에서 수신기 Baud rate 카운터 리셋
        START_RX : begin             // 수신 시작 상태
          if (cnt_clk == (CLKS_PER_BIT-1)/2 && rx == 0)
            cnt_clk      <= 0;
          else
            cnt_clk      <= cnt_clk + 1'b1;
        end

        DATA_RX : begin             // 데이터 수신 상태
          if (cnt_clk < CLKS_PER_BIT-1)
            cnt_clk      <= cnt_clk + 1'b1;
          else begin
            cnt_clk      <= 0;
            reg_data[bit_index]  <= rx;  // 수신된 데이터를 버퍼에 저장

            // Check if we have received all bits
            if (bit_index < 7)    // 데이터 버퍼 내 모든 비트의 저장 여부 확인
              bit_index <= bit_index + 1'b1;
            else
              bit_index <= 0;
          end
        end

        STOP_RX : begin             // 데이터 정지 상태
          if (cnt_clk < CLKS_PER_BIT-1)
            cnt_clk      <= cnt_clk + 1'b1;
          else
            cnt_clk      <= 0;
        end

        default : cnt_clk  <= cnt_clk;
      endcase
    end
  end

```

```
    // Outputs of UART Receiver
    always @(posedge clk or negedge rst) begin
       if (!rst) begin
          rx_done       <= 0;
          data          <= 0;
       end
       else begin
          case (state)
             IDLE_RX  : rx_done   <= 1'b0; // IDLE 상태에서 수신 완료 신호 비활성화

             START_RX : rx_done   <= 1'b0; // 시작 상태에서 수신 완료 신호 비활성화

             DATA_RX  : rx_done   <= 1'b0; // 수신 상태에서 수신 완료 신호 비활성화

             STOP_RX  : begin                  // 수신 정지 상태
                if (STOP_BIT == 2'd1) begin    // Stop bit = 1로 설정 시
                   // Stop bit = 1 설정 시 정지 상태로 변경 즉시 수신된 데이터 출력
                   data           <= reg_data;
                   if (cnt_clk == CLKS_PER_BIT-1)
                      rx_done     <= 1'b1; // 수신 데이터 출력 후 수신 완료 신호 활성화
                   else
                      rx_done     <= 1'b0;
                end
                else begin                     // Stop bit = 2로 설정 시
                   if (cnt_clk == CLKS_PER_BIT-1) begin
                      data        <= reg_data; // Baud rate에 동기되어 수신 데이터 출력
                      rx_done     <= 1'b1;     // 수신 데이터 출력 후 수신 완료 신호 비활성화
                   end
                   else
                      rx_done     <= 1'b0;
                end
             end

             default : data     <= data;
          endcase
       end
    end

endmodule
```

6-3-3 UART 송수신기의 시뮬레이션

작성한 [모듈 6-10] ~ [모듈 6-12]의 UART 회로를 컴파일하여 작성 시 오류(오타 또는 문법적 오류)가 있는지 확인해보자. 오류 없이 컴파일이 완료되었다면 시뮬레이션을 통해 설계한 회로의 기능 검증을 해보자.

Quartus Prime의 인터페이스 메뉴에서 「Tools」 → 「Run Simulation Tool」 → 「RTL Simulation」을 선택하여 ModelSim-Altera를 실행하고 아래의 요약 과정을 순서대로 진행하자.

① 「File」 → 「New」 → 「Source」 → 「Verilog」를 선택 후 다음의 테스트벤치 코드를 작성하고 파일이름을 「tb_uart_test.v」로 저장

② 「Compile」 → 「Compile...」를 클릭 후 테스트벤치 코드(tb_uart_test.v)를 선택하고 「Compile」 클릭

- 컴파일 시 오류가 있으면 수정 후 반드시 파일을 저장하고 재 컴파일 실행

③ 「Simulate」 → 「Start Simulation...」 또는 를 선택하고 work 왼쪽의 ⊞를 누르고 작성한 테스트벤치 코드(tb_uart_test.v)를 선택 후 「OK」 클릭

④ Object 창의 입출력 포트 신호들을 선택 후 Wave 창에 드래그 또는 오른쪽 마우스 클릭하여 「Add Wave」를 선택하여 Wave 창에 추가

- Wave 창이 보이지 않으면 인터페이스 메뉴의 「View」 → 「Wave」 선택

⑤ 「Simulate」 → 「Run」 → 「Run-All」 또는 를 클릭하여 시뮬레이션 실행

테스트벤치 6-10

```
/* Simple testbench for the UART transceiver testing*/
// Testbench uses a 50 MHz osc clock

`timescale 1ns/10ps

module tb_uart_test;
   parameter   STEP             = 20;   // 50 MHz 클록의 한 주기

   reg        clk;       // Tx/Rx : osc clock(50 MHz)
   reg        rst;       // Tx/Rx : reset
   reg        tx_en;     // Tx : 전송 시작 신호
   reg  [7:0] din;       // Tx : 전송할 데이터

```

```
    wire       tx_serial; // Tx : 전송할 데이터를 1비트씩 출력하는 직렬 신호
    wire       tx_busy;   // Tx : 송신 중임을 나타내는 신호
    wire [7:0] data;      // Rx : 수신한 8비트 데이터
    wire       rx_done;   // Rx : 수신 완료를 나타내는 신호

    uart_test            UTOP (
    /* input           */  .clk            (clk),
    /* input           */  .rst            (rst),
    /* input           */  .tx_en          (tx_en),
    /* input     [7:0] */  .din            (din),
    /* output          */  .tx_serial      (tx_serial),
    /* output          */  .tx_busy        (tx_busy),
    /* output    [7:0] */  .data           (data),
    /* output          */  .rx_done        (rx_done));

    initial begin
       din = 8'h01; clk = 0;
       rst = 1; tx_en = 0; #(STEP*500);
       rst = 0; #(STEP*500);
       rst = 1; tx_en = 0; #(STEP*500);
       tx_en = 1;
       #(STEP*2000000);      // 20ns * (2*10^6) = 0.12 sec
       $stop;
    end

    always
       #(STEP/2)  clk = ~clk;   // 50MHz 클록 생성, STEP/2 = 10 * 1ns * 10ns에서 반전

    always @(posedge rx_done) begin
       din    <= data + 1;

       if (data != din) begin
          $display("FAIL: rx data %x does not match tx %x", data, din);
       end
       else begin
          $display("SUCCESS: rx data %h exactly matches tx data %h", data, din);
       end
    end

 endmodule
```

- [테스트벤치 6-10]은 UART 송신기를 사용하여 1씩 증가하는 8비트(1Byte) 이진 데이터(8'h01, 8'h02, 8'h03, ...)를 보내고 수신기가 정확히 받았는지를 확인하기 위한 코드이다.

위의 시뮬레이션 과정의 ④단계에서 Object창에는 테스트벤치의 입력신호(reg형)와 출력신호(wire형)만 나타난다. Object창에 나타나지 않지만 파형 확인이 필요한 신호를 Wave창에 추가할 수 있다.

먼저 Object창에 보이는 테스트벤치의 입출력 신호를 Wave창에 추가하자. 다음으로 [그림 6-26]의 sim창에서 인스턴스화 한 하위 모듈 UTX와 URX를 선택하면, 해당 하위 모듈의 내외부 신호가 Objects창에 나타나므로 확인하고자 하는 신호를 Wave창에 포함시키면 된다. UTX에서 bit_index(송신기 버퍼의 비트 위치), rdata(송신기 버퍼), state(송신기의 FSM 상태)를 포함시키고, URX에서 rx(1비트씩 수신받는 신호), bit_index(수신기 버퍼의 비트 위치), reg_data(수신기 버퍼), state(수신기의 FSM 상태)를 추가시킨 후 시뮬레이션을 실행해보자.

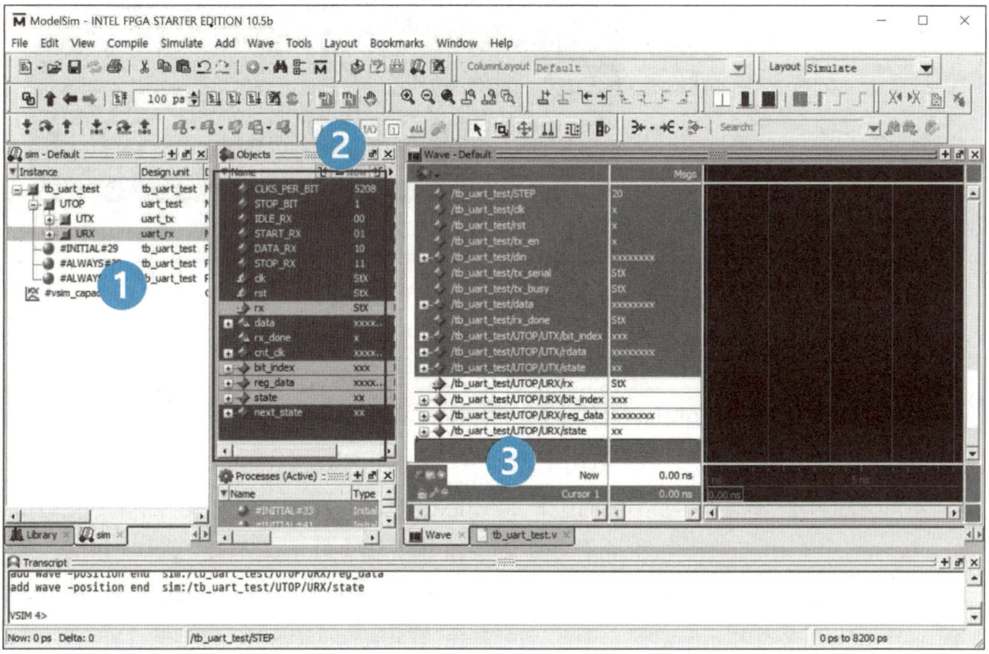

그림 6-26. UART transceiver 회로의 시뮬레이션 결과(입출력 파형)

시뮬레이션이 완료되면 결과 파형을 쉽게 분석하기 위해 신호들의 순서를 변경하자. 변경하고자 하는 신호를 선택 후 드래그하면 된다. 또한 UTX 및 URX의 bit_index를 'Unsigned'로 Radix 포맷을 변경하자.

시뮬레이션 결과 1

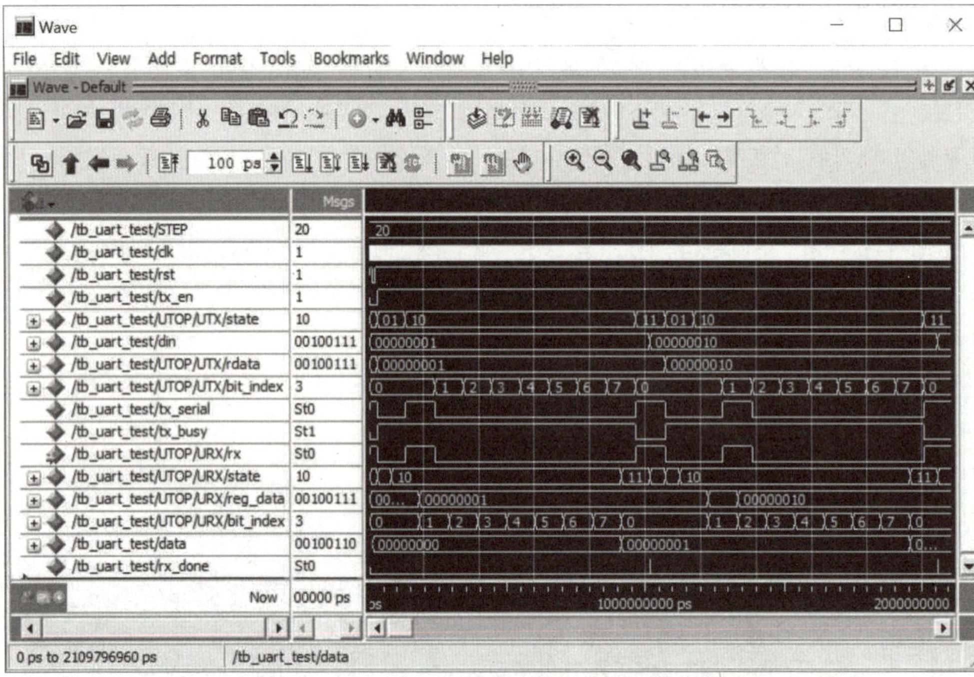

그림 6-27. UART transceiver 회로의 시뮬레이션 결과(동작)

[그림 6-27]의 시뮬레이션 결과(입출력 파형)에서 송신기가 새로운 데이터를 전송할 준비(tx_en = 0 → 1)가 되면, UTX의 상태는 START_RX(2'b01)가 되고 송신기의 데이터 버퍼(rdata)에 전송할 데이터(din)가 로드(load)된다. 이때 송신기는 시작 비트(start bit, tx_serial = 0)를 출력하여 수신기에 전송데이터 전송이 시작됨을 알린다. 이후 송신기는 데이터를 전송하는 DATA_TX(2'b10) 상태가 되며, 보레이트에 맞춰 출력신호(tx_serial)를 사용하여 rdata에 저장된 데이터를 최하위 비트(LSB)인 1부터 1비트씩 차례로 수신기에 전송한다. tx_busy는 IDLE_TX(2'b00) 상태에서 시작 비트(start bit)가 0으로 변경(tx_serial = 1 → 0)되면 활성화(tx_busy = 0 → 1)된다. 8비트 데이터 전송이 완료된 후 출력신호가 대기 상태인 정지 신호(stop bit, tx_serial = 1)를 전송할 때까지 tx_busy는 활성화(tx_busy = 1)가 유지한다.

동일한 보레이트로 설정된 수신기에서는 수신받은 데이터(rx)가 시작 비트임을 감지(rx = 1 → 0)하면 대기 상태인 IDLE_RX(2'b00)에서 시작 상태인 START_RX(2'b01)로 변경된다. [그림 6-25]에서 수신기가 START_RX 상태일 때 수신받은 데이터 펄스의 중앙에서 데이터를 취득한다. 이를 위해 보레이트를 위한 카운터(cnt_clk)의 값이 보레이트 주기의 1/2일 때, 즉 cnt_clk = (CLKS_PER_BIT-1)/2일 때 수신받은 데이터가 시작 비트인 rx = 0이면 카운터(cnt_clk)를 초기화하고, 수신기 상태는 START_RX(2'b01)에서 DATA_RX(2'b10)로 변경된다. 이후 수신기는 설정된 보레이트(cnt_clk = CLK_PER_BITS-1일 때마다)에 맞춰 송신기가 전송하는 데이터(tx_serial)를 1비트씩 수신 받아 수신기의 내부 버퍼(reg_data)에 하위 비트부터 차례로 저장한다. 송신기가 보낸 8비트 데이터를 모두 수신받았을 때 수신받은 8비트 데이터를 출력(data)한 후 클록의 1주기에 해당하는 수신 완료 신호(rx_done = 1)를 출력한다.

시뮬레이션 결과 2

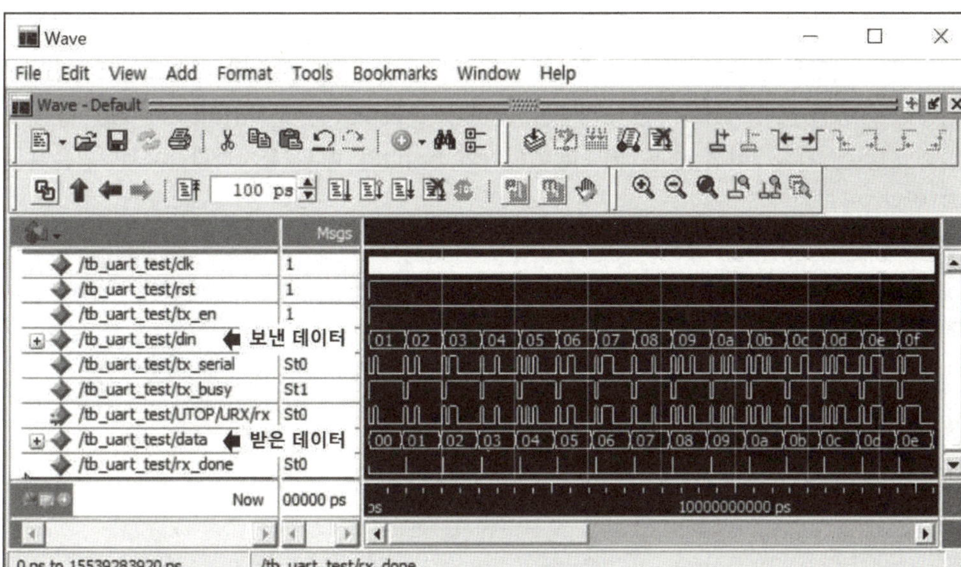

그림 6-28. UART transceiver 회로의 시뮬레이션 결과(입출력 신호)

시뮬레이션 결과 3

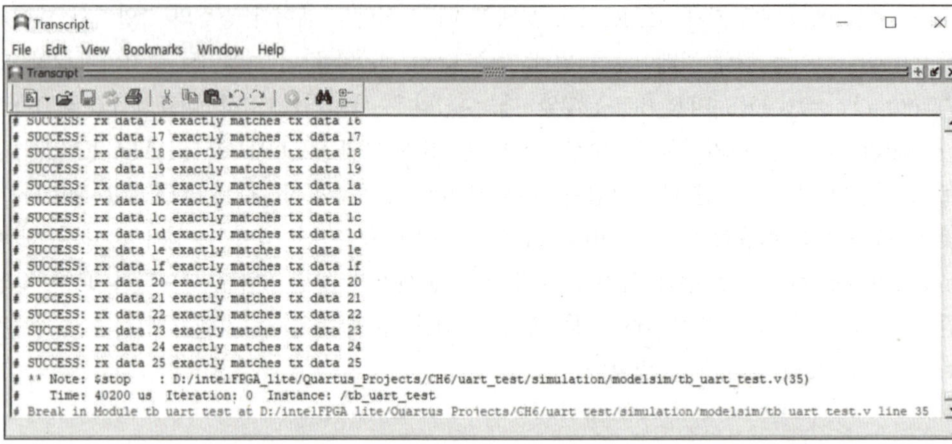

그림 6-29. UART transceiver 회로의 시뮬레이션 결과($display)

[그림 6-28]은 송수신 데이터의 파형이고, [그림 6-29]는 시스템 태스크인 $display를 사용하여 송수신 데이터에 대한 검증 결과이다. $display는 문자열이나 변수값 등을 출력하기 위한 시뮬레이션 전용 코드로 C언어의 printf와 매우 유사하다. 사용방법은 다음과 같다.

※ $display 사용법

```
$display(p1, p2, p3, ..., pn); // p1, p2, ...은 변수나 문자열, 수식 등 사용
```

6-3-4 학습키트를 활용한 UART 송신기의 동작 확인

(1) BCD 카운터 값을 전송하는 UART 송신기

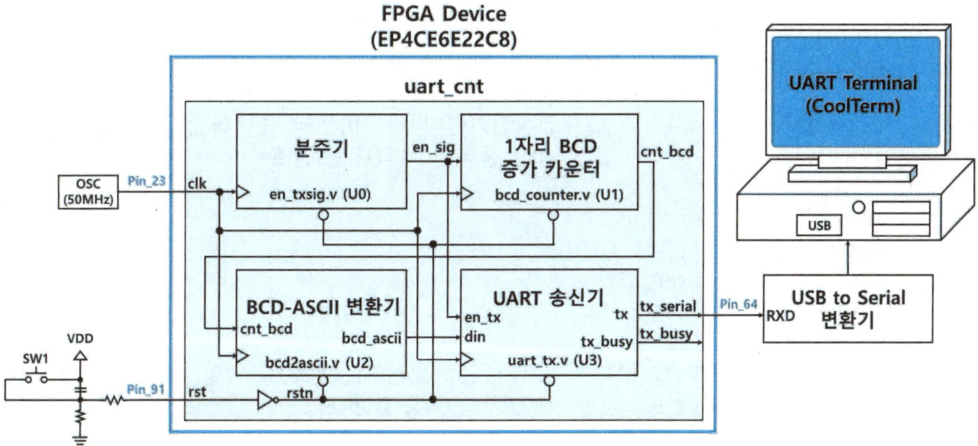

그림 6-30. UART 송신기 동작 확인을 위한 학습키트의 핀 연결 정보

[그림 6-30]은 분주기 출력인 0.5초 주기의 동작 신호(en sig)에 동기되어 0 ~ 9까지 증가하는 1자리 BCD 증가 카운터값을 UART 프로토콜을 사용하여 PC로 전송하는 UART 송신기 회로와 주변 장치와의 연결 정보를 나타내고 있다.

다음의 과정을 따라 [그림 6-30]의 BCD 카운터값을 PC로 전송하는 UART 송신기 회로를 설계해 보자

① 2장의 내용을 참고하여 프로젝트 생성
- 프로젝트 디렉토리 이름 : ../Quartus_Projects/CH6/uart_cnt
- 프로젝트 이름 : uart_cnt
- 타겟 디바이스 설정

② 프로젝트 생성 후 설계한 uart_tx.v를 복사해서 새로 생성한 프로젝트 폴더에 추가

③ 텍스트 에디터를 사용하여 [모듈 6-13] ~ [모듈 6-16]을 작성하고 아래 이름으로 저장
- [모듈 6-13]의 파일 이름 : uart_cnt.v
- [모듈 6-14]의 파일 이름 : en_txsig.v
- [모듈 6-15]의 파일 이름 : bcd_counter.v
- [모듈 6-16]의 파일 이름 : bcd2ascii.v

모듈 6-13

```
/* Top Module for BCD 카운터 값을 PC로 전송하는 UART 송신기 회로 */

module uart_cnt (
   clk,                        // OSC clock(50 MHz)
   rst,                        // reset
   tx_serial,                  // 전송할 데이터를 1비트씩 출력하는 직렬 신호
   tx_busy);                   // 송신 중임을 나타내는 신호

   input          clk;
   input          rst;
   output         tx_serial;
   output         tx_busy;

   parameter      CLKS_PER_BIT  = 5208;   // 보레이트(9600)를 위한 비트당 osc 클록 수
   parameter      STOP_BIT      = 1;      // Stop Bit

   wire           en_sig;
   wire    [3:0]  cnt_bcd;
   wire    [7:0]  bcd_ascii;

   assign         rstn   = ~rst;       // Active Low로 동작하도록 rstn 사용

   en_txsig           U0 (                  // tx enable signal 생성을 위한 분주기
   /* input          */  .clk            (clk),
   /* input          */  .rst            (rstn),
   /* output         */  .en_sig         (en_sig));

   bcd_counter        U1 (                  // BCD 카운터
   /* input          */  .clk            (clk),
   /* input          */  .rst            (rstn),
   /* input          */  .en_sig         (en_sig), // tx enable signal
   /* output   [3:0] */  .cnt_bcd        (cnt_bcd));

   bcd2ascii          U2 (                  // BCD to ASCII 변환기
   /* input          */  .clk            (clk),
   /* input          */  .rst            (rstn),
   /* input    [3:0] */  .cnt_bcd        (cnt_bcd),
   /* output   [7:0] */  .bcd_ascii      (bcd_ascii));

   uart_tx #(.CLKS_PER_BIT(CLKS_PER_BIT), .STOP_BIT(STOP_BIT)) U3 ( // Transmitter
   /* input          */  .clk            (clk),         // 클록
   /* input          */  .rst            (rstn),        // 리셋
   /* input          */  .tx_en          (en_sig),      // tx enable signal
   /* input    [7:0] */  .din            (bcd_ascii),   // 전송할 8비트 데이터
   /* output         */  .tx             (tx_serial),   // 1비트씩 전송할 데이터
```

```
   /* output          */  .tx_busy       (tx_busy));   // 송신 중임을 나타내는 신호

endmodule
```

모듈 6-14

```
/* 50 Mhz 클록을 입력받아 0.5초 주기의 enable 신호를 생성하는 주파수 분주기 */

module en_txsig (
   clk,                          // clock(50 MHz)
   rst,                          // reset
   en_sig);                      // 2Hz enable signal

   input          clk;
   input          rst;
   output         en_sig;

   reg            en_sig;     // 2 Hz enable signal
   reg      [24:0] cnt_en_sig; // 0 ~ 24,999,999까지 카운트를 위한 25비트 카운터

   // Frequency divider (50 MHz → 2 Hz), enable signal
   always @ (posedge clk or negedge rst)  begin
      if (!rst)  begin
         cnt_en_sig      <= 0;
         en_sig          <= 0;
      end
      else if (cnt_en_sig == 25'd24999999)  begin
         cnt_en_sig      <= 0;
         en_sig          <= 1'b1;
      end
      else begin
         cnt_en_sig      <= cnt_en_sig + 1'b1;
         en_sig          <= 0;
      end
   end

endmodule
```

모듈 6-15

```
/* BCD 증가 카운터, 9이후 개행(carriage return) 처리 */

module bcd_counter (
   clk,                          // OSC clock(50 MHz)
   rst,                          // reset
   en_sig,                       // 2 Hz enable signal
   cnt_bcd);                     // BCD 카운터 출력

   input          clk;
   input          rst;
   input          en_sig;
   output   [3:0] cnt_bcd;

   // 0부터 9까지 카운트할 수 있는 최소 크기는 4비트
   reg      [3:0] cnt_bcd;

   // enable signal에 동기되어 증가하는 BCD 카운터
   always @ (posedge clk or negedge rst)  begin
      if (!rst)
         cnt_bcd        <= 0;
      else if (en_sig == 1'b1) begin
         if (cnt_bcd == 10)
            cnt_bcd     <= 0;
         else
            cnt_bcd     <= cnt_bcd + 1'b1;
      end
      else
         cnt_bcd        <= cnt_bcd;
   end

endmodule
```

모듈 6-16

```
/* BCD to ASCII 변환기 */
/*
-------------------------------------------------------------------
--                            ASCII HEX TABLE
--  Hex                        Low Hex Digit
-- Value  0   1   2   3   4   5   6   7   8   9   A   B   C   D   E   F
-------------------------------------------------------------------
```

```
--H  2 ¦  SP  !   "   #   $   %   &   '   (   )   *   +   ,   -   .   /
--i  3 ¦  0   1   2   3   4   5   6   7   8   9   :   ;   <   =   >   ?
--g  4 ¦  @   A   B   C   D   E   F   G   H   I   J   K   L   M   N   O
--h  5 ¦  P   Q   R   S   T   U   V   W   X   Y   Z   [   \   ]   ^   _
--   6 ¦  `   a   b   c   d   e   f   g   h   i   j   k   l   m   n   o
--   7 ¦  p   q   r   s   t   u   v   w   x   y   z   {   ¦   }   ~ DEL
-----------------------------------------------------------------------
-- Example "A" is row 4 column 1, so hex value is 8'h41"
*/

module bcd2ascii (
   clk,                            // clock
   rst,                            // rst
   cnt_bcd,                        // BCD Counter
   bcd_ascii);                     // BCD to ASCII 출력

   input         clk;
   input         rst;
   input   [3:0] cnt_bcd;
   output  [7:0] bcd_ascii;

   wire    [3:0] cnt_bcd;         // BCD Counter
   reg     [7:0] bcd_ascii;       // BCD to ASCII 출력

   // Convert BCD to ASCII
   always @ (posedge clk or negedge rst)  begin
      if (!rst)
         bcd_ascii <= 8'h00; // NULL
      else begin
         case(cnt_bcd)
            4'h0    :  bcd_ascii <= 8'h30; // 0
            4'h1    :  bcd_ascii <= 8'h31; // 1
            4'h2    :  bcd_ascii <= 8'h32; // 2
            4'h3    :  bcd_ascii <= 8'h33; // 3
            4'h4    :  bcd_ascii <= 8'h34; // 4
            4'h5    :  bcd_ascii <= 8'h35; // 5
            4'h6    :  bcd_ascii <= 8'h36; // 6
            4'h7    :  bcd_ascii <= 8'h37; // 7
            4'h8    :  bcd_ascii <= 8'h38; // 8
            4'h9    :  bcd_ascii <= 8'h39; // 9
            4'hA    :  bcd_ascii <= 8'h0D; // CR(Carriage Return)
            default :  bcd_ascii <= 8'h00; // NULL
         endcase
      end
    end

endmodule
```

[그림 6-31]에 보인 UART 송신기 회로의 핀 연결 정보를 참고하여 핀 할당 후 FPGA Programming을 진행해보자.

① Quartus Prime의 Pin Planner에서 핀 할당 진행 후 다시 컴파일 실행
② Programmer에서 USB-Blaster를 사용하여 합성된 uart_cnt.sof 파일을 다운로드

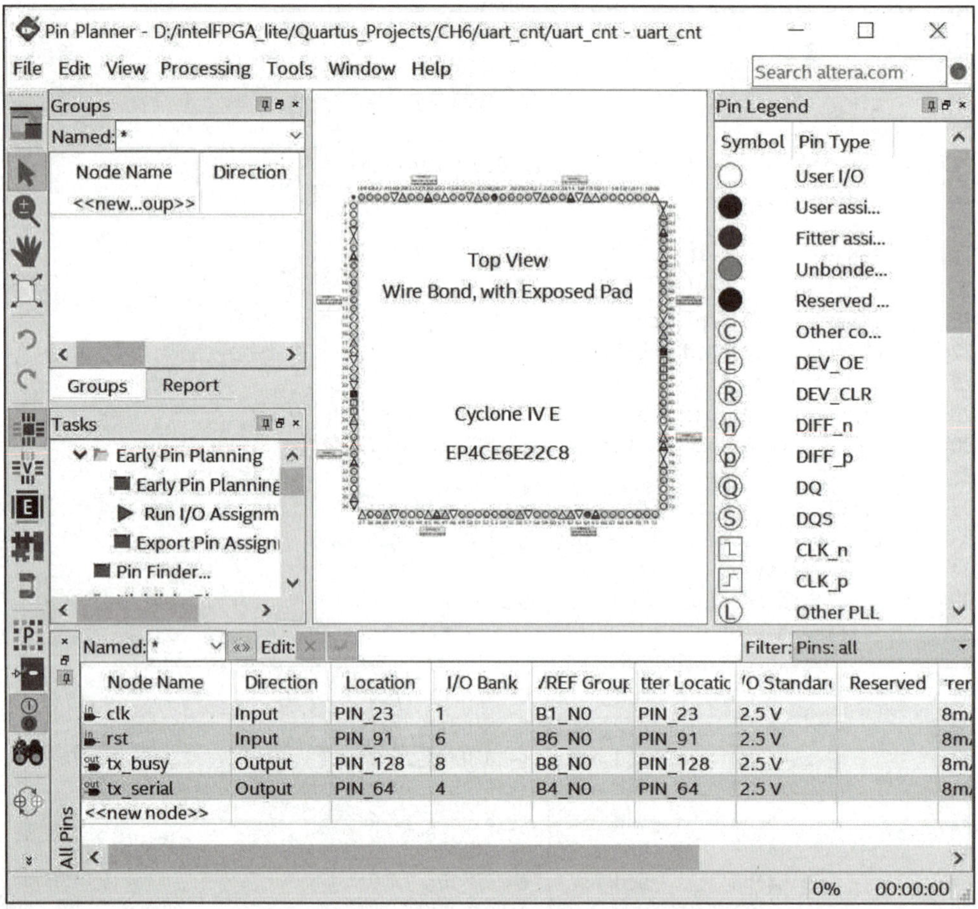

그림 6-31. BCD 카운터값을 전송하는 UART 송신기 회로의 핀 연결 정보

(2) UART 송신기와 PC의 통신환경

UART 송신기 동작을 확인하기 위한 UART 송신기 회로의 설계와 학습키트의 준비는 마쳤다. 이제 학습키트와 PC 사이의 UART 통신환경을 준비해야 한다. UART를 이용하여 두 개의 서로 다른 장치 사이에 데이터 통신을 하기 위해서는 각 장치의 UART 인터페이스가 서로 물리적으로 연결되어야 한다. 학습키트와 PC사이의 데이터 통신을 가정하

면, 학습키트의 UART 인터페이스인 TX(송신 포트), RX(수신 포트), GND(접지)와 PC의 UART 인터페이스가 물리적으로 연결되어야 한다. 이때 [그림 6-22]의 UART 통신을 위한 인터페이스 포트들의 연결을 생각해 보면, 학습키트의 TX 포트는 PC의 RX 포트와 연결되어 있어야 한다. 일반적인 전기 신호의 연결인 (+)단자는 (+)단자와 연결하고 (-)단자는 (-)단자와 연결하는 것과 다름에 주의해야 한다.

[그림 6-32]는 학습키트 UART 인터페이스의 송수신 포트(TX, RX)와 접지(GND)를 보이고 있다.

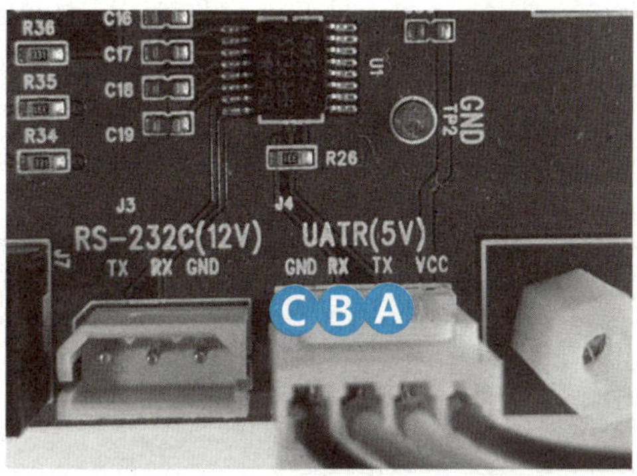

그림 6-32. FPGA 학습키트의 UART 인터페이스

FPGA 학습키트의 UART 인터페이스와 PC의 UART 인터페이스를 직접 연결하면 좋겠지만 불행히도 요즈음의 PC에는 RS-232C 포트와 같은 시리얼 통신 포트를 가지고 있지 않다. 대신 USB 포트를 사용하여 시리얼 통신을 할 수 있다. USB 포트를 사용하여 UART 통신을 하기 위해서는 [그림 6-33]과 같은 USB-to-Serial 컨버터가 필요하다.

그림 6-33. USB-to-Serial 컨버터

학습키트의 UART 인터페이스의 각 포트와 USB-to-Serial 컨버터의 인터페이스 핀은 다음과 같이 연결해야 한다.

표 6-6. 학습키트의 UART 인터페이스와 USB-to-Serial 컨버터의 연결

학습키트	USB-to-Serial 컨버터
TX (Ⓐ)	RXD (②)
RX (Ⓑ)	TXD (①)
GND (Ⓒ)	GND (③)

다음은 USB-to-Serial 컨버터를 사용하기 위한 장치 드라이버 설치를 진행해보자. USB-to-Serial 컨버터를 PC의 USB 포트에 연결하면 OS(Windows 10)는 자동으로 USB-to-Serial 컨버터를 위한 장치 드라이버를 설치한다. 장치 드라이버가 성공적으로 설치되었다면 [그림 6-34]와 같이 '장치관리자'를 실행하여 설치된 장치 드라이버의 포트 번호를 확인하자.

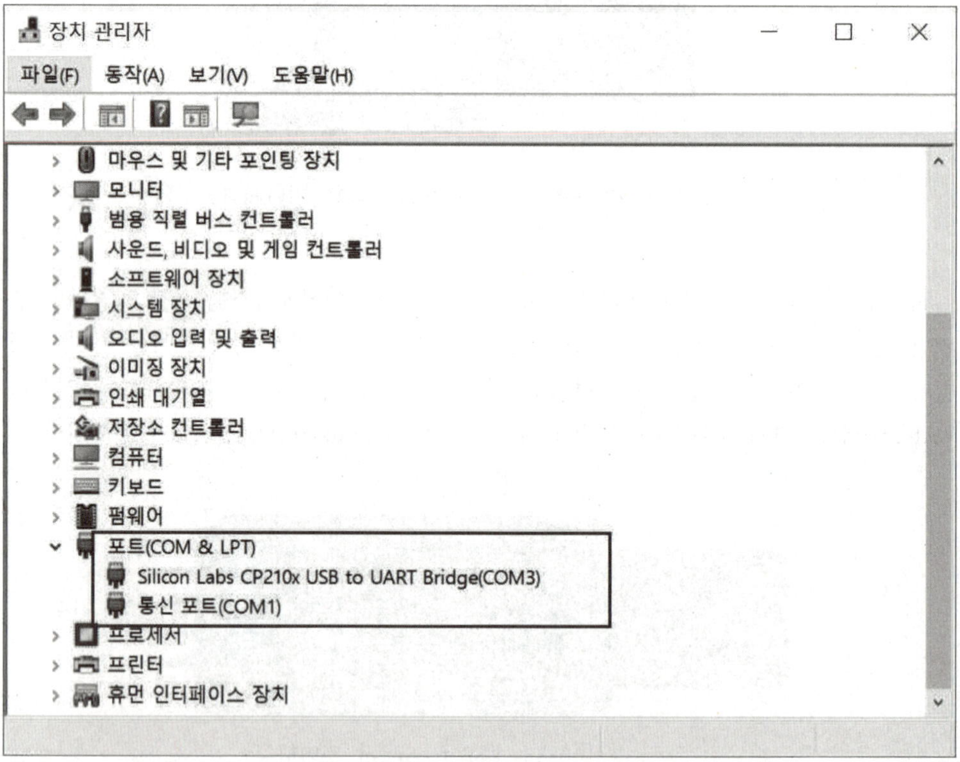

그림 6-34. USB-to-Serial 컨버터 드라이버가 설치된 장치관리자 화면

이제 UART 통신을 위한 하드웨어 준비를 마쳤다. 다음은 PC로 전송된 데이터를 확인하기 위한 준비를 해보자.

PC의 UART 인터페이스를 통해 전송된 데이터를 모니터링 하기 위해서는 별도의 응용 프로그램, 즉 시리얼 포트 터미널 프로그램(serial port terminal application)이 필요하다. 이 책에서 사용하는 'CoolTerm'은 무료 소프트웨어(Freeware)로 아래 사이트에서 다운로드가 가능하다. 현재 CoolTerm v1.6.0이 배포되어 있으며 사용하는 OS에 맞는 파일을 다운로드하여 설치해보자.

※ CoolTerm 다운로드 사이트

http://freeware.the-meiers.org/

설치를 마치고 CoolTerm을 실행하면 [그림 6-35]와 같은 화면을 볼 수 있을 것이다. 먼저 CoolTerm의 사용자 메뉴에서 'Options'을 클릭하여 [그림 6-36]에서 통신을 위한 설정을 진행해보자.

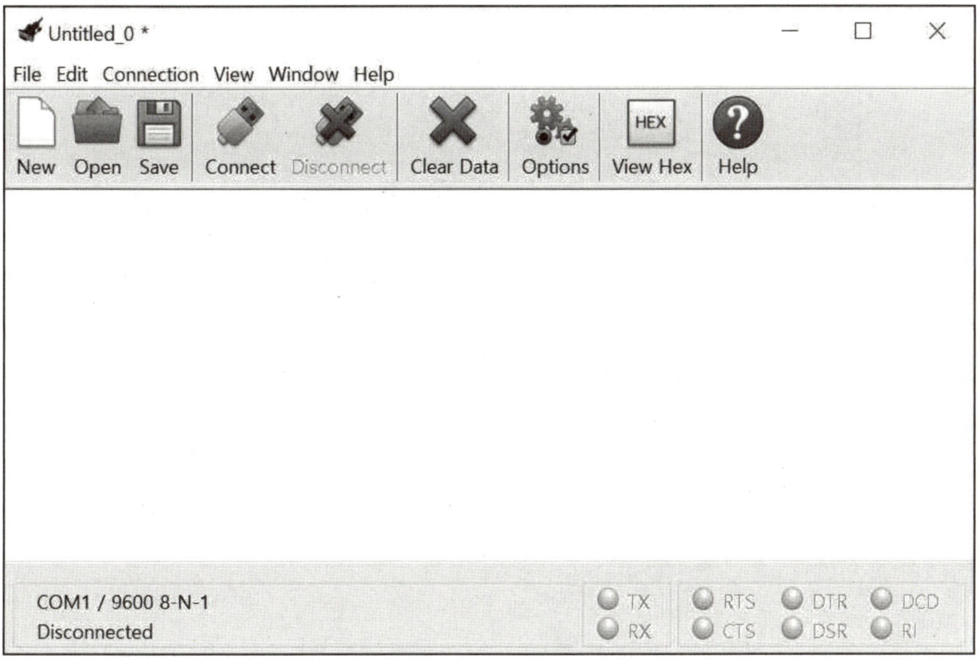

그림 6-35. CoolTerm 실행 화면

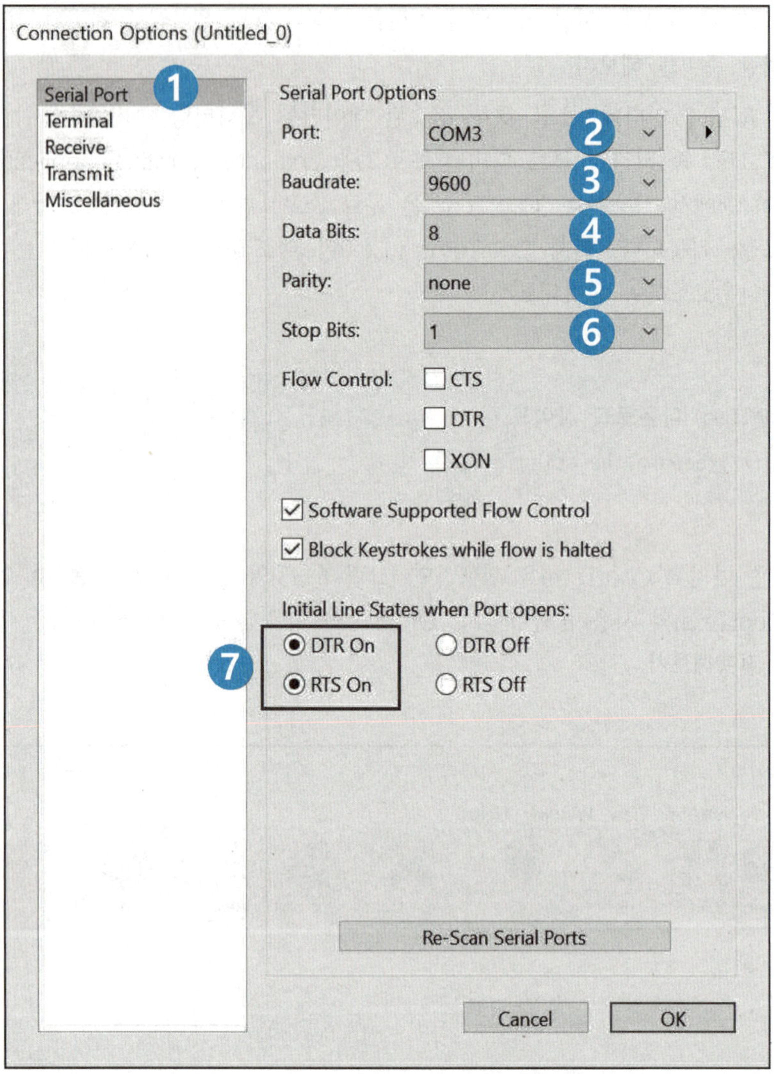

그림 6-36. CoolTerm의 Options 설정 화면

① Serial Port 선택
② [그림 6-34]에서 확인한 USB-to-Serial 컨버터의 포트를 선택
③ 보레이트 설정(앞서 설계한 모듈에서 보레이트는 9600)
④ 데이터 비트 설정(앞서 설계한 모듈에서 데이터 비트는 8비트)
⑤ Parity 체크(앞서 설계한 모듈에서 Parity 체크는 사용하지 않으므로 none)
⑥ stop bits는 1로 설정(uart_cnt.v에서 설정한 parameter stop bit)
⑦ 포트가 연결되었을 때 초기 통신선로 상태표시 선택(데이터 통신 상태 확인을 위해 On으로 설정) 후 OK 클릭

위와 같이 Options의 각 항목 설정을 마쳤으면 CoolTerm의 사용자 메뉴에서 'Connect'를 클릭하여 UART 통신 포트를 연결하고 송신기 동작을 확인해보자

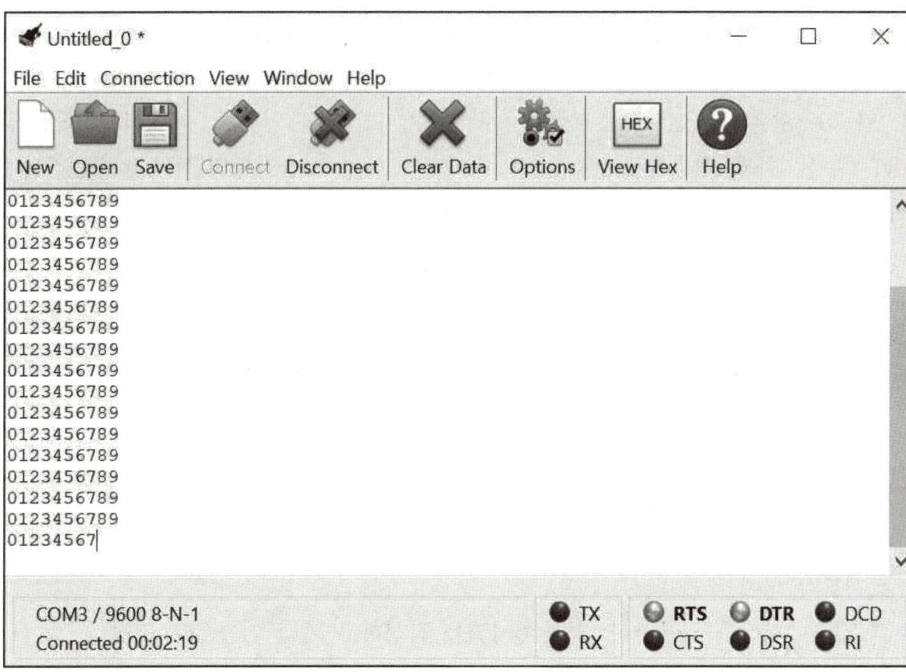

그림 6-37. CoolTerm에서 UART 송신기의 데이터 전송 동작 화면

[그림 6-37]의 화면에서 0.5초마다 1씩 증가하는 BCD 카운터 값이 PC로 전송되는 결과를 확인할 수 있다.

- CoolTerm 사용자 메뉴의 'View Hex'를 클릭하면 PC로 전송된 데이터를 Hex 값 또는 ASCII 코드값으로 선택하여 확인할 수 있다.

6-3-5 학습키트를 활용한 UART 수신기의 동작 확인

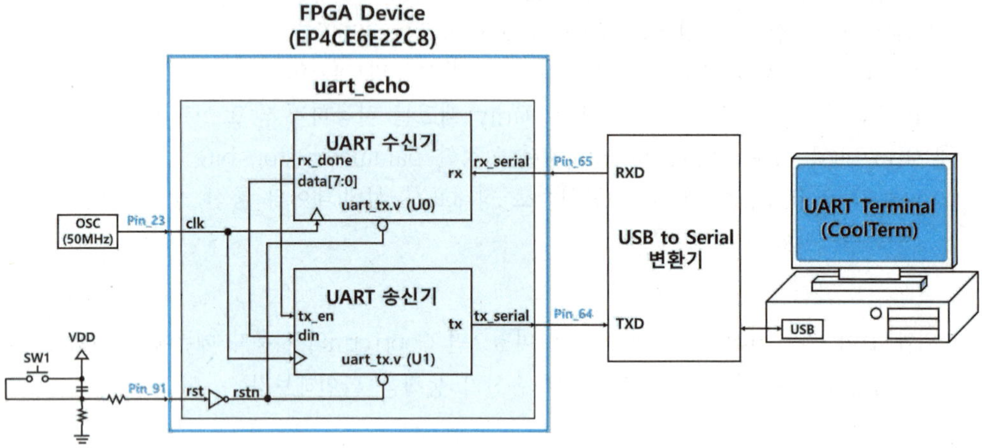

그림 6-38. UART 수신기 동작 확인을 위한 학습키트의 핀 연결 정보

[그림 6-38]은 UART 프로토콜을 사용하여 PC에서 입력한 데이터를 학습키트의 UART 수신기에게 전송하고, 수신받은 데이터를 다시 학습키트의 UART 송신기를 사용하여 PC로 전송하는 UART Echo 시스템이다.

다음의 과정을 따라 UART Echo 시스템을 설계해 보자.

① 2장의 내용을 참고하여 프로젝트 생성
- 프로젝트 디렉토리 이름 : ../Quartus_Projects/CH6/uart_echo
- 프로젝트 이름 : uart_echo
- 타겟 디바이스 설정

② 프로젝트 생성 후 위에서 설계한 uart_tx.v와 uart_rx.v를 복사해서 새로 생성한 프로젝트 폴더에 추가

③ 텍스트 에디터를 사용하여 [모듈 6-17]을 작성하고 아래 이름으로 저장
- [모듈 6-17]의 파일 이름 : uart_echo.v

모듈 6-17

```
/* Top Module of UART Echo system for testing Tx & Rx */

module uart_echo (
   clk,                        // Tx/Rx : clock(50 MHz)
   rst,                        // Tx/Rx : reset
   rx_serial,                  // RX : PC로부터 1비트씩 수신 받는 신호
   tx_serial);                 // Tx : 전송할 데이터를 1비트씩 출력하는 직렬 신호

   input       clk;
   input       rst;
   input       rx_serial;
   output      tx_serial;

   /*
    * Set Parameter CLKS_PER_BIT as follows:
    * CLKS_PER_BIT = (Frequency of clk)/(Frequency of UART)
    * Example: 50 MHz Clock, 9600 baud UART
    * (50,000,000)/(9,600) = 5208.333 = 5208
    */

   parameter   CLKS_PER_BIT   = 5208; // 보레이트(9600)를 위한 비트당 osc 클록 수
   parameter   STOP_BIT       = 1;    // Stop Bit 수 (1 또는 2 설정)

   wire   [7:0] data;
   wire         rx_done;

   assign   rstn  =  ~rst;             // Active Low로 동작하도록 rstn 사용

   uart_rx #(.CLKS_PER_BIT(CLKS_PER_BIT), .STOP_BIT(STOP_BIT)) U0 (// Receiver
   /* input         */ .clk        (clk),       // 클록
   /* input         */ .rst        (rstn),      // 리셋
   /* input         */ .rx         (rx_serial), // 1비트씩 수신받은 데이터
   /* output  [7:0] */ .data       (data),      // 수신받은 8비트 데이터 출력
   /* output        */ .rx_done    (rx_done));  // 수신 완료를 나타내는 신호

   uart_tx #(.CLKS_PER_BIT(CLKS_PER_BIT), .STOP_BIT(STOP_BIT)) U1 (// Transmitter
   /* input         */  .clk       (clk),       // 클록
   /* input         */  .rst       (rstn),      // 리셋
   /* input         */  .tx_en     (rx_done),   // tx enable signal
   /* input   [7:0] */  .din       (data),      // 수신 후 재전송할 8비트 데이터
   /* output        */  .tx        (tx_serial));// 1비트씩 전송할 데이터
endmodule
```

[그림 6-39]처럼 핀 할당 후 FPGA Programming을 진행해보자.

> ① Quartus Prime의 Pin Planner에서 핀 할당 진행 후 다시 컴파일 실행
> ② Programmer에서 USB-Blaster를 사용하여 합성된 uart_echo.sof 파일을 다운로드

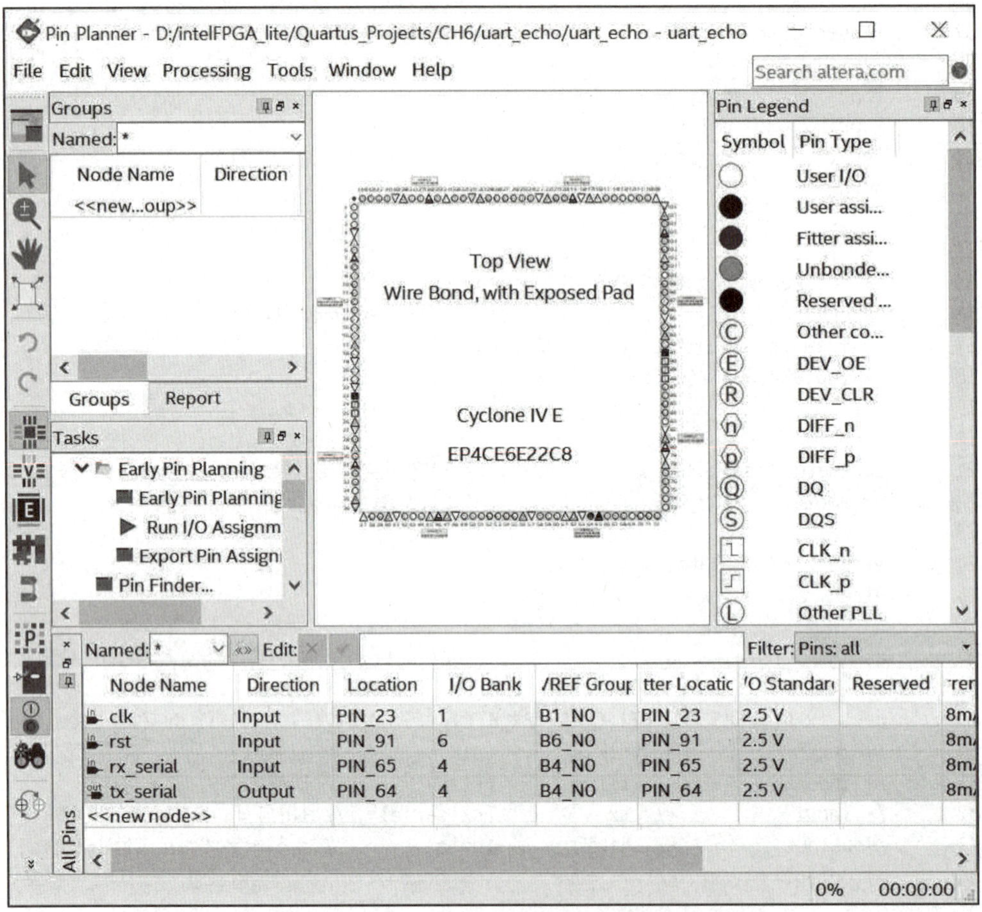

그림 6-39. UART Echo 시스템의 핀 연결 정보

UART 송신기 동작 확인과 동일 통신환경을 설정 후 CoolTerm의 사용자 메뉴에서 'Connect'를 클릭하여 UART 통신 포트를 연결하고 UART Echo 시스템 동작을 확인해 보자

키보드를 통해 보내고자 하는 문자(특수문자 포함) 또는 숫자 키를 입력하면 입력과 동시에 CoolTerm 화면에 입력한 키 값이 나타난다. [그림 6-40]은 키보드를 통해 숫자 및 문자를 차례로 입력했을 때의 결과 화면이다.

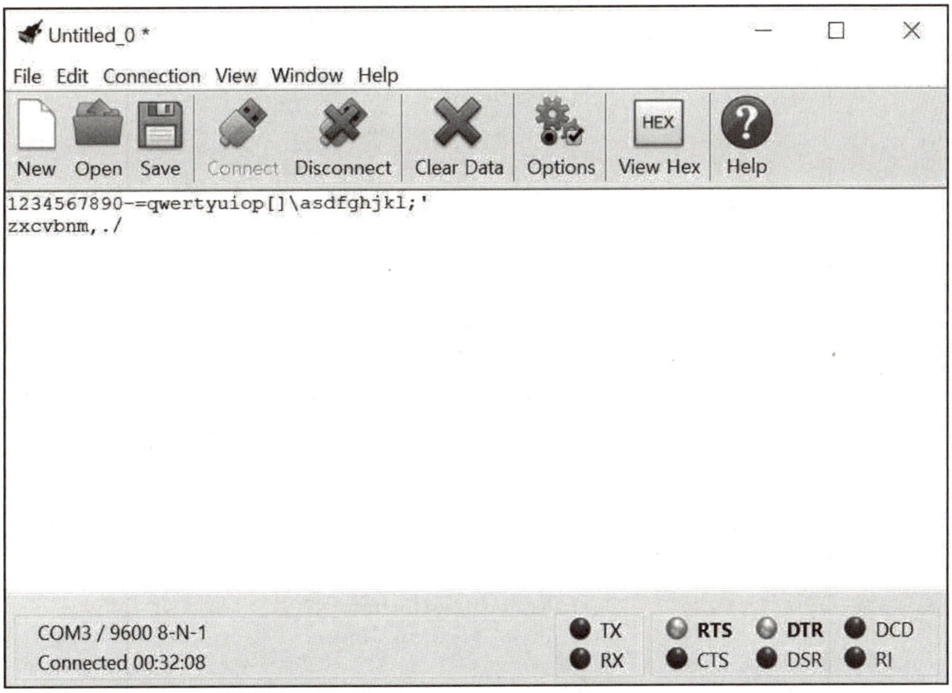

그림 6-40. 키보드 입력에 대한 UART Echo 시스템의 데이터 송수신 결과

PC를 사용하여 FPGA 학습키트에 설계된 카운터의 초기값을 설정할 때와 같이 UART를 사용하여 여러 개의 문자(데이터)를 연속적으로 보내거나 받을 필요가 있다. CoolTerm의 'Options'을 클릭하여 [그림 6-41]과 같이 Line Mode를 설정하고 UART Echo 시스템에 여러 개의 문자를 보내고 되돌려 받는 동작을 확인해보자.

① Terminal 메뉴를 클릭
② 터미널 모드의 Line Mode 선택
③ Enter Key Emulation에서 Default 선택 (변경 가능)
④ ③에서 Custom 선택 시 Custom Sequence (Hex)의 내용 변경 가능
⑤ OK 클릭

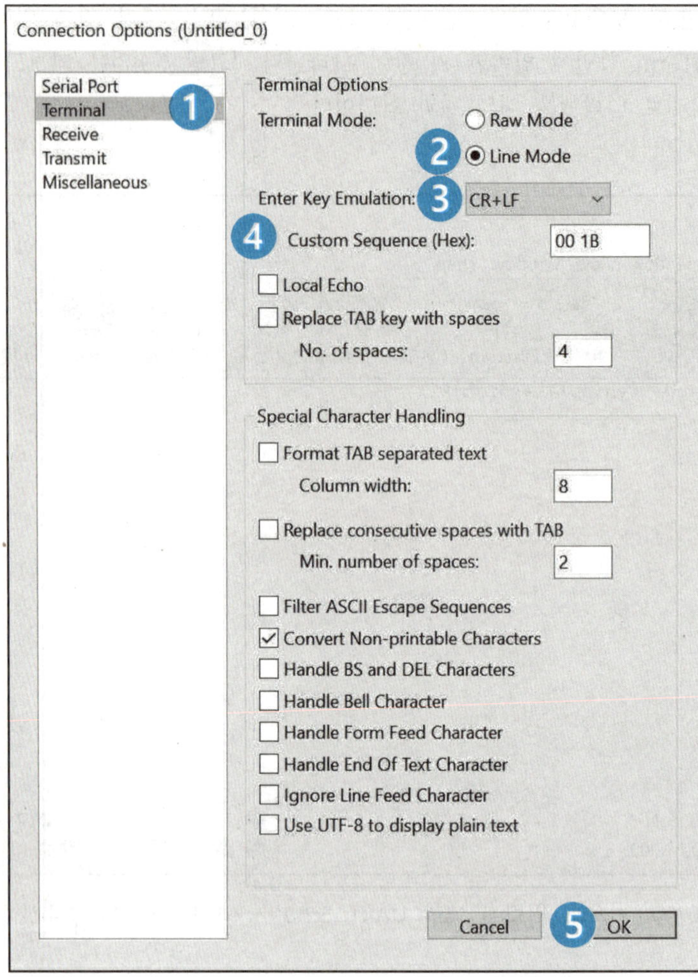

그림 6-41. CoolTerm에서 Line Mode 설정

Line Mode 설정을 마치고 나면 [그림 6-42]와 같이 CoolTerm의 화면이 변경된다. 아래 입력란에 'Welcome To Verilog World!'라고 쓰고 Enter(엔터)를 누르면 PC로 부터 전송된 연속된 데이터들은 학습키트에 설계된 UART Echo system에서 수신받은 후 PC 쪽으로 재전송한다. [그림 6-43]은 PC에서 보냈던 데이터들이 UART Echo 시스템에 의해 PC에 되돌아온 결과이다.

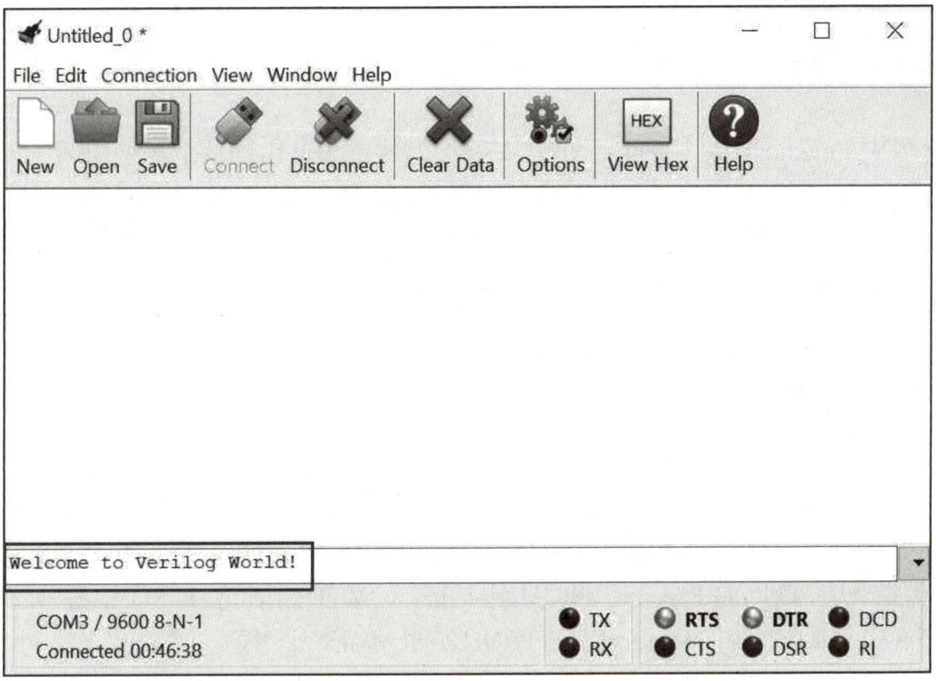

그림 6-42. CoolTerm의 Line Mode에서 연속 데이터 입력

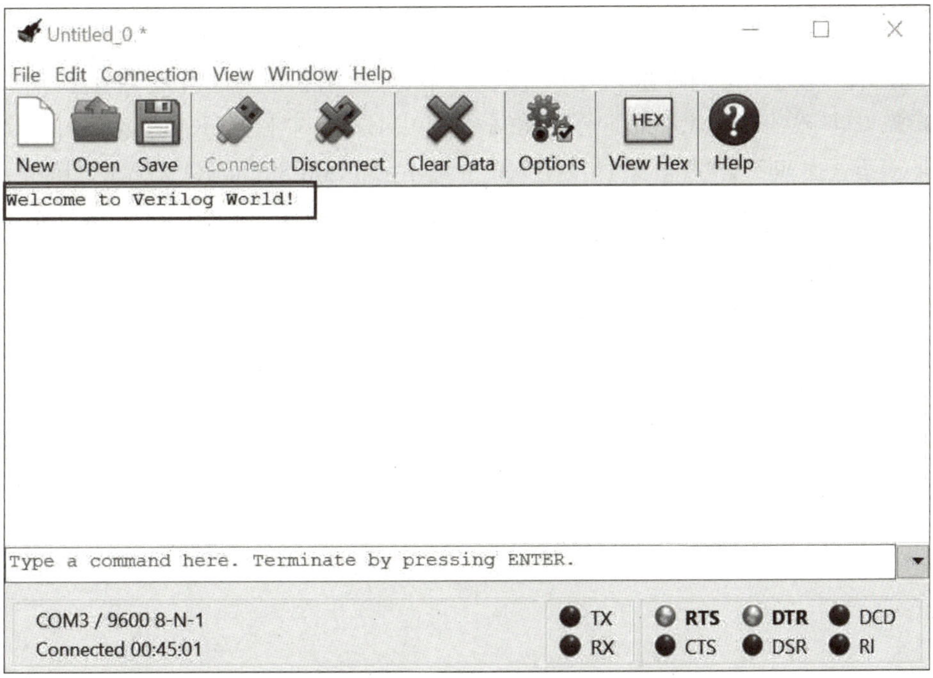

그림 6-43. 연속된 데이터를 FPGA에 전송 후 PC로 되돌려 받은 결과

6-4 SRAM 설계

메모리(memory)는 컴퓨터나 임베디드 시스템에서 기억된 정보를 읽어 내거나 새로운 정보를 기억시킬 수 있는 데이터 저장장치로서 크게 ROM(Read Only Memory)과 RAM(Random Access Memory)으로 나뉜다.

6-4-1 메모리의 종류와 특징

ROM은 전원이 끊어져도 저장된 정보가 없어지지 않는 비휘발성 메모리로 컴퓨터 메인보드에 있는 BIOS ROM이 대표적이다. 쓰고 지울 수 있는 방식에 따라 사용자가 한번 정보를 기록할 수 있는 OTP(One Time PROM), 반복해서 여러 번 정보를 기록할 수 있는 EPROM(Erasable PROM)이나 EEPROM(Electrically EPROM) 등이 있다. 플래시 메모리(Flash Memory)는 EEPROM의 한 종류로서 빠른 기록과 삭제가 가능하며, NOR와 NAND형 메모리로 분류된다. NOR형은 저장된 데이터를 유지하는 데 있어 신뢰성은 좋지만, 고속 동작에 불리하다. 반면 NAND형은 집적화 및 고속 동작이 가능한 장점으로 대용량 데이터의 저장이 요구되는 휴대용 기기나 스마트 폰 등에 많이 사용되고 있다.

RAM은 전원이 끊어지면 기록된 정보가 사라지는 휘발성 메모리로 데이터 유지 구조에 따라 커패시터(capacitor)를 이용해서 데이터를 유지하는 DRAM(Dynamic RAM)과 플립플롭 회로를 사용해서 데이터를 유지하는 SRAM(Static RAM)으로 나뉜다. 초기 컴퓨터 저장장치에 널리 사용된 DRAM은 저 비용으로 데이터 저장 공간을 크게 만들 수 있지만, 속도가 느린 단점이 있다. SDRAM(Synchronous DRAM)은 시스템의 클록 속도와 데이터 입출력을 동기화(Synchronous)함으로 대용량 데이터의 처리 속도를 개선한 DRAM의 한 종류이다. 최근 컴퓨터의 외부 저장장치로 널리 사용되는 DDR SDRAM (Double Data Rate SDRAM)은 SDRAM보다 데이터를 2배(Double) 빨리 처리할 수 있다. 이러한 DRAM은 커패시터에 저장된 데이터를 유지하기 위해 주기적으로 재충전(refresh)이 필요하다.

SRAM은 DRAM보다 저장 용량이 적고 가격이 비싸지만, 데이터 유지를 위한 재충전이 필요하지 않고 고속 동작이 가능하므로 CPU의 내부 데이터 메모리로 사용된다. CPU의 처리 속도와 비교하면 주기억 장치(ROM, Flash Memory, DDR SDRAM)의 읽고 쓰는 속도는 대단히 느리다. 따라서 주기억 장치로부터 처리에 필요한 명령어나 데이터를 실행할 때마다 읽어내는 방법으로는 명령을 빨리 처리할 수 없다. 따라서 주기억 장치의 내용 일부를 캐시 메모리(cache memory)에 복사해 놓고 이를 참조함으로써 고속 처리를 할 수 있다. 캐시 메모리상에 존재하는 모든 메모리 블록의 주소(address)는 주소 배열(address array)과 맵핑되어 있으며, 읽거나 쓰기가 필요한 데이터의 주소와 이 주소 배열을 비교하여 일치하는 주소에 대응하는 데이터를 엑세스(access) 한다. 일반적으로 시스템 변수, 특히 빈번하게 읽고 쓰기가 필요한 스택(stack)은 고속 처리가 요구되므로 캐시 메모리인 SRAM을 이용한다. 초기 시스템 CPU에서는 캐시 메모리 용량이 8 KB 정도였으나 요즈음은 64 KB ~ 512 KB 정도까지 사용된다. 64 KB 캐시 메모리는 약 8,000개의 데이터를 저장할 수 있다.

표 6-7. 메모리 특징 및 응용 분야

<table>
<tr><th>구분</th><th>메모리 종류</th><th>동작 원리</th><th>특징</th><th>응용 분야</th></tr>
<tr><td rowspan="5">ROM</td><td>Mask ROM</td><td>Hard-Wired Logic</td><td>제조 시 Programming</td><td rowspan="4">System Firmware
BIOS
Cellular; Databank</td></tr>
<tr><td>PROM</td><td>Fuse-Burning Logic</td><td>One Time Programmable</td></tr>
<tr><td>EPROM</td><td>Floating Gate Tr.</td><td>Electrical Programmable
Ultraviolet Erasable</td></tr>
<tr><td>EEPROM</td><td>Floating Gate Tr.</td><td>Electrical Programmable
Ultraviolet Erasable</td></tr>
<tr><td>FLASH</td><td>Floating Gate Tr.</td><td>Electrical Programmable
Ultraviolet Erasable</td><td rowspan="3">Cache memory
Cellular; Databank
Program Main Memory
Buffer Memory</td></tr>
<tr><td rowspan="2">RAM</td><td>DRAM</td><td>Charged Capacitor</td><td>High Density, Refresh</td></tr>
<tr><td>SRAM</td><td>Flip-Flop Logic</td><td>Fast Access</td></tr>
</table>

6-4-2 SRAM의 설계

Verilog HDL을 사용하여 SRAM의 응용 분야인 CPU의 내부 데이터 메모리(cache memory, buffer memory 등)로 사용되는 [그림 6-44]의 16개의 4비트 레지스터를 갖는 16×4 SRAM을 설계해 보자.

① 2장의 내용을 참고하여 프로젝트 생성
- 프로젝트 디렉토리 이름 : ../Quartus_Projects/CH6/sram
- 프로젝트 이름 : sram
- 타겟 디바이스 설정

② [모듈 6-18]을 작성하여 아래 이름으로 저장
- [모듈 6-18]의 파일 이름 : sram.v

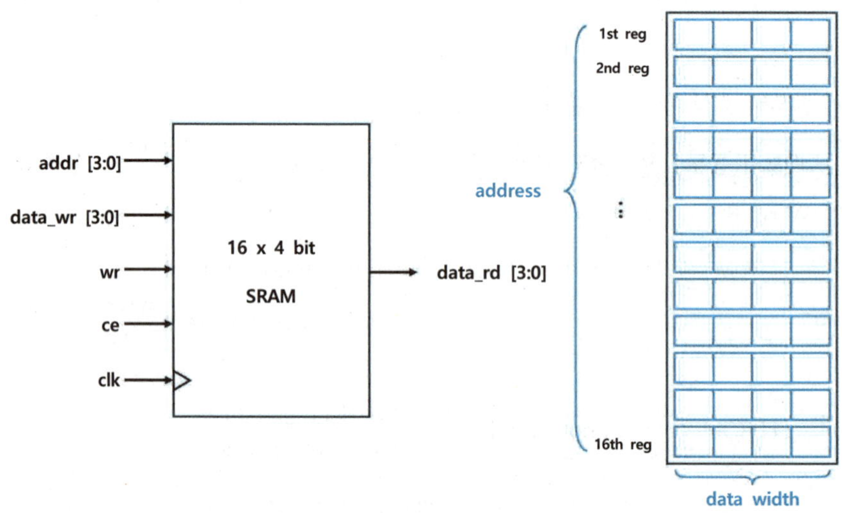

그림 6-44. 4비트 16레지스터를 갖는 16 × 4 bit SRAM

모듈 6-18

```
/* 16x4 bit SRAM with 4bit 16 registers  */

module sram #(parameter BITS_ADDR = 4, NUM_REG = 16, DATA_WIDTH = 4) (
   clk,                        // OSC clock
   ce,                         // chip enable
   wr,                         // write enable
   addr,                       // length of address
   data_wr,                    // 메모리에 저장할 data(외부 입력)
   data_rd);                   // 메모리에서 읽은 data(외부 출력)

   input                        clk;
   input                        ce;
   input                        wr;
   input   [BITS_ADDR-1:0]  addr;
   input   [DATA_WIDTH-1:0] data_wr;
   output  [DATA_WIDTH-1:0] data_rd;

   reg     [DATA_WIDTH-1:0] mem[0:NUM_REG-1];
   reg     [DATA_WIDTH-1:0] data;

   always @(posedge clk) begin
      if(ce & wr)
         mem[addr]  <= data_wr;
      else if (ce)
         data       <= mem[addr];
      else
         data       <= data;
   end

   assign   data_rd = data;

endmodule
```

6-4-3 SRAM의 시뮬레이션

설계한 [모듈 6-18]의 SRAM을 컴파일하여 작성 시 오류(오타 또는 문법적 오류)가 있는지 확인해보자. 오류 없이 컴파일이 완료되었다면 시뮬레이션을 통해 설계한 회로의 기능 검증을 해보자.

Quartus Prime의 인터페이스 메뉴에서 「Tools」 → 「Run Simulation Tool」 → 「RTL Simulation」을 선택하여 ModelSim-Altera를 실행하고 아래의 요약 과정을 순서대로 진행하자.

① 「File」 → 「New」 → 「Source」 → 「Verilog」를 선택 후 다음의 테스트벤치 코드를 작성하고 파일이름을 「tb_sram.v」로 저장

② Compile」 → 「Compile...」를 클릭 후 테스트벤치 코드(tb_sram.v)를 선택하고 「Compile」 클릭

- 컴파일 시 오류가 있으면 수정 후 반드시 파일을 저장하고 재 컴파일 실행

③ 「Simulate」 → 「Start Simulation...」 또는 를 선택하고 work 왼쪽의 ⊞를 누르고 작성한 테스트벤치 코드(tb_sram.v)를 선택 후 「OK」 클릭

④ Object 창의 입출력 포트 신호들을 선택 후 Wave 창에 드래그 또는 오른쪽 마우스 클릭하여 「Add Wave」를 선택하여 Wave 창에 추가

- Wave 창이 보이지 않으면 인터페이스 메뉴의 「View」 → 「Wave」 선택

⑤ 「Simulate」 → 「Run」 → 「Run-All」 또는 를 클릭하여 시뮬레이션 실행

테스트벤치 6-18

```
/* Testbench for 16x4 sram */

`timescale 1ns/10ps

module tb_sram;
   parameter   STEP          = 20;   // osc clock의 1주기 20ns
   parameter   BITS_ADDR     = 4;    // SRAM의 어드레스 길이(4비트)
   parameter   NUM_REG       = 16;   // SRAM의 레지스터 수(16개)
   parameter   DATA_WIDTH    = 4;    // SRAM에 저장할 data width
   integer     i;

   reg         clk;        // osc clock(50MHz)
   reg         ce;         // chip enable
```

```
    reg         wr;         // write enable
    reg   [3:0] addr;       // address
    reg   [3:0] data_wr;    // SRAM에 저장할 데이터
    wire  [3:0] data_rd;    // SRAM에서 읽어들일 데이터

    sram #(.BITS_ADDR(BITS_ADDR), .NUM_REG(NUM_REG), .DATA_WIDTH(DATA_WIDTH)) U0 (
    /* input              */  .clk          (clk),
    /* input              */  .ce           (ce),
    /* input              */  .wr           (wr),
    /* input        [3:0] */  .addr         (addr),
    /* input        [3:0] */  .data_wr      (data_wr),
    /* output       [3:0] */  .data_rd      (data_rd));

    initial begin
      clk = 0;
      ce = 0; wr = 0; #(STEP*2);

      // Write data
      ce = 1; wr = 1; addr = 4'h0; data_wr = 4'h0; #STEP;
      for (i = 0; i < 15; i = i + 1) begin
        addr = addr + 1; data_wr = data_wr + 1; #STEP;
        end
      ce = 0; #(STEP*2);

      // Read data
      ce = 1; wr = 0; #STEP;
      for (i = 0; i < 15; i = i + 1) begin
        addr = addr - 1; #STEP;
        end

      $stop;
    end

    always
      #(STEP/2)  clk = ~clk;   // 50 MHz 클록 생성

  endmodule
```

- [테스트벤치 6-18]은 0부터 15까지 1씩 증가하는 16개의 4비트 데이터를 sram에 저장하고, 저장된 데이터를 15부터 0까지 역순으로 읽어 들이는 테스트벤치 코드이다.

시뮬레이션 결과

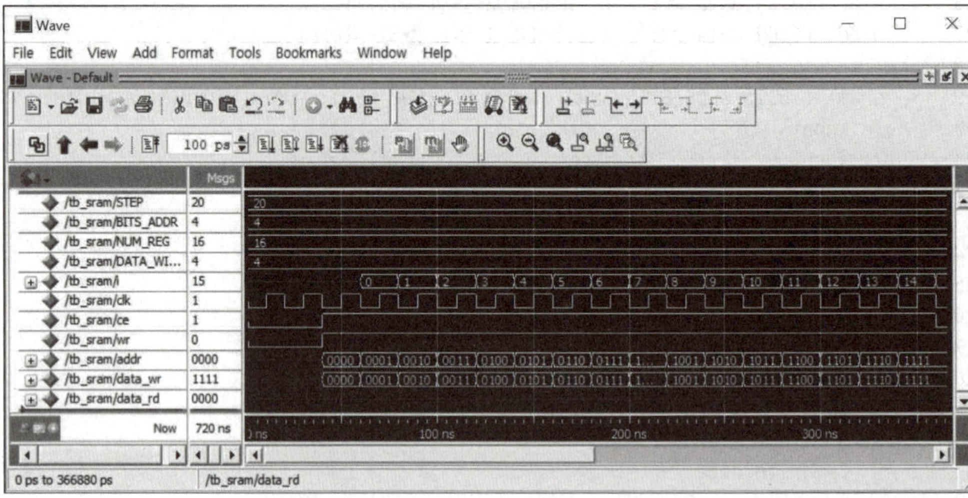

그림 6-45. 0부터 15까지 차례로 SRAM에 데이터 저장(Write data)한 결과

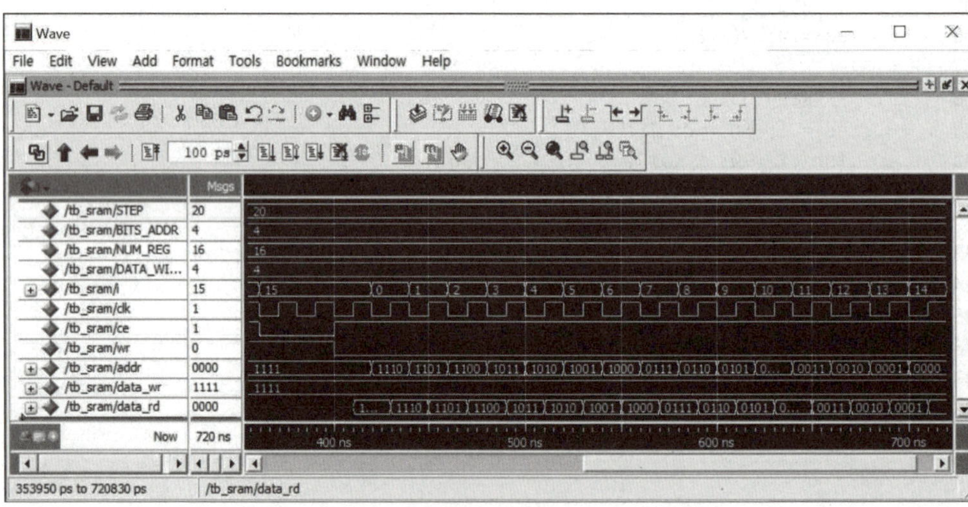

그림 6-46. 15부터 0까지 역순으로 SRAM에서 데이터를 읽어(Read data) 들인 결과

6-4-4 학습키트를 활용한 SRAM의 동작 확인

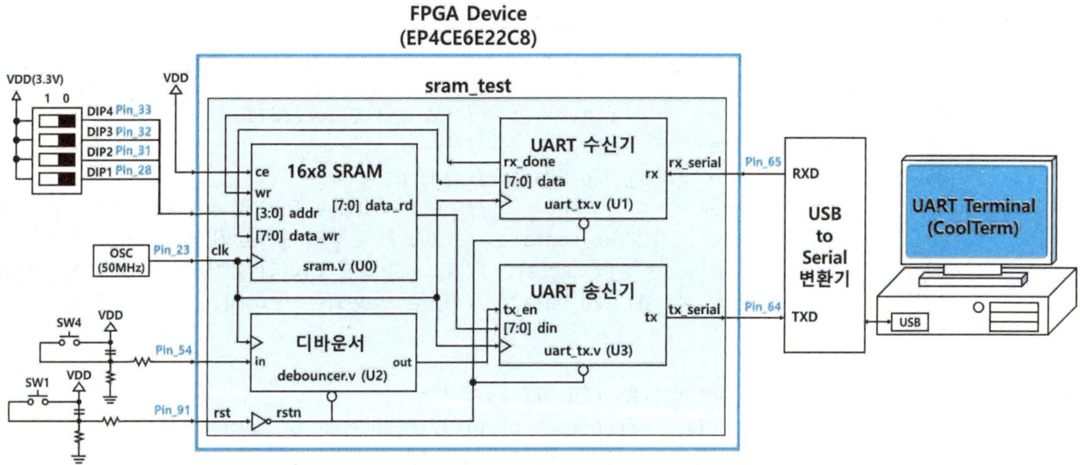

그림 6-47. SRAM의 동작 확인을 위한 학습키트의 핀 연결 정보

[그림 6-47]은 PC로부터 UART 수신기를 통해 수신받은 데이터(8비트 문자 1개)를 4개의 DIP 스위치로 입력받은 4비트 주소에 해당하는 메모리 영역에 저장하고, SW4를 누를 때마다 SRAM 내 저장된 데이터(DIP 스위치로 지정된 주소)를 UART 송신기를 통해 PC로 전송하는 시스템이다.

다음의 과정을 따라 SRAM의 동작을 테스트 해보자.

이번에 설계하는 SRAM 테스트 모듈은 기존 코딩 스타일과 다른 방법으로 작성했으니 작성 방법을 참고하기 바란다.

① 2장의 내용을 참고하여 프로젝트 생성
- 프로젝트 디렉토리 이름 : ../Quartus_Projects/CH6/sram_test
- 프로젝트 이름 : sram_test
- 타겟 디바이스 설정

② 프로젝트 생성 후 위에서 설계한 sram.v와 1절에서 설계한 debouncer_clk.v, clk_div, d_ff.v 그리고 3절에서 설계한 uart_tx.v, uart_rx.v를 복사해서 새로 생성한 프로젝트 폴더에 추가

③ 텍스트 에디터를 사용하여 [모듈 6-19]를 작성하고 아래 이름으로 저장
- [모듈 6-19]의 파일 이름 : sram_test.v

모듈 6-19

```
/* Top Module for 16x8 bit SRAM testing  */

module sram_test (
   input   wire        clk,        // Tx/Rx : clock(50 MHz)
   input   wire        rst,        // Tx/Rx : reset
   input   wire  [3:0] dip_addr,   // address
   input   wire        sw_in,      // Switch input for Tx enable signal generation
   input   wire        rx_serial,  // RX : PC로부터 1비트씩 수신 받는 신호
   output  wire        tx_serial,  // Tx : 전송할 데이터를 1비트씩 출력하는 직렬 신호
   output  wire  [7:0] led_data);  // Tx로 전송되는 데이터의 확인(LED)용 출력

   /*
    * Set Parameter CLKS_PER_BIT as follows:
    * CLKS_PER_BIT = (Frequency of clk)/(Frequency of UART)
    * Example: 50 MHz Clock, 9600 baud UART
    * (50,000,000)/(9,600) = 5208.333 = 5208
    */

   parameter     CLKS_PER_BIT   = 5208; // 보레이트(9600)를 위한 비트당 osc 클록 수
   parameter     STOP_BIT       = 1;    // Stip Bit 설정(1 or 2)
   parameter     BITS_ADDR      = 4;    // SRAM의 어드레스 길이(4비트)
   parameter     NUM_REG        = 16;   // SRAM의 레지스터 수(16개)
   parameter     DATA_WIDTH     = 8;    // SRAM에 저장할 data width

   wire    [7:0] rx_data;
   wire    [7:0] tx_data;
   wire          rx_done;
   wire          wr;

   assign  rstn       = ~rst;       // rst(SW0)이 입력되었을 때 0이 입력되도록 함
   assign  led_data   = ~tx_data;   // LED Pull-Up 출력(1이 출력될 때 LED ON)

   sram #(.BITS_ADDR(BITS_ADDR), .NUM_REG(NUM_REG), .DATA_WIDTH(DATA_WIDTH)) U0 (
   /* input          */  .clk      (clk),         // 클록
   /* input          */  .ce       (1'b1),        // chip enable
   /* input          */  .wr       (rx_done),     // tx enable signal
   /* input    [3:0] */  .addr     (dip_addr),    // 수신받은 데이터를 저장할 주소
   /* input    [7:0] */  .data_wr  (rx_data),     // 수신받은 데이터
   /* output         */  .data_rd  (tx_data));    // 1비트씩 전송할 데이터

   uart_rx #(.CLKS_PER_BIT(CLKS_PER_BIT), .STOP_BIT(STOP_BIT)) URX ( // Receiver
   /* input          */ .clk       (clk),         // 클록
   /* input          */ .rst       (rstn),        // 리셋
   /* input          */ .rx        (rx_serial),   // PC로부터 1비트씩 수신받은 데이터
   /* output   [7:0] */ .data      (rx_data),     // 수신받은 8비트 데이터 출력
```

```
    /* output          */ .rx_done  (rx_done));   // 수신 완료를 나타내는 신호

    debouncer_clk      U2 (
    /* input           */ .clk      (clk),        // 클록
    /* input           */ .rst      (rstn),       // 리셋
    /* input           */ .in       (sw_in),      // Switch input for Tx enable
    /* output          */ .out      (tx_en));     // clk 주기의 펄스 폭 디바운스 출력

    uart_tx #(.CLKS_PER_BIT(CLKS_PER_BIT), .STOP_BIT(STOP_BIT)) UTX ( // Transmitter
    /* input           */ .clk      (clk),        // 클록
    /* input           */ .rst      (rstn),       // 리셋
    /* input           */ .tx_en    (tx_en),      // tx enable signal by sw4
    /* input     [7:0] */ .din      (tx_data),    // 수신받아 재전송할 8비트 데이터
    /* output          */ .tx       (tx_serial)); // 1비트씩 전송할 데이터

  endmodule
```

[그림 6-48]에 보인 SRAM 테스트 회로의 핀 연결 정보를 참고하여 핀 할당 후 FPGA Programming을 진행해보자.

① Quartus Prime의 Pin Planner에서 핀 할당 진행 후 다시 컴파일 실행
② Programmer에서 USB-Blaster를 사용하여 합성된 sram_test.sof 파일을 다운로드

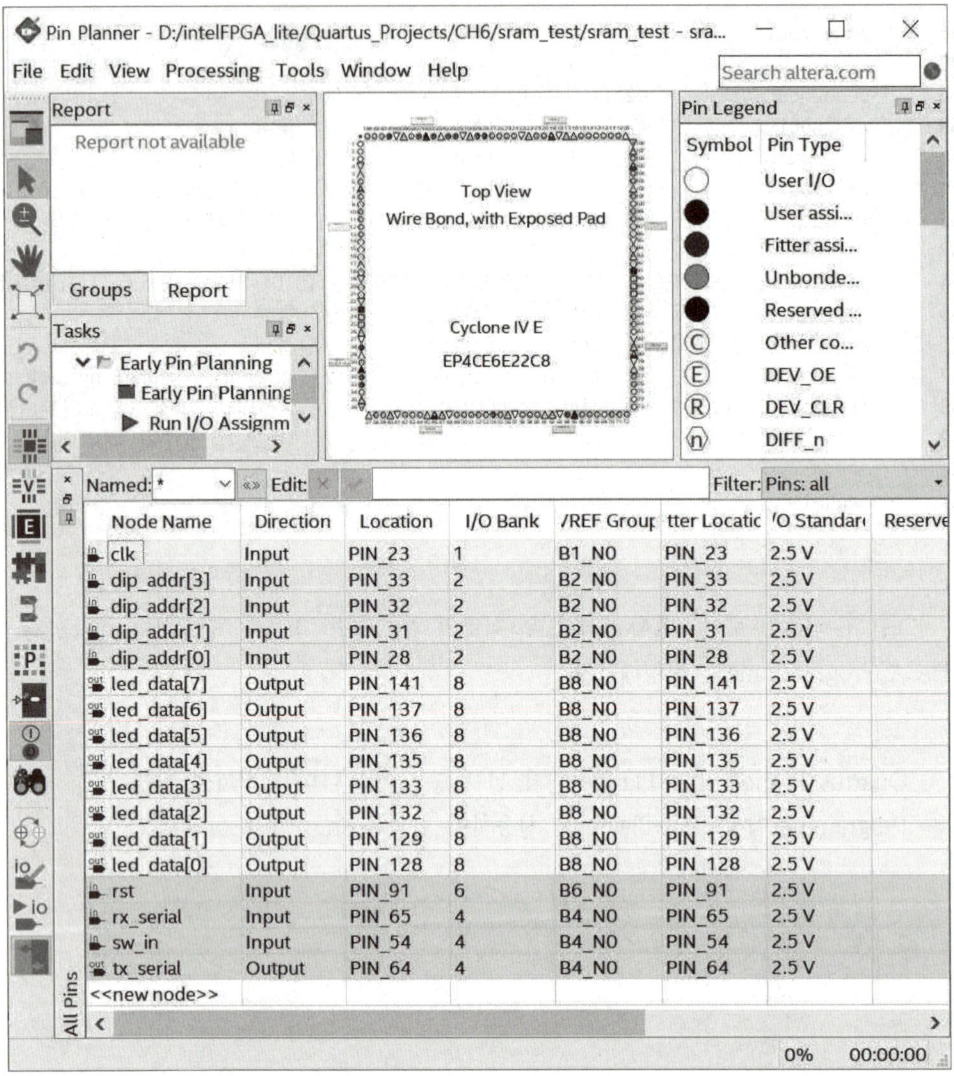

그림 6-48. SRAM 테스트 회로의 핀 연결 정보

핀 할당과 FPGA Programming까지 완료하였다면 설계한 SRAM 테스트 회로의 동작 상태를 확인해보자.

먼저 CoolTerm을 실행시키고 Options 메뉴를 클릭한 후 [그림 6-49]와 같이 파라미터 설정을 진행하고 통신 포트를 연결하자.

① Serial Port 메뉴를 클릭
② Baudrate, Data Bits, Parity, Stop Bits를 9600 8-N-1로 설정
③ Terminal 메뉴를 클릭
④ Terminal Mode의 Line Mode 선택
⑤ Enter Key Emulation에서 Custom 선택
⑥ Custom Sequence (Hex)의 내용 삭제
⑦ OK 클릭

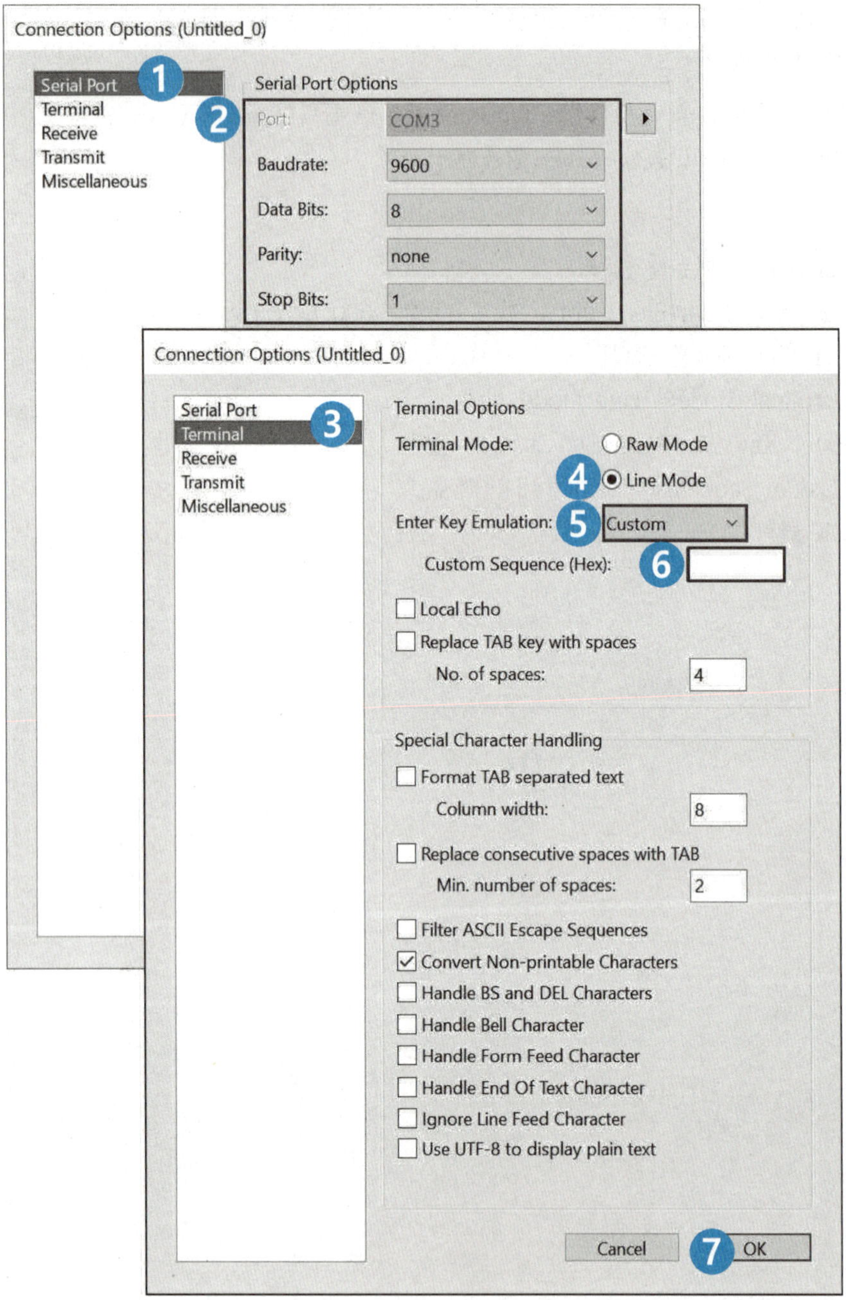

그림 6-49. SRAM 테스트를 위한 CoolTerm 옵션 설정

다음으로 FPGA 학습키트의 DIP 스위치를 사용하여 PC(CoolTerm)로부터 수신받은 데이터를 저장할 메모리 주소를 설정하자. CoolTerm의 입력란에 하나의 숫자 또는 문자를 입력하고 엔터키를 누르면 입력한 데이터는 FPGA 학습키트로 전송되어 DIP 스위치로 설정한 주소에 해당하는 레지스터에 저장된다. 푸시 스위치(SW4)를 누르면 현재 DIP 스위치에 의해 지정된 메모리 주소의 저장 데이터는 PC(CoolTerm)로 전송되어 화면에 표시된다.

DIP 스위치를 변경해가며 여러 개의 데이터를 FPGA 학습키트에 전송하여 저장하고, 저장된 데이터를 읽어 들여 다시 PC로 전송한 결과를 확인해보자.

[그림 6-50]은 주소 0000(4'h0)부터 0100(4'h4)까지 변경해가며 5개(1, 2, 3, a, $)의 서로 다른 숫자와 문자를 FPGA에 설계한 메모리에 저장한 후, 주소를 0100(4'h4)부터 0000(4'h0)까지 역순으로 변경해가며 PC로 전송한 결과이다.

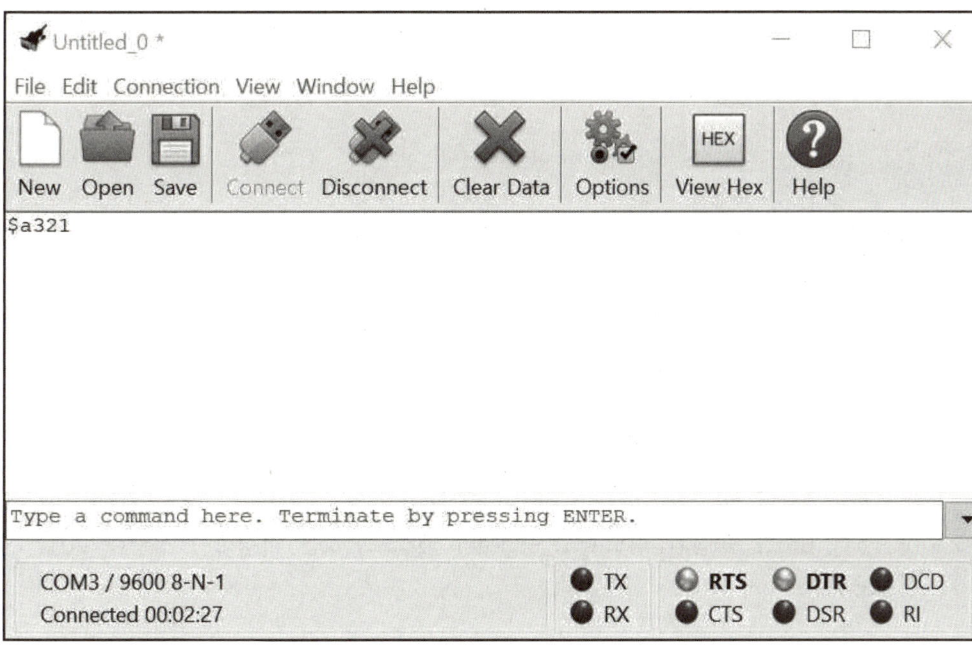

그림 6-50. SRAM에 서로 다른 데이터를 연속 저장 후 읽어 들인 결과

6-5 연습문제

Ex. 6.1 6-1-2에서 설계한 디바운스(debouncer) 회로의 테스트벤치를 작성하여 시뮬레이션을 수행해보자.

Ex. 6.2 6-2-4에서 설계한 LCD 구동 회로를 자신의 학번과 영문 이름을 출력하도록 수정 설계하고 시뮬레이션을 수행해보자.

Ex. 6.3 6-3-4의 BCD카운터를 이용한 UART 송신기 회로(uart_cnt)의 테스트벤치를 작성하여 시뮬레이션을 수행해보자.

Ex. 6.4 6-3-5의 UART 수신기 회로(uart_echo)의 테스트벤치를 작성하여 시뮬레이션을 수행해보자.

Ex. 6.5 (심화문제) 5장 5절에서 설계한 4자리 BCD 카운터에 6장 1절의 디바운스 회로를 적용하여 4자리 BCD 카운터의 초기값을 설정할 수 있는 기능을 추가해 보자(단, 아래의 설계지침을 반영할 것).

- 5개의 푸시 스위치 만을 사용하여 설계
- 다음 4가지 상태의 FSM을 적용한 설계
  - 대기모드(READY), 편집모드(EDIT), 동작모드(WORK), 정지모드(PAUSE)
- 5개의 푸시 스위치의 기능
  - SW1 : 대기모드에서 동작모드로 진입, 동작모드에서 정지모드로 진입, 편집모드에서 자릿수 증가(왼쪽 shift)
  - SW2 : 대기/정지모드에서 편집모드로 진입(2초 이상 입력) 및 편집모드에서 대기모드로 진입(2초 이상 입력), 편집모드에서 초기값 입력(증가)
  - SW3 : 편집모드에서 초기값 설정(초기값 증가)
  - SW4 : 편집모드에서 자릿수 감소(오른쪽 shift)
  - SW5 : 시스템 Reset(Reset 후 대기모드)
- 편집모드에서 초기값 설정 시 설정하고자 하는 7세그먼트 자리수를 dot(dp)로 구별
- 키 입력 오류 방지를 위해 디바운스 회로 적용

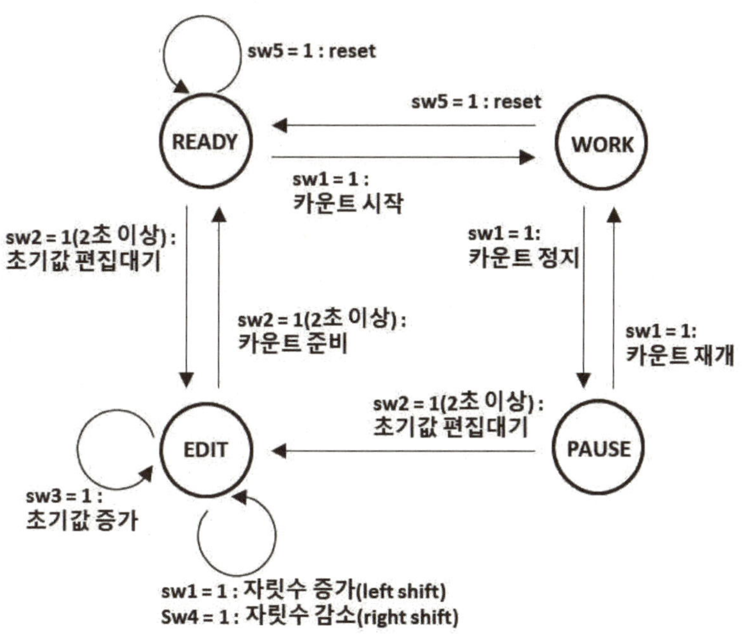

그림 6-51. 4자리 카운터를 위한 FSM의 상태도

Ex. 6.6 (심화문제) PC로부터 UART를 사용하여 전송된 데이터를 수신 받아 LCD에 표시하는 회로를 설계해보자.

APPENDIX

부록

1. Verilog Design Tips
2. ASCII 코드표
3. 학습키트

부록 1 Verilog Design Tips

1. Verilog HDL 코드

- HDL 코드는 문법적으로 C언어와 비슷하지만 C코드가 아니다.
- CPU는 명령을 순차적으로 실행하지만, HDL을 동시에 병렬적으로 실행된다.
- 숙련된 C언어 전문가가 오히려 HDL을 학습하는데 힘들 수도 있다.
- 대부분의 컴퓨터 언어와 마찬가지로 인터넷(Google 등)을 통해 수많은 코드를 검색할 수 있으나, 이들 코드는 오히려 학습에 방해되는 'Bad Code'일 수 있다.

2. Verilog HDL 코드 작성에 대한 팁

- 코드의 크기(size)는 FPGA의 로직 사용률과 상관없다.
- C 코드와 유사하게 작성하는 것은 합성 시 자원 낭비가 클 것이다.
- 순수 동기화 로직으로 설계하고 상승에지 트리거를 사용하는 것이 좋다.
- 특정 사용자 클록의 사용은 보통 많은 양의 조합회로가 생성될 수 있으므로 피하는 것이 좋다.
- 모듈 내에서 3상태 프리미티브나 High impedance(1'bz)를 사용을 피하라.
- 두 개의 reg형 또는 net형 변수에 산술연산자(+, -, *, /, 등)를 사용할 때, 부호 있는(signed) 변수를 선언하지 않았으면 기본적으로 부호 없는(unsigned) 변수 연산을 한다.
- 비트폭을 지정하지 않은 수(예. a <= 3)를 사용할 경우 32비트로 처리되므로 피트폭을 지정(예. a = 2'b11) 하라.
- 수를 정의할 때 명확히 하기 위해 아래 밑줄(_)을 사용(예. 8'b0100_0011)하라.
- 하나의 always문에서 블록킹 할당문(=)과 논블록킹 할당문(<=)을 혼용하지 말고, 논블록킹 할당문만을 사용하라.
- 연속할당문(assign문)의 할당(=)의 왼쪽은 항상 net이어야 한다.
- if문의 조건식에서 논리 연산자와 비트단위(bitwise) 논리연산자를 혼용하지 마라.
- 조합회로로 설계된 always 블록문(always @(sensitivity_list) begin ~ end)에서 sensitivity_list는 완전(always 블록문의 출력신호를 제외한 모든 신호들을 포함)해야 한다.

// BAD Code
always @(x or y)
   if (a == b)
      z <= c;
   else
      z <= d;
	▶▶▶	// Good Code1
		always @(a or b or x or y)
		   if (a == b)
		      z <= c;
		   else
		      z <= d;
			// Good Code2
			always @(*)
			   if (a == b)
			      z <= c;
			   else
			      z <= d;

- ▶ 조합회로로 설계된 always 블록문에서 case문을 사용할 경우, 래치(latch) 생성을 피하기 위해 반드시 default 항을 기술해야 한다.
- ▶ 조합회로에서 네스티드 if문의 else가 생략되거나 출력신호의 값이 일부 지정되지 않을 때 래치가 생성되므로 주의해야 한다.

```
// BAD Code
/*
y 신호 입장에서 sel이 2'b01 이거나
2'b10일 때 값이 지정되지 않았고, z 신
호 입장에서 sel이 2'b00일 때 값이 지정
되지 않아 래치가 생성된다.
*/
always @(sel or mode)
   if (sel == 2'b00) begin
      if (mode)
         y <= 1'b1;
      else
         y <= 1'b0;
   end
   else if (sel == 2'b01)
      z <= 1'b1;
   else if (sel == 2'b10)
      if (mode)
         z <= 1'b1;
      else
         z <= 1'b0;
   else begin
      y <= 1'b0;
      z <= 1'b0;
   end
```

▶▶▶

```
// Good Code
/*
모든 경우의 수에 대해 신호의 출력값을
지정하기 번거로우므로 기본값을 한번 지
정하면 조건식에서 생략된 나머지 경우에
대해서는 이 기본값이 적용된다.
*/
always @(sel or mode)
   begin
      y <= 0;
      z <= 0;
   end
   if (sel == 2'b00) begin
      if (mode)
         y <= 1'b1;
      else
         y <= 1'b0;
   end
   else if (sel == 2'b01)
      z <= 1'b1;
   else if (sel == 2'b10)
      if (mode)
         z <= 1'b1;
      else
         z <= 1'b0;
   end
```

- ▶ case문과 if문이 혼용될 때에도 else 또는 default가 생략되거나 출력신호의 값이 일부 지정되지 않을 때 래치가 생성되므로 주의해야 한다.

<pre>// BAD Code
/*
else가 생략되고, y와 z 신호의 값이 일부 경우에서 값이 지정되지 않아 래치가 생성된다.
*/
always @(*)
   case(sel)
      2'b00 : begin
         if (x) y = 2'b01;
         z = 1'b0;
      end
      2'b01 : begin
         if (x) y = 2'b10;
         else   y = 2'b00;
      end
      2'b10 : begin
         if (x) y = 2'b10;
         else   y = 2'b00;
         z = 1'b1;
      end
      default : begin
         y = 2'b00;
         z = 1'b0;
      end
   endcase</pre>
	▶▶▶	<pre>// Good Code
		/*
		else를 생략하지 않고 기본값 지정하면 조건식에서 생략된 나머지 경우에 대해서는 이 기본값이 적용된다.
		*/
		always @(*) begin
		   z = 1'b0;
		   case(sel)
		      2'b00 : begin
		         if (x) y = 2'b01;
		         else y = 2'b00;
		      end
		      2'b01 : begin
		         if (x) y = 2'b10;
		         else y = 2'b00;
		      end
		      2'b10 : begin
		         if (x) y = 2'b10;
		         else y = 2'b00;
		         z = 1'b1;
		      end
		      default : y = 2'b00;
		   endcase
		end</pre>

▶ 출력신호가 플립플롭을 통해 출력될 경우 출력신호의 else를 생략할 수 있으나 실수를 줄이기 위해 else를 기술하는 것이 좋다.

<pre>// Good Code
always @(posedge clk or negedge rst)
   if (!rst)
      q <= 0;
   else if (en)
      q <= q + 1;
   else
      q <= q;</pre>
	▶▶▶	<pre>// Good Code
		always @(posedge clk or negedge rst)
		   if (!rst)
		      q <= 0;
		   else if (en)
		      q <= q + 1;
		// else
		// q <= q;</pre>

- 모듈 당 하나 이상의 클록을 사용하는 것은 피하는 것이 좋다.
- 메인 클록으로부터 분주된 클록을 다른 회로의 이벤트 클록으로 사용하는 것은 타이밍 문제를 발생할 수 있으므로 피해야 한다. 하나의 모듈 내 모든 always문의 이벤트 클록은 메인 클록을 사용하고, enable 신호를 사용하여 제어하는 것이 좋다.

```
// Bad Code
module clk_div(clk, rst, myclk)
  input         clk, rst;
  output        myclk;

  reg    [3:0] myclk;
  reg    [3:0] cnt;
  wire         tic;

  always @(posedge clk or negedge rst)
     cnt <= cnt + 1;

  assign tic = (cnt >= 4'hF) ? 1 : 0;

  always @(posedge tic)
     if (!rst)
        myclk <= 0;
     else
        myclk <= myclk + 1'h1;
endmodule
```

▶▶▶

```
// Good Code
module clk_div(clk, rst, myclk)
  input         clk, rst;
  output        myclk;

  reg    [3:0] myclk;
  reg    [3:0] cnt;
  wire         tic;

  always @(posedge clk or negedge rst)
     cnt <= cnt + 1;

  assign tic = (cnt >= 4'hF) ? 1 : 0;

  always @(posedge clk)
     if (!rst)
        myclk <= 0;
     else if (tic)
        myclk <= myclk + 1'h1;
     else  myclk <= myclk; // 생략 가능
endmodule
```

- 같은 reg형 변수를 서로 다른 always문에서 할당할 수 없다.

```
// Bad Code
always @(posedge clk or negedge rst)
   if (!rst)
      q <= 0;
   else if (!set)
      q <= 1'b1;

always @(posedge clk) begin
   if (en)
      q <= data;
   else
      q <= q + 1'b1;
end
```

▶▶▶

```
// Good Code
always @(posedge clk or negedge rst)
   if (!rst)
      q <= 0;
   else if (!set)
      q <= 1'b1;
   else if (en)
      q <= data;
   else
      q <= q + 1'b1;
end
```

▶ initial문을 이용한 초기화 또는 reg형 변수 선언 시 초기화는 합성되지 않으며 시뮬레이션에서만 동작이 가능하므로 회로의 초기화 등에 필요한 로직은 reset 신호를 이용해서 구현해야 한다. 일반적으로 대부분의 시스템은 전원 투입 후 자동으로 시스템 클리어(리셋)를 진행하고 동작한다.

Bad Code		Good Code

// Bad Code
initial begin // initial문 사용 초기화
   a <= 0;
   b <= 0;
end
 	
reg a = 0; // reg형 선언 시 초기화
reg b = 0; // reg형 선언 시 초기화
	▶▶▶	// Good Code
		always @(posedge clk or negedge rst)
		   if (!rst) begin
		      a <= 0;
		      b <= 0;
		   end
		   else
		      ...
		end

부록 2 ASCII 코드표

10진수	16진수	문자	10진수	16진수	문자	10진수	16진수	문자	10진수	16진수	문자
0	0x00	NUL	32	0x20	SP	64	0x40	@	96	0x60	`
1	0x01	SOH	33	0x21	!	65	0x41	A	97	0x61	a
2	0x02	STX	34	0x22	"	66	0x42	B	98	0x62	b
3	0x03	ETX	35	0x23	#	67	0x43	C	99	0x63	c
4	0x04	EOT	36	0x24	$	68	0x44	D	100	0x64	d
5	0x05	ENQ	37	0x25	%	69	0x45	E	101	0x65	e
6	0x06	ACK	38	0x26	&	70	0x46	F	102	0x66	f
7	0x07	BEL	39	0x27	'	71	0x47	G	103	0x67	g
8	0x08	BS	40	0x28	(	72	0x48	H	104	0x68	h
9	0x09	HT	41	0x29	)	73	0x49	I	105	0x69	i
10	0x0A	LF	42	0x2A	*	74	0x4A	J	106	0x6A	j
11	0x0B	VT	43	0x2B	+	75	0x4B	K	107	0x6B	k
12	0x0C	FF	44	0x2C	,	76	0x4C	L	108	0x6C	l
13	0x0D	CR	45	0x2D	-	77	0x4D	M	109	0x6D	m
14	0x0E	SOH	46	0x2E	.	78	0x4E	N	110	0x6E	n
15	0x0F	SI	47	0x2F	/	79	0x4F	O	111	0x6F	o
16	0x10	DLE	48	0x30	0	80	0x50	P	112	0x70	p
17	0x11	DC1	49	0x31	1	81	0x51	Q	113	0x71	q
18	0x12	DC2	50	0x32	2	82	0x52	R	114	0x72	r
19	0x13	DC3	51	0x33	3	83	0x53	S	115	0x73	s
20	0x14	DC4	52	0x34	4	84	0x54	T	116	0x74	t
21	0x15	NAK	53	0x35	5	85	0x55	U	117	0x75	u
22	0x16	SYN	54	0x36	6	86	0x56	V	118	0x76	v
23	0x17	ETB	55	0x37	7	87	0x57	W	119	0x77	w
24	0x18	CAN	56	0x38	8	88	0x58	X	120	0x78	x
25	0x19	EM	57	0x39	9	89	0x59	Y	121	0x79	y
26	0x1A	SUB	58	0x3A	:	90	0x5A	Z	122	0x7A	z
27	0x1B	ESC	59	0x3B	;	91	0x5B	[	123	0x7B	{
28	0x1C	FS	60	0x3C	<	92	0x5C	\	124	0x7C	¦
29	0x1D	GS	61	0x3D	=	93	0x5D	]	125	0x7D	}
30	0x1E	RS	62	0x3E	>	94	0x5E	^	126	0x7E	~
31	0x1F	US	63	0x3F	?	95	0x5F	_	127	0x7F	DEL

부록 3 학습키트

1. ㈜뉴티씨의 FB-CY4E-DEV (FPGA 학습키트) 소개

- ALTERA사의 FPGA(EP4CE6E22C8N)를 이용한 개발보드 입니다.
- USB 블래스터(FM-USBBLASTER) 를 이용하여 프로그램을 다운로드 가능
- LCD, FND(7-Segment), 스위치 등 입출력 장치 포함
- 8 bit ADC(ADC0809)를 내장하여 아날로그 신호 입력 가능
- MAX232C호환 칩이 내장되어 RS-232C(±12V) 또는 UART(TTL/5V레벨) 통신 가능
- 외부 전원 12V 입력, 메인보드는 5V 단일 전원, FPGA모듈은 3.3V 전원 사용
- 외부 연결 커넥터를 이용하여 ㈜뉴티씨 사의 확장 보드들을 사용 가능

FPGA 개발 키트 FB-CY4E-DEV

2. FB-CY4E-DEV (FPGA 학습키트) 구성도

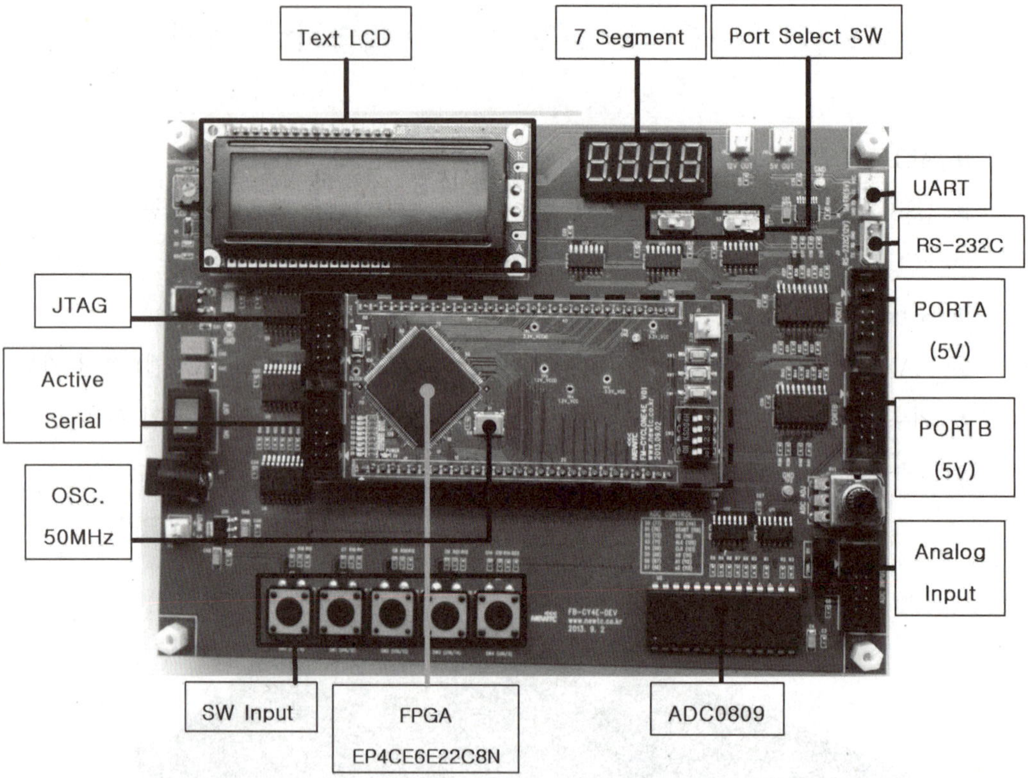

FB-CY4E-DEV 하드웨어 구성도

FPGA Cyclone4E 모듈
(FM-CYCLONE 4E)

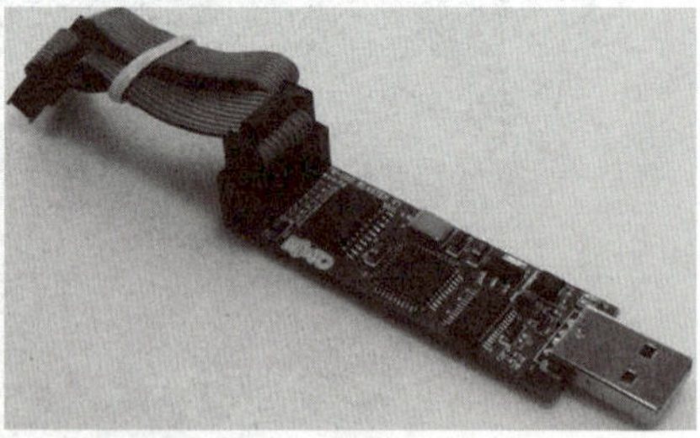

다운로드 케이블
(FM-USBBLASTER V01)

3. 학습키트 I/O 맵(Pin Map)

FPGA Pin#	Board Connection	FPGA Pin#	Board Connection
Clock		Key(Push SW)	
23	CLK	54	SW4
UART		88	SW3
64	TXD(S3 왼쪽)	89	SW2
65	RXD(S3 왼쪽)	90	SW1
PORTA6	TXD(S3 오른쪽)	91	SW0
PORTA7	RXD(S3 오른쪽)	LCD	
FND		106	E
110	SEGDP	105	R/W
53	SEGG	104	RS
52	SEGF	100	DB7
51	SEGE	60	DB6
50	SEGD	59	DB5
49	SEGC	58	DB4
46	SEGB	55	DB3
44	SEGA	85	DB2
30	FND3(COM3)	83	DB1
39	FND2(COM2)	80	DB0
42	FND1(COM1)	PORTA	
43	FND0(COM0)	65	PA7
LED		64	PA6
141	LED8	144	PA5
137	LED7	143	PA4
136	LED6	142	PA3
135	LED5	127	PA2
133	LED4	126	PA1
132	LED3	125	PA0
129	LED2	PORTB	
128	LED1	66	PB7
DIP SW		67	PB6
33	DIP4	68	PB5
32	DIP3	69	PB4
31	DIP2		PB3
28	DIP1	72	PB2
		76	PB1
		77	PB0

4. 주요 회로도

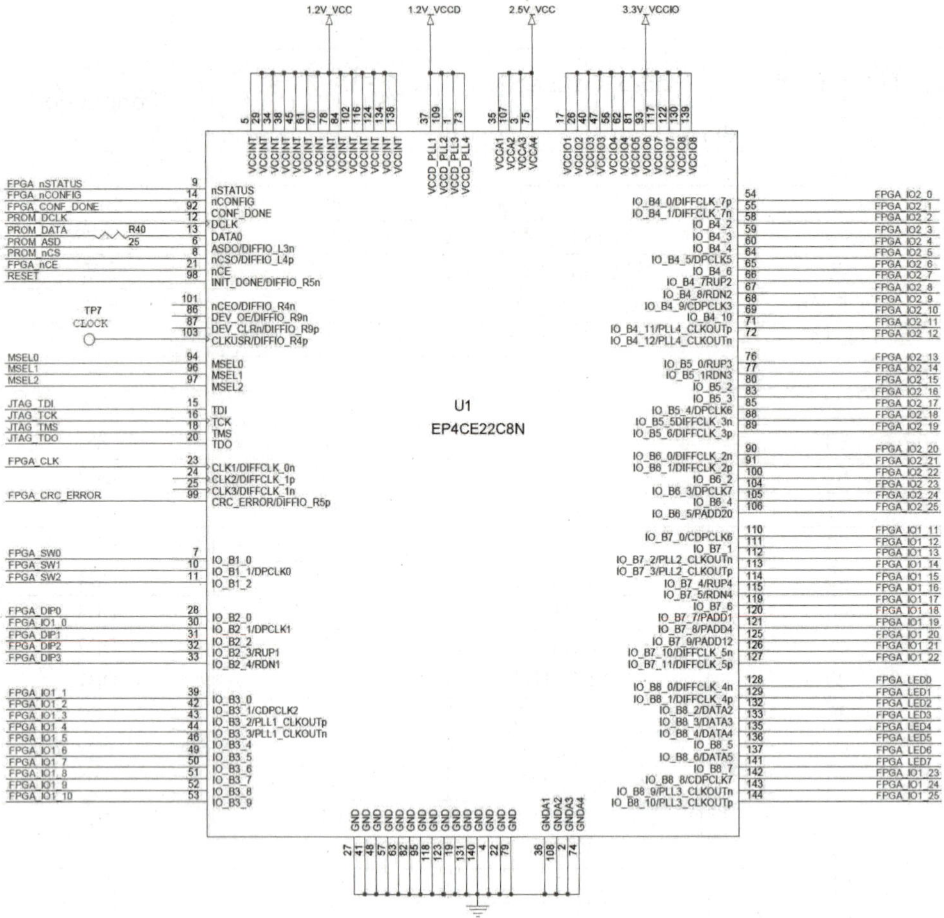

FPGA(EP4CE22C8N)

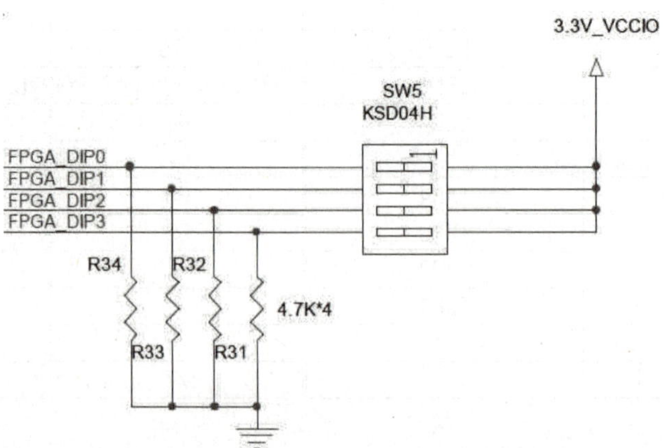

DIP SW

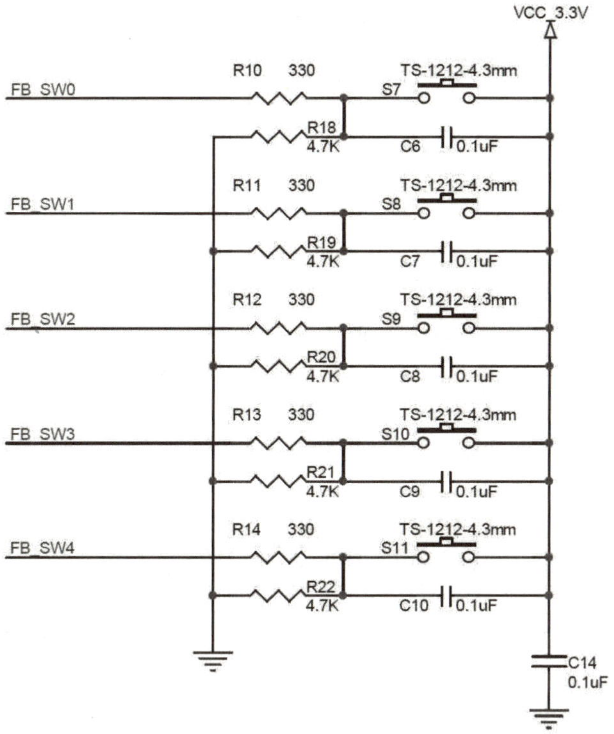
VCC_3.3V
FB_SW0
FB_SW1
FB_SW2
FB_SW3
FB_SW4
R10 330
R11 330
R12 330
R13 330
R14 330
R18 4.7K
R19 4.7K
R20 4.7K
R21 4.7K
R22 4.7K
TS-1212-4.3mm
S7
S8
S9
S10
S11
C6 0.1uF
C7 0.1uF
C8 0.1uF
C9 0.1uF
C10 0.1uF
C14 0.1uF

Push SW

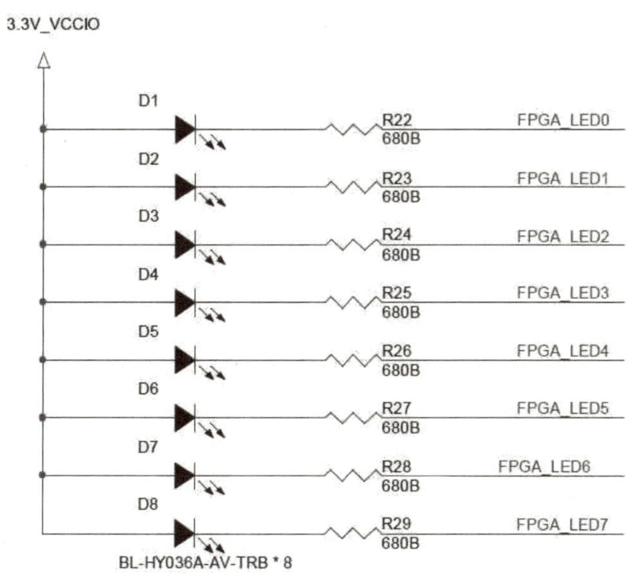
3.3V_VCCIO
D1
D2
D3
D4
D5
D6
D7
D8
R22 680B
R23 680B
R24 680B
R25 680B
R26 680B
R27 680B
R28 680B
R29 680B
FPGA_LED0
FPGA_LED1
FPGA_LED2
FPGA_LED3
FPGA_LED4
FPGA_LED5
FPGA_LED6
FPGA_LED7
BL-HY036A-AV-TRB * 8

LED

찾아보기

(G)

(H)

(I)

(J)

(L)

(M)

(ㅌ)

(ㅍ)

(ㅎ)

따라하면서 배우는 디지털시스템 설계 및 응용

with Verilog HDL

2020년 2월 1일 초판 인쇄

2020년 2월 10일 인쇄 발행

저 자 최 훈

발 행 인 송기수

발 행 처 도서출판 GS인터비전

편 집 처 도서출판 GS인터비전

편 집 인 공예서

인 쇄 처 더블비

등 록 번 호 제 25100-2016-000050호

I S B N 979-11-5576-307-0(93560)

주 소 서울 은평구 증산로 15길 69 2층

전 화 02-976-7898, 02-3272-7898.

팩 스 02-6468-7898

홈 페 이 지 gsintervision.co.kr

E - M a i l gsinter7@gmail.com

정 가 38,000원